水利枢纽水动力泥沙模拟

陆永军　毛继新　李国斌　左利钦　著

U0351055

科学出版社

北京

内 容 简 介

本书系统分析了水利枢纽库区泥沙淤积、坝下河床调整与航道治理等问题,揭示了水库输沙特性与枢纽下泄非恒定流的冲淤机理及河床演变规律,提出了水库泥沙数值模拟与物理模型模拟技术、枢纽下泄非恒定流冲淤数值模拟技术。研究成果已经直接应用于长江、黄河、西江、松花江等河流,并得到三峡、葛洲坝、刘家峡等水利枢纽工程实践的检验。

本书可供从事水利水电工程、港口航道、河道治理及河流动力学等方面研究的科技人员以及高等院校相关专业的师生阅读参考。

图书在版编目(CIP)数据

水利枢纽水动力泥沙模拟 / 陆永军等著 . —北京:科学出版社,2018.8
ISBN 978-7-03-056105-3

Ⅰ. ①水⋯　Ⅱ. ①陆⋯　Ⅲ. ①水利枢纽-水动力学-水库泥沙-研究
Ⅳ. ①TV145

中国版本图书馆 CIP 数据核字(2017)第 316710 号

责任编辑:陈　婕　赵晓廷 / 责任校对:张小霞
责任印制:张　伟 / 封面设计:蓝　正

科学出版社 出版
北京东黄城根北街 16 号
邮政编码:100717
http://www.sciencep.com
北京教图印刷有限公司 印刷
科学出版社发行　各地新华书店经销
*
2018 年 8 月第 一 版　开本:720×1000　B5
2018 年 8 月第一次印刷　印张:24 1/2
字数:480 000
定价:135.00 元
(如有印装质量问题,我社负责调换)

序

　　水电是重要的清洁能源和可再生能源,在我国社会经济发展中具有重要战略意义。进入新世纪以来,我国水电行业进入快速发展期,已建成或正在建设金沙江、黄河上中游、雅砻江、乌江等 12 大水电基地,逐步形成梯级水库群联合调度的局面。水库(枢纽)运行后,库区泥沙淤积是影响水库长期运用与效益发挥的控制性因素之一,而大量水利枢纽在实现防汛和蓄水发电目标的同时,也对枢纽下游河道的水沙输运、冲淤演变与航运条件产生了重要影响。开展水库(枢纽)库区及下游的水沙运动、河床演变规律和模拟技术的研究,对水库综合效益的发挥和河流综合利用具有十分重要的科学和现实意义。

　　该书是作者长期在枢纽工程泥沙研究方面的总结和提炼。书中提出了水库泥沙运动和枢纽下泄非恒定水沙运动的数学模型和物理模型模拟技术,揭示了梯级水库联合调度下的库区泥沙淤积和下游河床演变及航道条件变化等问题,为梯级水库调度及枢纽下游河(航)道治理提供了科学依据和技术支撑。与该书内容相关的研究成果大都已直接应用于金沙江梯级水库向家坝水电站、溪洛渡水电站、乌东德水电站、长江三峡工程、葛洲坝水利枢纽、黄河刘家峡水库、闽江水口枢纽、西江长洲枢纽、韩江清溪与蓬辣滩枢纽、北江白石窑与飞来峡枢纽、松花江大顶子山枢纽等各类大型水利枢纽工程,得到了工程实践的检验,取得了显著的经济和社会环境效益。

　　该书的后续和延伸工作陆续得到国家重点研发计划(2016YFC0402103、2016YFC0402108、2016YFC0402307、2017YFC0405206、2017YFC0405903)、国家重点基础研究发展计划(973 计划,2012CB417002)、国家"十二五"科技支撑计划(2012BAB04B03)、国家自然科学基金资助项目(51520105014)和南京水利科学研究院专著出版基金的资助,足以说明该书成果的基础性与前瞻性,期待对学科的发展及重大工程问题的解决提供借鉴。

　　特为此作序以鼓励之。

南京水利科学研究院　院长
中 国 工 程 院　院士
英国皇家工程院外籍　院士

2017 年 11 月

前　　言

人类活动中,影响范围最大、对河流干扰最为深远的当属修建水库等枢纽工程。目前,我国已建成或正在建设金沙江、黄河上中游、雅砻江、乌江等 12 大水电基地,逐步形成由多个调节性能较好的水库组成梯级水库群联合调度的局面。水电资源是清洁能源,为我国社会经济发展有突出贡献。梯级水库的建设和调度对水能的充分利用、航道连通性的改善和供水保证率的提高等有很大作用。但泥沙淤积问题是影响水库长期运用与效益发挥的关键因素之一,梯级水库泥沙问题更加复杂,这就需要及时开展梯级水库群水沙运动与河床演变规律研究,为梯级水库联合调度提供参考。同时,水和大量泥沙被截留在水库,改变了坝下游河段的来水来沙过程,引起下游河流的再造床作用,可能出现河床整体下切、滩槽演化、侧向冲蚀和主流摆动的现象,引起支流侵蚀基准面变化和汊道分流分沙变化等问题,对防洪、航运、灌溉、滩地利用等很多方面带来了一系列的影响。因此,开展水库及下游的水沙运动、河床演变规律和模拟技术的研究,对水库调度管理及枢纽下游河(航)道治理具有十分重要的科学和现实意义。

作者长期致力于水库泥沙淤积、枢纽下游河床演变与航道治理研究,通过大量原型调查和科学试验,完成了近百项科研课题,分析了水库及下游河道水沙过程、水沙输移机制和泥沙冲淤演变规律,开发了水利枢纽水沙运动的数学模型和物理模型模拟技术,揭示了梯级水库联合调度下的库区泥沙淤积和下游碍航等问题,提出了水库多目标联合调度和枢纽下游航道治理的原则、方法及措施。这些研究成果大都已直接应用于金沙江梯级水库向家坝水电站、溪洛渡水电站、乌东德水电站、长江三峡工程、葛洲坝水利枢纽、黄河刘家峡水库、西江长洲枢纽、韩江清溪及蓬辣滩枢纽、北江白石窑及飞来峡枢纽、松花江大顶子山枢纽等各类大型水利枢纽工程,并得到了工程的成功实践,取得了显著的经济和社会环境效益。

本书是在水利枢纽水动力泥沙模拟技术成果的基础上,通过系统总结提炼而成。全书共 8 章,主要内容及撰写人员如下:第 1 章绪论,由陆永军、毛继新、李国斌、左利钦、刘益、马驰等执笔;第 2 章梯级水库泥沙淤积与河床演变,由毛继新、耿旭执笔;第 3 章水利枢纽下泄非恒定流与河床演变,由陆永军、高亚军、李国斌执笔;第 4 章梯级水库泥沙数值模拟技术,由毛继新、关见朝执笔;第 5 章水利枢纽下泄非恒定流冲淤数值模拟技术,由陆永军、左利钦、王志力执笔;第 6 章水库(枢纽)泥沙物理模型模拟技术,由李国斌、高亚军执笔;第 7 章水利枢纽变动回水区和坝区泥沙淤积及影响,由李国斌、高亚军执笔;第 8 章水利枢纽下游河床冲淤与航道治理,由陆永军、李国斌、左利钦等执笔;全书由陆永军、毛继新、李国斌、周耀庭、左利钦统稿与审校。

需要特别说明的是,本书涉及研究成果是在南京水利科学研究院、中国水利水电科学研究院等多家单位的共同努力下完成的,参加研究的还有南京水利科学研究院的陆彦、莫思平、季荣耀、刘怀湘、李寿千、黄廷杰、邹春蕾、蒋来等,清华大学的陈稚聪、邵学军等,中国水利水电科学研究院的方春明等。此外,在水利枢纽水动力泥沙模拟技术研究过程中,中国长江三峡集团有限公司、交通运输部西部交通建设科技项目管理中心、长江航道局、广东省航道局、黑龙江省航务管理局等诸多单位与同仁给予了大力支持和配合,在此表示诚挚的感谢。

本书的出版得到了国家重点研发计划(2016YFC0402103、2016YFC0402108、2016YFC0402307、2017YFC0405206、2017YFC0405903)、国家重点基础研究发展计划(973计划,2012CB417002)、国家“十二五”科技支撑计划(2012BAB04B03)、国家自然科学基金资助项目(51520105014)和南京水利科学研究院专著出版基金的资助,谨此表示感谢。

限于作者水平,书中难免存在欠妥之处,敬请读者批评指正。

目　　录

符 号 表

A	过水断面面积
A_m	断面混合层面积
A_{bk}	第 k 组泥沙引起的河床变形
A_b	河床总变形
ΔA	断面冲淤面积
B	河宽
B_k	稳定河宽
B'	推移质有效输沙宽度
ΔB	断面展宽
$\sqrt{B}/h$	河槽宽深比
C	小扰动波速
C_R	动态波速
C_{tk}	第 k 组泥沙含沙量
D	泥沙的直径
D_L	第 L 组泥沙颗粒粒径
d_{50}	床沙中值粒径
f	柯氏力系数
g	重力加速度
g_{bL}^*	第 L 组推移质的单宽输沙率
H	水深
H_m	模型垂向尺度
H_p	原型垂向尺度
Δh	水位差
$\Delta h'$	虚冲刷厚度
Δh_0	参加冲刷分选的床沙层厚度
i_0	河床坡度
J	水面坡度
k	冲泻质与床沙质的分界粒径
K_0	挟沙能力系数
K_2	天然河道不均匀沙分组推移质输沙校正系数

L_m	模型平面尺度
L_p	原型平面尺度
L_s	泥沙非平衡调整长度
M	床沙总组数
n	曼宁糙率系数
N	悬移质总组数
p'	床沙孔隙率
P_1	床沙中可悬颗粒所占百分数
$P_{1,L}$	有效床沙级配
$P'_{1,L}$	实际第 L 组床沙级配
P^*_{SL}	第 L 组悬移质相应的挟沙能力所占百分数
$P_{b,L}$	第 L 组推移质所占百分数
P_{mL}	第 L 组床沙所占百分数
$P^*_{4,L}$	第 L 组悬移质挟沙能力所占百分数
$P_{4,L,0}$	进口断面第 L 组悬移质所占百分数
$P_{4,L}$	第 L 组悬移质所占百分数
$P_{1,L,1}$	第 L 组床沙所占百分数
q	单位长度河道的旁侧入流
$q_b(L)$	均匀沙推移质单宽输沙率
$Q(x_0,t)$	水流下泄过程
$Q(x_0,t_0)$	河道基流量
Q	流量
Q_i	流量变化率
Q_j	旁侧集中入流
Q^{up}	流出汊点流量
Q^{down}	流入汊点流量
$Q_{b,L}$	非均匀沙的推移质输沙率
Q_{tk}	第 k 组泥沙输沙率
Q_{t^*k}	第 k 组泥沙的输沙能力
Q^*_{tk}	水流中粒径为第 k 组泥沙的挟沙能力
S	断面平均含沙量
S^*	断面平均挟沙能力
S_0	底坡源项
S_f	摩擦阻力项
S^*_L	第 L 组泥沙的挟沙能力

S_{bL}	床面推移层的含沙浓度
S^*_{bL}	第 L 组推移质的挟沙能力
$S^*(\omega)$	全部悬移质挟沙能力
$S^*(\omega_{11})$	床沙中能够被掀起部分计入的挟沙能力
$S^*(L)$	第 L 组泥沙的均匀挟沙能力
t	泥沙颗粒间的空隙
u_*	摩阻流速
u	垂线平均流速在 x 方向的分量
v	垂线平均流速在 y 方向的分量
V_p	原型平均流速
$V_{b,L}$	作用在颗粒上的底部流速
ΔZ	滩槽高差
Z	水位
ω	泥沙颗粒沉速
ω_k	第 k 组泥沙沉降速度
$\omega_{1,L}$	第 L 组泥沙的特征速度
α	泥沙恢复饱和系数
α_L	第 L 组泥沙的含沙量恢复饱和系数
α_{bL}	第 L 组推移质悬沙的恢复饱和系数
β	床沙级配所占的权重
γ	水的容重
γ_s	淤积物干容重
$\gamma_{稳}$	密实稳定干容重
δ	水分子厚度
δ_1	薄膜水厚度
ε	泥沙紊动扩散系数
ξ_p	原型阻力系数
θ	隐式求解系数
λ	淤积百分数
λ^*	冲刷百分数
$\lambda_{q_b(L)}$	无因次均匀沙推移质单宽输沙率
λ_H	垂直比尺
λ_L	平面比尺
λ_V	流速比尺
λ_n	糙率比尺

λ_{t_1}	水流运动时间比尺
λ_Q	水流流量比尺
λ_{V_0}	起动流速比尺
λ_P	推移质输沙率比尺
λ_{P_*}	推移质输沙能力比尺
λ_{t_2}	推移质冲淤时间比尺
λ_{γ_0}	泥沙干容重比尺
λ_ω	泥沙沉降速度比尺
λ_{s_*}	水流挟沙能力比尺
λ_s	含沙量比尺
λ_{t_3}	河床冲淤时间比尺
λ_{V_e}	异重流速度比尺
ν_t	紊动黏性系数
$\varphi(x)$	河床形态因子
ψ	偏心系数

第 1 章 绪 论

1.1 引 言

我国能源短缺,水资源的综合开发利用是既定国策。改革开放以来,我国国民经济快速发展,对能源的需求量加大,国家明确提出要加快发展可再生清洁能源,包括水能资源的开发步伐,在长江、黄河、珠江等主要河流干流及其支流上兴建大中型水利枢纽,如葛洲坝、三峡、向家坝、溪洛渡等。另外,为提高航道等级,促进航运发展,在西江、湘江、嘉陵江、赣江、松花江等河流上已建成一系列航电枢纽梯级。可见,为适应社会经济发展的需求,在河流上兴修的水利枢纽越来越多,不受枢纽调节的河流已经极少。由于铁路和公路的修建成本较高,占用较多的土地,所以,发展对环境影响较小、运输成本较低的低碳水运,日益受到各方面的重视。特别是作为国家建设重点的西部地区,蕴藏着丰富的能源、矿产和旅游资源,但由于交通基础设施建设的相对困难和滞后,这些资源至今没有得到很好的开发和利用,也使西部地区的经济发展速度相对缓慢。这些地区多山,铁路、公路建设代价很高,而开发成本较低的水路运输具有得天独厚的自然条件。因此,开发建设水路运输,理应成为改变交通落后局面的首选,它必将有效地带动和促进贫困地区社会经济的可持续发展。

我国已建的水利枢纽,除交通运输部组建的航电枢纽外,基本上都是以防洪和发电为目标的,所以在设计时也大都考虑到通航的要求。但是在建成运行以后,由于实施了水流和泥沙输运过程的调节,原已适应了自然来水来沙过程的天然河道发生了剧烈的变化,出现了许多未预见或比预计程度更大的碍航情况,尤其是承担电力峰荷任务的枢纽,其下游河段出现变化剧烈的非恒定流,给船舶航行、港口码头靠泊增加了许多困难,有时甚至断流,给航行船只的安全带来巨大威胁。以防洪和发电为主要目标的水利枢纽,一般都具有较大的调节库容,在运行过程中必然会明显改变下泄的流量和输沙过程。在运行初期为防洪目的削减洪峰,控制下泄的洪峰流量,此期间入库泥沙大量沉积,下泄的水流几乎接近清水,这样的水流在枢纽下游的原河道上运动,其主要反应是沿程发生严重冲刷,引起滩槽的剧烈变化,对航运条件和滩槽稳定等带来一系列的影响。这样的影响将随着时间的推移逐渐向坝下游推延至数十或上百公里。

可见,大量水利枢纽的建设在实现防洪和蓄水发电的目标取得巨大的经济效益的同时,也对枢纽下游河道的水沙输运、冲淤演变与航运条件产生了重要影响。鉴于现行的航道整治技术规范基本上是在河流自然的水沙输运状态下总结提炼的,面对水利枢纽下游复杂的水流泥沙过程和冲淤演变状态,策划和部署水利枢纽下游航道治理措施的研究,对于落实"内河航运发展战略"和加快西部地区水路运输建设,无疑是十分正确和及时的。

针对水库变动回水区泥沙淤积、枢纽下泄非恒定流冲淤、枢纽下游航道治理等关键技术难题,以及不同开发阶段的技术需求,南京水利科学研究院、中国水利水电科学研究院、交通运输部天津水运工程科学研究院、清华大学、武汉大学、河海大学等科研院校从 20 世纪 90 年代初期开始就开展了大量的调查勘测和科研论证,完成了百余项科研课题,总结分析了水库及下游河道水沙过程、水沙输移机制和泥沙冲淤演变规律,开发了水库泥沙运动和枢纽下泄非恒定水沙运动的数学模型与物理模型模拟技术,揭示了梯级水库联合调度下的库区泥沙淤积和下游碍航等问题,提出了水库多目标联合调度和枢纽下游航道治理的原则、方法及措施,为水库调度及枢纽下游河(航)道治理提供了科学依据和技术支撑。

本书是在水利枢纽水动力泥沙模拟技术成果的基础上,通过系统总结提炼而成。本书编写思路框图如图 1.1.1 所示。本书内容包括三个层次:首先在国内外研究进展的基础上总结水利枢纽库区泥沙淤积和坝下游下泄非恒定流及河床演变的一般规律;其次在水动力泥沙模拟技术方面,针对库区和水库下游水动力泥沙运动特点,介绍梯级水库库区泥沙数值模拟技术、枢纽下泄非恒定流冲淤数值模拟技术和水库泥沙物理模拟技术;最后在应用实践方面,运用所建的数学、物理模型研究金沙江下游梯级水库泥沙淤积、长江三峡水库坝区泥沙淤积、黄河刘家峡库区泥沙淤积,以及长江向家坝下游泥沙冲淤变化、葛洲坝水利枢纽下游水沙运动与航道

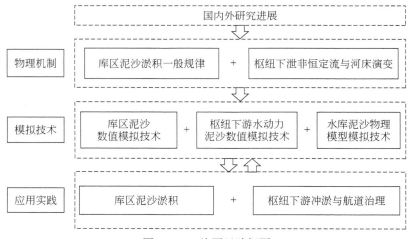

图 1.1.1　编写思路框图

治理、西江长洲枢纽下游水沙运动规律与航道治理、松花江大顶子山下游非衔接段航道治理问题。

1.2　国内外研究概况

各种人类活动中,对河流干扰最为深远、影响范围最大的当属修建水库等枢纽工程。枢纽工程造成水沙条件的变化,使多条河流上均不同程度地发生过各种调整现象,从而受到了学术界的广泛关注(龚国元,1984;Kondolf et al.,1993;卢金友,1994;Xu,1996a,1996b;Wang,1999;Shields et al.,2000;许炯心,2001;夏军强等,2002;施少华等,2002)。据 Graf(1999)统计,全美共有约 75000 座水库,它们对河流径流过程的干扰数倍于全球气候变化的影响,这些水库的总库容能够容纳所有河流每年径流量之和。中华人民共和国成立后,在我国的大江大河上也以前所未有的速度修建了大量水利工程。这些枢纽工程自修建之日起就极大地改变了河流的天然属性,主要是对径流调节和沙量拦截起作用(Evans et al.,1991;仲志余等,1996),尤其对下游河道造成径流、沙量过程两方面的变异,这些变化破坏了河流的平衡,可能引起下游冲积河流的再造床作用,出现河床整体下切、滩槽演化、侧向冲蚀和河道摆动的现象,并且河床下切将引起支流侵蚀基准面变化和汊道分流分沙变化问题,对防洪、航运、灌溉、滩地利用等很多方面带来了一系列的影响(潘庆燊等,1982;Evans et al.,1991;韩其为等,1995;姜加虎等,1997)。

1.2.1　水库泥沙淤积与防治

现代社会中,水库是集防洪、供水、发电和航运等多种功能于一体的综合水利枢纽,在我国经济建设和社会发展中占据重要地位。然而,水库普遍存在泥沙淤积问题(韩其为等,2003),不但威胁水库安全和正常使用,而且增加淹没损失,改变大坝上下游河道的水环境和水生态系统,极大地降低了对水资源的调控及利用功能。

全世界年均库容损失约 450 亿 m^3,占水库剩余库容的 $0.5\%\sim1\%$,我国水库年淤损率为 2.3%,高居世界之最(White,2001)。同时,我国是水土流失最严重的国家之一,大量的泥沙进入河道,使以兴利为目标的许多水库淤积严重。

我国水库淤积呈现以下两个特点:①水库淤积现象普遍。无论是北方还是南方,无论是多沙的黄河流域还是含沙量较小的长江、珠江等流域,都不同程度地存在水库淤积问题。②中小型水库淤积问题突出。国内 550 余座有淤积资料的水库统计表明,中小水库的泥沙淤积速率一般比大型水库高出 $50\%\sim237\%$,北方严重水土流失区的中小型水库淤积速率尤甚(谢金明等,2013)。

水库淤积的观测和资料收集是水库淤积研究的基础。我国最早开展的系统性泥沙淤积观测是对 20 世纪 50 年代建成的永定河官厅水库、60 年代初建成的黄河三门峡水库和汉江丹江口水库的泥沙观测,并从中积累了大量的资料(韩其为等,2003)。许多学者通过对水库淤积实测资料的深入分析,总结了水库泥沙的淤积规律,初步分析了泥沙淤积的原因及淤积可能带来的问题。官厅水库的淤积造成水库防洪标准降低、供水缺乏保证、库周淹没损失逐年扩大等一系列问题(胡春宏等,2004)。熊敏等(2008)对龚嘴水库的淤积特征进行了分析,实测资料表明,同一时期泥沙粒径从坝前至库尾沿程变粗,而在同一断面部位淤积泥沙的粒径也逐年变粗;主槽淤积多为粗沙,滩地淤积多为细沙。封光寅等(2008)通过实测资料针对丹江口水库库尾推移质运动特点、纵横向淤积分布、推移质的冲刷以及库尾抬升等问题进行了研究。吴保生(2008)研究了三门峡水库运行后渭河下游淤积以及与潼关高程的关系,认为库尾泥沙淤积不仅受当年水沙条件和枢纽运行方式的影响,还与前期若干年内的来水来沙及枢纽调度有关,即库尾淤积具有滞后性。李振连等(2007)分析了小浪底水库淤积形态、泥沙组成以及调水调沙运用对水库淤积的影响,认为利用低水位的异重流排沙有利于延长水库寿命。高亚军等(2006)根据刘家峡水库床质泥沙粒径的历年级配资料,分析了变动回水区泥沙中值粒径的变化规律。张绪进等(2010)分析了长江寸滩站和嘉陵江北碚站的水文观测资料,认为三峡水库运行初期变动回水区的淤积对重庆河段的航运影响不大。李文杰等(2015)采用输沙率法和断面法分析了三峡水库运行初期的泥沙淤积规律。尹小玲等(2009)根据三峡水库大量的观测资料,对库区的泥沙絮凝现象、水域富营养化以及库区滑坡等进行了初步分析,认为在预测水库泥沙的淤积和输移时应考虑絮凝现象的影响,水库运用过程中水位的变化,将加剧库区滑坡等地质灾害。何芳娇等(2016)利用模糊综合评判法分析了三峡水库泥沙絮凝的可能性,结合汛期实测数据,指标均处在絮凝临界范围和有利于絮凝的范围内,三峡水库泥沙存在絮凝的可能性较大。

　　水库泥沙淤积防治是一个系统工程,分为拦、排、清、用四个方面,具体包括减少泥沙入库、水库排沙减淤、水库清淤、出库泥沙的有效利用。①减少泥沙入库是指在水库上游采取拦沙措施,减少或阻止泥沙入库,是防治水库淤积的根本途径。常见的有水土保持、修建拦泥坝、绕库排浑、引洪放淤以及跨流域引浑等(谢金明,2012)。②水库排沙减淤是指将含沙量较高的入库水流直接排放出库,从而减轻水库淤积。常见的有异重流排沙、滞洪排沙、浑水水库排沙等(曹慧群等,2013)。③水库清淤是指利用水力条件或机械设备将已经落淤或进入水库的泥沙清除出库,可分为水力清淤和机械清淤。水力清淤是指利用水流条件将泥沙运输出库,包括空库冲沙、基流排沙和横向冲蚀等。机械清淤是指利用机械设备挖除淤泥,包括挖泥船挖沙、水力虹吸抽沙清淤、气力泵清淤和空库干挖等(陕西省水利水土保持厅,1989)。④出库泥沙的有效利用是指将清除出库的泥沙进行高效利用,包括引入灌区淤灌或放淤改土、用作建材等(万新宇,2005)。

1.2.2　枢纽下游河床演变与治理

随着枢纽工程下游河道演变剧烈调整现象的普遍出现，国内外学者逐渐开始对此展开调查研究。Kondolf 等(1993)探讨了枢纽拦沙和人工采沙引起的河床下切、河型转化；Surian 等(2003)调查了意大利河流上普遍出现的河床下切和缩窄现象；Shields 等(2000)讨论了水库下游的河道横向摆动机理，并利用航片定量分析了美国 Missouri 河下游建坝前后的河道摆动情况。国内先后在官厅水库、三门峡水库和丹江口水库开展了较大规模的测验工作，对工程影响下的河床演变过程取得了大量的实测资料。对于水库下游河道的再造床过程的问题，地学界和水利学界诸多学者从观测资料分析、试验模拟等多个方面开展了研究，探讨了水库下游河道冲淤变化、断面形态调整、河床地貌再造等方面的变化规律(许炯心，1989；金德生等，1992；韩其为等，1995；姜加虎等，1997)。

首先，对下游河道而言，水利枢纽下泄水流为特殊的非恒定流，与天然水沙过程相比，具有诸多不同的特性，对此部分学者进行了相应的探讨。例如，黄颖等(2004)根据水电站日调节波的特性，研究了三峡电站下泄的非恒定流及其对下游河道水面比降的影响；刘亚等(2009)根据三峡水库投入运用以来实测葛洲坝枯水期日内出库流量过程，比较了日调节非恒定流与原设计方案的区别；刘健等(2002)在对大伙房水库资料分析的基础上，探讨了河道非恒定流的特性，并对泄水波传播速度及径流过程进行了计算。

在河道上修建水利枢纽以后，其下游河床上最突出的问题是沿程冲刷，一般可分为两种不同类型。第一种是对于含沙量较小的河流，修建水库后，出库水流的紊动性加大，使坝下原处于临界状态的泥沙起动概率增加，而随着流程的增加以及边界条件的制约，水流逐渐趋于平稳，起动的一部分泥沙逐渐停止运动，从而使坝下游的一部分河段产生冲刷，另一部分河段产生淤积。当受水流紊动影响较大的近坝河段泥沙冲刷平衡后，淤积河段挟沙能力转化为主要矛盾时，整个河段才转为冲刷。第二种是对于含沙量较大的河流，由于修建水库，大量泥沙淤积于库内，改变了水库下游河流含沙特性，引起下游河道的再造床过程，而出现长距离冲刷。现有研究成果在揭示水库下游河道水沙变化及河床冲刷特性等方面进行了大量的研究工作，但在机理方面的研究还有待深入(齐璞等，1993；尹学良，1995；Dey，1997；王兆印等，1998；韩其为等，2000；刘金梅等，2002)。

关于水利枢纽下游河床冲刷现象主要有出库水流的含沙量显著降低、河床自上而下普遍冲刷、河床组成显著粗化、纵比降调整等方面。同样的水沙条件变化，对于不同的河床边界可能造成不同的响应，并且这种响应由于冲刷历时的长短也可能动态变化。关于这种动态性，一般研究认为水库下游河床与水沙条件两者之间的不适应性在建库初期达到最大。因此，河床变形也以初期最为显著，并因时递减(Williams et al. ,1984)。冲刷过程中,随着河床及岸滩抗冲特性的变化,形态调整也产生变化。根据 Williams 等(1984)对美国河流的统计,枢纽截流后初期河床下切冲刷幅度最大,之后随着河床粗化和比降调平,冲刷幅度逐渐减缓。从减小挟沙能力和流量调平两种作用来看,韩其为等(1986)认为,在建库初期以减小水流能量而引起的河床变形为主,而随着时间延续,断面形态逐渐向适应调节后的流量过程发展。许炯心(1986)以同流量的清水冲刷原始河床来模拟建库后的河床冲刷,发现初期以下切为主,之后出现以侧蚀为主的阶段,宽深比先减后增。对于纵剖面比降的变化,一般资料均显示初期以近坝段河床迅速调平为特征,之后逐渐向下游缓慢发展(Chien,1985)。水库下游的调整在趋向平衡的过程中,还会因水文条件的变化出现间歇性的变缓和加速现象,完全达到平衡状态甚至需要上百年时间(David,2004)。

　　河床沿程冲刷的深度受到泥沙补给条件、河床抗冲性变化等影响。随着河床冲刷的进行,下伏卵石层可能会逐步暴露,或者床沙粗化形成保护层,从而对河床调整过程产生深远的影响。埃及尼罗河上阿斯旺水坝修建以后,大坝下游河段实际上观察到的河床下切深度仅为 0.7m,比不同研究者所预测的数值(2.0～8.5m)都要小得多,Schumm(1994)认为这与河床以下埋藏着不连续的卵石层有关。许炯心(1989)运用地貌学方法对汉江丹江口水库下游河床调整过程中下伏卵石层的作用进行了系统分析,下伏卵石层使河床下切受到抑制,随着卵石层的暴露,河床糙率将急剧增大,局部河床可能采取加大比降的方式进行补偿。

　　除引起河床冲刷外,枢纽的修建对下游的河床演变往往还会带来河流形态上的变化,如主流摆动、河势变化、河宽尺度、河道曲率、河型的调整等。这些调整可能威胁沿岸工程设施,但又对维持生态多样性起着重要作用。河流形态的稳定性和变化规律是许多领域研究的焦点,包括河流地貌学界、河流工程界、河流生态学界等。

　　大量观测资料表明,对于不同河型,其变化的形式、幅度,乃至其发生发展的机理都不尽相同。Friedman 等(1998)指出,这些不同的变化形式除取决于来水来沙之外,与原有的河型、河床形态和河床组成等环境条件也存在关系。这是因为不同平面形态的河流,其横向变化的速率及导致横向变化的原因机理均不同。来水来沙是河床调整的原始动力和物质条件,而河床一方面是来水来沙长期作用的结果,另一方面也是限制河床调整的制约因素。Nanson 等(1983)通过资料分析认为,水流能量 QJ 对河床的侧向活动性影响甚大,除了水流能量之外,河岸抗冲性对河床横向摆动的作用更大,并提出以河床 d_{50} 作为反映抗冲性的指标。河床横向变化包含河岸相对于水流条件的抗冲性,简单地用粒径值表征以上复杂关系显然是不够的。还有学者用更复杂的指标,如河岸组成中黏土、细沙含量等(Hooke,2010),但其合理性还有待深入研究。关于不同河床平面形态对横向变化率的影响,也有多

位学者从实测资料中总结出一些初步的认识。Brice(1982)通过收集整理美国 200
多条河流的横向摆动速率与河床平面形态的资料发现,不同类型的河道其横向摆
动速率也不同,宽度均匀的弯曲河床活动性最小,横向最稳定;宽度过大的弯曲或
蜿蜒河段,河弯与直过渡段之间宽度差别较大,因此横向极不稳定。Hickin(1974)
发现河弯在蠕动前进过程中:R/B 值存在一个最低值,一旦河弯的 R/B 值超过这
一临界值,将很快通过调整使其降低到临界值附近,此现象反复发生。关于水沙条
件变化后,河床横向调整速率的研究目前仍然限于一些经验方法。Williams 等
(1984)在整理美国河流上大坝下游河床变形资料时发现,河宽变化率是非线性变
化的,并拟合出了经验型的双曲函数。Richard(2001)假定认为河宽变化率与当前
河宽-平衡河宽之间的差别程度成正比,从而构造出描述河宽变化率的指数函数。
与此相类似,Gilvear 等(2000)也提出了预测弯道横向移动速率的关系式,认为弯
道移动速率在某种形态下达到最大。

　　一般来说,修建水利枢纽以后各种条件的变化是有利于下游河道朝较为稳定
的方向转化的。流量过程的调平和纵比降的减缓,将使河道的输沙强度减弱;下泄
沙量的减少将使原来的堆积型河道转为侵蚀下切;床沙的粗化,将增加河床的抗冲
能力,以及滩槽高差的加大都有利于削弱河道演变强度。然而,河型是否能发生转
化,还取决于清水下泄的过程、历时长短和复杂多样的区域边界条件。同样的水沙
条件变化,对于不同的河床边界可能造成不同的响应,并且这种响应由于冲刷历时
的长短也可能动态变化。韩其为等(2000)根据丹江口水库下游汉江弯曲(蜿蜒)河
段在长期冲刷后的河床变形与河型变化的研究成果,对三峡水库建成后下荆江河
型变化趋势进行了预测,认为其蜿蜒性河型能够得到维持。Shields 等(2000)曾对
美国密苏里河上游佩克堡水坝下游的侧向变化与各因素进行了相关分析,建库后
横向调整速度与宽度、距离大坝距离紧密相关。Begin(1981)从理论上分析,随着
水流能量增加,低能量顺直微弯河流发生侧蚀而趋于蜿蜒,随着能量进一步增加,
河流动力半径增大,凸岸边滩遭切割,曲率将重新减小而趋于分汊游荡。当前的研
究对于解释水库下游出现的复杂河床变形有一定的帮助,结合各种影响因素的变
化过程,以及河流自身特有的边界条件和平面形态特征,深入研究水库下游动态变
化过程中的一般性规律还是十分必要的。

　　除了河床平面上的宏观变化外,河岸的局部冲刷也影响河床演变的发展。20
世纪 70 年代中期以前,局部河岸冲刷问题仍然是一个研究相对较少的领域,但近
年来已取得了一定的进展。河流崩岸是来水来沙条件、河道冲淤演变、岸边土壤地
质构造等诸因素共同作用的结果。其中河岸土质条件是内因,水流条件是外因。
目前从不同因素对崩岸机理进行研究的成果较多,但对崩岸机理多种影响因素进
行综合研究的成果还不多。国外学者直接研究崩岸的成果并不多,他们主要是从
研究河岸的侵蚀与河岸的稳定性出发。Simons 等(1982)认为,水力因素是影响河

岸冲刷的最主要因素,且河岸冲刷又是影响崩岸的主要因素。因此,崩岸最主要的影响因素是水力因素。Thorne 等(1998)认为,在一定水流条件下,河岸坡角泥沙的供给与坡角处因水流作用而引起泥沙输移之间的关系是决定各种类型崩岸的主要因素。有学者在 Hasegawa(1989)研究非黏性河岸崩塌的基础上,主要从水沙运动方面考虑了非黏性河岸的崩塌过程。唐日长等(2011)根据荆江河道实测资料,分析了影响弯曲河道中凹岸崩坍强度的主要因素,认为汛期水流对崩岸起着主要作用,崩岸强度主要取决于水流输沙能力。王永(1999)认为长江安徽河段崩岸的主要影响因素是水流作用、河岸地质条件及高低水位的突变产生的外渗压力。冷魁(1993)认为地下水运动对崩岸仅起抑制或促进作用,窝崩大多数发生在汛后或枯季。李宝璋(1992)分析长江南京河段窝崩成因时,提出了形成窝崩的动力是大尺度纵轴(水流方向)螺旋流。

崩岸研究的途径和方法是多方面的,有的从河岸土体物理力学性质出发进行理论分析;有的从河岸稳定性分析出发,建立河岸的数学模型;有的从水流动力条件出发进行分析研究。但迄今为止,无论是物理模型还是数学模型,都无法对河岸冲刷过程做出正确的模拟。因此,对建库后下游河道崩岸变化趋势仍应着重从机理分析入手。

河道整治的发展先于河床演变理论研究,这是由实际生产要求决定的。在我国,以堤防及护岸工程为主要手段的治河工程早就发展起来。欧美的河道整治研究则是以发展航运为先导。传统的河道整治目的在于影响河势及水流流态,所要实施的传统性工作是将有代表性的河流参数(如河道走向与坡降、深度、宽度、流速)调整到实际要求的标准。

水库修建后,下游河床受到剧烈的冲刷,破坏了河流的平衡,引起了下游冲积河流的再造床作用,对防洪、航运、灌溉、滩地利用等很多方面带来了一系列的影响。在很多情况下,应该预防或至少应该控制这些影响,所以对不利的演变进行防护和采取适当的补救措施是必要的。整治工程正是通过人工措施来改变河床边界,从而改变水沙条件和河床边界可动性的对比关系,达到防护的目的。修建整治工程以后,形成不可冲动的硬边界,必然加强对水流的控导作用,如果工程的布置符合挟沙水流的运动规律,则航道将向稳定的方向发展。通过总结已建成工程经验和一些河流动力学原理,分析和预测不同情况下河床的演变规律,不但是对枢纽工程下游演变利弊评判的前提,而且是防护措施合理可行的保证。

1. 河床的纵向防护

大坝下游的河床纵比降调整,最常见的是不断发展的长距离刷深。河床刷深不仅是高水头大坝下游常见的现象,而且对低水头径流式水电站的下游河道也有很大的威胁(Gasser et al.,1994;Steiger et al.,1998;Kesel,2003;David,2004)。

国内外一些河流在防冲、稳定河势等方面积累了一定经验,这些方法采用不同方式抑制河床的刷深:通过设堰或潜坝壅水产生回水影响以减小流速;通过使用强度足以抵抗进一步侵蚀的粗粒物质覆盖床面使河床人工粗化,例如,密西西比河上采取的措施是在河道的易冲刷区,如河弯外侧,铺设铰接混凝土垫层,以稳定河势,并保证最小航深。该方案约从 1890 年开始实施,采用编织柳条席垫,利用石块沉压河底来抵御湍急的水流,稳定河床(马小俊,1999)。人工投放与水流输沙能力(即相应颗粒尺度和输沙率)一致的泥沙。

　　水库修建后,对坝下游河道沿程水面比降以及水流流态的影响最为显著,河流适于航行必须要满足一定的必要条件,如来水量应能够满足规定的通航保证率,最小水深、水流流速、流态都要在规定的范围。河道冲刷造成下游水位下降过大,影响坝下通航建筑物的正常使用,如水位下降使引航道口门区水深过小,会出现船舶擦底现象等。陈一梅等(1999)定性和定量地分析了水位下降对船闸出口门槛水深的影响,建议在船闸设计时应充分考虑蓄水后坝下冲刷水位下降的幅度。针对目前已建船闸出口门槛水深不足的情况,建议在窄深处选择合适的地点修筑潜坝抬高水位,或者采用非工程措施,改变水库调度,增加船闸出口门槛水深,以保证船闸下游河段正常航行。在葛洲坝枢纽下游水位变化的研究中(陆永军等,2002),交通部天津水运工程科学研究所(2000)、清华大学(1997a,1997b)等单位对此做了初步的研究,提出了葛洲坝船闸闸槛水深及下引航道枯水航深不足问题,可在窄深河槽中修筑潜坝以抬高上游水位的措施来解决(胡向阳,1998),潜坝以修筑在胭脂坝枯水深槽及庙咀至宜昌水文站之间深槽段为宜。修筑 4～6 条潜坝,现状条件下可使庙咀(三江下引航道口门)水位抬高 0.2～0.4m,相应的洪水位也抬高 0.2～0.4m,但不致对防洪造成威胁。除潜坝方案外,清华大学提出了坝下游河道人工加糙、回填凹坑方案,即在深槽河段回填卵石等材料,以增大河床水流阻力,减小过水断面面积。除了研究三江下引航道水深的工程措施外,潘庆燊(2000)提出了一些非工程措施:严禁在宜昌至枝城河段开采砂石骨料;改善三峡水库调度,即在枯水期最低水位出现期间,增大下泄流量 500m³/s 左右,提高枯季水位,补偿下游冲刷的影响。由于航道对河道、水流等要求的严格性,在冲刷剧烈、河床组成复杂的河段如何针对复杂演变问题采取有效、可行性强的防护措施以保证通航等多方面要求是值得进一步深入研究的课题。

2. 河床的横向防护

　　水利枢纽下游河床的横向调整常对两岸各种设施造成损害,主流撇弯切滩,顶冲点下移,造成险段转移;河床侧向淘刷使局部边坡变陡,造成悬脚吊坎,对已守护的险工起着破坏作用。这些都将对航运产生不利影响,因此采取整治手段防止这些负面效应十分必要。

　　护岸可增加河岸对水流的抗蚀作用,是传统的整治手段之一。以护坡不完全统计(余文畴等,2002),1949~2002 年,长江中下游护岸工程抛石总量达 8959.7万 m³,建成丁坝 700 余条、柴排 408.9 万 m²、混凝土铰链排 117.1 万 m²,还有其他的护岸材料及型式,护岸总长度达 1325km,占崩岸总长的 85%以上,这些护岸工程在历年抗洪和维护河势稳定中发挥了重要作用。中华人民共和国成立以来,长江中下游河道治理及护岸工程建设蓬勃发展(长江水利委员会,2000)。20 世纪 50年代,在湖北荆江的沙市河段、郝穴河段、武汉的青山镇、无为大堤安定街、芜湖河段裕溪口、马鞍山河段恒兴洲左岸以及江苏的南京下关浦口、大厂镇、海门青龙港等地,大规模开展抛石、沉排护岸。60 年代,长江中下游广泛采用抛石护岸,包括荆江大堤护岸加固,下荆江裁弯河势控制,临湘江堤护岸,武汉市区险工段加固,九江永安堤护岸,同马、无为大堤护岸加固,马鞍山、南京、镇扬等分汊河段的河势控制等;同时,在长江口地区大力兴建以丁坝群为主的江堤、海塘工程。70 年代以后,在河势控制及河道整治的护岸工程中,仍普遍采用块石进行护岸,如在江苏镇扬河段及无为大堤大拐段的护岸工程中曾采用小粒径块石与废矿渣进行试验,取得了一定的效果。近 20 年来,长江中下游护岸工程材料与技术得到了长足的发展,除传统的抛石、柴枕、柴排等护岸工程材料外,混凝土铰链排、模袋混凝土、四面六边透水框架、混凝土异形块、土工织物枕及软体排等护岸工程在长江中下游河段中均不同程度地采用,积累了一定的经验。在国内外其他河流中,也实施了不同护岸材料及型式的护岸工程。例如,20 世纪 30~40 年代,美国在密西西比河下游实施了铰链沉排护岸工程。日本多为山区河流,常采用丁坝护岸工程。在西欧的河流中,采用软体排进行护岸工程的较多,且广泛使用土工织物。

　　传统的各种各样的护岸、护坡等工程措施大多数已经得到了广泛应用,经过长期实践的检验,也取得了很好的效果。然而,在水沙条件变化造成的河型、河势调整情况下,哪些措施具有更好的防护效果,根据河床冲刷的特点对其做出什么样的改进目前还缺乏研究。另外,水沙条件的变化可能使原本已经存在的工程设施失去稳定,因此对建筑物本身的防护也应当引起注意。

1.2.3　水动力泥沙及河床演变模拟

　　水库泥沙的主要运动规律是非均匀不平衡输沙规律。针对这一规律,20 世纪30 年代,苏联学者基于沙量平衡原理建立了一维不平衡输沙方程;60 年代,学者在均匀流、均匀沙条件下通过求解二维扩散方程研究悬移质不平衡输沙问题。在国内,窦国仁(1963)在计算潮汐含沙水流的冲淤变化时,首先建立了一维不平衡输沙方程。之后,韩其为(1979)在非均匀流情况下通过积分二维扩散方程得到了一维非均匀沙的不平衡输沙方程,并给出了冲淤明显情况下床沙和悬移质的级配变化过程。王静远等(1982)对一维不平衡输沙方程的级数解进行了研究。Huang

(2001)在利用数学模型计算细沙含量比较大的水库中的泥沙淤积情况时,较全面地考虑了泥沙颗粒的特性,并将其计算结果与黄河的实测资料进行对比。Khosrownejad 等(2006)利用垂向二维水动力学模型并结合泥沙输移模型,研究了水库泄洪时的排沙量。童思陈等(2007)通过数学模型计算,发现了水库淤积中可能出现的一种新的淤积现象,即二级三角洲形态,并通过大量分析,论证了二级三角洲在水库淤积中的危害性。陈建等(2008)通过泥沙数学模型对三峡不同调度运行方案的淤积情况进行了讨论,汛限水位及其持续时间对水库淤积平衡及塑造过程起着至关重要的作用。范勇等(2009)根据变动回水区的水流特点,建立了贴体正交曲线坐标系下的水沙运动的二维数学模型,模拟了三峡变动回水区的泥沙淤积情况。陆永军等(2009)在分析三峡工程变动回水区水沙特性的基础上,应用建立的适合多连通域的贴体正交曲线坐标系下的二维水沙数学模型,预测了重庆主城区河段泥沙冲淤的时空变化规律。周建军等(2011)根据数学模型计算,证明了粒径大于 0.1mm 的粗沙会在水库回水末端特定位置或大江大河径流水库集中分选沉积,并从理论上证明了占入库比例很小的粗沙对大型河道型水库的淤积三角洲坡面、最终冲淤平衡坡降和淤积程度有很大影响。Omer 等(2014)通过动力地貌与水动力耦合的数值模型,结合历史资料,对苏丹罗赛雷斯大坝内淤积时间和土壤分层进行了模拟预测。

目前,对于日调节枢纽下泄非恒定水沙的传播规律及计算方法研究多采用一维非恒定流水流模型或水沙模型进行计算和分析。Chen 等(1975)为研究冲积河流中非恒定流动现象,建立了相关的一维数学模型。Huang 等(2004)也通过建立冲积河流全沙输运一维模型来模拟河流和渠道中定床或动床条件下的非恒定水流。Cavor 等(1983)通过建立数学模型对水库冲刷进行数值模拟,发现其非恒定流由水库水位下降引起,非恒定现象较为简单。张耀新等(1999)采用水沙模型对赣江万安电站下游河床冲刷的发展趋势及其对航道的影响进行了预报和分析。傅湘等(2000)采用水流模型对三峡电站日调节非恒定流对航运的影响进行了研究。刘新(2007)也建立了一维数学模型,对汉江石泉枢纽下游非恒定流进行了研究。采用二维非恒定流水沙模型进行计算的不多,如韦直林等(2001)利用平面二维数学模型对赣江万安河道进行了模拟计算,以预测万安水库下游河床的演变规律,但因问题的复杂性,其结果只能在定性上有一定的参考价值。

以上很多计算仅涉及冲刷完成后的相对平衡状态,未能给出下游河床的冲刷过程;在输沙方面,国外模型考虑平衡输沙情况较多,国内模型大多考虑不平衡输沙情况,但同时考虑悬移质不饱和输移、非均匀推移质输移及床沙级配调整的模式不多。天然河流床沙级配相差几十倍至上千倍,河床冲刷引起床沙粗化,并影响水流挟沙能力及河床冲刷过程。人们不仅关心冲刷完成后终极平衡状态时的水位、河床形态,更关心水库下游河道冲刷过程中河床形态、水位降落及对防洪、航运、工农业用水及生态等的影响。因此,及时准确地预报冲刷过程及对航道影响就显得尤为重要。可见,目前对枢纽下泄非恒定水沙过程模拟研究还很不够,应重点考虑悬移质不饱和输移、非均匀推移质输移、床沙级配的调整以及水沙过程的非恒定性等特点,提高数学模型的精度和适用性,并在验证基础上,提出非恒定流对航道的影响及治理措施。

近20年来,陆永军等一直致力于枢纽下游河道冲刷研究。为了建立枢纽下游河道冲刷数学模型,首先对某些问题进行概化,通过水槽试验,认识清水冲刷非均匀床沙粗化机理(陆永军等,1994),建立以推移质为主的清水冲刷河床粗化数学模型(Lu et al.,1992;张华庆等,1992;陆永军等,1993b,1993c),利用试验资料率定模型中的一些参数;其次为了能够反映天然河流修建水库后,坝下游河道冲刷及由此引起的水位降落,建立包括悬移质、推移质及床沙分选的全沙模型(陆永军等,1993a,1993b,1993c,1993d,1995,2008),并经过丹江口水库下游冲刷28年资料的验证,较好地模拟了水库下游河道冲淤过程、含沙量沿程恢复过程及床沙粗化过程;最后也是最重要的一步,就是预报未来条件下可能出现的情况,且有一定的精度。

除了数值模拟之外,部分研究者还进行了物理模型模拟研究。例如,葛静等(2006)对水电站无压引水隧洞进行了非恒定流模型试验研究,介绍了相关隧洞非恒定流模型试验的模型率和设计方法;徐灿波等(2008)对梯级电站日调节过程中非恒定流控制进行了试验研究。但是,葛静与徐灿波等的研究仅涉及了枢纽自身下泄非恒定流的水流特性,均未考虑泥沙的非恒定性。因此,枢纽下泄非恒定流及其引起河床演变的物理模拟仍有待进一步发展。

参 考 文 献

曹慧群,李青云,黄茁,等,2013. 我国水库淤积防治方法及效果综述[J]. 水力发电学报,32(6):183-189.

曹文洪,姜乃森,傅玲燕,等,1997. 白石水库泥沙问题的试验研究[J]. 水利水电技术,28(9):20-23.

长江水利委员会,2000. 长江志:中下游河道整治(第四篇)[M]. 北京:中国大百科全书出版社.

陈建,李义天,孙东坡,等,2008. 水库调度方式对三峡水库泥沙淤积的影响[J]. 武汉大学学报(工学版),41(5):18-22.

陈一梅,李奕琼,1999. 水口电站运行以来对坝下航道影响的研究[J]. 水利水电快报,20(7):5-8.

窦国仁,1963. 潮汐水流中的悬沙运动及冲淤计算[J]. 水利学报,(4):13-24.

窦国仁,万声淦,陆长石,1995. 三峡工程变动回水区泥沙淤积的试验研究[J]. 水利水运科学研究,(4):327-335.

范勇,卢金友,2009. 变动回水区二维泥沙数学模型研究[J]. 武汉理工大学学报,31(10):81-84,136.

封光寅,李龙国,朗理民,等,2008. 丹江口水库库尾推移质运动及冲淤变化研究[J]. 人民黄河,
　　30(10):43-45.

傅湘,纪昌明,2000. 三峡电站日调节非恒定流对航运的影响分析[J]. 武汉水利电力大学学报,
　　33(6):6-10.

高亚军,李国斌,陆永军,2006. 刘家峡水库变动回水区河床质泥沙粒径分布[J]. 水利水运工程
　　学报,(1):14-18.

葛静,鞠小明,王文蓉,等,2006. 水电站无压引水隧洞非恒定流模型试验研究[J]. 四川水利,
　　(5):28-30.

龚国元,1984. 不同自然条件下水库下游的河床演变[J]. 地理科学,4(2):115-124.

郭恺丽,1996. 大坝建设和水库运行对下游的影响[J]. 水利水电快报,17(24):5-9.

韩其为,1979. 非均匀悬移质不平衡输沙的研究[J]. 科学通报,24(17):808-824.

韩其为,童中均,1986. 丹江口水库下游分汊河道河床演变特点及机理[J]. 人民长江,(3):26,
　　27-32.

韩其为,何明民,1995. 三峡水库修建后下游长江冲刷及其对防洪的影响[J]. 水力发电学报,
　　(3):34-46.

韩其为,杨克诚,2000. 三峡水库建成后下荆江河型变化趋势的研究[J]. 泥沙研究,(3):1-11.

韩其为,杨小庆,2003. 我国水库泥沙淤积研究综述[J]. 中国水利水电科学研究院学报,1(3):
　　169-178.

何芳娇,吉祖稳,王党伟,等,2016. 三峡水库泥沙絮凝可能性分析[J]. 泥沙研究,(1):14-18.

胡春宏,王延贵,2004. 官厅水库流域水沙优化配置与综合治理措施研究Ⅰ——水库泥沙淤积与
　　流域水沙综合治理方略[J]. 泥沙研究,(2):11-18.

胡向阳,1998. 三峡工程坝下游河道冲刷研究进展综述[J]. 水利水电快报,19(21):26-29.

黄炳彬,王理许,张春义,等,2002. 白河堡水库泥沙淤积及治理的试验研究[J]. 泥沙研究,(6):
　　74-80.

黄建成,王凤,2011. 三峡工程运用初期坝区泥沙淤积与模型试验成果分析研究[J]. 泥沙研究,
　　(6):59-63.

黄颖,李义天,韩飞,2004. 三峡电站日调节对下游河道水面比降的影响[J]. 水利水运工程学
　　报,(3):62-66.

姜加虎,黄群,1997. 三峡工程对其下游长江水位影响研究[J]. 水利学报,(8):38-43.

交通部天津水运工程科学研究所,2000. 葛洲坝枢纽船闸航道通航水深问题解决措施的二维水
　　流泥沙数学模型研究[R].“九五”三峡泥沙问题研究.

金德生,刘书楼,郭庆伍,1992. 应用河流地貌实验与模拟研究[M]. 北京:地震出版社.

冷魁,1993. 长江下游窝崩形成条件及防护措施初步研究[J]. 水科学进展,4(4):281-287.

李宝璋,1992. 浅谈长江南京河段窝崩成因及防护[J]. 人民长江,23(11):26-28.

李文杰,杨胜发,付旭辉,等,2015. 三峡水库运行初期的泥沙淤积特点[J]. 水科学进展,26(5):
　　676-685.

李振连,屈章彬,肖强,2007. 小浪底水库泥沙淤积观测与分析[J]. 人民黄河,29(1):23-24,79.

刘健,郑艳波,周庆东,2002. 大伙房水库下游河道非恒定流的特性分析[J]. 东北水利水电,
　　20(1):14-15,55.

刘金梅,王士强,王光谦,2002. 冲积河流长距离冲刷不平衡输沙过程初步研究[J]. 水利学报,
　　(2):47-53.

刘新,2007. 汉江石泉枢纽下游非恒定流数学模型研究[J]. 水道港口,28(6):425-429.

刘亚,李义天,孙昭华,2009. 电站日调节波对葛洲坝下游枯期通航条件影响[J]. 武汉大学学报
　　(工学版),42(2):147-152.

卢金友,1994. 水利枢纽下游河道水位流量关系的变化[J]. 水利水运科学研究,(1):109-117.

陆永军,张华庆,1993a. 大坝下游河床下切及其数学模型研究[J]. 水道港口,(4):1-13.

陆永军,张华庆,1993b. 清水冲刷弯曲河型河床变形的概化模型及数值模拟[J]. 水道港口,
　　(3):12-22.

陆永军,张华庆,1993c. 水库下游冲刷的数值模拟——模型的构造[J]. 水动力学研究与进展:
　　A 辑,8(1):81-89.

陆永军,张华庆,1993d. 水库下游冲刷的数值模拟——模型的检验[J]. 水动力学研究与进展:
　　A 辑,8(S1):491-498.

陆永军,张华庆,1994. 清水冲刷宽级配河床粗化机理试验研究[J]. 泥沙研究,(1):68-77.

陆永军,徐成伟,1995. 丹江口水库下游河道二维全沙数学模型[J]. 水利学报,(增刊):135-141.

陆永军,陈稚聪,赵连白,等,2002. 三峡工程对葛洲坝枢纽下游近坝段水位与航道影响研究[J].
　　中国工程科学,4(10):67-72.

陆永军,徐成伟,左利钦,等,2008. 长江中游卵石夹沙河段二维水沙数学模型[J]. 水力发电学
　　报,27(4):36-43,47.

陆永军,左利钦,季荣耀,等,2009. 水沙调节后三峡工程变动回水区泥沙冲淤变化[J]. 水科学
　　进展,20(3):318-324.

马小俊,1999. 密西西比河铺设河床垫层进行整治[J]. 水利水电快报,20(10):28.

潘庆燊,2000. 葛洲坝枢纽下游近坝段整治二维水流泥沙数学模型研究[R]. 武汉:长江科学院.

潘庆燊,曾静贤,欧阳履泰,1982. 丹江口水库下游河道演变及其对航道的影响[J]. 水利学报,
　　(8):54-63.

齐璞,王昌高,孙赞盈,1993. 黄河高含沙水流运动规律及应用前景[M]. 北京:科学出版社.

清华大学,1997a. 三峡枢纽施工期及运用各阶段葛洲坝船闸下游引航道通航问题解决措施研究
　　[R]. "九五"三峡泥沙问题研究.

清华大学,1997b. 提高宜昌水位维护航道水深工程措施的初步研究[R]. "九五"三峡泥沙问题
　　研究.

陕西省水利水土保持厅,1989. 水库排沙清淤技术[M]. 北京:水利电力出版社.

施少华,林承坤,杨桂山,2002. 长江中下游河道与岸线演变特点[J]. 长江流域资源与环境,
　　11(1):69-73.

唐日长,贡炳生,2011. 荆江大堤护岸工程初步分析研究//唐日长. 唐日长论文集[M]. 北京:中
　　国水利水电出版社.

童思陈,周建军,2007. 水库淤积的一种不利形态[J]. 水运工程,(6):71-77.

万新宇,2005. 多沙河流水库调水调沙研究与应用[D]. 南京:河海大学.

王静远,朱启贤,许德风,等,1982. 水库悬移质泥沙淤积的分析计算[J]. 泥沙研究,(1):39-50.

王永,1999. 长江安徽段崩岸原因及治理措施分析[J]. 人民长江,30(10):19-20.

王兆印,黄金池,苏德惠,1998. 河道冲刷和清水水流河床冲刷率[J]. 泥沙研究,(1):1-11.

韦直林,罗春,王运辉,2001. 赣江万安水库下游河床变形二维数学模型研究[J]. 广西大学学报(自然科学版),26(4):308-310.

吴保生,2008. 冲积河流河床演变的滞后响应模型-Ⅱ模型应用[J]. 泥沙研究,(6):30-37.

夏军强,王光谦,吴保生,2002. 黄河下游的岸滩侵蚀[J]. 泥沙研究,(3):14-21.

谢鉴衡,1990. 河床演变及整治[M]. 北京:中国水利水电出版社.

谢金明,2012. 水库泥沙淤积管理评价研究[D]. 北京:清华大学.

谢金明,吴保生,刘孝盈,2013. 水库泥沙淤积管理综述[J]. 泥沙研究,(3):71-80.

熊敏,马文琼,2008. 龚嘴水库泥沙淤积现状分析[J]. 四川水力发电,27(S1):82-86.

徐灿波,胡旭跃,李海彬,等,2008. 梯级电站日调节过程中非恒定流控制[J]. 水道港口,29(1):49-53.

许炯心,1986. 水库下游河道复杂响应的试验研究[J]. 泥沙研究,(4):50-57.

许炯心,1989. 汉江丹江口水库下游河床调整过程中的复杂响应[J]. 科学通报,34(6):450-452.

许炯心,2001. 黄河下游游荡河段清水冲刷时期河床调整的复杂响应现象[J]. 水科学进展,12(3):291-299.

尹小玲,刘青泉,2009. 三峡库区水沙运动及环境灾害变化特点初步分析[J]. 水力发电学报,28(6):43-48.

尹学良,1995. 黄河下游的河性[M]. 北京:中国水利水电出版社.

余文畴,卢金友,2002. 长江中下游河道整治和护岸工程实践与展望[J]. 人民长江,33(8):15-17.

张华庆,陆永军,1992. 清水冲刷河床粗化数学模型[J]. 水动力学研究与进展(A辑),7(4):412-419.

张绪进,何进朝,母德伟,2010. 上游来水来沙变化及对重庆河段泥沙淤积的影响[J]. 水利水运工程学报,(1):23-29.

张耀新,韦直林,吴卫民,1999. 赣江万安水电站下游一维非恒定流水沙数学模型[J]. 广西电力工程,(4):71-76.

仲志余,郭履炽,胡维忠,1996. 三峡水库对长江中下游洪水实时调蓄作用分析[J]. 人民长江,27(4):36-37.

周建军,张曼,曹慧群,2011. 水库泥沙分选及淤积控制研究[J]. 中国科学:技术科学,41(6):833-844.

BEGIN Z B,1981. The relationship between flow-shear stress and stream pattern[J]. Journal of hydrology,52(3-4):307-319.

BRICE J C,1982. Stream channel stability assessment[R]. Washington DC:Department of Transportation,FHA.

CAVOR R,SLAVIC M,1983. Mathematical model of reservoir flushing[C]. Numerical Methods in Laminar and Turbulent Flow,Proceedings of the International Conference,Seattle.

CHEN Y H,SIMONS D B,1975. Mathematical modeling of alluvial channels[C]. Symposium on Modeling Techniques,San Francisco.

CHIEN N,1985. Changes in river regime after the construction of upstream reservoirs[J]. Earth surface processes and landforms,10(2):143-159.

DEY S,1997. Local scour at piers,Part I:A review of development of research[J]. International journal of sediment research,12(2):23-44.

EVANS B J,ATTIA K,1991. Changes to the properties of the river nile channel after high aswan dam physical responses of the river nile to interventions[R]. Quebec: Canadian International Development Agency.

FERNETTE R D G,TANGUY J M,1992. A three-dimensional finite element sediment transport model[C]. Proceedings of 5th International Symposium on River Sedimentation,Karlsruhe.

FRIEDMAN J M, OSTERKAMP W R, SCOTT M L, et al, 1998. Downstream effects of dams on channel geometry and bottomland vegetation: Regional patterns in the great plains[J]. Wetlands, 18(4):619-633.

GASSER M M,EL-GAMAL F,1994. Aswan high dam: Lessons learnt and on-going research[J]. International water power & dam construction,46(1):35-39.

GILVEAR D J, 2004. Patterns of the channel adjustment to impoundment of the upper river Spey,Scotland(1942—2000)[J]. River research and applications,20:151-165.

GILVEAR D,WINTERBOTTOM S,SICHINGABULA H,2000. Character of channel planform change and meander development: Luangwa River, Zambia[J]. Earth surface processes and landforms,25(4):421-436.

GRAF W L, 1999. Dam nation: A geographic census of American dams and their large scale hydrologic impacts[J]. Water resources research,35(4):1305-1311.

GRUBMÜLLER H, HEYMANN B, TAVAN P, 1996. Ligand binding: Molecular mechanics calculation of the streptavidin-biotin rupture force[J]. Science,271(5251):997-999.

HASEGAWA K,1989. Universal bank erosion coefficient for meandering rivers[J]. Journal of hydraulic engineering,115(6):744-765.

HELMUT S, 1995. Impact of dam construction and reservoir operation on the lower reaches[C]. Proceedings of 6th International Symposium on River Sedimentation,New Delhi.

HICKIN E J,1974. The development of meanders in natural river-channels[J]. American journal of science,274(4):414-442.

HOOKE J M,2010. Magnitude and distribution of rates of river bank erosion[J]. Earth surface processes and landforms,5:143-157.

HUANG J C,2001. A mathematical model of reservoir sedimentation[J]. International journal of sediment research,16(2):244-250.

HUANG J C,GREIMANN B P,YANG C T,2004. Development and validation of GSTARS-1D,a general sediment transport model for alluvial river simulation-one dimensional[C]. World Water and Environmental Resources Congress,Salt Lake City.

KESEL R H,2003. Human modifications to the sediment regime of the Lower Mississippi River flood plain[J]. Geomorphology,56(3-4):325-334.

KHOSROWNEJAD A, NEISHABORI A A S, 2006. Numerical simulation of sediment release from reservoirs[J]. International journal of sediment research,21(1):74-88.

KONDOLF G M, SWANSON M L, 1993. Channel adjustments to reservoir construction and gravel extraction along Stony Creek, California[J]. Environmental geology, 21(4): 256-269.

LAURSEN E M, 2000. River width adjustment II: Modeling[J]. Journal of hydraulic engineering, 124(9): 903-917.

LU Y J, ZHANG H Q, 1992. Study on non-equilibrium transport of non-uniform bed load in steady flow[J]. Journal of hydrodynamics, 4(2): 111-118.

NANSON G C, HICKIN E J, 1983. Channel migration and incision on the Beatton River[J]. Journal of hydraulic engineering, 109(3): 327-337.

OMER A Y A, ALI Y S A, ROELVINK J A, et al, 2015. Modelling of sedimentation processes inside Roseires Reservoir(Sudan)[J]. Earth surface dynamics, 3(2): 223-238.

PAOLA C, PARKER G, SEAL R, et al, 1992. Downstream fining by selective deposition in a laboratory flume[J]. Science, 258(5089): 1757.

PARAJULI B B, SUZUKI K, KADOTA A, et al, 2001. Experimental study on the reservoir deposition of sediment mixture with the hydraulic jump [J]. Proceedings of hydraulic engineering, 45: 835-839.

RICHARD G A, 2001. Quantification and prediction of lateral channel adjustments downstream from Cochiti Dam, Rio Grande, NM[D]. Fort Collins: Colorado State University.

SCHUMM S A, 1994. The variability of large alluvial rivers: Significance for river engineering [M]. Boston: American Society of Civil Engineers.

SEAL R, PAOLA C, PARKER G, et al, 1997. Experiments on downstream fining of gravel: I. Narrow-channel runs[J]. Journal of hydraulic engineering, 123(10): 874-884.

SHIELDS F D, SIMON A, STEFFEN L J, 2000. Reservoir effects on downstream river channel migration[J]. Environmental conservation, 27(1): 54-66.

SIMONS D B, LI R M, WARD T J, et al, 1982. Modeling of water and sediment yields from forested drainage basins[R]. US Forest Service Pacific Northwest Forest and Range Experiment Station, PNW-141: 24-38.

STEIGER J, JAMES M, GAZELLE F, 1998. Channelization and consequences on floodplain system functioning on the Garonne River, SW France[J]. River research and applications, 14(1): 13-23.

SURIAN N, RINALDI M, 2003. Morphological response to river engineering and management in alluvial channels in Italy[J]. Geomorphology, 50(4): 307-326.

THORNE C R, ALONSO C, BETTESS R, et al, 1998. River width adjustment I: Processes and mechanisms[J]. Journal of hydraulic engineering, 124(9): 881-902.

WANG Z Y, 1999. Experimental study on scour rate and river bed inertia[J]. Journal of hydraulic research, 37(1): 17-37.

WHITE R, 2001. Evacuation of sediments from reservoirs[M]. London: Thomas Telford.

WILLIAMS G P, GORDON M G, 1984. Downstream effects of dams on alluvial rivers[R]. United States Geological Survey Professional Paper, 1286.

XU J X, 1996a. Complex behaviour of suspended sediment grain size downstream from a reservoir: An example from the Hanjiang River, China[J]. Hydrological sciences journal, 41(6):837-849.

XU J X, 1996b. Channel pattern change downstream from a reservoir: An example of wandering braided rivers[J]. Geomorphology, 15(2):147-158.

YU W S, LEE H Y, HSU S H M, 2000. Experiments on deposition behavior of fine sediment in a reservoir[J]. Journal of hydraulic engineering, 126(12):912-920.

第2章　梯级水库泥沙淤积与河床演变

梯级水库(cascade reservoirs)为在一条河流的水利水电开发规划中,为了充分利用水力资源,从河流或河段的上游到下游修建的一系列呈阶梯式的水库和水电站。梯级水库是开发利用河流的水利、水能资源中的一种重要方式。

梯级水库投入运行后,将拦截调节河道上游的水流和泥沙,显著影响河流的自然特性,改变天然河道的径流与输沙过程及其相应的径流量和输沙量。梯级水库对于河道水资源和泥沙的影响程度取决于水库的数量、大小、调节性能及运行方式等。显然,水库越大或梯级越多,蓄水拦沙的作用越大。

梯级水电开发作为我国目前最主要的水电开发模式,是具有综合开发目标、遵循一定开发顺序、多个单项水电工程的有机组合。梯级水库的运行对于提高河道的水能利用、改善航道条件以及提高供水保证率等具有很大的促进作用。

2.1　径流变化特征

梯级水库显著改变了河流的水流过程。日调节水库改变河流一天的水流过程,季调节水库改变河流一个季节内的水流过程,年调节水库将改变河流一年内的水流过程。各种调节性能的梯级水库群会使河流的洪枯变幅减小,使随机的水文过程变成人为的水库调度过程。目前许多水文站的来水过程主要受上游水库放水过程影响。另外,水库的建设使水面加大,河道水压增加,水面蒸发和渗漏损失增加,因而梯级水库使河流的径流量减少。

2.1.1　单库运行

1. 径流量变化

河道上修建水库后,在多数情况下,下游总径流量会发生减少的现象,主要是因为水库蓄水后引起渗漏和水库表面蒸发增加,水面蒸发一般比陆面蒸发高50%～100%,在干旱地区或干旱季节,水面蒸发和渗漏损失将更大。据埃及水利部统计(陈进等,2005),尼罗河上的阿斯旺水库库容达 1820 亿 m³,每年垂直渗漏60 亿 m³,平行渗漏 10 亿 m³,水库共渗漏 70 亿 m³;水面蒸发损失水量 100 亿 m³,加上气候大风增加蒸发量 40 亿 m³,每年蒸发损失达 140 亿 m³。渗漏和水面蒸发两项合计共损失 210 亿 m³。

黄河流域是另一个典型的例子(陈进等,2005),黄河上游干旱地区的水库蒸发和渗漏损失的水量常达 40％以上,造成流域在降雨量没有明显减小的情况下,出现径流量明显减少的现象。流域工农业引水和跨流域调水等均会促使梯级水库下游的径流量减少,径流减少的幅度与各水库的调节库容及用水量有关,有的水库完全截断来流,而有些对天然过程改变甚小。以黄河为例(赵业安等,1994),1919 年花园口以上河道年耗用径流量为 39 亿 m³,1949 年为 74 亿 m³,1980 年增加到 180 亿 m³,1990 年为 190 亿 m³,相当于花园口站多年平均径流量的 34％。1981~1990 年,黄河(全河)工农业与城乡生活用水实耗径流量年平均值为 290 亿 m³。

虽然长江流域蒸发没有黄河流域或阿斯旺水库那么大,但如果已规划的梯级水库全部建成,长江地表径流量将会减少。在汉江、嘉陵江和三峡水库,水量都有损失的现象。特别是非汛期,大中型水库都是在这段时间内蓄水,而此时空气和地面湿度较小,水面蒸发和渗漏损失会更大。大量梯级水库的累积影响必将减小流域的径流系数,使河道可利用水量减少。例如,三峡水库修建后,原先的一些陆地变成了水体或者湿地,增加了水面面积,使库区的蒸发量增加。据洪松等(1999)的相关研究可知,三峡水库在未蓄水时水面面积为 452km²,建成后正常蓄水时面积为 1084km²,面积增加了 140％,使地表蒸发量平均增加 2.2％~3.9％,地表径流量减少 8％~10％。统计三峡水库入库(朱沱＋北碚＋武隆)与出库站(宜昌站)径流量变化可知,三峡水库建成后的 2003~2012 年与建库前的 1991~2002 年相比,年平均入库与出库径流量均有不同程度的减少,入库径流量减少约 3.4％,出库径流量减少约 7.3％;从出库径流量与入库径流量的比值来看(表 2.1.1),三峡水库运用后,年均出库径流量为入库径流量的 1.10 倍,比水库运用前的 1991~2002 年(平均 1.15 倍)减少 5％,可见三峡水库在一定程度上造成了下游径流量的减少。

表 2.1.1　三峡水库年均入、出库径流量统计

时段	入库径流量/亿 m³ (朱沱＋北碚＋武隆)	出库径流量/亿 m³ (宜昌站)	出库径流量/入库径流量
1991~2002 年	3733	4290	1.15
2003~2012 年	3606	3978	1.10

2. 径流过程改变

水库对下游径流过程的影响主要与水库库容、运用方式及泄洪道特性有关。一般情况下考虑防洪安全的需要,洪峰流量大小在不同程度上会被削减,而航运、发电、灌溉也都要求在汛期大量拦蓄来水,枯期增泄,以满足发电、航运和下游两岸引水的需求。径流过程变化主要是因为水库在汛期拦截来流用于枯期运行,在天然情况下的汛、枯期出现时间可能会有所改变。图 2.1.1 和图 2.1.2 分别给出了

阿斯旺水坝(Gasser et al.,1994)和基西米河梯级水坝(吴保生等,2004)修建前后下游径流变化过程。其中,阿斯旺水坝下游原本出现于 8~9 月的洪峰消失,调节后的洪峰流量大幅度减小,且被提前约 2 个月,历时有所延长,其年内径流过程被完全改变,均化的程度相当大。基西米河梯级水坝的调节作用很明显,1~8 月的日平均流量为 20~40m³/s,9~12 月枯水期的流量反而大大增加。

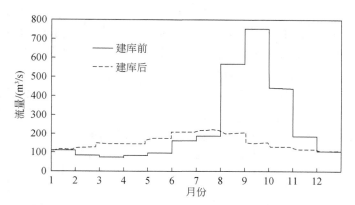

图 2.1.1　阿斯旺水坝修建前后尼罗河入海流量过程图

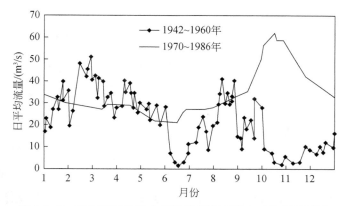

图 2.1.2　基西米河梯级水坝修建前后下游出口流量过程图

　　瀑布沟水库是大渡河流域梯级开发中游控制性水库,其控制了大渡河 88.5% 的集水面积和 83.3% 的泥沙量。瀑布沟水库正常运行后,其下游沙坪水文站 2011 年 1~4 月月平均流量与水库蓄水前的 1~4 月月平均流量相比,有显著增加。其中 1 月、3 月增加尤为明显,是瀑布沟水库运行前月平均流量的 2 倍。瀑布沟水库运行增加了下游枯水期 1~4 月的流量。沙坪水文站在非主汛期径流量方面,2011 年属于枯水年,年径流量仅为 420.1 亿 m³,但经过瀑布沟水电站水库的调节,它的非主汛期径流量达到 203.8 亿 m³,与瀑布沟水库运行前的丰水年水平相当,非主汛期径流量占年径流量百分比提高到 48.5%(陶国英等,2013)。

三峡大坝坝顶高程 185m,正常蓄水位 175m,防洪限制水位 145m,枯水季消落低水位 155m。水库的调度原则是:水库运用要兼顾防洪、发电、航运和排沙的要求,协调好除害与兴利各部门之间的关系,以发挥工程最大综合效益。汛期以防洪、排沙为主。每年的 5 月末至 6 月初,为腾出防洪库容,坝前水位降至汛期防洪限制水位 145m;汛期 6~9 月,水库维持此低水位运行,水库下泄流量与天然情况相同。在遇大洪水时,根据下游防洪需要,水库拦洪蓄水,库水位抬高,洪峰过后,仍降至 145m 运行。汛末 10 月,水库蓄水,下泄量有所减少,水位逐步升高至 175m,只有在枯水年份,这一蓄水过程延续到 11 月。12 月至次年 4 月,水电站按电网调峰要求运行,水库尽量维持在较高水位。1~4 月,当入库流量低于电站保证出力对流量的要求时,动用调节库容,此时出库流量大于入库流量,库水位逐渐降低,但 4 月末以前水位最低高程不低于 155m,以保证发电水头和上游航道必要的航深。每年 5 月开始逐步降低库水位。三峡水库调度运行方式如图 2.1.3 所示。

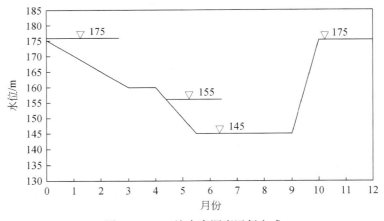

图 2.1.3　三峡水库调度运行方式

按照上述运行方式,三峡水库汛末蓄水期间,由于蓄水量较大(水位从 145m 提升至 175m)且汛后长江上游天然来水量有所下降,水库下泄流量一般比天然流量减少较多;但汛前预泄期(枯水季 5~6 月)下泄量比天然情况有所增加。

在设计的调度运行方式下,三峡水库 10~11 月蓄水期间,进入下游的流量减小,以 175m 蓄水方案为例,若按 10 月蓄满 220 亿 m³,则进入下游的流量平均减小 8241m³/s;在 1~5 月,水库调节水量发电,下游河道流量增加到 5000m³/s 以上,其余月份不改变天然径流过程。

三峡工程自 2003 年运行后至 2012 年,其下游宜昌站和枝城站月径流变化情况如表 2.1.2、表 2.1.3 及图 2.1.4~图 2.1.7 所示。宜昌站 2003~2012 年平均径流

表 2.1.2 宜昌站径流统计表

	月份	1	2	3	4	5	6	7	8	9	10	11	12	全年
经流量 /亿 m³	三峡工程蓄水前(1952~2002 年)	115	94	116	172	310	467	801	735	653	482	260	157	4362
	三峡工程蓄水后(2003~2012 年)	137	121	147	182	312	431	727	647	560	329	233	152	3978
	围堰蓄水期(2003 年 6 月~2006 年 9 月)	127	110	153	176	318	432	693	593	602	427	231	158	4020
	初期蓄水期(2006 年 10 月~2008 年 9 月)	118	110	131	208	270	438	732	692	649	295	189	133	3965
	试验蓄水期(2008 年 10 月~2012 年 12 月)	160	145	160	182	341	425	759	679	473	284	251	156	4015
年内分配 /%	三峡工程蓄水前(1952~2002 年)	2.6	2.1	2.7	3.9	7.1	10.7	18.4	16.9	15.0	11.0	6.0	3.6	100
	三峡工程蓄水后(2003~2012 年)	3.4	3.0	3.7	4.6	7.8	10.8	18.3	16.3	14.1	8.3	5.9	3.8	100
	围堰蓄水期(2003 年 6 月~2006 年 9 月)	3.2	2.7	3.8	4.4	7.9	10.8	17.2	14.8	15.0	10.6	5.7	3.9	100
	初期蓄水期(2006 年 10 月~2008 年 9 月)	3.0	2.8	3.3	5.2	6.8	11.0	18.5	17.4	16.4	7.4	4.8	3.4	100
	试验蓄水期(2008 年 10 月~2012 年 12 月)	4.0	3.6	4.0	4.5	8.5	10.6	18.9	16.9	11.8	7.1	6.2	3.9	100
平均流量 /(m³/s)	三峡工程蓄水前(1952~2002 年)	4277	3843	4329	6633	11592	18017	29919	27456	25210	17997	10021	5875	13825
	三峡工程蓄水后(2003~2012 年)	5129	4971	5483	7023	11638	16622	27140	24160	21599	12276	8975	5683	12603
	围堰蓄水期(2003 年 6 月~2006 年 9 月)	4759	4490	5705	6798	11891	16686	25863	22137	23236	15935	8893	5901	12740
	初期蓄水期(2006 年 10 月~2008 年 9 月)	4393	4519	4880	8027	10087	16910	27311	25829	25038	11007	7311	4962	12563
	试验蓄水期(2008 年 10 月~2012 年 12 月)	5967	6927	5990	7031	12745	16415	28331	25349	18243	10588	9689	5840	12725

表 2.1.3　枝城站径流统计表

月份	1	2	3	4	5	6	7	8	9	10	11	12	全年
径流量/亿 m³ 三峡工程蓄水前(1992~2002年)	123	104	130	181	310	493	838	736	571	436	248	156	4326
三峡工程蓄水后(2003~2012年)	148	131	157	194	322	443	737	654	568	337	240	162	4093
围堰蓄水期(2003年6月~2006年9月)	134	117	160	185	322	446	698	589	605	430	233	165	4083
初期蓄水期(2006年10月~2008年9月)	132	122	147	225	279	444	735	715	660	296	199	146	4100
试验蓄水期(2008年10月~2012年12月)	173	155	172	197	357	439	778	689	484	297	261	167	4169
年内分配/% 三峡工程蓄水前(1992~2002年)	2.8	2.4	3.0	4.2	7.2	11.4	19.4	17.0	13.2	10.1	5.7	3.6	100
三峡工程蓄水后(2003~2012年)	3.6	3.2	3.8	4.7	7.9	10.8	18.0	16.0	13.9	8.2	5.9	4.0	100
围堰蓄水期(2003年6月~2006年9月)	3.3	2.9	3.9	4.6	7.9	10.9	17.1	14.4	14.8	10.5	5.7	4.0	100
初期蓄水期(2006年10月~2008年9月)	3.2	3.0	3.6	5.5	6.8	10.8	17.9	17.4	16.1	7.2	4.9	3.6	100
试验蓄水期(2008年10月~2012年12月)	4.7	3.7	4.1	4.7	8.6	10.5	18.7	16.5	11.6	7.1	6.3	4.0	100
平均流量/(m³/s) 三峡工程蓄水前(1992~2002年)	4597	4250	4844	6988	11581	19013	31296	27475	22014	16274	9571	5827	13706
三峡工程蓄水后(2003~2012年)	5515	5336	5876	7491	12022	17082	27528	24431	21904	12579	9257	6049	12967
围堰蓄水期(2003年6月~2006年9月)	5018	4773	5974	7120	12016	17194	26057	21999	23354	16070	8981	6146	12939
初期蓄水期(2006年10月~2008年9月)	4921	4986	5481	8674	10430	17140	27431	26710	25447	11070	7679	5453	12992
试验蓄水期(2008年10月~2012年12月)	6455	6368	6431	7588	13336	16941	29048	25723	18683	11088	10055	6230	13212

量为 3978 亿 m³,其中 1～5 月径流量为 899 亿 m³,占全年 22.6％;6～8 月径流量为
1805 亿 m³,占全年 45.4％;9～10 月径流量为 889 亿 m³,占全年 22.4％;11～12 月径
流量为 385 亿 m³,占全年 9.7％。三峡水库蓄水对宜昌径流过程产生了一定影响,如
与蓄水前(1952～2002 年)比较,1～5 月增加径流量 92 亿 m³,6～8 月减少径流量 198
亿 m³,9～10 月减少径流量 246 亿 m³,11～12 月减少径流量 32 亿 m³;若从径流分
布比例看,1～5 月、11～12 月分别增加径流量 4.1％和 0.1％,6～8 月、9～10 月分别
减少径流量 0.5％和 3.7％。也就是说,若不考虑年径流量的减少,三峡及上游水利
工程的调节使 2003～2012 年宜昌站 1～5 月、11～12 月径流量分别增加 163 亿 m³、
5 亿 m³,6～8 月、9～10 月径流量分别减少 22 亿 m³、146 亿 m³。三峡水库试验性蓄
水以来,与蓄水前相比,1～5 月、6～8 月、11～12 月径流量分别增加 6.2％、0.4％、
0.5％,9～10 月径流量减少 7.1％。

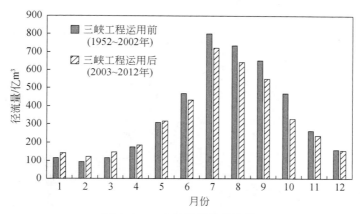

图 2.1.4　宜昌站月均径流量

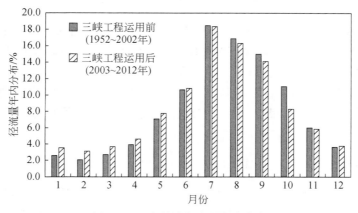

图 2.1.5　宜昌站径流量年内分布

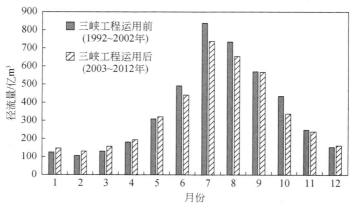

图 2.1.6　枝城站月均径流量

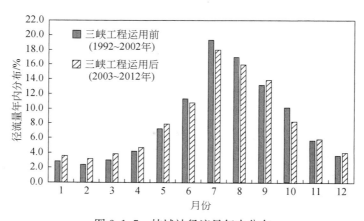

图 2.1.7　枝城站径流量年内分布

同理,三峡与上游水利工程及支流清江上的梯级水库的调节,使 2003~2012 年枝城站径流量与三峡工程蓄水前相比,1~5 月径流量增加 3.6%,6~8 月减少 3.0%,9~10 月减少 1.2%,11~12 月增加 0.6%。

由上述典型水库调节前后的径流过程可知,水库对径流调节的总体特征表现为:汛期洪峰削减,枯水流量加大,中水期流量增大,中水期延长,流量过程的起伏变小。

3. 洪水传播变化

天然河道上修建水库后,上游洪水的传播形式发生了变化。在天然情况下,洪水主要以行进波的形式传播为主,水库修建后,由于库区水位抬高较多,回水区增长,水深加大,洪水以重力波的形式传播作用明显,对洪水传播有促进作用。三峡水库蓄水运用前,对 2002 年上游寸滩站与三峡水库下游黄陵庙站的流量过程进行比较发现,当黄陵庙站的流量时间前移 2 天后与寸滩站的洪水涨落过程基本趋于一致,可见,从上游寸滩站到水库下游黄陵庙站长约 620km 的河段,在天然情况下洪水传播时间约为 2 天。

　　三峡工程蓄水运用后,由于库区水位抬高多,回水长,洪水以重力波的形式传播作用明显。例如,对 2007 年上游寸滩站与三峡工程坝下黄陵庙站的流量过程进行比较可以发现(图 2.1.8),黄陵庙站的流量时间前移 1 天后与上游寸滩站的流量过程基本一致。由此可知,三峡水库蓄水运用后,寸滩站至黄陵庙站的洪水传播时间约为 1 天,与天然情况下相比,洪水传播时间缩短了约 1 天,传播时间加快(方春明等,2011)。

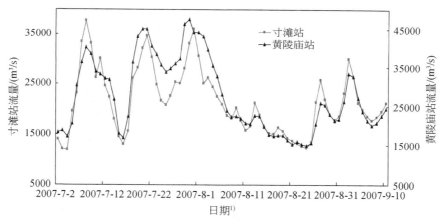

图 2.1.8　三峡水库蓄水后寸滩站至黄陵庙站河段洪水传播

2.1.2　联合运行

　　梯级水库水沙联合调度是利用梯级水库间的水力联系,综合考虑各方面因素,调节各水库的运行方式,达到防洪、发电、排沙、航运、供水、保护生态环境等多种目的,使水库群在中长期的使用过程中的综合效益最大。梯级水库联合调度对河流水沙的影响与水库单库调度的影响是有共性的,例如,大坝抬高水位,水面扩大,渗流和蒸发增大,总的径流量减少;天然河道随机的径流过程变为受工程影响的人为控制过程,水流过程改变,年内分布均化等。然而,流域梯级开发工程对水沙运动影响比单项水电工程影响的范围更大,历时更长,是单项工程效应的累积。

　　澜沧江中下游梯级电站建成后,对下游出境处径流的影响较大,主要是对径流的年内分配产生影响,多级水库参与了对径流过程的调节,使下游径流在雨季减

---

　　1)书中日期均为年-月-日的形式。

少,旱季增加,如图 2.1.9 所示。顾颖等(2008)以澜沧江为例,研究发现梯级电站建成运行后,雨季多年平均径流量降低 10.64%,旱季升高 45.94%,而年平均流量几乎没有变化,如表 2.1.4 所示,这样调节后的河流年水位-时间过程趋于平缓,年内径流变化不大,对大洪水有削峰和错峰作用,有利于减少洪水带来的危害。

表 2.1.4　梯级电站建成后不同频率径流过程变化情况

项目	平水年 P=50%		一般枯水年 P=75%		特枯水年 P=95%		多年平均	
	变化量 /(m³/s)	变化率 /%	变化量 /(m³/s)	变化率 /%	变化量 /(m³/s)	变化率 /%	变化量 /(m³/s)	变化率 /%
雨季平均流量	−383.17	−10.10	−186.00	−5.86	−304.33	−11.26	−378.59	−10.64
旱季平均流量	414.67	54.87	165.50	22.03	318.17	38.14	383.18	45.94
年平均流量	15.75	0.01	−10.25	−0.01	6.92	0.004	2.00	0.001

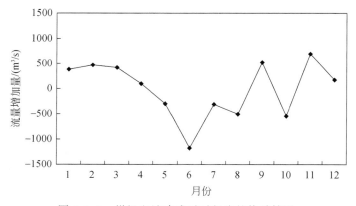

图 2.1.9　梯级电站建成后对径流的扰动情况

　　三峡水库上游各支流主要梯级对三峡水库枯季径流是有益的。郭希望等(2008)研究了三峡水库上游支流雅砻江、乌江、嘉陵江上修建的梯级水库对枯季径流的影响。二滩水电站位于雅砻江的干流上,库容为 57.9 亿 m³,属于季调节水库,分析二滩水电站 1999~2006 年平均入库及平均出库流量可以发现,二滩水电站 1~4 月、11~12 月平均出库流量均大于入库流量,3 月最大影响流量达513m³/s。由此可见,二滩水电站运行后对宜昌站枯季径流量有增加作用。分析红枫、百花、乌江渡水库 1980~1991 年运行资料及彭水专用站实测资料发现,通过上游这三个水库的调蓄作用,乌江干流彭水枯季(11 月至次年 4 月)径流量增加约10 亿 m³,同时枯季径流占年径流的百分比增加约 2.8%。通过还原、分析红枫、百花、乌江渡、东风水库 1985~2000 年径流得出:1~4 月、9~12 月均可增大下泄流量,其中最大月下泄流量增大 239m³/s,最大旬下泄流量增大 306m³/s。通过分析不难发现,上游水库的调蓄作用对三峡水库枯季径流的增大具有促进作用。嘉陵江上的宝珠寺水库从 1996 年开始蓄水,总库容 23 亿 m³,通过对宝珠寺水库 1997～2004 年径流进行还原计算可知,水库 1～5 月、12 月均增大下泄流量,以 3 月增大最多,平均增大下泄流量 75.3m³/s。因此,宝珠寺水库对增大三峡水库枯季径流同样具有促进作用。

郭希望等(2008)对上游水库如何影响枯季各月平均流量也进行了分析,将上述三条江 1980～2006 年枯季因为水库调蓄而加大的径流从宜昌站各月平均流量中直接扣除,得到还原后的宜昌站枯季各月平均流量。因此可以得出,宜昌站 1～4 月各月平均流量均有增加,9 月和 10 月平均流量减少,对三峡水库蓄水期蓄水有一定负面影响。

2013～2014 年三峡工程上游向家坝和溪洛渡梯级水电站相继投入运行,这可对三峡水库的出、入库径流进行进一步均匀化调节。与 2003～2012 年相比,2013～2014 年宜昌站的年平均径流量增加 194 亿 m³,其中 1～5 月、11～12 月径流量分别增加 162 亿 m³ 和 18 亿 m³,6～8 月径流量减少 4.0 亿 m³,9～10 月径流量增加 10 亿 m³(表 2.1.5 和图 2.1.10);从分时段径流量占全年径流量的比例来看,1～5 月径流量增加 2.8%,6～8 月径流量减少 2.0%,9～10 月径流量减少 0.8%,11～12 月径流量所占比例变化不大。

表 2.1.5　宜昌站径流统计表(2003～2014 年)

	月份	1	2	3	4	5	6	7	8	9	10	11	12	全年
径流量	2003～2012 年	137	121	147	182	312	431	727	647	560	329	233	152	3978
/亿 m³	2013～2014 年	172	153	166	219	351	437	764	608	593	306	219	184	4172
年内分配	2003～2012 年	3.4	3.0	3.7	4.6	7.8	10.8	18.3	16.3	14.1	8.3	5.9	3.8	100
/%	2013～2014 年	4.1	3.7	4.0	5.2	8.4	10.5	18.3	14.6	14.2	7.3	5.3	4.4	100
平均流量	2003～2012 年	5129	4971	5483	7023	11638	16622	27140	24160	21599	12276	8975	5683	12603
/(m³/s)	2013～2014 年	6422	6324	6179	8430	13086	16860	28524	22700	22859	11425	8449	6870	13229

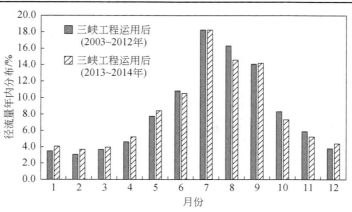

图 2.1.10　宜昌站径流量年内分布(2003～2014 年)

枝城站 2013～2014 年每月径流量占全年径流量的比例与 2003～2012 年同期相比,1～5 月增加 2.6%,6～8 月减少 2.0%,9～10 月减少 0.5%,11～12 月减少 0.1%,如表 2.1.6 和图 2.1.11 所示。

表 2.1.6 枝城站径流统计表(2003～2014 年)

月份		1	2	3	4	5	6	7	8	9	10	11	12	全年
径流量 /亿 m³	2003～2012 年	148	131	157	194	322	443	737	654	568	337	240	162	4093
	2013～2014 年	180	158	168	224	357	441	750	604	597	310	223	188	4200
年内分配 /%	2003～2012 年	3.6	3.2	3.8	4.7	7.9	10.8	18.0	16.0	13.9	8.2	5.9	4.0	100
	2013～2014 年	4.3	3.7	4.0	5.3	8.5	10.5	17.9	14.4	14.2	7.4	5.3	4.5	100
平均流量 /(m³/s)	2003～2012 年	5515	5336	5876	7491	12022	17082	27528	24431	21904	12579	9257	6049	12967
	2013～2014 年	6702	6510	6272	8642	13310	16995	27983	22551	23032	11574	8584	7019	13310

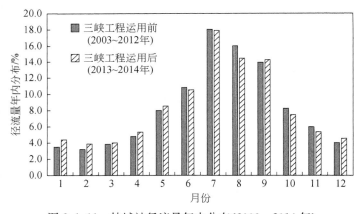

图 2.1.11 枝城站径流量年内分布(2003～2014 年)

根据曹文洪等(2016)研究成果,以三峡水库及其上游干支流主要梯级水库(乌东德、白鹤滩、溪洛渡、向家坝、二滩等)按规划运行调度方案联合运行后的 1991～2000 年水沙系列为代表,模拟研究枝城站径流量年内分布及变化过程,如表 2.1.7 和图 2.1.12 所示。

表 2.1.7 枝城站月径流量统计 (单位:亿 m³)

项目 月份	天然状态	三峡水库正常蓄水		多库联合调度	
	径流量	径流量	与天然状态径流量之差	径流量	与天然状态径流量之差
1	123	150	27	205	82
2	102	147	45	203	101
3	130	183	53	239	109

续表

项目 月份	天然状态	三峡水库正常蓄水		多库联合调度	
	径流量	径流量	与天然状态径流量之差	径流量	与天然状态径流量之差
4	189	222	33	278	89
5	314	364	50	298	−16
6	490	516	26	380	−110
7	898	878	−20	877	−21
8	764	756	−8	711	−53
9	576	558	−18	471	−105
10	449	258	−191	258	−191
11	261	256	−5	306	45
12	166	174	8	236	70
全年	4462	4462	0	4462	0

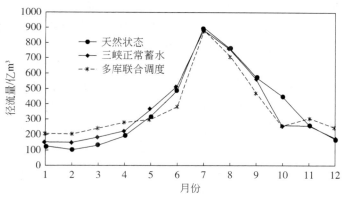

图 2.1.12　枝城站径流量年内分布计算结果

　　表 2.1.7 中,"天然状态"枝城月径流量为 1991～2000 年水文系列实际值(年平均径流量 4462 亿 m³,为宜昌站与清江之和);"三峡水库正常蓄水"及"多库联合调度"月径流量分别为模型模拟三峡水库单独运行及三峡与上游干支流梯级水库联合调度下枝城站的月径流量。从表中可以看出,三峡水库正常蓄水与天然状态相比,枝城站 12 月～次年 6 月,径流量增加 242 亿 m³,而 7～11 月径流量减小 242 亿 m³;多库联合调度与天然状态相比,枝城站 11 月～次年 4 月径流量增加约为 496 亿 m³,5～10 月径流量减小也为 496 亿 m³。尽管多库联合调度月径流量调节量的相对值并不是很大,仅为年总量的 11.1%,但是绝对数值很大。其中,3 月径流量增加最大,达 109 亿 m³,10 月减少最多,达 191 亿 m³,径流量年内分配更趋均匀。

2.2　水库输沙特性

2.2.1　梯级水库输沙特性

天然河道上修建大坝以后,抬高了坝上游水位,使坝上游河道水力坡降减小,水流挟沙能力降低,从而改变了库区河道水沙自然的输移特性,对于多沙河流往往会造成较为严重的淤积。例如,长江三峡河段河床宽窄相间,其河道最宽处约1700m,最窄处仅为250m左右。三峡水库建设前,江面坡陡流急,汛期水面平均坡降约为0.25‰,表面流速达3m/s左右,在峡谷河段最大比降可达1.5‰,表面流速超过5m/s。三峡水库蓄水运用后,由于坝前水位的升高,库区水深和坡降发生了很大变化。例如,以2008年蓄水开始的9月27日与结束时的11月5日为例(毛继新等,2011),入库流量(寸滩站与武隆站流量之和)分别为23677m³/s和23370m³/s,9月27日坝前水位为145.38m,寸滩—长寿、长寿—清溪场、忠县—万县、万县—奉节、奉节—巫山、巫山—茅坪河段位落差分别为12.73m、7.20m、0.65m、0.54m、0.31m、0.70m,11月5日坝前水位抬升到172.42m时,各河段水位落差分别减少到1.40m、0.58m、0.19m、0.20m、0.23m、0.25m。河段水位落差的减小导致库区水面坡降变缓,尤其是上游库段减少更多。图2.2.1描绘的是2008年9月27日、10月1日和11月5日三峡水库各河段水面坡降,这3天的入库流量基本一致,分别为23677m³/s、24697m³/s和23370m³/s,坝前水位不同,分别为145.38m、151.39m和172.42m。9月27日,寸滩—长寿、长寿—清溪场、清溪场—忠县、忠县—万县、万县—奉节、奉节—巫山、巫山—茅坪河段水面坡降分别为1.81‰、1.23‰、0.31‰、0.08‰、

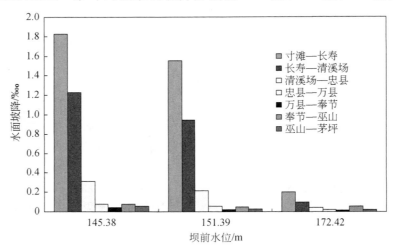

图 2.2.1　三峡库区河段水面坡降变化

0.04‰、0.08‰、0.06‰，11 月 5 日上述各河段水面坡降分别减缓为 0.20‰、0.10‰、0.04‰、0.02‰、0.02‰、0.06‰、0.02‰。

图 2.2.2～图 2.2.8 为 2009 年三峡水库蓄水期间各河段综合糙率变化过程，可见各河段综合糙率随坝前水位抬升而加大趋势明显，变动回水区以上河段变化量不大，回水区河段综合糙率变化较为明显。

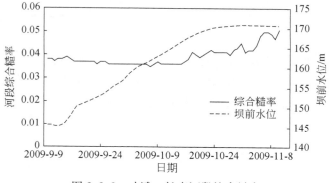

图 2.2.2　寸滩—长寿河段综合糙率

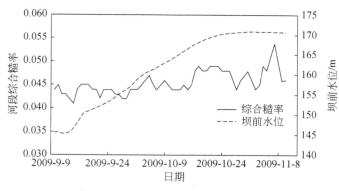

图 2.2.3　长寿—清溪场河段综合糙率

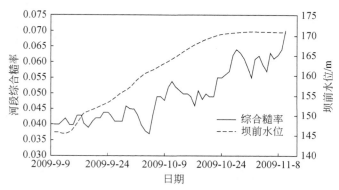

图 2.2.4　清溪场—忠县河段综合糙率

随着库区水深增加,水力坡降变缓,河床阻力加大,流速减小,河道输沙能力随之减弱。排沙比可以看作水库输沙能力或者拦截泥沙程度的指标之一。排沙比大,水库输沙能力强,淤积强度小;反之,排沙比小,水库输沙能力弱,淤积强度则大。水库排沙比与库区河道特性、入库水沙条件、水库蓄水位及调度运用方式等密切相关。在一定的来水来沙条件下,库区河道特性诸如河宽、过水面积和河道糙率等的变化直接影响库区河道输沙能力,即库区河道越窄,过水面积越小,水流流速越大,则水流的输沙能力越强,入库的泥沙输移至坝前并排出库外的概率也越大。

入库水沙条件的变化对水库排沙比的影响也是显而易见的。在一般情况下,入库流量越大,其对应的汛期水库排沙效果也越好。特别是在洪峰期间,库区部分河道为天然状态,水流流速较大,水流挟沙能力较强,进入水库的泥沙大部分能输移到坝前,水库排沙比较大。

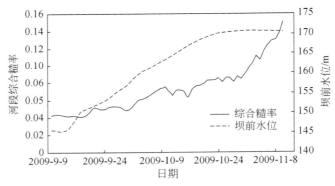

图 2.2.5　忠县—万县河段综合糙率

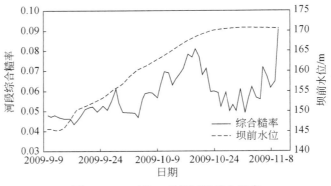

图 2.2.6　万县—奉节河段综合糙率

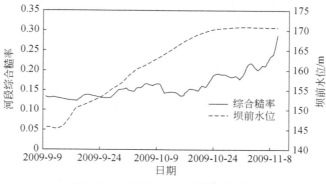

图 2.2.7　奉节—巫山河段综合糙率

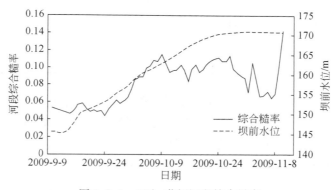

图 2.2.8　巫山-茅坪河段综合糙率

　　坝前的水位是影响水库排沙的重要因素。随着坝前水位的逐步抬高,水深增加,流速减缓,水流挟沙能力减小,泥沙沿程沉积,水库排沙比随之减小。目前,我国许多水库采用"蓄清排浑"的运行方式,在汛期多沙季节降低水位运行,有利于水库排沙,非汛期来沙少时抬高水位蓄水,这样通过控制坝前水位达到减轻库区泥沙淤积、延长水库使用寿命的目的。

　　三峡水库是典型的河道型水库,采用蓄清排浑的运行方式,有利于水库排沙及有效库容的保持,但是它又是高坝大库,调蓄库容大,拦截能力强,将大部分入库泥沙拦在库区内,坝前淤积较多。表 2.2.1 为 2004~2012 年三峡水库不同河段排沙比统计表(胡春宏等,2017)。由表可见,三峡水库蓄水运用后,朱沱—坝前库段排沙比从 2004 年的 33.2% 减小到 2012 年的 20.7%,虽然期间有差别,如 2006 年和 2011 年三峡水库排沙分别为 7.4% 和 6.8%,但随着运行水位的逐步抬高,水库排沙比逐渐减小的趋势比较明显。从分河段来看,由库尾至坝前,随着河段水深的加大,排沙逐渐减小,如朱沱—寸滩库段为库尾河段,蓄水期水深一般小于 30m,

2004～2012 年该河段平均排沙比为 95.0%；而坝前段蓄水期水深超过 100m，该河段 2004～2012 年平均排沙比仅为 39.0%。

表 2.2.1　三峡水库不同河段排沙比变化　　　　　（单位：%）

年份	朱沱—寸滩	寸滩—清溪场	清溪场—万县	万县—坝前	朱沱—坝前
2004	85.7	90.1	77.6	49.5	33.2
2005	98.7	92.5	80.8	50.3	37.1
2006	93.2	85.9	50.2	18.5	7.4
2007	91.7	98.4	55.7	42.2	21.3
2008	94.0	87.5	55.5	30.7	14.0
2009	95.4	104.4	57.8	34.1	19.7
2010	94.4	89.6	59.2	28.6	14.3
2011	91.6	94.8	35.0	22.4	6.8
2012	96.8	89.9	60.1	39.6	20.7
平均	95.0	92.6	61.7	39.0	21.2

在三峡库区，随着排沙比的沿程递减，粗颗粒逐渐落淤，悬移质沿程细化。表 2.2.2 为三峡水库进出库悬移质平均中值粒径统计表，由表可见，2003～2010 年朱沱站悬移质平均中值粒径约为 0.01mm，寸滩站悬移质平均中值粒径约为 0.009mm，宜昌站悬移质平均中值粒径约为 0.004mm。

表 2.2.2　三峡水库进出库悬移质平均中值粒径统计表　　（单位：mm）

年份	朱沱站	寸滩站	宜昌站
2003	0.011	0.009	0.007
2004	0.011	0.010	0.005
2005	0.012	0.010	0.005
2006	0.008	0.008	0.003
2007	0.010	0.009	0.003
2008	0.010	0.008	0.003
2009	0.010	0.008	0.003
2010	0.010	0.010	0.006
2003～2010	0.010	0.009	0.004

出库悬移质的显著细化是在一定水动力条件下，粗颗粒泥沙输移能力弱，容易落淤的结果，如在围堰发电期（2003 年 6 月～2006 年 8 月），粒径 $d \leqslant 0.062$mm 的泥沙对应排沙比为 38.8%，0.062mm $< d \leqslant 0.125$mm 和 $d > 0.125$mm 的粗颗粒泥

沙的输沙量分别为 3820 万 t、3750 万 t，排沙比分别为 10.5% 和 34.1%；随着坝前水位的抬高，水流的挟沙能力随着水流流速的减小而减弱，粗颗粒泥沙的排沙比随之发生比全沙更为明显的减小，即在初期运行期（2006 年 9 月～2008 年 9 月），水库排沙比虽为 18.7%，但 0.06mm<d≤0.125mm 和 d>0.125mm 的泥沙的输沙量分别为 3020 万 t、2720 万 t，排沙比分别仅为 1.3% 和 2.9%；在试验性蓄水期（2008 年 1 月～2010 年 12 月），水库排沙比为 16.0%，其中粒径 d≤0.062mm 的泥沙对应排沙比为 18.0%，0.062mm<d≤0.125mm 和 d>0.125mm 的泥沙的输沙量分别为 2580 万 t、2350 万 t，排沙比分别为 3.1% 和 0.9%（高慧滨等，2016）。

2.2.2　梯级水库联合运行的影响

梯级水库联合运行对泥沙输移的影响除具有单项水电工程输沙的基本特征之外，更突出地表现为对泥沙输移的累积影响和系统影响，如梯级水库群对水流输沙过程的改变以及拦沙效率会大于其中任何一个梯级，影响时间也会更长久。梯级水库群中的上游梯级水库，由于入库沙量较大，泥沙颗粒较粗，一般情况下水库排沙比小，悬沙级配较粗；而下游梯级水库，由于上游梯级水库的拦蓄作用，进库泥沙较细，含沙量较小，泥沙不易落淤，相对而言水库排沙比较大。例如，在金沙江下游梯级水库拦沙效果研究中，中国水利水电科学研究院以 1961～1970 年水沙系列为典型系列，利用数学模型研究了金沙江干流乌东德、白鹤滩、溪洛渡和向家坝梯级水库的排沙变化（李丹勋等，2010）。表 2.2.3 给出了溪洛渡和向家坝水库进出库泥沙及水库排沙比计算结果。由表可见，1～10 年溪洛渡水库入库沙量为 25.06 亿 t，出库沙量为 5.76 亿 t，水库平均排沙比为 23.0%，10 年以后考虑了上游乌东德水库和白鹤滩水库的运用，溪洛渡水库入库沙量大幅度减小，11～20 年入库沙量为 8.80 亿 t，出库沙量为 3.69 亿 t，水库平均排沙比为 41.9%，此后随水库淤积发展，水库排沙比逐渐变大，41～50 年溪洛渡水库排沙比为 45.8%。向家坝水库承接溪洛渡水库下泄的水沙，区间支流入库沙量很少，其入库沙量即溪洛渡出库沙量。1～10 年向家坝水库出库沙量为 4.61 亿 t，水库平均排沙比为 80.0%，11～50 年向家坝水库平均排沙比约为 84.8%。

表 2.2.3　上游建梯级电站溪洛渡和向家坝水库排沙计算

梯级名称	参数	1～10 年	11～20 年	21～30 年	31～40 年	41～50 年
溪洛渡	入库沙量/亿 t	25.06	8.80	8.94	9.12	9.28
	出库沙量/亿 t	5.76	3.69	3.78	4.02	4.25
	平均排沙比/%	23.0	41.9	42.3	44.1	45.8
向家坝	入库沙量/亿 t	5.76	3.69	3.78	4.02	4.25
	出库沙量/亿 t	4.61	3.15	3.21	3.39	3.56
	平均排沙比/%	80.0	85.5	85.1	84.5	83.9

　　图 2.2.9 和图 2.2.10 分别为溪洛渡水库和向家坝水库的排沙级配变化图,由图可知,向家坝水库的排沙级配明显细于同期溪洛渡水库排沙级配。

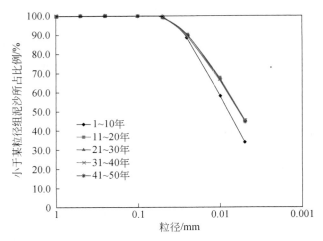

图 2.2.9　溪洛渡水库排沙级配

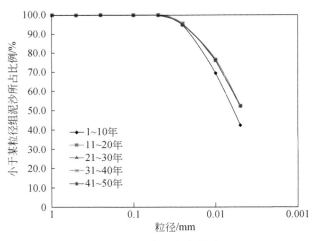

图 2.2.10　向家坝水库排沙级配

2.3　水库淤积与河床演变

2.3.1　水库淤积变化

　　水库淤积是坝前水位变化后与上游来水来沙及本地河床边界综合作用的结

果。天然河流在水流和河床的共同作用下,基本上处于水沙相对平衡的状态,即上游来水、来沙条件与河床变形基本上是相互适应的。修建水库后,之前的水沙相对平衡状态遭到破坏,使河道的侵蚀基面发生较大变化,库区水流速度大幅度减小,泥沙逐渐沉淀下来,形成水库淤积,直至达到新的平衡。水库淤积过程及淤积平衡都受到坝前水位及上游来水来沙的影响,在这两个因素中,对于单一水库,坝前水位是可以人为控制的,通过调度方式可以控制水库淤积总量及其淤积发展过程;对于梯级水库群中的下游梯级水库,坝前水位与上游来水来沙条件均是由人为控制的,因此通过优化调度来合理调配梯级水库淤积和淤积发展过程的效果会更加显著。

　　中国水利水电科学研究院在三峡水库提前蓄水方式研究中,根据起蓄时间及汛末初期(10 月 1 日)坝前限制水位的不同,模拟研究了多种水库调度方式下三峡水库的淤积状况(毛继新,2008)。计算时,三峡水库入库水沙条件采用 1991～2000 年 10 年典型水沙系列,入库悬移质级配采用 1991～2000 年平均值。若三峡水库采用初步设计基本方案(即 1001-145 方案,代表每年 10 月 1 日开始蓄水,汛末初期限制水位 145m)运行,则其运行 10 年、20 年及 30 年累计淤积量分别为21.958 亿 m³、43.420 亿 m³ 和 63.073 亿 m³(表 2.3.1)。

表 2.3.1　三峡水库淤积量计算表　　　　　(单位:亿 m³)

方案	时间	重庆以上	重庆—长寿	长寿—涪陵	涪陵—丰都	丰都—坝址	全库区
1001-145	10 年	0.240	1.033	1.465	1.452	17.344	21.958
	20 年	0.258	1.489	2.403	2.379	36.245	43.420
	30 年	0.296	1.884	2.910	2.915	54.288	63.073
921-150	10 年	0.241	1.084	1.529	1.503	17.231	22.024
	20 年	0.272	1.564	2.465	2.434	36.086	43.486
	30 年	0.307	2.035	2.970	2.951	54.188	63.268
921-155	10 年	0.247	1.107	1.553	1.509	17.196	22.050
	20 年	0.275	1.598	2.475	2.469	36.017	43.504
	30 年	0.312	2.077	2.975	3.009	54.110	63.302
921-160	10 年	0.253	1.103	1.567	1.510	17.183	22.052
	20 年	0.275	1.608	2.518	2.482	36.013	43.567
	30 年	0.313	2.110	3.029	3.017	54.016	63.307

　　汛末限制水位的提高可增加各时期三峡库区的淤积量。表 2.3.1 列出了同为9 月 21 日开始蓄水的 921-150 方案、921-155 方案和 921-160 方案水库淤积模拟计

算结果,其中,921-150 方案代表 9 月 21 日开始蓄水,限制水位 150m;921-155 方案代表 9 月 21 日开始蓄水,限制水位 155m;921-160 方案代表 9 月 21 日开始蓄水,限制水位 160m。

三峡水库运行 10 年,三个方案计算的总淤积量分别为 22.024 亿 m³、22.050 亿 m³ 和 22.052 亿 m³;三峡水库运行 20 年,三个方案计算的累计淤积量分别为 43.486 亿 m³、43.504 亿 m³ 和 43.567 亿 m³;三峡水库运行 30 年,三个方案计算累计淤积量分别为 63.268 亿 m³、63.302 亿 m³ 和 63.307 亿 m³。

三峡水库的淤积随限制水位抬高而加重,但差别不是很大,其原因主要是,随着汛限水位的抬高,期间库区水位均有所抬升,流速相应减小,因而库区淤积加重。然而,三峡水库长 600 余千米,坝前水位 5m 的抬高对库尾的水位以及库区平均流速影响不大,并且上述方案中坝前水位有差别的天数不长,所以方案之间淤积量的绝对值相差不是很大。

图 2.3.1 给出了假定的坝前水位分别为 145m、150m、155m、160m 时,模型计算的寸滩断面流量为 30000m³/s、40000m³/s、50000m³/s、60000m³/s 的水位。由图可见,各级流量下,寸滩水位均随坝前水位的抬升而抬高,坝前水位由 145m 升到 160m,寸滩水位抬高 1.0m 左右,不同流量下抬高值略有差异,但差别不大。表 2.3.2 给出了寸滩断面平均流速计算值,可见坝前水位的变化对寸滩断面平均流速影响较小。

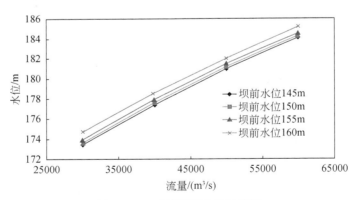

图 2.3.1　寸滩断面水位计算值

表 2.3.2　寸滩断面平均流速计算表　　　　　（单位:m/s）

寸滩流量 坝前水位	30000m³/s	40000m³/s	50000m³/s	60000m³/s
145m	2.6	2.8	2.9	3.0
150m	2.6	2.7	2.8	3.0

续表

寸滩流量 坝前水位	30000m³/s	40000m³/s	50000m³/s	60000m³/s
155m	2.6	2.7	2.8	2.9
160m	2.4	2.6	2.7	2.9

三峡大坝将天然河道水位抬高了数十米以上,近坝段过流面积很大,坝前水位的变化对近坝断面平均流速影响也会较小。表 2.3.3 列出了庙河断面平均流速计算值,当坝前水位由 145m 升高到 160m,庙河断面水位也抬升约 15m,但其断面平均流速变化微小,所以目前坝前水位的少量抬升对三峡水库总淤积量影响不大是容易理解的。

表 2.3.3　庙河断面平均流速计算表　　　　　（单位:m/s）

寸滩流量 坝前水位	30000m³/s	40000m³/s	50000m³/s	60000m³/s
145m	0.5	0.7	0.9	1.0
150m	0.5	0.7	0.8	1.0
155m	0.5	0.6	0.8	0.9
160m	0.4	0.6	0.7	0.9

对于不同的蓄水时间,本书模拟了 921-160 方案、911-160 方案、901-160 方案和 821-160 方案下水库的淤积量(表 2.3.4)。其中,921-160 方案代表 9 月 21 日开始蓄水,限制水位 160m;911-160 方案代表 9 月 11 日开始蓄水,限制水位 160m;901-160 方案代表 9 月 1 日开始蓄水,限制水位 160m;821-160 方案代表 8 月 21 日开始蓄水,限制水位 160m。

表 2.3.4　三峡水库淤积量计算表　　　　　（单位:亿 m³）

方案	时间	重庆以上	重庆—长寿	长寿—涪陵	涪陵—丰都	丰都—坝址	全库区
	10 年	0.253	1.103	1.567	1.510	17.183	22.052
921-160	20 年	0.275	1.608	2.518	2.482	36.013	43.567
	30 年	0.313	2.110	3.029	3.017	54.016	63.307
	10 年	0.259	1.131	1.613	1.549	17.140	22.130
911-160	20 年	0.278	1.683	2.572	2.514	36.040	43.760
	30 年	0.313	2.177	3.063	3.134	54.022	63.537
	10 年	0.260	1.157	1.653	1.577	17.132	22.221
901-160	20 年	0.279	1.737	2.620	2.559	35.905	43.779
	30 年	0.316	2.234	3.083	3.166	54.038	63.677

方案	时间	重庆以上	重庆—长寿	长寿—涪陵	涪陵—丰都	丰都—坝址	全库区
821-160	10 年	0.246	1.230	1.745	1.612	17.012	22.289
	20 年	0.280	1.803	2.686	2.651	35.819	43.930
	30 年	0.318	2.322	3.168	3.295	53.927	63.882

在蓄限水位同为 160m 的情况下,起蓄时间为 8 月 21 日、9 月 1 日、9 月 11 日、9 月 21 日,三峡水库运用 10 年淤积量分别为 22.289 亿 m³、22.221 亿 m³、22.130 亿 m³ 和 22.052 亿 m³;水库运用 20 年淤积量分别为 43.930 亿 m³、43.779 亿 m³、43.760 亿 m³ 和 43.567 亿 m³;水库运行 30 年淤积量分别为 63.882 亿 m³、63.677 亿 m³、63.537 亿 m³ 和 63.307 亿 m³。

三峡水库提前蓄水库区淤积量增加的主要原因可能有两方面:①三峡水库提前蓄水,增加了水库拦蓄时间,在水库淤积未平衡条件下,淤积量相应增加;②三峡水库蓄水时间提前,拦截了含沙量相对较高的来流。表 2.3.5 和图 2.3.2 为 1991~2000 年 10 年代表系列中,8 月和 9 月各旬三峡水库入库水、沙量及其占全年量值的比例。由表 2.3.5 中可见,就 10 年平均来看,8 月、9 月来水量分别占全年 17.4%、14.0%,来沙量相应值为 28.3%、16.4%;8 月中、下旬入库沙量占全年比例最大,并且沙量所占比例明显大于水量所占比例,此后三峡水库入库沙量占全年入库沙量的比例显著减小,且与入库径流占全年的比例逐渐接近。因此,三峡水库提前蓄水拦截了更多的入库泥沙。

表 2.3.5　三峡水库入库水沙量特性统计表

时间 项目	8 月			9 月		
	上旬	中旬	下旬	上旬	中旬	下旬
径流量/亿 m³	200	223	235	192	171	161
水量占全年比例/%	5.3	5.9	6.2	5.1	4.6	4.3
输沙量/万 t	3052	3734	3654	2426	2022	1596
沙量占全年比例/%	8.3	10.1	9.9	6.6	5.5	4.3

梯级水库群的联合运行,改变了下游梯级水库的入库水沙条件,从而影响了水库的淤积及其发展过程。表 2.3.6 列出了三峡水库汛末初期限制水位 155m,起蓄时间分别为 9 月 11 日、9 月 1 日和 8 月 21 日的 911-155 方案、901-155 方案与 821-155 方案以及与之相对应的考虑上游梯级水库运用条件下的 911-155 上游建库方案、901-155 上游建库方案和 821-155 上游建库方案的淤积模拟计算结果。1991~2000 年典型水沙系列中,朱沱站年均输沙量为 3.05 亿 t;此研究考虑上游修建梯级水库后朱沱站年均输沙量 1~10 年为 2.89 亿 t,11~20 年为 1.98 亿 t,21~30 年为

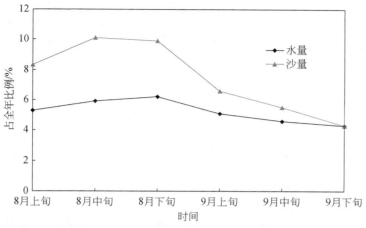

图 2.3.2　三峡水库入库水、沙量特性统计

2.08 亿 t,考虑上游梯级水库运用方案 30 年三峡入库沙量共减少 22.02 亿 t。因此,上游建库方案三峡水库淤积明显减少,如 9 月 11 日蓄水、汛限水位 155m 方案,考虑上游建库(911-155 上游建库方案)10 年、20 年和 30 年,三峡水库淤积分别减少(与 911-155 方案相比)约 1.09 亿 m³、6.48 亿 m³ 和 11.02 亿 m³;再如 8 月 21 日蓄水、汛限水位 155m 方案,考虑上游建库(821-155 上游建库方案)10 年、20 年和 30 年,三峡水库淤积分别减少约(与 821-155 方案相比)1.10 亿 m³、6.39 亿 m³ 和 10.82 亿 m³。

表 2.3.6　三峡水库淤积量计算表　　　　　　　　(单位:亿 m³)

方案	时间	重庆以上	重庆—长寿	长寿—涪陵	涪陵—丰都	丰都—坝址	长江
911-155	10 年	0.259	1.113	1.575	1.522	17.146	22.054
	20 年	0.279	1.656	2.52	2.517	35.913	43.56
	30 年	0.312	2.105	3.005	3.09	54.029	63.371
911-155 上游建库	10 年	0.103	1.029	1.483	1.438	16.474	20.964
	20 年	0.05	0.907	1.653	2.071	31.764	37.076
	30 年	0.057	0.976	1.721	2.284	46.602	52.355
901-155	10 年	0.26	1.131	1.593	1.566	17.12	22.11
	20 年	0.292	1.672	2.56	2.526	35.963	43.691
	30 年	0.314	2.161	3.038	3.149	53.983	63.482
901-155 上游建库	10 年	0.104	1.041	1.508	1.48	16.487	21.059
	20 年	0.051	0.928	1.724	2.093	31.912	37.342
	30 年	0.057	1.000	1.741	2.318	46.799	52.633

方案	时间	重庆以上	重庆—长寿	长寿—涪陵	涪陵—丰都	丰都—坝址	长江
	10 年	0.247	1.166	1.659	1.571	17.063	22.148
821-155	20 年	0.28	1.713	2.619	2.565	35.867	43.726
	30 年	0.316	2.21	3.115	3.141	54.003	63.632
	10 年	0.092	1.065	1.568	1.49	16.393	21.05
821-155 上游建库	20 年	0.05	0.934	1.765	2.136	31.807	37.332
	30 年	0.058	1.009	1.809	2.354	46.857	52.812

　　金沙江下游溪洛渡和向家坝水库泥沙淤积计算结果(李丹勋等,2010)也表明,上游梯级水库的运用可改变下游梯级水库的淤积发展过程及平衡时间等。溪洛渡水电站为金沙江下游四个梯级电站中的第三个梯级,其上接白鹤滩水电站尾水,下与向家坝水库连接,坝址位于四川省雷波县和云南省永善县境内金沙江干流上。溪洛渡水电站控制流域面积为 45.44 万 km²,占金沙江流域面积的 96%,溪洛渡水库正常蓄水位 600m,正常蓄水位以下库容为 115.7m³,装机容量为 12600MW,发电量为 571.2 亿 kW·h。

　　溪洛渡坝址上游距白鹤滩水电站 195.6km,区间有西溪河、牛栏江、美姑河等支流,三条支流多年平均流量分别为 59.5m³/s、153m³/s 和 59.1m³/s;多年平均输沙量分别为 399 万 t、1430 万 t 和 337 万 t。另外,库区还有 68 条发育泥石流沟,根据白鹤滩坝址、屏山水文站及各支流水沙量资料推算,溪洛渡水库区间年平均来水流量为 34 亿 m³,来沙量为 4044 万 t。

　　溪洛渡水电站是以发电为主,兼有拦沙、防洪的水电工程,水库正常蓄水位 600m,汛期限制水位 560m,死水位 540m,根据水库特性,考虑发电、防洪、排沙等因素初步拟定的水库运行方式为:汛期(6 月~9 月 10 日)按汛期限制水位 560m 运行,9 月中旬开始蓄水,9 月底水库水位蓄至 600m,12 月下旬至次年 5 月底为供水期,5 月底水库水位降至死水位 540m。

　　以 1961~1970 年屏山站实测水沙过程作为溪洛渡入库代表系列,该系列年平均径流量为 1510 亿 m³,输沙量为 2.506 亿 t,模拟计算溪洛渡水库泥沙淤积成果,如表 2.3.7 和图 2.3.3 所示。若溪洛渡水库单独运行 100 年,水库累计淤积 105.54 亿 t,约合 82.9 亿 m³。水库初期拦沙量大,淤积严重,如 1~10 年,溪洛渡水库淤积 19.3 亿 t,水库运用 60 年后淤积明显减缓,水库逐渐趋于淤积平衡,91~100 年水库淤积约增加 1.64 亿 t。而考虑溪洛渡水库运行 10 年后上游修建乌东德、白鹤滩梯级水库,从第 20 年进入溪洛渡水库沙量大幅减小,因此溪洛渡水库淤积较轻,100 年内累计淤积 63.28 亿 t,约合 50.2 亿 m³。从淤积发展过程来看,溪洛渡水库单独运行 70 年基本淤积平衡,而上游修建梯级水库后,100 年淤积并未出现减缓趋势,累计淤积量仅为单独运行淤积量的 60% 左右。

表 2.3.7　溪洛渡水库累计淤积量 　　　　　　（单位：亿 t）

时间	10 年	20 年	30 年	40 年	50 年	60 年	70 年	80 年	90 年	100 年
溪洛渡水库单独运行	19.30	37.78	55.35	71.59	85.37	95.37	99.71	102.00	103.90	105.54
上游修建梯级水库	19.30	24.42	29.58	34.67	39.70	44.63	49.47	54.24	58.85	63.28

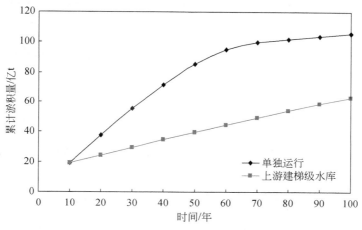

图 2.3.3　溪洛渡水库累计淤积量

向家坝水电站为金沙江下游干流开发的最后一个梯级,水电站控制流域面积 45.88 万 km²,占金沙江流域面积的 97%,电站上游距溪洛渡坝址 156.6km,位于屏山水文站下游 28.8 km。水库区间有西宁河、中都河、大汶溪三条主要支流汇入,支流库区流域植被条件比较好,西宁河上游的源头地区还有部分原始森林,除中都河流域外,西宁河、大汶溪流域居住人口和土地均较少,人为因素造成的水土流失较轻。支流总径流量与输沙量占屏山站的 2.0%～3.0%,所占比例较小,因此在规划设计及研究中向家坝入库水沙量以屏山站水文资料为依据。

向家坝水电站是一座以发电为主,兼有航运、拦沙、防洪、灌溉和梯级反调节等综合利用效益的特大型水电站,水库正常蓄水位 380m,相应库容 49.77 亿 m³,死水位和汛期限制水位均为 370m,调节库容 9.03 亿 m³,具有季调节能力。向家坝水库运行方式为:汛期 6 月中旬～9 月上旬按汛期限制水位 370m 运行,9 月中旬开始蓄水,9 月底水库水位蓄至正常蓄水位 380m,10～12 月一般维持在正常蓄水位或附近运行,至 6 月上旬末水库水位降至 370m。

以 1961～1970 年屏山站实测水沙过程作为向家坝水库入库代表系列,模拟计算水库泥沙淤积成果,如表 2.3.8 和图 2.3.4 所示。假如向家坝水库单独运行 100 年,其累计淤积量为 54.41 亿 t,约合 41.9 亿 m³;而上游修建乌东德、白鹤滩、溪洛渡梯级水库工况下,向家坝水库运行 100 年累计淤积总量为 8.33 亿 t,约合 7.24 亿 m³,仅为向家坝水库单独运行条件下的 15.3%。

表 2.3.8　　向家坝水库累计淤积量　　　　　　　（单位:亿 t）

时间	10 年	20 年	30 年	40 年	50 年	60 年	70 年	80 年	90 年	100 年
向家坝水库单独运行	18.05	33.92	46.77	51.24	52.19	52.80	53.30	53.73	54.08	54.41
上游修建梯级水库	1.15	1.69	2.25	2.87	3.56	4.34	5.16	6.08	7.12	8.33

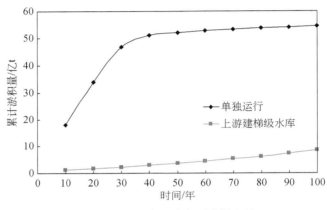

图 2.3.4　　向家坝水库累计淤积量

　　向家坝水库单独运行,水库运用至 40 年基本达到冲淤平衡,以后淤积很少,在此后的 60 年中水库仅淤积 3.17 亿 t,约为前 40 年淤积量的 6.2%。上游修建梯级水库后,向家坝水库 100 年总来沙量大幅度减少约 210.9 亿 t,且明显细化,因而水库淤积很少,随着上游水库排沙不断增加,向家坝水库年淤积量逐渐加大。

2.3.2　淤积形态与演变

　　水库淤积过程实际上是通过随时间不断变化的淤积形态表现出来的。水库淤积形态是水库泥沙运动(包括冲淤)的结果。而水库的来水来沙、坝前水位的变化、地形条件等又决定了泥沙的运动,因此也决定了水库淤积形态。不同的淤积形态将明显地影响库区不同部位的泥沙运动和水库进一步的淤积发展。水库淤积的纵向形态主要有三种形式:三角洲淤积、带状淤积、锥形淤积。

　　(1)三角洲淤积。这种淤积是指泥沙淤积的纵剖面呈三角形的淤积形态。一般发生的条件是水库水位较稳定,经常处于高水位下运用,且来水来沙情况无明显变化,特别是湖泊型水库。根据淤积纵剖面的外形和河床泥沙颗粒沿程分布特点,可将三角洲淤积分成三角洲尾部段、洲面段、洲前坡段和坝前淤积段(图 2.3.5)。三角洲形态是水库淤积较为普遍的现象。图 2.3.6 给出印度 Bhakra 水库蓄水运用以来不同代表年实测泥沙纵向推进过程(Morris et al.,1997)以及国内官厅水库典型年实测主槽平均淤积高程(韩其为,2003),两者都属于典型三角洲淤积形态。

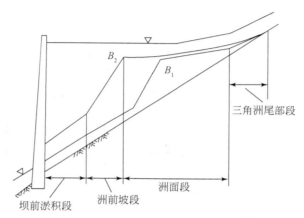

图 2.3.5　水库淤积形态之三角洲淤积

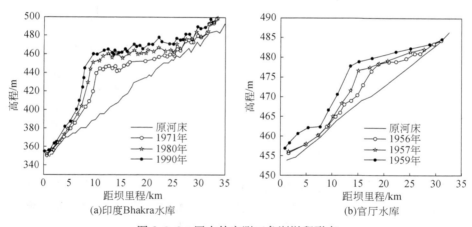

(a)印度Bhakra水库　　　　　　　　(b)官厅水库

图 2.3.6　国内外实测三角洲淤积形态

　　(2)带状淤积。这种淤积是指淤积物沿程均匀分布,整个库区淤积物从纵剖面上看形成带状。水库的带状淤积多发生在水库水位变幅较大、水库来沙少、进库泥沙较细、水流速度较高的情况。这种淤积的特点是淤积物均匀地分布在库区回水段上(图 2.3.7)。

　　(3)锥形淤积。这种淤积一般发生在水库水位不高、壅水段较短、底坡较大、水流流速较高、来沙量较大的小型水库上,淤积体呈锥体形(图 2.3.8)。锥形淤积的淤积面比降取决于回水长度和淤积量的大小,随淤积的发展不断变缓。

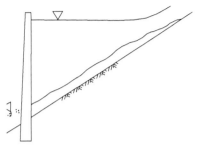 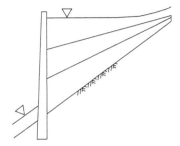

图 2.3.7　水库淤积形态之带状淤积　　　图 2.3.8　水库淤积形态之锥形淤积

同一个水库同一种调度方式下在不同的运用阶段可能表现出不同的淤积形态。例如,图 2.3.9 为莫蒂水库的淤积纵剖面(韩其为,2003),由图可见,1928 年 7 月 12 日纵剖面接近带状外形,1928 年 10 月 2 日及 1928 年 11 月 8 日均为明显三角洲,而到 1930 年 8 月 21 日已算锥体。

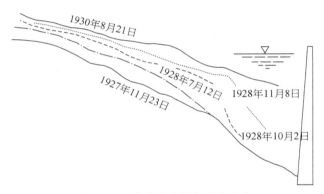

图 2.3.9　莫蒂水库淤积形态变化

决定水库淤积形态的主要因素有淤积百分数的大小、坝前水位的高低和变化幅度。实际上,坝前水位的高低主要通过淤积百分数起作用,因此决定水库淤积形态的因素是淤积百分数的大小与坝前水位变幅(韩其为,2003)。

图 2.3.10 和图 2.3.11 是 1961~1970 年典型水沙系列条件下模拟计算的溪洛渡水库深泓线变化过程。溪洛渡水库单独运行时,水库淤积为典型的三角洲形态,淤积三角洲向坝前推进较快(图 2.3.10),70 年以后,淤积三角洲推进到坝前,水库基本淤满。考虑上游修建梯级水电站时,由于溪洛渡水电站提前 10 年投入运用,所以前 10 年淤积形态与单独运行方案是一致的,此后因进入溪洛渡水库的泥沙减少、变细,淤积减弱,淤积形态虽然仍是三角洲形态,但三角洲向坝前推进的速度明显放缓,至 100 年,淤积三角洲的顶点仍距坝 20 余千米(图 2.3.11),且三角洲顶部高程明显低于溪洛渡水库单独运行时的情况。

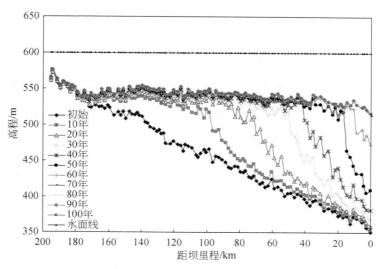

图 2.3.10　溪洛渡水库单独运行深泓线变化过程

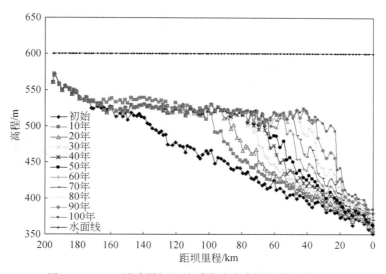

图 2.3.11　上游建梯级电站溪洛渡水库深泓线变化过程

　　向家坝水库由于上游梯级水库的运用,其淤积形态发生了改变。图 2.3.12 和图 2.3.13 给出了 1961～1970 年典型水沙系列条件下模拟计算的向家坝水库深泓线变化过程。在向家坝水库单独运行情况下,水库淤积形态为典型的三角洲淤积,顶点向坝前推进速度很快,水库运行 49 年基本达到坝前(图 2.3.12)。考虑上游修建梯级水库时,向家坝水库入库沙少且细,淤积主要集中在坝址上游 100km 范围内,淤积形态呈现带状淤积(图2.3.13)。

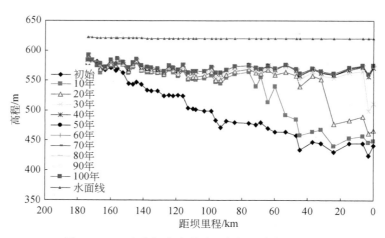

图2.3.12　向家坝水库单独运行深泓线变化过程

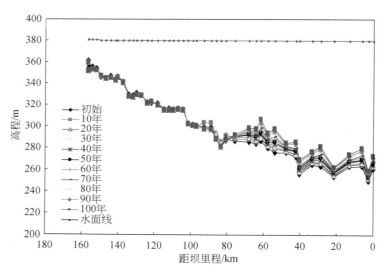

图2.3.13　上游建梯级水库向家坝水库深泓线变化过程

2.3.3　水库排沙调度

我国有许多河流是含沙量高、输沙量大的多泥沙河流,水库建成蓄水后,水库泥沙淤积问题异常严重。在长期的水利工程规划设计、建设和应用管理实践中,水利工作者总结了水力排沙(滞洪排沙、异重流排沙、泄空排沙等)及工程清淤(机械清淤、虹吸清淤、气力泵清淤、挖泥船清淤)等多种水库泥沙处理办法,以减少泥沙淤积量,有效地发挥水库综合经济效益。

1. 水库排沙方式

1)滞洪排沙

当入库洪水流量大于泄水流量时,会产生滞洪壅水。滞洪期内整个库区水沙仍保持一定的行进流速,部分粗颗粒泥沙淤积在库中,细颗粒泥沙可被水流带至坝前排出库外,避免蓄水运用可能产生的淤积,这就是滞洪排沙。滞洪排沙的效率受排沙时机、滞洪历时、开闸时间、泄量大小和洪水漫滩程度等因素的影响。一般来说,开闸及时,滞洪历时短、下泄量大、洪水不漫滩或少漫滩,则排沙效率高。汛期沙量集中,这时利用滞洪排沙往往能得到较好的排沙效果。

2)异重流排沙

在水库蓄水期间,当入库洪水形成潜入库底向坝前运动的异重流时,若能适时打开排沙孔闸门泄放,就可将一部分泥沙排走,减少水库泥沙的淤积。异重流排沙的效果与洪水流量、含沙量、泥沙粒径、泄量、库区地形、开闸时间及底孔尺寸和高程有关。入库洪水含沙量大,粒径细,泥沙就不易沉降,容易运移到坝前排出。另外,库区地形平顺、比降大、回水短、泄量大、底孔高程低都能提高异重流排沙效率。

3)泄空排沙

将水库放空,在泄空过程中回水末端逐渐向坝前移动,库区原来淤积的泥沙会因回水下移而发生冲刷,特别是在水库泄空的最后阶段突然加大泄量,冲刷效果更加显著。这种排沙方式称为泄空排沙。泄空排沙实际是沿程冲刷和溯源冲刷共同作用的结果。沿程冲刷消除回水末端的淤积,把泥沙带到坝前;溯源冲刷又将沿程冲刷带来的泥沙冲走排出库区,并逐渐向上游发展,逐步改变上游水力条件使冲刷能继续进行。实际上,泄空排沙是通过消耗一定的水量换取部分兴利库容的恢复,采用这种方式排沙要因地制宜。

4)虹吸清淤

该方法是以水库上、下游水位落差为动力,通过由操作船、吸头、管道、连接建筑物组成的虹吸清淤装置进行清淤(陕西省水利水土保持厅,1989)。排出浑水的含沙量一般达 $100\sim150\text{kg/m}^3$,最大可达 700kg/m^3 以上。虹吸清淤的主要优点是:不需要泄空水库,为清淤仅消耗很少水量,清淤不受来水季节限制,可以结合各季灌溉常年排沙,比其他两种清淤措施经济;缺点是清淤范围局限在坝前一定范围。很多年前,亚丁(M. Jarim)提出水库虹吸清淤的设想,但最终未能实现。直到1970 年,阿尔及利亚在色纳河上的旁杰伏尔水库首先进行了虹吸清淤试验,利用坝上、下游水位差,按虹吸原理将泥沙排往下游,输泥管悬挂在库中的浮筒上,其进口一端可以沿着淤积面移动,水位高时清除距坝远处淤积物,水位低时则清除近处淤积的泥沙。该库坝前淤积 1m,上下游水位差为 3m,在平均情况下,排沙的浓度为 15％(重量比),在个别情况下,浓度超过 50％。1975 年,山西省水利科学研究所在榆林市出家湾水库进行试验,接着在山西红旗水库、涌河水库、小华山水库、北岔庚水库、新添水库与河群水库进行试验,都取得了较好的清淤效果。罗马尼亚曾不用外加动力,利用虹吸原理清除坝前淤积。法国也曾用虹吸排沙,虹吸管径为 400~500mm,流量为 $1m^3/s$,水头为 20m,可以吸出 15kg 的石块。

5)气力泵清淤

气力泵清淤装置(程永华,1985;范恩德,1986;倪福生,2003)是以压缩空气为动力的清淤新设备。它的主要组成部分有泵体、压缩空气分配器和空气压缩机,辅助部件有悬吊系统、移船系统、操作船、输泥管道等,排出浑水的含沙量平均达 $500kg/m^3$,最大达 $900kg/m^3$。该装置的优点是磨损小、维修方便、排泥浓度高、适用范围广,可以结合抽水灌溉排沙,比挖泥船清淤经济;其缺点是受管道长度限制,只能清理坝前一定范围或水库某局部淤积,一般挖泥设备均装在船上,船到挖泥区才能进行清淤。气力泵可以装到船上工作,也可在清淤现场利用设置在岸上的起吊机械操作运行,泵体直径一般小于 5m,能到之处均可进行清淤。因此,气力泵可用于航道、水库、港口、船闸、河口的清淤工程。在水库清淤中,气力泵主要用于底孔、放水闸、电站进水口附近狭窄水域的深水处清淤,防止闸前泥沙淤堵。对于大型水库支流的拦门槛,气力泵可以开挖堑口,保证水流畅通。对于采用异重流排沙、滞洪排沙、泄空排沙等措施的水库,可用气力泵清除闸前淤积,保持冲刷漏斗,借以提高排沙效果。

20 世纪 70 年代以来,意大利、日本等发达国家相继开展了气力泵清淤技术的研究。70 年代后期,国内航道、水利部门先后开展了这方面的试验研究。1978 年,陕西省宝鸡引黄灌溉管理局成功研制 QB-90 型气力泵装置,并在国内首先用于水库清淤。通过试验研究,解决了气力泵装置改造及利用铰刀进行清淤的一系列技术问题,实现了结合抽浑灌溉,平均排沙浓度约 40％(重量比,每立方米浑水含沙量 534kg),最高一组平均排沙浓度 58.7％(每立方米浑水含沙量 927kg)的良好成效。1980~1984 年,甘肃省电力局在盐锅峡水电站进行 150/30 型气力泵的试验研究,对水深 26m 的坝前清淤,采用了潜淹式电磁空气分配器,取得了较好成效。

6)挖泥船清淤

挖泥船清淤主要是利用装有绞刀、耙头、吸头、抓斗等设备的挖泥船,对水库某一区域进行清淤(程永华,1985;张天存,1995)。其优点是机动性好,不受水库调度影响,耗水量少,可以常年排沙;其缺点是深水区不便于应用,成本及管理费用较高。

早在 20 世纪 60 年代,挖泥船清淤技术就已在国外主要河口拦门沙航道疏浚中取得了一定成效,吸扬式、耙吸式和绞吸式等类型的挖泥船均有广泛的应用(张天存,1995)。各国学者先后对挖泥船清淤开展了系统的研究,较有影响的如美国的欧文、法国的里奥，均取得了不少的研究成果。但这些都属于在含沙量较低的河流或河口区域，或者有可能大幅度降低相对侵蚀基准面的库区，疏浚范围较小，且多限于航道和库区治理。阿尔及利亚普遍采用挖泥船和虹吸挖泥的方法，已建成大型链斗式挖泥船，其挖泥能力达每年 400 万 m³，可以在各种深度下连续工作。瑞士应用一种容量和工作半径较大的吸泥船，吸泥容量为每年 12 万 m³，吸泥深度达 50m，输泥管直径 350mm。在国内，从 20 世纪 50 年代开始，黑龙江、安徽、湖南、广东等省均利用挖泥船进行疏浚施工；1962 年水利部组建机械疏浚工程局，并在山东马颊河、卫河进行机械疏浚试点；1978 年水利部引进荷兰 IHC 公司多艘 4600 型大型绞吸式挖泥船，用于加固荆江、无为大堤等险工段。20 世纪 90 年代，在国家的支持下，挖泥清淤设备得到了广泛的应用。目前，水利系统疏浚设备数量多、分布广，且以中小型为主，其中绞吸式挖泥船已形成 40m³/h、80m³/h、120m³/h、180m³/h、200m³/h、350m³/h、500m³/h 系列，在水利水电工程建设中起到重要作用。

机械清淤方法管理操作较复杂，费用较高，且虹吸清淤和气力泵清淤由于受技术条件的限制，只能清除局部淤积，挖泥船由于成本费用太高，也只能在局部范围内采用。这种方法对于中小型水库和大型枢纽航道的清淤有一定效果。对于大型水库，因为库容大、淤积量大，采用机械清淤成本高，效率低，加之回淤速度快，特别是多沙河流上往往回淤速度超过挖沙速度，因此这种方法不能有效地解决淤积问题。

2. 梯级水库排沙调度

梯级水库的联合运用为水库水力排沙创造了良好条件，通过联合调度上游梯级水库下泄流量，可形成相对较长时间的人造洪峰，加强下游梯级水库滞洪排沙、泄空排沙、异重流排沙的效果；又可调控上游梯级水库的泄流，为下游水库的机械清淤创造适宜的工作条件。例如，黄河小浪底大型水库建成后，为了尽可能延长水库拦沙库容的淤积年限，充分利用异重流可以挟带大量泥沙在水库中演进的能力，减少水库淤积，在 2001～2006 年期间，水利部黄河水利委员会通过万家寨、三门峡、小浪底等水库联合调度，三次成功实施人工塑造异重流，利用异重流特性结合水库调度实现了汛期小浪底水库泥沙多排及下游河道的冲沙减淤。

2004 年进行的小浪底水库第三次调水调沙试验（李国英，2004）就是通过科学调控万家寨水库、三门峡水库、小浪底水库的泄流时间和流量，在小浪底库区人工塑造出异重流，辅以人工扰动泥沙，实现异重流的接力运行，保证对小浪底水库淤积泥沙形成连续的冲刷能量，调整库区淤积部位和形态，进而排沙出库。小浪底水库人工异重流的沙源有两个：一个是小浪底水库尾部的淤积三角洲，要靠三门峡水库下泄较大清水流量进行冲刷，并辅以人工扰动措施使之进入水流；另一个是三门峡水库槽库容里的细泥沙，在三门峡水库低水位时，靠万家寨水库泄流冲刷排出。

1) 三门峡水库出库流量的确定

三门峡水库下泄的目标是冲刷小浪底库尾淤积三角洲和塑造异重流。根据小浪底水库异重流形成条件,在满足历时和细沙含量的前提下,还要满足流量和含沙量要求,有大流量与小含沙量、小流量与大含沙量和一般流量与一般含沙量等不同组合。选择三门峡水库下泄流量及时机,要考虑四个条件:①小浪底库尾淤积三角洲的冲刷需要较大入库流量,要求三门峡出库流量足够大;②中游没有发生高含沙洪水,小浪底水库异重流形成所需的沙源并不充足,要求三门峡水库出库水流具有一定的含沙量,特别要有一定的细泥沙含量;③万家寨水库泄流到三门峡水库时,三门峡水库水位不能太高,要在310m左右,否则三门峡水库拉沙效果不明显;④三门峡水库泄流时,小浪底水库水位不能太高,否则三门峡水库下泄水流的能量将被消杀,同时小浪底水库水位太高,人工扰沙效果不明显,向水流补充泥沙较少。因此,要求三门峡水库泄水时,小浪底水库水位必须降至一定高度,以适应库尾段泥沙扰动和三门峡水库出库水流冲刷泥沙。综合考虑上述因素,确定三门峡水库泄水时机为7月5日15时,出库流量为2000m³/s。

2) 万家寨水库与三门峡水库泄流的对接

万家寨水库泄流与三门峡水库水位对接的目标是,万家寨水库泄流在三门峡水位下降至310m及其以下时演进至三门峡水库,以最大程度冲刷三门峡水库泥沙,为小浪底水库异重流提供连续的水源动力和充足的细泥沙来源。为实现准确对接,要确定以下参数:①根据三门峡水库拉沙效果确定万家寨水库下泄流量大小;②根据小浪底水库人工异重流向坝前推进直至出库需要的时间确定万家寨水库泄流历时;③根据万家寨至三门峡河道情况,尤其是考虑第一场洪水的运行特点,准确计算水流演进时间;④计算三门峡水位降至310m的时间,并根据万家寨至三门峡的水流演进时间确定万家寨水库泄流时机。综合上述因素,最终确定万家寨水库于7月2日12时(即先于三门峡水库泄流时机5日15时)开始泄流,下泄流量为1200m³/s。

试验从2004年6月19日9时开始至7月13日8时结束,历时24天。期间,小浪底水库于2004年6月29日0时至7月3日21时小流量下泄5天(图2.3.14),此次试验实际历时19天。第三次调水调沙试验水库调度过程分为以下两个阶段。

第一阶段,利用小浪底水库下泄清水,形成下游河道2600m³/s的流量过程,冲刷下游河槽,并在两处"卡口"河段实施人工扰动泥沙试验,对卡口河段的主河槽加以扩展并调整其河槽形态。同时,降低小浪底水库水位,为第二阶段冲刷库区淤积三角洲、人工塑造异重流创造条件。

第二阶段,当小浪底水库水位下降至235m时,实施万家寨、三门峡、小浪底三水库的水沙联合调度。首先加大万家寨水库的下泄流量至1200m³/s,在万家寨水库下泄的水量向三门峡库区演进长达近千公里的过程中,适时调度三门峡水库下

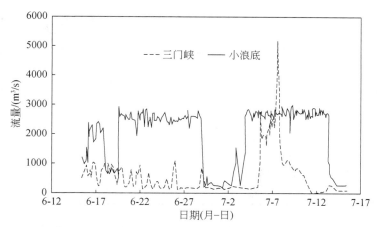

图 2.3.14　三门峡、小浪底站出库流量过程（2004 年 6 月 15 日～7 月 15 日）

泄流量为 2000m³/s 以上的较大流量，实现万家寨、三门峡水库水沙过程的时空对接。利用三门峡水库下泄的人造洪峰强烈冲刷小浪底库尾的淤积三角洲，并辅以人工扰沙措施，清除占用长期有效库容的淤积泥沙，合理调整三角洲淤积形态，并使三门峡水库槽库容冲出的泥沙和小浪底库尾淤积三角洲被冲起的细颗粒泥沙作为沙源，以异重流形式在小浪底库区向坝前运动，利用万家寨水库和三门峡水库泄放的水流动力将小浪底水库异重流排出库外。之后，继续利用小浪底水库泄流辅以人工扰动扩大下游河道主槽行洪能力。

　　此次小浪底水库调水调沙达到了减少水库淤积、降低库尾淤积高程的目的。小浪底水库于 1997 年 11 月截流，1999 年 10 月开始蓄水运用。在 1997～2000 年汛前，小浪底水库库区淤积量很小，只有 6300 万 m³（表 2.3.9）；在 2000 年（水文年，下同）汛期，库区淤积量急剧增大，年淤积总量达 3.82 亿 m³，而且 95% 的淤积发生在干流，支流淤积量仅为 0.21 亿 m³；在 2001 年，库区淤积量略小于 2000 年，但支流淤积量有所增大，库区总淤积量为 2.87 亿 m³，其中支流淤积量为 0.37 亿 m³，占总淤积量的 12.9%；2002 年库区淤积量为 2.25 亿 m³，其中支流淤积量为 0.28 亿 m³，占总淤积量的 12.4%；在 2003 年，由于水库汛期运用水位较高，加上汛期来沙较多，大量泥沙进入库区且主要淤积在干流，干流淤积量为 4.62 亿 m³，占库区总淤积量的 96%；在 2004 年调水调沙试验期间，库区淤积量为 1.15 亿 m³，其中干流淤积量为 0.75 亿 m³，支流淤积量为 0.40 亿 m³。

表 2.3.9　小浪底水库历年干、支流冲淤量统计表（断面法）　（单位：亿 m³）

时段	干流	左岸支流	右岸支流	总冲淤量
1997 年汛前～1998 年汛前	0.09	0.00	0.00	0.09

时段	干流	左岸支流	右岸支流	总冲淤量
1998 年汛前～1999 年汛前	0.04	0.01	−0.02	0.03
1999 年汛前～2000 年汛前	0.47	0.04	0.00	0.51
2000 年汛前～2001 年汛前	3.61	0.09	0.12	3.82
2001 年汛前～2002 年汛前	2.50	0.14	0.23	2.87
2002 年汛前～2003 年汛前	1.97	0.22	0.06	2.25
2003 年汛前～2004 年汛前	4.62	0.13	0.04	4.80
2004 年汛前～2004 年调水调沙试验后	0.75	0.32	0.08	1.15
1997 年汛前～2004 年调水调沙试验后	14.06	0.95	0.51	15.52

　　从 1999 年小浪底水库蓄水到 2004 年 7 月,小浪底库区干流距坝 70km 以内的河段,河底高程平均抬升 40m 左右,其变化情况如图 2.3.15 所示。从图中可以看出,黄河第三次调水调沙试验期间,小浪底库尾淤积三角洲的形态发生了明显的变化,与试验以前相比,三角洲的顶部平均下降近 20m,在距坝 94～110km 的河段内,河槽的河底高程恢复到了 1999 年的水平,淤积三角洲的顶点向下游移动了约 20km。

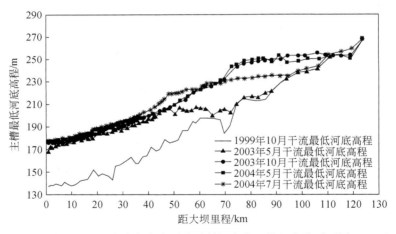

图 2.3.15　小浪底水库干流最低河底高程沿程变化对照图

参 考 文 献

曹文洪,毛继新,等,2016. 荆江河段河道冲刷下切模拟技术研究[R]. 北京:中国水利水电科学研究院.

陈进,黄薇,2005. 梯级水库对长江水沙过程影响初探[J]. 长江流域资源与环境,14(6):786-791.

程永华,1985. 新型清淤装置——气力泵[J]. 陕西水利,(1):30-32,38.

范恩德,1986. 气力泵清淤技术的初步研究[J]. 陕西水利,(1):25-29,32.

方春明,董耀华,2011. 三峡工程水库泥沙淤积及其影响与对策研究[M]. 武汉:长江出版社.

高慧滨,梅王洁,郭田潇,等,2016. 葛洲坝-三峡水库不同蓄水阶段对中下游水沙影响[J]. 人民长江,47(19):37-41.

顾颖,雷四华,刘静楠,2008. 澜沧江梯级电站建设对下游水文情势的影响[J]. 水利水电技术,39(4):20-23.

郭希望,李中平,刘其发,2008. 三峡工程坝址径流特性分析[J]. 人民长江,39(17):96-98.

韩其为,2003. 水库淤积[M]. 北京:科学出版社.

洪松,葛磊,吴胜军,等,1999. 长江三峡水库兴建后库周地区辐射平衡与地面径流变化之探讨[J]. 地理科学,19(5):428-431.

胡春宏,方春明,陈绪坚,等,2017. 三峡工程泥沙运动规律与模拟技术[M]. 北京:科学出版社.

李丹勋,毛继新,杨胜发,等,2010. 三峡水库上游来水来沙变化趋势研究[M]. 北京:科学出版社.

李国英,2004. 黄河第三次调水调沙试验[J]. 人民黄河,26(10):1-7.

毛继新,2008. 三峡水库提前蓄水方式研究——三峡水库泥沙淤积计算[R]. 北京:中国水利水电科学研究院.

毛继新,方春明,陈绪坚,2011. 长江三峡工程 2003～2009 年泥沙原型观测资料分析研究[R]. 北京:中国水利水电科学研究院.

倪福生,2004. 国内外疏浚设备发展综述[J]. 河海大学常州分校学报,18(1):1-9.

陕西省水利水土保持厅,1989. 水库排沙清淤技术[M]. 北京:水利电力出版社.

陶国英,高志良,黄会宝,2013. 瀑布沟水库投运对下游水库径流和泥沙的影响[J]. 水电与新能源,(5):52-55.

吴保生,陈红刚,马吉明,2004. 美国基西米河渠化工程对河流生态环境的影响[J]. 水利水电技术,35(9):13-16.

张天存,1995. 水利水电机械疏浚工程综述[J]. 水力发电学报,(3):85-94.

赵业安,潘贤娣,李勇,1994. 黄河水沙变化与下游河道发展趋势[J]. 人民黄河,17(2):31-34,41,62.

GASSER M M,GRAMAL F,1994. Aswan high dam:Lesson learnt and on-going research[J]. International water power & dam construction,46(1):35-39.

MORRIS G L,FAN J,1998. Reservoir sedimentation handbook:Design and management of dams,reservoirs,and watersheds for sustainable use[M]. New York:McGraw-Hill Book Company.

第 3 章　水利枢纽下泄非恒定流与河床演变

3.1　径流特性变化

3.1.1　径流变化一般特性

一般来说,水利枢纽下游的年内径流特征表现为:①下游洪水期大流量历时缩短,洪峰降低,洪水强度大大削弱;②中、枯水期延长,流量增加,径流在年内平均化。这些变化的程度因水库调节性能不同而有差异。

阿斯旺水坝下游原本出现于 8、9 月的洪峰消失,调节后的洪峰流量大大减小,且提前 2 个月左右,历时有所延长,如图 3.1.1 所示(Helmut,1995)。

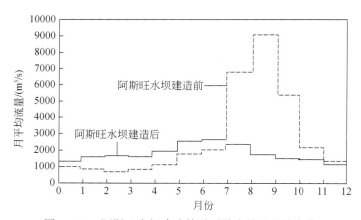

图 3.1.1　阿斯旺水坝建造前后下游流量过程的变化

黄河龙羊峡水库 1988 年建成后,下游循化站洪峰削减,枯水流量增加,年内水量趋于均匀,没有明显的洪枯水期之分,5～9 月径流量相对较大,1～4 月和 10～12 月径流量相对较小,如图 3.1.2 所示。

三峡水库根据长江三峡水库不同蓄水位时的调度原则,对 1947～2002 年实测日平均流量系列进行调度计算,统计不同蓄水位下的流量过程,如图 3.1.3 所示。长江三峡对径流过程改变较小,比较明显的变化是 10 月落水期被提前(王秀英,2006)。

葛洲坝水利枢纽系径流式低水头电站,两坝间河道兼具"水库"和"天然河道"双重特性:当上游来水流量小于年内出现天数频率为 50% 的流量(大致相当于多

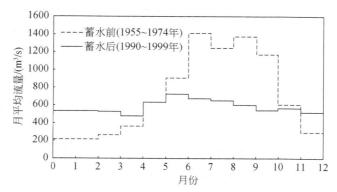

图 3.1.2　龙羊峡建库前后下游流量过程的变化

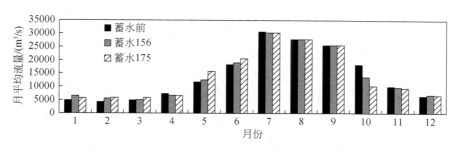

图 3.1.3　三峡水库不同库容条件下的下泄月平均流量

年平均流量 14300m³/s)时,两坝间河道"水库特性"较为明显,而且随着流量的减小,"水库特性"渐强,坝前水位越高,"水库特性"越强,相应水力要素主要随坝前控制水位的变化而变化;当上游来水量大于年内出现天数频率为 50% 的流量时,两坝间"河道特性"较为明显,随着流量的增大,"河道特性"渐强,流量越大,"河道特性"越强,在大洪水时(其流量在年内出现天数频率小于 5%),几乎近于天然河道,相应水力要素随流量的变化而变化,坝前水位变化对水力要素的影响随流量的增大而减弱,其影响范围也随之而缩小(李发政,2004)。

对于江西万安水库来水量相同的年份,如建库前 1959 年与建库后 1995 年相比,流量为 1000~2000m³/s 流量级年出现天数,前者为 69 天,后者为 122 天;同样 1954 年与 1996 年相比,前者为 41 天,后者为 110 天(乐培九等,2004)。

丹江口水库建库前的 1949~1959 年,坝址处年最大流量有 10 年超过 10000m³/s,蓄水后的 1968~1984 年,入库最大洪峰流量有 16 年超过 10000m³/s,而下泄流量仅有 5 年超过 10000m³/s,下泄流量小于 500m³/s 的天数比建库前减少,下泄流量为 1000~3000m³/s 的时间明显增加;坝下游黄家港站年内最大流量与最小流量之比,建库前达 105,蓄水后减至 38。

江西修河干流上的柘林水库建库前最大流量为 12100m³/s,历年水位变幅 11.3m;建库后,相近的洪峰流量可减至 3600m³/s;建库后 10 年间,实际出现最大流量 1820m³/s,水位变幅 5.89m,有的年份最大流量仅为 497m³/s,水位变幅 2.54m(黄颖,2005)。

大渡河建库前 1972~1987 年年最小流量的平均值为 114m³/s,其中历年最小流量为 18m³/s,建库后历年最小流量平均值为 329m³/s,年平均流量增加 215m³/s(黄颖,2005)。

乌江洪家渡、东风、乌江渡水电站建成联合运行后,思南水文站保证率为 90% 的流量从 280m³/s 提高到 396m³/s,净增 116m³/s(黄颖,2005)。

从以上各枢纽来看,在通航河流上修建水库后,洪水期缩短,洪峰流量减小,洪水强度大大削弱;中、枯水期延长,流量增加,径流在年内平均化,通航河流水库下游航道条件能够获得一定改善,部分河段通航等级具有提高的可能性,有利于汛、枯期船舶通航。但是,水库修建同时,拦截了大部分泥沙,由于下泄"清水",水流将通过沿程冲刷达到沙量的补给,河床组成决定河床的泥沙补给能力。坝下游出现不同程度的冲刷下切,在相同流量下水位出现不同程度的下降,由于河床组成抗冲能力的非均匀性,某些河段坡陡流急,从而影响船舶通航。另外,由于枯季水库的日调节,流量时大时小,水位暴涨暴落,波动频繁,与建库前比较,中、枯水期平均水位一般较高,而日最低水位更低,船舶难于航行。因此,坝下冲刷和日调节是影响下游船舶通航的主要因素。

3.1.2　枢纽调节引起的日内流量变化

随着水能、水利资源的开发利用,水力发电、农灌引流、环保防洪分流等工程设施相继在天然河道修建。这些工程在担负引蓄排水、调峰发电时,引起河道水位时涨时落,波动频繁。自然状态下枯水期日流量及水位均较为稳定,水位变幅很小,只有汛期山洪暴发时才有较大的变幅。而日调节电站下游枯水期日水位也有较大变化。日内水位变化频繁,与建库前比较,中、枯水期平均水位一般较高,而日最低水位更低。中国现有电站除极少数航运发达的河流外,大部分电站下泄瞬时最小流量小于甚至远远小于设计通航流量。

影响日调节波变形的因素有两类:一类是内在因素;另一类是外在因素。内在因素包括调节过程、涨落速率、涨落幅度、峰量、起涨时河槽基流、后续条件等。外在因素主要是河床坡度、河槽形态及其沿程变化、河床糙率及阻水建筑物、支流入汇及其汇入流量大小等。总之,影响因素众多,波形变化十分复杂。因此,不同的电站、不同的河流,日调节波变形各异,需具体问题具体分析。

赣江万安水库位于赣江中上游结合部的万安县城上游 2km 处。该枢纽于 1990 年 8 月 24 日开始施工蓄水运用,设计运用水位 80~84m,实际运用最低水位

76.7m；1993 年 7 月开始初期蓄水运用，设计运用水位 85～96m，实际运用最低水位 84.35m；最终运用水位 90～100m。万安水电站为日调节电站，装有 4×10 万 kW 发电机组（预留的第 5 台机组正在安装中）。初期蓄水运用时，单机满负荷运行的下泄流量为 560m³/s。

枢纽下游河段年平均径流量：西门水文站（上距枢纽 2km）为 305.5 亿 m³，栋背水文站（上距枢纽 16km）为 337.6 亿 m³，吉安水文站（上距枢纽 117km）为 492.1 亿 m³；多年平均流量：西门水文站为 968.7m³/s，栋背水文站为 1069m³/s，吉安水文站为 1530.4m³/s（李天碧，2003）。

由于万安枢纽下游河段沿程有几条支流汇入，故建库前设计流量沿程是增加的。建坝前设计流量及该流量下各站设计水位如表 3.1.1 所示。

表 3.1.1　建坝前设计流量及该流量下各站设计水位

站名	坝下（西门站）	栋背站	吉安站	峡江站
设计流量/(m³/s)	170	188	268	325
设计水位/m	67.03	62.16	42.42	34.08

枢纽建成后，改变了天然河流枯水期水量主要由径流补给、流量过程平稳、水位日变幅小的特性。由 1994～1996 年资料可知，每天水位涨落在两次以上（相应流量变幅为 2600～7800m³/s），最大每小时水位上涨率达 1.33～1.53m，最大每小时水位降落率为 1.2～2.1m。在碍航严重的枯水期，1 日内最大水位涨落变幅为 2.0～3.0m，日水位变幅最大达 3～5m（西门站，坝下 1.74km）。

本书收集了万安电站 2005 年 1～3 月共 90 天的水库每小时调度泄流过程，坝下流量逐时变化过程如图 3.1.4 所示，坝下日平均流量变化过程如图 3.1.5 所示。由图可见，坝下流量变化频繁，流量时大时小。2005 年 3 个月资料统计，日平均流量小于设计通航流量 170m³/s 的天数为 29 天，假定一年中除 1～3 月外最小流量都大于设计流量，则按日平均流量计算，其保证率为 92%。在自然状态下，河流的来水过程呈周期性变化，有一定的统计规律，枯水流量比较稳定，日水位变幅很小，虽然洪水过程中日水位变幅较大，但是最低水位已大大超过设计水位，因此研究枯水问题的通航保证率以日平均水位或流量作为统计对象是合理、可行的。但是，尽管有时日平均流量达到通航要求，但在一天中仍有很多时间流量小于设计通航流量 170m³/s，实际上所有流量小于设计通航流量 170m³/s 的历时累加有 823h，约 35 天。日调节改变了径流过程，破坏了水文过程的自然规律，特别是枯水期的日调节，日内水位、流量变化很大，且沿程不断变化，日平均水位或流量已不具代表性。从日平均水位或流量来看，可以通航，但在最低水位或流量时，水深不足，通航受到破坏，哪怕是 1 天有 1h 水深不足，也会破坏航运的连续性，导致海事的发生。因此，日调节电站下游的通航保证率通常以日最低水位或最小流量计。而在 2005

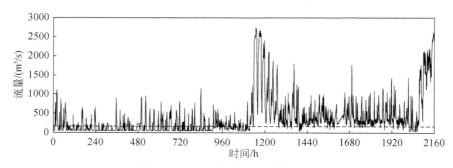

图 3.1.4　坝下流量逐时变化过程

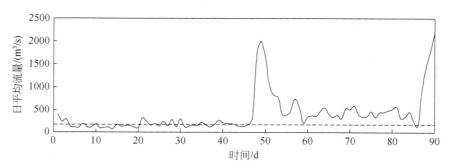

图 3.1.5　坝下日平均流量变化过程

年 1～3 月共 90 天时间内,下泄流量小于设计通航流量 170m³/s 的天数达到 60 天,按每天下泄最小流量计算其保证率为 84%,如果再加上 10～12 月中枯期,其保证率远小于设计保证率要求。根据赣江四级航道要求,设计最低通航水位保证率取 95%,假定一年中 5% 的最小流量都发生在 1～3 月,则可统计出日平均流量 Q_p 和日平均水位及日最小流量 Q_{mp} 与最低水位。确定 $Q_p = 131.78$m³/s, $Q_{mp} = 55.04$m³/s,用 Q_{mp} 来进行计算,推求下游河段设计水位。各站水位、流量计算结果见表 3.1.2。由表可见,建库后计算水位、流量与建库前设计水位、流量相差较大。2005 年与 1996 年相比,1～3 月小于设计通航流量 170m³/s 的历时分别为 832h 和 218.29h,增加了 613.7h,约为 26 天。碍航时间明显比枢纽初建时延长,同样是建库以后,1996 年水库下泄流量基本能达到设计要求的通航保证率,而 2005 年难以达到通航水位保证率。由此表明,电站调度的人为影响和任意性强,同时随着经济的发展和用电的需要,电站出于经济考虑,无暇顾及航运的实际需要。按日最低水位统计的设计条件,常常不是保证率很低就是设计流量很小。此外,电站建成后实际运用时间不长,有的是拟建和正在建设的工程,难有较长的泄流系列资料供统计,电站下泄流量无规律可循,因此其保证率也不具科学性。

设计流量与通航保证率是相关联的,在自然条件下,若设计流量大,则通航保证率小；若设计流量小，则通航保证率大。设计流量取小了，不仅整治投资大，甚至不能达到预期的航道尺度；设计流量取大了，虽然整治难度降低，但营运时间短，航运效益低，因此需针对客观实际，科学、合理地确定设计流量。

表 3.1.2　建坝后各站计算结果

站名	坝下（西门站）	栋背站	吉安站	峡江站
最小流量/(m³/s)	55.04	88.14	204.33	268.86
最小水位/m	65.32	61.32	42.13	33.97

　　万安电站下游每天水位大涨大落一般在两次，流量水位过程线呈双峰形，日调节十分明显，如图 3.1.6 所示。但是第一个峰值没有规律，有时流量变化较小，呈单峰形式，如图 3.1.7 所示。第二个峰值的出现呈相对的规律性，主要是由于用电的需要，一般在 17：00 时左右下泄流量开始增大，至 22：00 时左右下泄流量开始减小，船舶应在此时段趁峰航行，最小流量一般在 3：00～9：00 时段，船舶应避免在此时段航行。

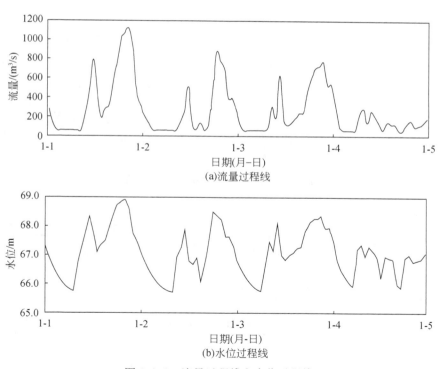

图 3.1.6　流量过程线和水位过程线

　　万安电站蓄水发电后，坝下游日内水位变幅增大。表 3.1.3 和表 3.1.4 分别给出沿程各站日涨、落幅最大值和每小时水位涨、落幅最大值。坝下日内涨幅最大

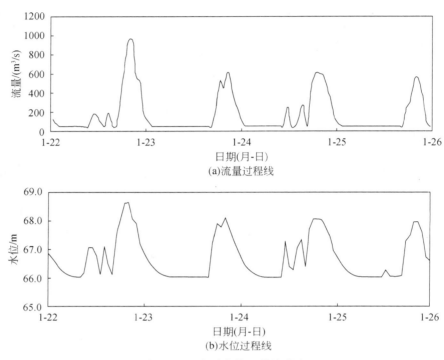

图 3.1.7　流量水位呈单峰形式

值出现在 2005 年 2 月 17 日,涨幅达 3.52m;每小时涨幅最大值出现在 2005 年 1 月 5 日 16:00~17:00 时,涨幅为 2.04m;日内落幅最大值出现在 2005 年 3 月 25 日,落幅达 3.38m;每小时落幅最大值出现在 2005 年 1 月 17 日 20:00~21:00 时, 落幅为 1.78m,沿程各站随着流程的增加,涨幅、落幅逐渐减小,至峡江站基本无水 位波动。

表 3.1.3　沿程各站日涨、落幅最大值统计表　　　　（单位:m）

站名	坝下	万安站	栋背站	永昌站	映霞江	吉安站	峡江站
涨幅	3.52	2.68	2.53	2.84	2.13	1.53	1.41
落幅	−3.38	−2.90	−1.97	−1.66	−1.13	−1.00	−0.77

表 3.1.4　沿程各站每小时水位涨、落幅最大值统计表　　　　（单位:m）

站名	坝下	万安站	栋背站	永昌站	映霞江	吉安站	峡江站
涨幅	2.04	1.30	0.59	0.36	0.37	0.16	0.07
落幅	−1.78	−1.00	−0.31	−0.23	−0.58	−0.09	−0.05

2005 年 1～3 月沿程各水位站同步水位随时间变化过程,如图 3.1.8 所示。坝下(距万安枢纽 0.8km)水位波动大且频繁,最大小时涨、落幅度分别达 2.04m/h 和 1.78m/h,波形为复式峰。日调节波在传播过程中,由于河槽自然调蓄,涨水阶段流量沿程减小,退水阶段流量沿程增大,波高逐渐降低,波长逐渐延长,波形由复式峰逐渐向单峰演化,至万安站以后波形呈单峰式,至吉安站水位波动变化已较小,直至峡江站(距万安电站 180km)后消失。由此表明,万安枢纽日调节对峡江站影响已不明显,万安电站日调节波影响距离约为 180km;但是对航运影响远没有这么远,航运只要求日调节波的波谷水位能满足通航设计水位要求即可。

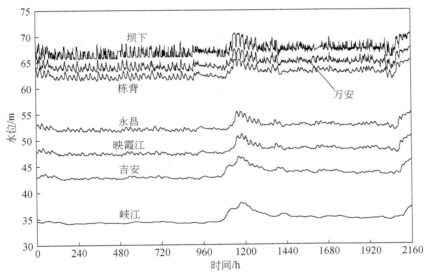

图 3.1.8　各水位站同步水位随时间变化过程

日调节波在传播过程中变形的快慢主要取决于波本身条件(高度和坡度)和河槽底宽大小,一般与高度、坡度成正比,与底宽大小成反比。而波的传播速度与波高度、坡度和底宽成正比。另外,波峰后续水流、河床比降、糙率、支流汇入、河槽形态,以及小型水库或其他挡水、阻水建筑物对于波的变形快慢都有不同程度的影响。

依据实测的瞬时资料分析下游河段日调节波传播过程可知,随着水流流程的增加,波形逐渐坦化,万安枢纽下游非恒定流波动的峰和谷传播速度约为 4.5km/h。

日调节波坡度陡,在传播过程中除有天然水面比降外,还兼有附加比降。当上游断面波峰到来时,随着流量上涨,断面水位也上升,而下游断面水位、流量仍保持不变,故出现一个正向附加比降;退水时,上游来流量渐减,出现一个反向附加比降,使水面比降减小。因此,其波速远比相同条件下的水流速度大。同时,波速、流量的沿程变化与波峰高度的沿程变化大致相似。

同流量涨水时水深小,落水时水深大。由于涨水时同流量比降增大,流速增大;退水则相反,比降减小,流速也减小,因此断面通过相同流量,涨水时水深小,退水时水深大,表现在水位-流量关系上呈现逆时针绳套现象。断面越窄深,水位涨、落率越大,绳套现象越突出。

从坝下各河段比降变化过程来看(图 3.1.9(仅列出 2005 年 1 月 1 日至 1 月 4日)和图 3.1.10),坝下-万安河段比降相对较大,比降在 3‰~12‰,其比降随下泄流量的增大而增大,随下泄流量的减小而减小。比降变化值随下泄流量变率的增大而增大,最大小时比降变化值达 5.3‰。而万安—栋背河段比降相对较小,主要是因为受坝下某一局部地形阻水影响,比降在 2.5‰以下,其比降随下泄流量的影响减弱。比降变化值随下泄流量变率影响也减小,最大小时比降变化值为 0.9‰。栋背—永昌河段比降又略为增大,其比降在 2.5‰~3.5‰,比降变化值随下泄流量变率的增大而基本不变,最大小时比降变化值仅为 0.2‰。永昌—映霞江河段比降在1.5‰~2.5‰,其比降减小,变化变缓,比降变化过程不随下泄流量的改变而变化。吉安以下河段比降变化很小,下泄流量的频繁波动,对吉安以下河段已无影响。

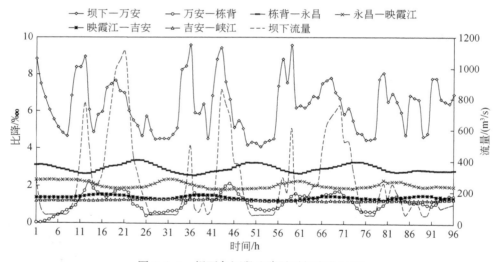

图 3.1.9　坝下各河段比降随时间变化过程

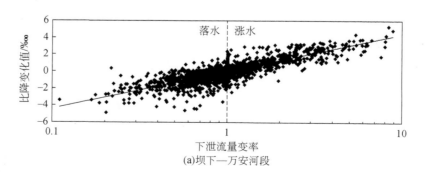

(a)坝下—万安河段

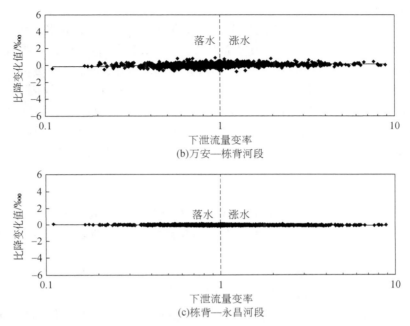

图 3.1.10　坝下各河段比降变化与下泄流量变率关系

　　近坝河段比降随下泄流量的变化而变化，当非恒定流下泄过程中枢纽下泄一定时段的恒定流时，其比降变化过程是否与恒定流一致，从万安枢纽持续下泄最小流量约 55m³/s 时沿程各河段比降随时间变化过程来看（图 3.1.11），坝下—万安河段在下泄流量至最小后 2~3h，水位降至最低，比降最小，随着时间的延续，下游水位逐步降低，比降逐步增大。这是水电站下游不稳定流的特性，也是与恒定流水位、比降变化过程的不同之处。其下泄最小流量最长持续时间长达 18h，其流量水位过程直至 13h 后基本恢复至恒定流状态。同流量下的水位不同，主要与降落至

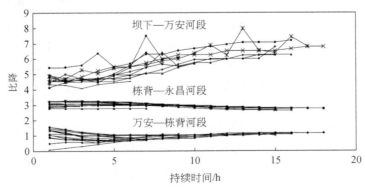

图 3.1.11　持续下泄最小流量约 55m³/s 时沿程各河段比降随时间变化过程

最小流量以前的工作状态有关。

葛洲坝水利枢纽 1 号船闸下游引航道(简称大江下引航道)长 2.7km,控制航宽 140m,渠底设计高程 33.5m(吴淞基面高程,下同)。葛洲坝 2 号、3 号船闸下游引航道(简称三江下引航道)长 3.9km,控制航宽 120m,渠底设计高程 34.5m。从葛洲坝工程施工和竣工后投入运行以来,由于清水下泄和其他多种原因,河床被刷深,因此同一流量相应的宜昌水位下降,枯水期尤为显著。葛洲坝水利枢纽运用十几年来,河床冲刷下切,宜昌枯水位比葛洲坝枢纽设计水位降低了 1.10m(相应流量 4000m³/s),船闸运用过程中,在引航道内引起的往复波流的波高达 0.5～0.7m,使枯水通航流量为 3200m³/s(宜昌设计最低通航水位为 39.0m)时三江引航道水深不足 3m,影响通航。

三峡工程航运专家组根据以往的论证以及航运部门近几年的研究,提出三峡水库运用后,135m、156m、175m 不同蓄水期宜昌水位应分别达到 38.0m、38.5m、39.0m(吴淞基面高程,下同)。这些要求和目标已先后获得三峡工程论证领导小组和长江三峡工程开发总公司技术委员会的认同。按三峡水库的调度,一般情况下在 11～12 月维持正常蓄水位 156m 或 175m(略有波动)。

三峡工程蓄水发电后,葛洲坝水利枢纽下游河道将不可避免地再次出现冲刷下切,在枯水期宜昌水位会进一步下降。本书在以往国内多家科研单位研究成果的基础上,对三峡建库后宜昌水位的下降进行初步计算分析,并对其逐年变化过程进行预测。通过计算得到三峡水库 135m 蓄水运用期宜昌水位下降的最低值有可能达到 37.18～37.68m(相应的宜昌流量为 3000～3500m³/s)。三峡水库按 156m 蓄水运用时,要使枯水期宜昌水位保持在 38.5m,相应宜昌流量应大于 5000m³/s;按 175m 蓄水运用时,要使枯水期宜昌水位恢复到葛洲坝枢纽的设计通航水位 39.0m,宜昌流量必须在 6000m³/s 以上(周克当等,2002)。

三峡水库蓄水前后 2002 年和 2004 年枯水期水位-流量关系,如图 3.1.12 所示。流量为 3200m³/s 时,2002 年宜昌站水位为 38.08m,比葛洲坝蓄水前水位下降了约 1.3m,比葛洲坝 1973 年设计水位降低了约 0.9m;2003 年同流量下宜昌站水位比 2002 年水位又下降了 0.17m,2004 年与 2003 年水位基本一致。当流量为 4000m³/s 时,2002 年宜昌站水位为 38.53m,比葛洲坝蓄水前水位下降了约 1.5m,比葛洲坝 1973 年设计水位降低了约 1.1m;2003 年同流量下宜昌站水位比 2002 年水位又下降了 0.11m,2004 年与 2003 年水位基本一致。在同水位下,宜昌站水位保持在 38.0m,相应宜昌流量 2002 年为 2970m³/s,2003 年为 3350m³/s,2004 年为 3350m³/s;宜昌站水位保持在 38.5m,相应宜昌流量 2002 年为 3930m³/s,2003 年为 4110m³/s,2004 年为 4130m³/s;宜昌站水位保持在 39.0m,相应宜昌流量 2002 年为 4880m³/s,2003 年为 4900m³/s,2004 年为 4920m³/s,2004 年与 2003 年水位流量关系基本一致(表 3.1.5)。三峡工程于 2003 年 5 月 23 日开始蓄水,

2006 年 9 月前水位基本按 135～139m 运行,2006 年 10 月至 2007 年 9 月按 156m—135m—140m 运行,其后将以 172m、175m 运行,高水位蓄水运行时间提前。三峡工程蓄水发电后,葛洲坝下游河道将不可避免地再次出现冲刷下切,在枯水期宜昌水位会进一步下降。

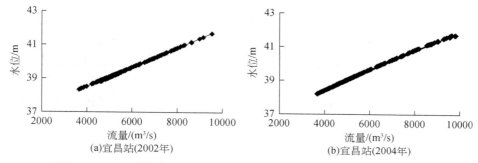

图 3.1.12　三峡水库蓄水前后 2002 年和 2004 年枯水期水位-流量关系

表 3.1.5　蓄水前后 2002～2004 年同流量下水位和同水位下流量变化表

2002 年		2003 年		2004 年	
流量/(m³/s)	水位/m	流量/(m³/s)	水位/m	流量/(m³/s)	水位/m
3200	38.08	3200	37.91	3200	37.92
4000	38.53	4000	38.42	4000	38.43
2970	38.0	3350	38.0	3350	38.0
3930	38.5	4110	38.5	4130	38.5
4880	39.0	4900	39.0	4920	39.0

与葛洲坝水库蓄水前(1980 年)同流量水位相比,到 2003 年初,近坝河段水面线下降情况是:李家河下降 1.00m、庙咀下降 0.97m、宜昌下降 0.97m、宝塔河下降 1.03m、艾家镇下降 0.95m、磨盘溪下降 0.85m、云池下降 0.84m。

坝下水位下降主要原因是,河段内建筑骨料开采和河床冲刷使河床下切,在水位下降情况下,电站的日调节使某些时段的水位更低,从而使航道碍航更加严重。

三峡工程蓄水发电后,宜昌站日内水位变幅略有增大,在 11～12 月正常蓄水位下,宜昌站水位基本在 39m 以上,日内变幅较大,如图 3.1.13 所示。日内涨幅最大值出现在 2003 年 11 月 19 日 8:00～24:00 时,16h 涨幅达 1.03m;每小时涨幅最大值出现在 2003 年 11 月 6 日,达 0.23m;日内落幅最大值出现在 2003 年 11 月 16 日 21:00 时～17 日 17:00 时,落幅达 1.13m;每小时落幅最大值出现在 11 月 7 日,为 0.28m/h;11 月最低水位 39.46m,12 月最低水位 38.58m。在 1～3 月枯水期,水库下泄流量减小,宜昌站水位最低,日内水位变幅有所减小,2004 年 1 月日内最大涨幅 0.60m,日内最大落幅 0.41m,最低水位 38.18m;2 月日内最大涨幅 0.37m,日内最大落幅 0.78m,最低水位 38.20m。根据日平均水位统计,宜昌站水位小于 38.0m、38.5m、39.0m 的时间:2002 年分别为 0 天、5 天、49 天,2003 年分别为 10 天、64 天、115 天,2004 年分别为 0 天、13 天、66 天;根据逐时水位统计,每天内宜昌站水位有过小于 38.0m、38.5m、39.0m 的时间:2002 年分别为 0 天、6 天、60 天,2003 年分别为 11 天、71 天、120 天,2004 年分别为 0 天、19 天、83 天,见表 3.1.6。剔除 2003 年三峡水库蓄水影响,2004 年比 2002 年低水位时间按日平均水位统计增加了 17 天,按逐时水位统计增加了 23 天。而按逐时水位统计比日平均水位统计低水位时间 2002 年增加了 11 天,2004 年增加了 17 天。因此,在日调节下低水位时间明显增多,当三峡水库水位抬高至 156m 以后,宜昌站日内水位变幅将会进一步增大,日调节将更加明显。

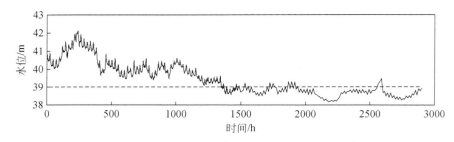

图 3.1.13　三峡水库蓄水后枯水期宜昌站水位随时间变化过程(2003 年 11 月~2004 年 2 月)

表 3.1.6　各年不同水位下的天数统计　　　　　　(单位:天)

项目	年份	<38.0m	<38.5m	<39.0m
按日平均水位统计	2002	0	5	49
	2003	10	64	115
	2004	0	13	66
按逐时水位统计	2002	0	6	60
	2003	11	71	120
	2004	0	19	83

　　三峡水库在正常蓄水位和枯水期情况下,以发电为主,宜昌站日内水位一落一涨,从 24:00 时左右开始蓄水,宜昌站水位开始下降,至 8:00 时左右开始增大下泄流量,宜昌站水位开始逐步抬升,至零时左右结束,如图 3.1.14 所示。

　　2004 年 12 月沿程各水位站同步水位随时间变化过程,如图 3.1.15 所示。宜昌(距葛洲坝 5.91km)至磨盘溪(距葛洲坝 21.33km)水位涨落基本一致,由于相距较近,波形坦化不大,各水位站同期最大水位涨、落幅变化不大,见表 3.1.7。

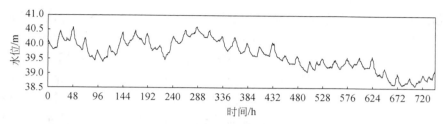

图 3.1.14　枢纽下游宜昌站逐时水位过程线(2003 年 12 月)

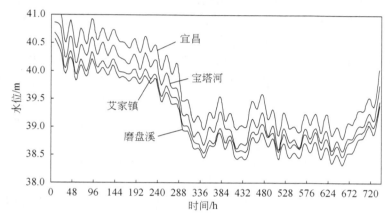

图 3.1.15　沿程各水位站同步水位随时间变化过程(2004 年 12 月)

表 3.1.7　2004 年 12 月沿程各水位站同期最大水位涨、落幅值　　　(单位:m/12h)

站名	宜昌站	宝塔河站	艾家镇站	磨盘溪站
涨幅	0.64	0.61	0.45	0.5
落幅	−0.65	−0.46	−0.46	−0.45

　　水口水电站位于闽江干流中部,于 1987 年动工、1993 年发电、1996 年并网。该站 1993 年 3 月下闸蓄水运行以来,下游几十千米河道水文动力要素发生变化,坝下河床下切,水位下降,下游河段河床演变,给航运等部门带来了新问题。

　　水口以下至闽清 11km 属峡谷河段,河床以基岩卵石为主;闽清以下至竹岐 31km 为丘陵地区,河道逐渐展宽,河床以小卵石为主;竹岐到侯官 12.1km 为丘陵和平原相间,河床宽浅多为中粗沙,滩汊交错;侯官以下至淮安南、北港分汊口 4.1km,河床由中细沙组成。水口下游河段左有安仁溪、大目溪、荆溪,右有梅溪汇入,但支流汇水面积仅占干流的 4.1%,对来水条件的影响很小。

　　水口水电站为日调节电站,洪水期畅泄,枯水期进行日调节运行。设计时拟定电站调峰运行是每天 2 次峰值和 2 次谷值,按设计水平年工作容量 100kW 的方案 Ⅰ 运行,波谷出现持续时间分别达 9h 和 5h,坝下嵩滩浦断面基荷流量为 308m³/s。根据计算,竹岐流量增大为 503m³/s,侯官流量则增大到 543.8m³/s,流量增加对增加航道水深有利。计算表明,流量的增加还不足以消除下游各浅滩的出浅问题,侯官(距坝 54km)的最小平均水深仅 0.938m 左右。坝上至南平 94km 的库区航道已按 4 级标准建成,也要求坝下至福州解放桥 73km 航道按 4 级标准整治开通。为此,需对竹岐至文山里河段进行整治,并采用丁坝类整治建筑物。采用丁坝整治河道,束水攻沙,冲深河床,同时壅高下游水位。丁坝坝头高程(即整治水位)超高于设计最低通航水位 1.4～1.8m,上游取大值,下游取小值。但是,根据 1996 年枯水季实际运行过程与沿程各站的实测资料推算,当基荷流量为 308m³/s 时,竹岐流量仅为 330m³/s。究其原因,其一是调峰值比原设计小,9:00 的峰值基本没出现,19:00 的峰值流量为 600～800m³/s;其二是基荷流量持续时间长。实际电站运行过程和设计拟定的电站调峰运行有较大出入。因此,整治也难以达到预期的效果。

在无支流汇入的情况下,由于河槽的调蓄作用,日调节峰荷引起的流量峰值在向下游传播过程中越来越小,并有滞后现象;当峰值大小不变时,峰值历时越短,下游流量越小。最小流量具有沿程递增的特点,基荷流量越往下游越大;基荷流量持续时间越长,则坝下河段水位降得越低。

由 1990～1995 年水口至竹岐 40 个大断面比较发现,坝下河床普遍冲刷,冲刷幅度约为 1.5m,越靠近大坝河床冲刷越严重。

整理 1989～1992 年嵩滩浦、竹岐两水文站水位与流量资料可发现,当嵩滩浦流量为 308m³/s 时,1991 年 6～8 月相应的水位为 9.1m,1991 年 10 月～1993 年 2 月相应的水位为 8.83m,下降了 0.27m;竹岐流量为 505m³/s 时,水位约下降 0.31m。在相同流量下水位下降,说明河床刷深。

为了研究水位下降河床下切的规律以及水位下降对船闸出口水深的影响,1995 年 8 月在距船闸断面 2.5km 的大溪进行了低水流量测验,1998 年 12 月下旬～1999 年 1 月对船闸出口、水电站尾水、嵩滩浦、大溪、大箬 6 个断面进行了低水位同步观测。比较大溪站 1995 年和 1998 年两次测验所得水位与流量关系可以看出,当流量为 460～1200m³/s 时,1998 年大溪站同水位时的流量比 1995 年偏大 36.3%～82.0%(陈一梅等,1999)。

黄河天桥水电站 1980 年 4 月 4 日,日平均流量达 1180m³/s,11:00 时流量仅为 85.5m³/s,12:30 时又高达 1880m³/s,水位在 1h 内上升近 1.36m。下游附近航道最小通航设计流量为 172m³/s,据观测的 1979 年、1980 年、1983 年和 1986 年的逐时水位、流量资料分析,瞬时流量小于 172m³/s 的天数达到 126 天,平均每年达到 31.5 天,远比设计停航时间长,其原因是天桥水电站担任调峰负荷(长江航道局,2004)。

碧口电站建成前,嘉陵江的枯水过渡期是比较平稳的,浅滩水位由 2.0m 逐渐下降,有时降到设计水位以下,但历时不超时 5%。1976 年电站投产后,水情变化无常。据观测资料分析,低于设计水位的日期,从 11 月开始到次年 3 月底结束,历时 5 个月之久。各测站低于设计水位的总持续时间都远远超过历时保证率 5% 的规定值。例如,电站下游王家坝(距碧口 235km)、南充市(距碧口 505km)在枯水期水位低于设计水位的时间都占全年时间的 13%,是设计规定 5% 的 2.6 倍(长江航道局,2004)。

广西融江建电站前各滩低于保证航深的天数是:1972 年 10 天,1973 年 6 天;电站建成后,1974 年 125 天,1975 年 131 天,1977 年 27 天,1978 年 32 天,均大大超过设计允许的 18 天,长安站枯水期水位变幅达 0.99m/13h(长江航道局,2004)。

富春江水电站为日调节电站,除洪水期外,电站每日发电下泄的流量变幅为 0~2500m³/s,坝下尾水位的变幅可达 5m。坝下日流量、水位变幅大,且具有较大的随机性,给船舶航行造成了极大的困难。当电站停机时,航道水深不足 2.5m,最浅处仅 0.5m,船舶无法通行;当 3 台以上机组运行时,虽有足够的水深,但水流的流速大于 2.0m/s,最大处为 3.16m/s,船舶上行困难(长江航道局,2004)。

安康枢纽下游的安康站(坝下 15km)枯季(12 月至次年 3 月)最大日水位变幅均在 2.0m 以上(乐培九等,2004)。

四川龚咀电站基荷流量为 150m³/s,远远小于天然河流多年平均最小流量 329m³/s。下游福禄站电站建成前,日最大水位变幅为 0.18m(1970 年 11 月~1971 年 4 月),电站建成后(1986 年 11 月~1987 年 4 月)增至 1.53m,至岷江高场有所减缓,由建电站前的 0.31m 增至建电站后的 0.86m(乐培九等,2004)。

3.2　枢纽下泄非恒定流传播规律

3.2.1　日调节波的衰减

由于摩阻、槽蓄及断面不规则等因素,枢纽下泄非恒定波在传播过程中沿途衰减,波速减小,波峰坦化,波高变小,从上游向下游非恒定效应逐渐减弱,逐渐趋近于恒定流。从非恒定流发生到其对下游无明显影响,其间的距离为非恒定流的影响距离,影响距离与枢纽下泄非恒定流过程以及河段特性等因素有关,一般长达数百千米,甚至上千千米。非恒定流影响距离是水流下泄过程 $Q(x_0,t)$、河道基流量 $Q(x,t_0)$、河床坡度 i_0、河床形态及变化 $\varphi(x)$、河床阻力 n 等因素的函数,即

$$L=L(Q(x_0,t),Q(x,t_0),i_0,\varphi(x),n)$$

图 3.2.1~图 3.2.3 分别给出了向家坝、三峡葛洲坝两坝间和长洲枢纽下泄非恒定流沿程的变化。从图中可以看出非恒定流的衰减过程,其中丘陵平原河流的长洲枢纽下游非恒定过程的衰减速度较快;山区河流的向家坝枢纽下游非恒定波衰减速度则相对较慢,到坝下 145km 的泸州非恒定流还有较大影响;两坝间的非恒定波受到两个枢纽共同的影响。

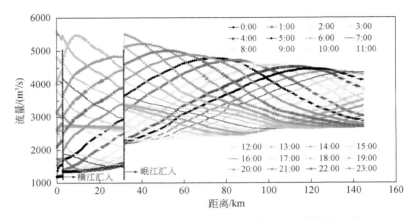

图 3.2.1　向家坝枢纽下泄非恒定流不同时刻流量沿程变化

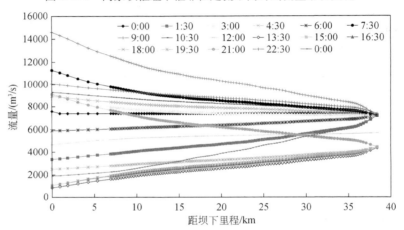

图 3.2.2　三峡葛洲坝两坝间非恒定流不同时刻流量沿程变化

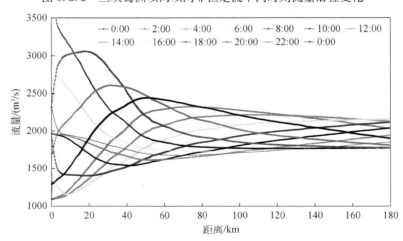

图 3.2.3　长洲枢纽下泄非恒定流不同时刻流量沿程变化

3.2.2　附加比降

枢纽下泄的非恒定波在传播过程中产生附加比降,即涨水水面比降增大,落水水面比降减小。图 3.2.4～图 3.2.6 分别给出了向家坝枢纽下游李庄、三峡枢纽下游喜滩、长洲枢纽下游罗旁镇的水面坡降的变化。从图中可以看出,当水位上涨时,水面坡降增加;水位下落时,水面也跟着变得平缓。当上游断面波峰到来时,随着流量上涨水位也跟着上涨,而波峰传至下一断面存在时间滞后,因而出现正向附加水面坡降;退水时,上游流量先减小,出现负向水面坡降。非恒定流的断面水面比降是流量 Q、流量变化率 Q_t、水深 h、河宽 B、阻力 n 等的函数,即

$$J(t) = J(Q, Q_t, h, B, n)$$

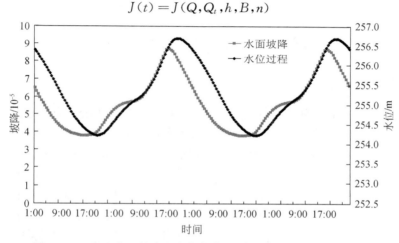

图 3.2.4　李庄水面坡降和水位变化(向家坝枢纽下泄非恒定流)

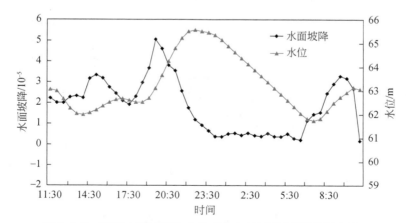

图 3.2.5　喜滩水面坡降和水位变化(三峡枢纽下泄非恒定流)

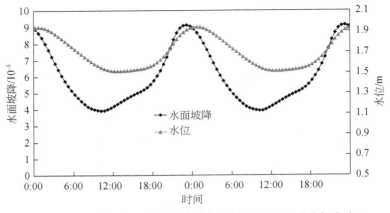

图 3.2.6　罗旁镇水面坡降和水位变化(长洲枢纽下泄非恒定流)

3.2.3　水位流量关系

　　断面的水位流量不再是单一曲线关系,而是呈逆时针绳套现象,同流量涨水水位低,落水水位高;同水位涨水过流能力大,落水过流能力小。图 3.2.7～图 3.2.9分别给出了向家坝下游李庄、三峡与葛洲坝两坝间喜滩和长洲枢纽下游罗旁镇非恒定流通过时的水位流量关系。从图中可以看出水位流量关系的绳套现象。其中,向家坝和长洲枢纽下泄的非恒定流过程都为单峰过程,可以看出李庄和罗旁镇的水位流量关系为封闭的椭圆形关系,而三峡与葛洲坝之间喜滩的水位流量关系虽然也是呈逆时针绳套关系,但是在一个下泄周期内呈现多种绳套现象,主要与三峡的多峰下泄过程和葛洲坝的下泄过程有关。

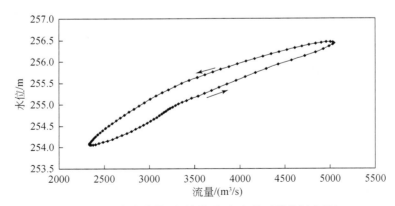

图 3.2.7　李庄水位-流量关系(向家坝下泄非恒定流)

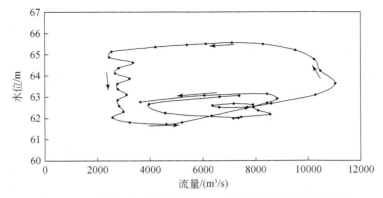

图 3.2.8　喜滩水位-流量关系（三峡至葛洲坝下泄非恒定流）

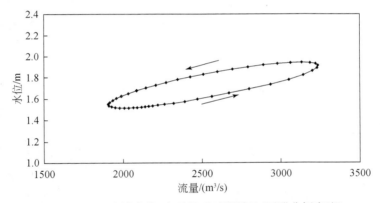

图 3.2.9　罗旁镇水位-流量关系（长洲枢纽下泄非恒定流）

同一流量水位流量关系中水位差与流量变化率 Q_t、断面形态 $\varphi(x)$、阻力 n 等有关，即

$$\Delta h = f(Q_t, \varphi(x), n)$$

3.2.4　日调节波变形

非恒定波发生横向变形，即涨水波被压缩变陡，落水波被拉伸变缓。图 3.2.10 和图 3.2.11 分别给出了向家坝下游坝下、宜宾、李庄、泸州及长洲枢纽下游坝下、梧州、德城、肇庆的水位-流量变化过程。其中，向家坝坝下涨水历时 13.5h，落水历时 10.5h，而非恒定波传播至泸州后涨水历时 10h，落水历时 14h，因而非恒定波发生变形，并且从水位和流量非恒定波的比较可以看出，两者并不同步，流量非恒定波的传播速度比水位非恒定波提前 45min 左右。

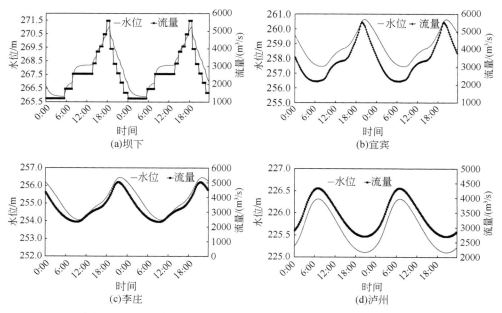

图 3.2.10　向家坝坝下、宜宾、李庄和泸州的水位-流量变化过程

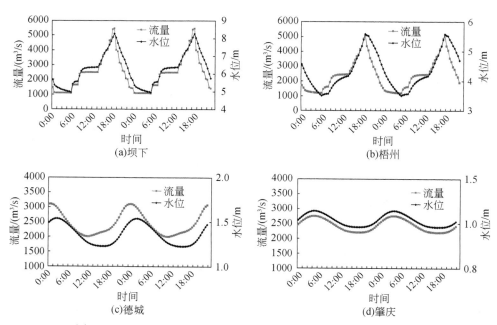

图 3.2.11　长洲枢纽坝下、梧州、德城和肇庆的水位-流量变化过程

随着非恒定流的传播,涨水波常常具有十分陡峻的前坡形态,而落水波波峰较为平坦,从图 3.2.10(c)和图 3.2.11(c)可以看出这一特点。其原因是波峰面上各点的波速不同,水深越大,波速越大,反之波速越小。涨水波在形成过程中水面是不断增高的,峰面上高程高处水流波速比高程低处的波速大,故后继波的波速大于前成波的波速,后者追逐前者而形成陡峻的前坡,甚至倾倒破碎。而落水波在形成过程中,后继波的波速小于前成波的波速,致使落水波的波峰较为平坦。

3.3　泥沙输移特性变化

水库不可避免地要在一定时期内拦蓄上游来沙。水库能够淤积的总沙量取决于水库的死库容,而水库的排沙比与坝前蓄水位、回水长度等因素有关。一些大型水库建库初期拦沙率往往大于 99%。由于泥沙粒径和沉速的差别,水库对不同运动特性泥沙的影响程度不同,粗颗粒的推移质几乎被全部拦截,只有粒径很细的冲泻质才能被水流挟往下游。因此,沙量急剧减小且细化是建库后下泄泥沙的主要特点。

水库对水沙条件的显著改变之一体现在含沙量的明显减小。河流的泥沙输移能力由水流决定,但实际的输移量与河床的实际组成有关。由于下泄“清水”,水流将通过沿程冲刷达到沙量的补给,河床组成决定了泥沙补给能力。河床上泥沙越细,河床的可冲性就强,床面下降较快。相反,对于山区型河流,床面多为卵石粗沙等推移质,河床的可冲性就差,床面的下降幅度就小。河道的冲刷,将引起河床粗化。河床粗化过程随原河床组成的不同而有不同的特点。河床为卵石夹沙时,粗化过程进行得迅速且明显。在冲刷过程中,沙粒被冲走,卵石逐渐集聚于床面,形成阻止冲刷发展的抗冲粗化层。河床为细沙组成时,其粗化过程与上述情况不完全相同,它的粗化是在冲刷过程中因悬沙和床沙的交换而造成的。因此,粗化发展没有那么迅速,但河床逐年变粗的现象很明显。沙质河床的粗化会使河床糙率增加,也会使水流挟沙能力减小。尽管它不像砂卵石河床那样形成抗冲粗化层而遏制河床的冲刷下切,但由于水流挟沙能力的降低,河床冲刷速度将会明显减慢,冲刷也会受到限制。

目前,大量的水库在不同河流上兴建和运行,它们下游的冲刷演变体现了不同河床组成在“清水”下泄情况下的演变。水库下游悬沙和床沙之间的不平衡交换,已被许多观测资料证实。

葛洲坝水利枢纽下游宜昌站,建库前(统计 1950~1980 年)含沙量变幅从枯水期的 0.267kg/m³ 到汛期的 1.42kg/m³,平均含沙量为 1.18kg/m³,悬移质泥沙中值粒径为 0.021mm,悬移质输沙量为 5.18 亿 t;而建库后(统计 1980~2002 年)含沙量相应变为 0.102~1.28kg/m³,平均含沙量为 1.04kg/m³,悬移质泥沙中值粒径为 0.012mm,悬移质输沙量为 4.59 亿 t。出库悬移质含沙量在枯水期明显减小,泥沙粒径变细,多年平均输沙量略有减少(陆永军等,2006a),如表 3.3.1 所示。

表 3.3.1 宜昌站悬移质泥沙输移特性统计

项目	葛洲坝蓄水前	葛洲坝蓄水后	三峡水库蓄水前后三年		
	1950~1980 年	1980~2002 年	2002 年	2003 年	2004 年
悬移质输沙量/亿 t	5.18	4.59	2.28	0.98	0.64
平均含沙量/(kg/m³)	1.18	1.04	0.58	0.24	0.16
汛期平均含沙量/(kg/m³)	1.42	1.28	0.77	0.31	0.23
枯水期平均含沙量/(kg/m³)	0.267	0.102	0.03	0.01	0.01
悬移质 d_{50}/mm	0.021	0.012	0.008	0.007	0.005

宜昌站沙质推移质从建库前(统计 1973~1979 年)878 万 t 变成建库后(统计 1981~2002 年)138.7 万 t,减少了 84.2%。沙质推移质泥沙中值粒径分别为 0.216mm 和 0.219mm;卵石推移质从建库前 75.8 万 t 变成建库后 25.5 万 t,减少了 66.4%。卵石推移质泥沙中值粒径从 26.0mm 变成 52.1mm。蓄水后,出库的推移质泥沙同样也大量减少,泥沙粒径变粗(陆永军等,2006b),如表 3.3.2 所示。

表 3.3.2 宜昌站推移质泥沙输移特性统计

时间	时段	输沙参数	沙质推移质	卵石推移质
葛洲坝蓄水前	1973~1979 年	输沙量/万 t	878	75.8
		推移质 d_{50}/mm	0.216	26.0
葛洲坝蓄水后	1981~2002 年	输沙量/万 t	138.7	25.5
		推移质 d_{50}/mm	0.219	52.1
三峡水库蓄水前后三年	2002 年	输沙量/万 t	15.3	0.05
		推移质 d_{50}/mm	0.205	45.6
	2003 年	输沙量/万 t	25.8	0.22
		推移质 d_{50}/mm	0.235	42.2
	2004 年	输沙量/万 t	30.4	0.19
		推移质 d_{50}/mm	0.310	154

三峡水库蓄水后,蓄水初期水库拦截大量泥沙,使宜昌站输沙量急剧减少。从蓄水前后三年来看,平均含沙量 2002 年为 0.58kg/m³,2003 年为 0.24kg/m³,2004 年为 0.16kg/m³;悬移质输沙量 2002 年为 2.28 亿 t,2003 年为 0.98 亿 t,2004 年为 0.64 亿 t。沙质推移质输沙量 2002 年为 15.3 万 t,2003 年为 25.8 万 t,2004 年为 30.4 万 t;卵石推移质输沙量 2002 年为 0.05 万 t,2003 年为 0.22 万 t,

2004 年为 0.19 万 t。上述说明三峡水库蓄水后，悬移质泥沙进一步被大量拦截，含沙量逐年减小，悬移质泥沙中值粒径逐年变细，推移质泥沙中值粒径逐年粗化，悬移质输沙量呈逐年减少趋势。

近坝河段床沙 d_{50} 沿程呈递减的趋势，大致以胭脂坝尾为界，上段 d_{50} 很粗，下段较细。从时间上看，上段河床在施工期即开始粗化；下段沙质区 d_{50} 从 1975 年的 0.026mm 增大到 1993 年的 0.298mm，在蓄水前基本上没有砾卵区，蓄水后砾卵区增大，粗化很明显。

蓄水后近坝河段床沙还表现为细颗粒（小于 2mm）含量减少和粗颗粒（大于 16mm）含量增加，河床明显粗化，由原沙质河床变为沙夹卵石或卵石夹沙河床。随水库淤积平衡（约 1984 年），坝下游沙质含量趋于稳定并有所增加，到 20 世纪 90 年代中期坝下游河床已逐步恢复到蓄水前的沙质河床，但粒径级配曲线发生了变化。

丹江口水库位于湖北省丹江口市丹江与汉江汇合口下 0.8km 处，1958 年动工，1973 年初期规模建成，为汉江干流上一个以防洪为主，兼有发电、灌溉、供水、航运等综合效益的大型水利水电工程。水库控制流域面积为 95200km²，至河口距离长 651km，多年径流量为 393.8 亿 m³，建库前年平均含沙量为 2.92kg/m³。建库前 1949～1959 年，坝址处年最大流量有 10 年超过 10000m³/s，黄家港站最大流量为 27500m³/s。丹江口水库下泄的高峰流量是低谷流量的五倍以上，襄阳站日内水位变幅达 0.67m。根据水位-流量关系，坝下同流量水位有不同程度的下降，特别是中低水下降明显。坝下各水文站建库后（统计 1980～1996 年）水位与建库前（统计 1955～1959 年）水位相比，黄家港水文站下降了 1.85m，襄阳水文站下降了 1.36m，皇庄水文站下降了 0.86m，仙桃水文站下降了 0.81m，沙洋水文站下降了 0.03m。

丹江口建库后，下游泥沙来源发生了变化，水库拦截了 98% 的泥沙，下泄仅为 2%，下游河道的泥沙主要靠河床、岸滩冲刷及支流汇入的补给。以皇庄站悬移质输沙量为例，建库前谷城、郭滩、新店铺三站的沙量占皇庄站的 12.9%，而建库后这三站所占的比例上升为 32.5%，建库前含沙量由上游向下游沿程递减，而建库后含沙量由上游向下游沿程递增。随着运行年限的增长，沿程可冲床沙质补给量逐年减少，含沙量也逐年减小，各年干流河段的输沙量随含沙量的减小呈均匀下降趋势（韩其为等，1987），如表 3.3.3 所示。

表 3.3.3　丹江口水库不同时期坝下游河道沿程含沙量变化

阶段	下泄水量 /万 m³	出库沙量 /万 t	水量特征	年份	含沙量/(kg/m³)				
					黄家港 6.2km	襄阳 109.3km	皇庄 240.2km	沙洋 323.5km	仙桃 464.7km
建库前	430.1	10700	中水	1955	2.49	2.58	2.78	2.38	1.92
	548.2	29600	丰水	1958	5.39	3.92	3.82		2.65
	242.7	3530	枯水	1959	1.46	1.6	1.16		1.09

续表

阶段	下泄水量 /万 m³	出库沙量 /万 t	水量特征	年份	含沙量/(kg/m³)				
					黄家港 6.2km	襄阳 109.3km	皇庄 240.2km	沙洋 323.5km	仙桃 464.7km
建库后	318	37.6	中枯水	1972	0.012		0.624		0.723
	405.7	142	中水	1974	0.035	0.205	0.577		0.74
	414	54	中水	1980	0.013	0.224	0.534	0.58	0.636
	405.1	27	中水	1990	0.007	0.096	0.27	0.13	0.55
	490.6	169	丰水	1975	0.034	0.377	0.899		0.888
	566	136	丰水	1984	0.024	0.178	0.46	0.54	0.73
	744	328	大水	1983	0.044	0.235	0.57	0.65	0.83
	229	83	枯水	1969	0.036		0.505		
	223	54	枯水	1978	0.024	0.092	0.24		0.33
	279		枯水	1986		0.035	0.102	0.176	0.32
	210.4		枯水	1995		0.023	0.12	0.11	0.33

丹江口下游 1974 年皇庄与仙桃两站间各组粒径泥沙冲淤情况显示,两站间总冲刷量为 753 万 t,但 $d<0.1\text{mm}$ 的冲刷量为 906 万 t,而 $d>0.1\text{mm}$ 的淤积量为 153 万 t(陆永军等,2006b)。这个粗化过程沿程发展缓慢,所以含沙量恢复缓慢,冲刷距离可以达到很长。襄阳、皇庄、仙桃站建库前的中值粒径分别为 0.15mm、0.12mm、0.11mm,1980 年分别为 0.82mm、0.18mm、0.13mm,1985 年粗化为 0.82mm、0.24mm、0.15mm,这说明距离坝址较远的位置床面粗化比较缓慢。从沿程冲刷幅度来看,除黄家港至光华段冲深达 2.18m 之外,其他河段冲深均为 0.5~1m,冲刷深度并不大。

从皇庄站不同时期的悬移质级配曲线可看出,滞洪期主要是 $d<0.1\text{mm}$ 部分泥沙被冲刷减少,这是因为皇庄以上河床有大量 0.05~0.25mm 中粗沙补给,粒径小于 0.05mm 的细沙可视为冲泻质,在河床上存在不多,而到了蓄水期,前期的浑水冲刷已使床面发生一定程度的粗化,使悬沙与河床沙量交换受阻,由于失去细沙来源,悬沙级配也大幅度粗化(黄颖,2005),如图 3.3.1 所示。因此,尽管建库后滞洪期年均输沙量 11283 万 t/a(1960~1967 年)比建库前自然状态的 11786 万 t/a (1957~1959 年)减小不多,但由于悬移质级配的变化,按照粒径分组的各组输沙量存在较大的变化,小于 0.008mm 的细沙大幅度减少,中细沙增多,而 0.1mm 以上粗沙变化不大。细沙的减少和中细沙的增多与它们在河床上存在的比例有关,而某些粒径组输沙量增多是由于滞洪期皇庄下游大量淤积引起的比降调整。至清水冲刷期,年均输沙量减至 2567 万 t/a(1972~1986 年),0.1mm 以下的细沙输沙量全面减小,而 0.1mm 以上的粗沙变化不大,这与床面粗化及床沙级配的调整有关。

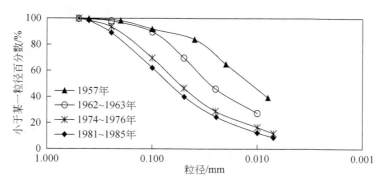

图 3.3.1　皇庄站不同时期悬沙平均级配

　　建库后,清水下泄,泥沙的输沙能力发生改变,下游含沙量严重不饱和,此时河床成为泥沙的主要补给来源,悬沙粗化不可避免。同时,河床经过冲刷调整后,床面的组成又将反作用于水流的泥沙输移能力,随着时间的增长,悬沙与床沙相互作用,悬沙与床沙逐渐粗化。

　　水库下泄清水后,下游河道水流的含沙量明显降低。造成枢纽下游河道含沙量显著降低的原因,除了枢纽的拦蓄作用使出库水流含沙量显著减少外,还与下游河道的沿途补给条件和水流挟沙能力的变化有关。就冲泻质而言,虽然水流挟带这部分泥沙的能力很大,基本上都能向下游输送,但是,由于这种泥沙大量被水库拦蓄,而下游沿途又无足够的补给,特别是滩地冲刷殆尽后更无补给的可能,因而其含量显著减小。就床沙质而言,水库的削峰作用使下泄流量调平和减少,加之下游河床的粗化和比降减缓,使水流挟沙能力比建库前降低,因而其含量随之减少,特别是河床冲刷达到基本平衡后,床沙质的补给将越来越少,其含量将更显著减少。

　　观测表明,枢纽下游的冲刷呈现自上而下的长距离发展现象,其冲刷距离往往达几十千米甚至几百千米。产生这种长距离冲刷的原因,不可能只用水流挟沙能力由次饱和达到饱和需要行经一段距离来解释。实践和理论计算都表明,由次饱和到饱和的距离并不是很长,一般不过数百米以至数千米,与天然河流上观测到的冲刷并不是一个数量级。对这一问题的倾向性解释是认为含沙量的沿程增加是由于水流挟沙能力的沿程增加。与床沙粒径的沿程变细相对应,悬移质粒径也沿程变细,床沙粒径的沿程变细比较缓慢,悬移质粒径的沿程变细也比较缓慢,所以水流挟沙能力的沿程增加也比较缓慢,沿程冲刷的距离就比较长。丹江口水库修建后,下游的泥沙主要来源于河床,1968~1986 年皇庄年均输沙量 2782 万 t,其中区间支流汇入和上游来沙只占 36.5%,其余的 63.5% 全部由河床冲刷补给,冲刷发展直达仙桃以下,大量冲刷使河床质粗化(黄颖,2005),如表 3.3.4 所示。

表 3.3.4　红山头至仙桃河段床沙组成变化百分比

时间	各粒径组泥沙占总量百分数/%				
	<0.05mm	0.05~0.1mm	0.1~0.25mm	0.25~0.5mm	0.5~1.0mm
建库前	7.25	28.35	58.0	6.3	0.1
1985 年	—	2.43	80.73	16.64	0.2

由于河道水流的挟沙能力与泥沙沉速成反比,而沉速又与泥沙粒径成正比,故水流的挟沙能力随泥沙粒径的粗化而减小。因此,在同等水力条件下,河道输送粗颗粒泥沙的能力要低于输送细泥沙的能力。在天然情况下,河流中细沙往往能够被输移至河口,而粗沙与河道边界不断发生交换。修建水库之后,下游含沙量严重不饱和,此时河床成为泥沙的主要补给来源,悬沙粗化不可避免。此外,冲刷过程中床面粗化使阻力增加,河床下切使比降调平,这些都使相同流量下流速减缓。而水库对流量的调平消除了大流量出现的概率,也将削弱径流过程的输沙能力。综合几方面的因素,水库下游泥沙输移能力必然减小。

3.4　枢纽调节引起的下游河床演变规律及水位降落

3.4.1　枢纽下游断面形态调整

水库下游的断面形态变化主要由水沙变化引起,建库后下游水流含沙量一般处于强烈次饱和状态,需要从河床和河岸中不断补充沙源,沙源的补充取决于河床河岸天然组成。在水库下游近坝段一般为峡谷河段,河岸岸线较为稳定,河床以砂卵石为主,含沙量的恢复以冲刷、下切河床为主。河床冲深后,造成同流量下水面线下降;在同水位下,过水断面面积增大,宽深比减小。河床下切深度与流量过程、冲刷历时、冲刷过程中河床粗化程度有关。在丘陵平原相间或平原地区河段,河床宽浅,多为中粗沙,滩汊交错,含沙量的恢复可能以下切河床为主,也可能与侧向侵蚀滩岸交替发生。宽深比可能增大也可能减小;由于坝下上段出现冲刷,中下段河床局部可能出现淤积,而最终趋近冲淤平衡。但是遭遇大洪水时,如 1998 年的大洪水,冲淤平衡可能被打破,河床重新出现调整。

葛洲坝水利枢纽下游近坝河段是山区河道与平原河道的过渡段,具有弯曲和洲滩汊道性质,即低水水流归槽、高水趋中走直和淹没洲滩。从位于葛洲坝下游 12.8km 的胭脂坝中部 B20 断面来看(陆永军等,2006b),如图 3.4.1 所示,断面形态为不对称的 W 形,左右岸线较稳定,变化主要在主槽左汊,江心洲胭脂坝体及右汊变化不大。主河槽以河床下切为主,并略有向右侧滩地侵蚀拓宽,深泓点高程由 1975 年的 27m 冲深到 1996 年的 22.8m,冲深了 4.2m,基本上达到冲淤平衡。而遭遇了 1998 年大洪水后,库区大量泥沙冲刷带向下游,下游河床重新调整,胭脂坝左侧主槽明显回淤,1998 年深泓点高程为 32.6m,在 1996 年基础上又回淤了约 10m。1999 年后又恢复冲刷,到 2001 年最深点下降至 21.1m,与 1996 年相比又冲深了 1.7m。2003 年由于三峡水库蓄水,低水位运行时间较长,该断面出现较大冲刷,冲深 4m 左右,主槽右边坡是主要冲刷部位,2004 年该断面仍然有少量冲刷,但幅度很小,右支槽变化不大,滩表面也略有冲刷。

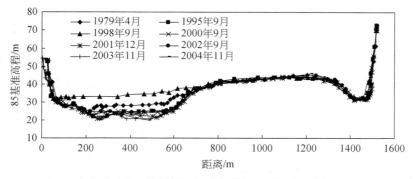

图 3.4.1　葛洲坝下游近坝段 B20 断面变化图

　　水口电站近坝段坝下至闽清口为峡谷河段,河床由岩石、卵石夹沙组成,两岸山坡陡峻,坝下大溪站(距船闸断面 2.5km)断面变化如图 3.4.2 所示(陈一梅等,1999)。由图可见,两岸没有变化,冲刷主要发生在河槽。据 1990~1995 年水口至竹岐 40 个大断面比较发现,坝下河床普遍冲刷,冲刷幅度约为 1.5m,越靠近大坝断面冲刷越严重。1998 年闽江发生大洪水使大溪站河床发生了较大冲刷,最大冲深达 2.5m。同水位时过水断面面积,1995 年为 1890m²,1998 年为 2130m²,过水断面面积增大,宽深比减小。

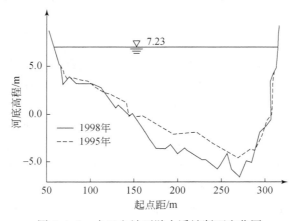

图 3.4.2　水口电站下游大溪站断面变化图

永定河官厅水库坝下 0～135km 为卵石夹沙河段,建库前游荡易变,清水下泄后,主槽很快下切,原先宽浅散乱的河道变得较为窄深。136km 以下为沙质河床,河谷较宽,建库后至 1959 年主流发生两次(1953 年和 1956 年)大的摆动,导致老滩坍塌,两岸滩坎间距增大,河床展宽,如表 3.4.1 所示。由此可见,约 8 年时间展宽率达 56%左右,最大的是石佛寺断面,由 200m 扩展至 1100m。

表 3.4.1 永定河两岸滩坎间距的变化

河段	平均堤距 /m	滩坎间距/m				展宽率 /%
		1950 年 12 月	1956 年 4 月	1957 年 9 月	1958 年 9 月	
卢沟桥—金门闸	1770	790	1060	1206	1214	55.6
金门闸—石佛寺	1000	420	610	650	655	56

永定河塌滩之所以特别严重,看来与来水条件密切相关。永定河中枯水流量很小,当发生大洪水时水流普遍漫滩,主流摆动,顶冲点多变。

丹江口水库汉江断面形态的变化以变窄深为主,从表 3.4.2 可以看出年均坍岸宽度不大,但初期远大于后期。黄家港至襄阳河床变形以下切为主,河槽宽深比($\sqrt{B/h}$)有所减小;襄阳至宜城河槽宽深比有所增大。

表 3.4.2 汉江各河段断面形态的变化

河段	年均冲深/m			年均坍岸宽度/m			河段平均宽深比($\sqrt{B/h}$)		
	1960～ 1967 年	1967～ 1975 年	1960～ 1975 年	1960～ 1967 年	1967～ 1975 年	1960～ 1975 年	1960～ 1967 年	1967～ 1975 年	1960～ 1975 年
黄家港—光化	0.16	0.10	0.12	12.2	1.0	6.6	14.6	11.4	9.26
光化—太平店	0.07	0.06	0.07	11.6	2.3	6.9	9.75	9.70	8.16
太平店—襄阳	0.03	0.09	0.06	11.4	3.5	7.4	10.8	10.5	9.48
襄阳—宜城	0.011	−0.004	0.007	8.5	2.8	5.6	9.25	9.56	9.87

注:表中"—"号为淤。

另据报道,襄阳以下坍岸仍在继续发展,并有日趋严重的趋势。襄阳至涝河口1968 年前坍岸岸线长度为 85.44km,占岸线总长 33%;至 1978 年,坍岸长度为95.21km,占岸线总长 37%;至 1984 年,坍岸长度为 109.29km,占岸线总长 42%;全段最大坍岸率的平均值为 100～200m/a。襄阳至涝河口平均中水河宽,1960 年为 769m,1968 年为 1006m,1978 年为 1163m,1984 年达 1412m,20 余年河床平均展宽 643m,展宽率为 83.6%。展宽率加大的原因是河床粗化,而河岸组成相对较细,造成河岸的可动性大于河床的可动性。

万安水库运用后下游河床平面形态发生了较大变化,1996 年与 1984 年相比,近坝 5.5km(CS1～CS6)范围内顺直和中、粗沙河段的边滩冲刷殆尽,枯水河宽平均拓宽 1.5 倍;CS6～CS12 长 6.7km,位于强烈冲刷段的下游,卵石夹沙床沙,除局部河段枯水河宽有所拓宽外,大部分河段有所缩窄,平均缩窄 12%;CS12～CS17 长 9km,该段河道发生 90°转弯,河床为卵石层上覆盖着中、粗沙,边滩以冲为主,间有少量淤积,主槽拓宽 50%。

三门峡水库修建后,黄河下游的断面变化比较复杂。黄河下游组成物质较细,中枯水流量较大,三门峡下泄清水阶段,自孟津出峡谷以后至黑岗口长达 180km 的河段内,河床下切,滩槽高差加大现象比较明显。但在伊洛河口以下滩地坍塌、河槽展宽同样也较突出,滩槽差越小的河段河槽展宽越大,如图 3.4.3 所示。从各大断面的 $\sqrt{B}/h$ 看,清水冲刷期总的趋势是向窄深方向发展,尤其是铁谢—秦厂河段更为显著,花园口以下有的河段 $\sqrt{B}/h$ 有所增加,1965 年以后的排沙回淤期 $\sqrt{B}/h$ 普遍增大,见表 3.4.3 和表 3.4.4。

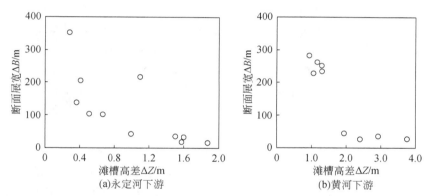

图 3.4.3 清水冲刷前后断面展宽 ΔB 与滩槽高差 ΔZ 关系

表 3.4.3 三门峡水库建库前后黄河下游断面 $\sqrt{B}/h$ 的变化

断面名称	建库前 1958 年汛后	1962 年汛后	1969 年汛后
秦厂	56.2	39.7	34.4
花园口	31.3	16.1	34
辛砦	40.2	36.3	31.8
夹河滩	25.5	17.2	12.5
马砦	36.5	31.5	26.3
杨小砦	33.0	37.6	40.4

表 3.4.4 三门峡水库建成后下游河段平均 $\sqrt{B}/h$ 变化

河段名称	冲刷期		回淤期	
	1962 年汛后	1964 年汛后	1965 年汛后	1966 年汛后
铁谢—秦厂	52.4	20.0	30.0	29.3
花园口—黑石	37.2	42.9	65.9	69.1

河段名称	冲刷期		回淤期	
	1962 年汛后	1964 年汛后	1965 年汛后	1966 年汛后
黑岗—夹河滩	22.1	31.6	38.3	51.9
东坝头—高村	33.7	29.4	40.6	43.5

Williams 和 Wolman 统计了美国 17 座水库下游 231 个断面资料,其中河宽变化不大的占 22%,河宽缩小的占 26%,河宽增大的占 46%,前两者之和与后者相当。在密苏里河修建 6 座水库始于 1937 年,于 1963 年全部完工,各库 1975 年蓄满。由于持续下泄清水,河岸大量坍塌,其中加文斯角到蓬卡长 88km。河岸坍塌最为严重,最大坍塌宽度达 30m。据统计,1937～1976 年该河段共塌去农田890hm²,回淤了 810hm²,失去的是高滩,回淤的是低滩,河槽展宽。根据钱宁分析,美国水库下游河道的展宽率为 5%～180%,平均为 12%。

Petts 统计了英国 14 座水库下游水深和河宽的变化,除了坝址附近有两条河的河宽和水深有些增加外,坝下河段河宽和水深均未见增加;下游弯曲河段,河宽和水深保持不变的占大多数,河宽减小的占 1/3,水深减小的占 14.3%;支流汇入口下游情况正好相反,河宽及水深减小的占大多数,河宽不变的占 1/3,水深不变的占 14.3%。总的来说,这些河流断面形态没有大的变化,这与英国河流特点及河岸组成等有关。

综上所述,建库后坝下清水冲刷导致河宽的变化更为复杂,有的增大,有的减小,也有的不变。其主要影响是河床、河岸的可动性及其对比,以及来水的大小及其过程,与河槽原始形态及河道的平面形态关系也很密切,但是就大多数水库下游河道来说,其展宽率一般并不很大。

3.4.2　枢纽下游纵比降调整

河道断面形态进行调整的同时,纵比降也相应地进行调整。近坝河段一般冲深较大,随着冲刷的发展,纵比降逐渐减缓;越往下游冲深越小,纵比降变化也越小。这是因为冲刷从上而下发展,上游冲得深,越向下游冲刷越弱。长时间冲刷后,河床床沙逐渐粗化,床面将形成抗冲保护层,限制冲刷的继续发展,纵比降逐渐趋于稳定。

由于下游河床的冲刷,水面线随河床的冲深不断下降,河床冲刷对枯水流量下的水面线影响较大,而对高水流量下的水面线影响较小,但均表现为水面线随河床的冲刷而下降,而且这种影响主要在坝下游上段,下段由于河床变化不大,水面线变化较小。

葛洲坝水利枢纽近坝河段深泓线历年变化见图 3.4.4(陆永军等,2006b)。葛洲坝蓄水后经过 1981 年 6 月～1987 年的连续冲刷阶段,坝下近坝河段河床深泓下切5～10m,河床平均下切 2～3m。其中胭脂坝头(汊道分流点)、胭脂坝尾(汊道汇流点)

和虎牙滩收缩段下切较小,其余河段下切较为明显,尤其以镇川门弯道段和胭脂坝主汊河床下切最明显。1988～1994 年,河段处于冲淤交替的相对平衡阶段。1995～1997 年,河床处于累积性淤积的回淤阶段,主要以胭脂坝头以上河段回淤较为明显,胭脂坝以下河床下切明显,说明河床下切亦是从上游向下游发展的。受 1998 年大洪水影响,全河段河床高程均高于蓄水前,尤其以胭脂坝以下最为明显;而胭脂坝以上河段深泓基本维持在 1997 年水平,说明该河段以淤滩为主;胭脂坝以下河段则是滩槽均发生淤积。1998 年洪水后,下游近坝河段年内出现汛淤枯冲的大冲大淤形势,其汛后冲刷量主要依赖于汛末流量。例如,2000 年汛期大水后退水较快,汛末流量较小(10～12 月平均仅为 9050m³/s,多年平均为 11000m³/s),使坝下游汛期淤积难于冲走,其胭脂坝深泓淤积高程达到 31m,河床平均高程达 34m 以上。2003 年是三峡工程蓄水运行第一年,清水下泄使河床进一步冲刷,与 2002 年相比从庙咀至艾家镇深泓线普遍刷深,胭脂坝段是主要的冲刷段,从胭脂坝坝头至坝尾深泓线冲深 3m 以上,胭脂坝上下游河段深泓高程变化不大。2004 年与 2003 年相比,胭脂坝以上以淤为主,胭脂坝以下以冲为主,冲淤变化幅度都不大。

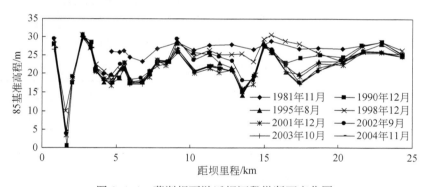

图 3.4.4　葛洲坝下游近坝河段纵断面变化图

万安枢纽下游河段河床冲刷强烈,1984 年 1 月～1996 年 11 月,近坝河段河床断面平均冲刷深度为 2.3m,在距大坝 10～20km 外,断面平均冲刷深度为 1.05m。由于坝下河床遭受冲刷,坝下西门水文站在设计通航流量时水位下降 1.04m。从 2005 年万安枢纽下游河段深泓线来看(图 3.4.5),河床的冲刷有利于提高局部河段的平均水深,近坝河段坝下—万安河段最小水深普遍在 2.5m 以上。但近坝河段河床沿程冲刷的同时,上段冲下的较粗泥沙在其下游河段淤积下来,导致这些河段的平均水深不足 1.0m,影响通航。其中万安—栋背河段有一处最小水深不足 0.5m,有一处最小水深不足 1.0m,栋背—永昌河段有两处最小水深不足 1.0m,永昌—映霞江河段也有两处最小水深不足 1.0m,映霞江以下河段最小水深一般都在 2.0m 以上。因此,从总体来看,万安水库下游河床的冲刷对安全通航是不利的,必须采取一定的措施进行航道治理。

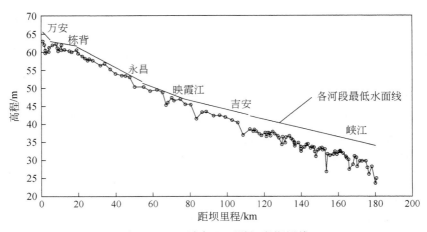

图 3.4.5 万安枢纽下游河段深泓线

官厅水库坝下 0～135km(大宁)为卵石夹沙河段,其下为沙质河床,1950 年建库后卵石夹沙河段,中、细沙很快被冲走,床沙粗化形成抗冲覆盖层,其下游 136～145km 为沙质河床过渡段坡降有所增大,146km(北天堂)以下坡降几乎不变,似乎略有减小,见表 3.4.5 和图 3.4.6。

表 3.4.5 永定河大宁以下河床比降(10^{-4})的变化

河段/km	1950 年 12 月	1956 年 4 月	1957 年 4 月	1958 年 4 月	1959 年 4 月
136～145	7.8	8.7	8.8	9.6	9.5
146～161	6.2	6.3	6.0	5.8	5.8
161～188	4.3	4.4	4.4	4.0	4.1

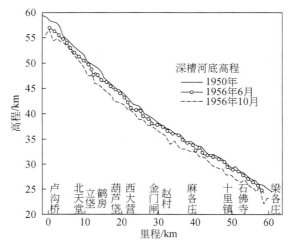

图 3.4.6 卢沟桥以下永定河深槽纵剖面图

丹江口水库坝下茨河以上河床表层为沙层,下为卵石,建库后沙层被冲,卵石出露,比降变缓,这与原卵石层坡度有关;茨河—襄阳为卵石与砂卵石河床交接段,在河床粗化的同时,比降有所增大;襄阳—宜城表层中细沙覆盖层较厚,深层卵石一般难以出露,比降变缓;宜城以下河床为中、细沙,虽经 20 多年冲刷,河床粗化不明显,比降有所变缓,但新城—仙桃河段河道蜿蜒,护岸工程较少,建库后河弯段普遍发生切滩撇弯现象,比降略有增大,见表 3.4.6。

表 3.4.6　丹江口水库下游河段水面比降(10^{-4})变化

河段	统计年份	高水比降	中水比降	低水比降
黄家港—茨河	1956~1959	2.802	2.790	2.775
	1960~1967	2.678	2.663	2.652
	1968~1985	2.625	2.634	2.640
茨河—襄阳	1956~1959	2.190	2.187	2.178
	1960~1967	2.253	2.275	2.286
	1968~1985	2.338	2.362	2.388
襄阳—宜城	1951~1959	1.836	1.838	1.839
	1960~1967	1.828	1.829	1.842
	1968~1985	1.771	1.765	1.759
宜城—碾盘山	1951~1959	1.415	1.445	1.471
	1960~1967	1.386	1.422	1.453
	1968~1985	1.326	1.363	1.396
碾盘山—新城	1951~1959	0.856	0.917	0.963
	1960~1967	0.861	0.895	0.927
	1968~1987	0.832	0.852	0.862
新城—仙桃	1956~1959	0.594	0.625	0.663
	1960~1967	0.605	0.645	0.684
	1968~1987	0.613	0.657	0.691

天桥电站位于中游,黄河为多沙河流,其中游天桥电站为蓄清排浑运用,建库前坝下为冲、淤交替以淤为主的河道,床沙为中、细沙。1975 年水库建成后,改变了来水来沙过程,河道汛期淤积,非汛期冲刷,冲刷大于淤积,坝下 6km 的府谷站平均河底高程至 1987 年下降约 2.0m,而其下游 249km 的吴堡站河床高程基本维持不变,见图 3.4.7。可见,就长距离而言,比降调平微不足道,但在坝下较短的范围内,比降变小甚为明显,在 1980~1986 年 7 年内河床的平均底坡由 6.07×10^{-4} 减小至 3.5×10^{-4};深泓坡由 5.23×10^{-4} 变为 4.47×10^{-4};平滩坡由 4.2×10^{-4} 变为 2.6×10^{-4}。

　　三门峡水库建成后,1960 年 9 月至 1964 年 10 月水库大量淤积,出库水流变清,下游河道强烈冲刷。图 3.4.8 为铁谢—官庄峪河段 $1000\mathrm{m^3/s}$ 时水位差变化过程,由图可见该期间比降调整可分三阶段:第 1 阶段,1960 年 9 月至 1962 年初为强烈冲刷期,比降迅速调平;第 2 阶段,1962 年年初至 1963 年年底比降基本不变,初步完成调整过程;第 3 阶段,1964 年因长期大水冲刷,比降进一步变小。显然,比降的调整与流量大小关系极为密切,但就长河段而言比降变化甚微,见表 3.4.7。

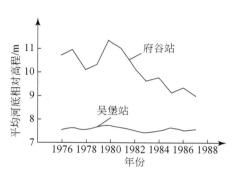

图 3.4.7　平均河底相对高程变化

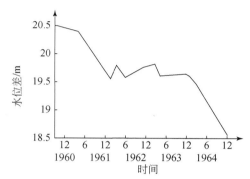

图 3.4.8　铁谢—官庄峪河段($1000\mathrm{m^3/s}$)
水位差变化过程

表 3.4.7　三门峡水库拦沙期下游各河段 $3000\mathrm{m^3/s}$ 时比降(10^{-4})的变化

时间	铁谢—花园口	花园口—高村	高村—艾山	艾山—利津
1960 年 10 月	2.55	1.65	1.27	1.045
1964 年 10 月	2.40	1.65	1.25	1.001

　　钱宁分析了美国科罗拉多河自上而下的胡佛坝、派克坝及帝国坝下游河床纵剖面的变化,指出胡佛坝坝址所在区表层为细沙,$d_{50}=0.18\mathrm{mm}$,下层有一层卵石层,$d_{50}=42\mathrm{mm}$,砂层在坝址附近较薄,越向下游越厚。水库下泄清水后,砂层冲失,卵石层露头,露头自上(游)而下逐渐发展,因而河床坡降逐渐加大,至 1940 年左右,近坝段 20km 的河段卵石层已全部出露,冲刷终止,坡降不再改变,见图 3.4.9(a);距坝 20.3～42.3km 河段,卵石层出露在 1940 年以后,此前该段坡降基本不变,此后坡降逐渐加陡,见图 3.4.9(b);距坝 42.3～106km 河段坡度看不出什么变化,见图 3.4.9(c);最下游一个河段距坝 158.4～176km 处为宽谷河段,来自上游的泥沙在那里大量堆积,坡降逐渐调平,见图 3.4.9(e);图 3.4.9(d)为冲刷段向堆积段过渡,坡降自然变得更平。

　　派克坝坝下 168km 以内坡降基本没有什么变化,168km 以下进入帝国坝的壅水段,见图 3.4.10。帝国坝下游由于支流吉拉河的汇入、部分水量他引以及沿程河宽的变化,坡降变化比较复杂,坝址附近变化不大,再往下游 25.2～37km 河段

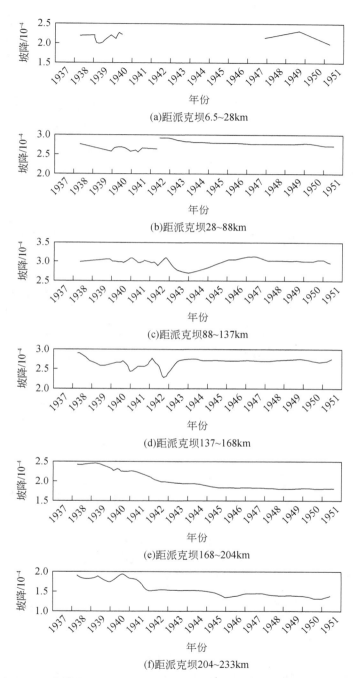

图 3.4.9　胡佛坝下游各不同河段的坡降历年变化过程（钱宁等,1987）

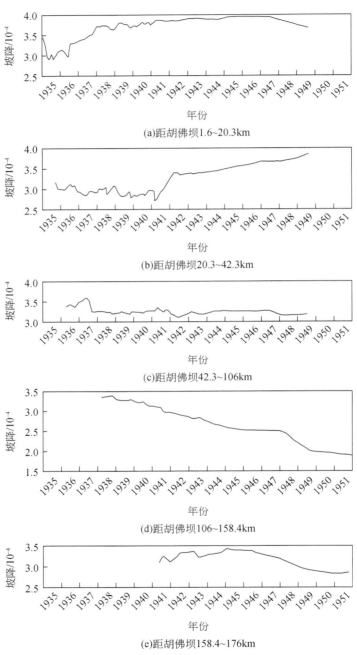

(a)距胡佛坝1.6~20.3km

(b)距胡佛坝20.3~42.3km

(c)距胡佛坝42.3~106km

(d)距胡佛坝106~158.4km

(e)距胡佛坝158.4~176km

图 3.4.10　派克坝下游各不同河段的坡降历年变化过程(钱宁等,1987)

12 年中坡降减小 20%;距坝址 37~51km 河段转趋变陡;51~76.6km 河段坡降又恢复不变。

　　Harrison 利用非均匀沙进行清水冲刷试验,床沙组成沿程一致,当全河段均形成抗冲粗化层时,终极河床与原始河床纵剖面一致,即整体下降,芦田和男称此为"平行下切";当床沙组成较细、不足以形成抗冲覆盖层时,比降调平才会比较明显,即上游冲得多,下游将以某一侵蚀基准为支点,支点上游河床做逆时针旋转下切,芦田和男称此为"旋转下切"。

　　图 3.4.11 为沙质河床清水冲刷水槽试验的河床纵剖面(陆永军等,1993)。由图可见,试验期末河床纵剖面大体可分为两段:上游段为逆坡,输沙强度越大逆坡段越长,坡度也越大,随着冲刷历时增长逆坡段向下游延伸,逆坡变缓;下游段近似为平行下切,坡度与原始河床基本一致。

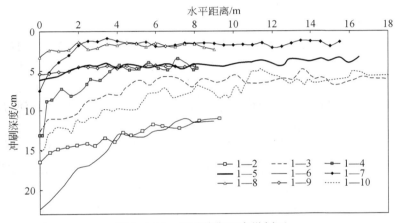

图 3.4.11　试验终期河床纵剖面

3.4.3　河势与浅滩演变规律变化

　　按地貌特征河流分为山区河流与平原河流,在河型上,两者都有弯曲、游荡、分汊、顺直几种基本类型。山区河流一般河谷狭窄,两岸稳定,岸坡陡峻,流量变幅很大,调蓄能力较低。平原河流河槽两侧一般具有广阔的河漫滩,横向的约束功能较弱,坡降较缓,流量和水位的起涨和回落都比较平缓,持续时间较长,因此两者具有不同的河床演变特性。枢纽下游近坝段一般具有山区河流的河床演变特征。建库后,由于洪峰削减,中枯水流量历时延长,来沙量减少,为适应新的水沙条件,坝下河床形态重新调整,有的河型发生转化。建库后,中枯水流量的造床作用增强,主槽发生冲刷,河道下切,断面向窄深方向发展。游荡型河流游荡强度减弱,主流位置日趋稳定,游荡型河流逐渐转化为弯曲型河流;分汊型河流主汊深切支汊萎缩,导致分汊河道向单一方向发展;顺直型河流在向微弯型转化的过程中,受冲刷的部位发生变化,主流摆动,滩槽易位。

　　浅滩是输沙不平衡而造成的局部淤积,天然河流浅滩数量多,类型复杂,根据形态可分为正常、交错、复式、散乱、弯道、汊道等。建库后浅滩演变存在以下两种情况。一种情况是,建库以后,洪水削弱,深槽冲刷变深,上游来沙大减,有利于浅滩冲刷,浅滩显著好转,甚至可能完全消失;浅滩数量和长度相应减少、缩短,类型单纯化。例如,柘林至吴城河段,1968 年原有浅滩 23 个,长 15000m,上述各种浅滩类型都存在;1981 年浅滩 15 处,长 6400m,滩的类型以过渡段正常浅滩最多,宽直段一般也有浅滩存在。另一种情况是,建库后,电站有可能存在洪水期畅泄洪水,将库区前期淤积的大量泥沙冲至下游落淤,在日调节方式下枯季流量相对较小,洪水期淤下的泥沙不能被冲走,这样涨水淤积没变,退水冲刷明显减弱;另外,电站蓄水把该河段造床作用最强的流量过程大大缩短,也不利于浅滩落水冲刷。因此,水库蓄水对下游浅滩河段冲刷不利,浅滩航道更加恶化,整治难度加大。而支流河口及其个别地方还可能出现新的浅滩。

　　水口电站坝下至闽清口为峡谷河段,河床由岩石、卵石夹沙组成,两岸山坡陡峻;闽清口至竹岐河道逐渐放宽,河岸为丘陵、台地、防洪堤,河床为砂卵石。根据水文资料分析,坝下至竹岐河段河床下切明显,离坝越近河床切深越大。根据 1989 年、1992 年、1996 年实测地形图分析,建电站后,坝下至竹岐河段河势没有变化,浅滩演变不同程度地受水库蓄水运行影响。

　　高维濑浅滩距坝约 10km,平面形状是两头窄中间宽,中间宽处有一狭长河心洲——高维洲。建坝前,高维洲淤高时,该浅滩段演变特点是,支汊(左汊)水浅,主汊(右汊)发展;高维洲冲刷减小时,沙石进入主汊航道,浅滩恶化。建坝后,高维洲处于冲刷状态,不利于主汊发展。此外,1990 年以来,由于建电站要用沙石,在这一带大量开挖卵石。因未按计划开采,主航道航槽边侧局部开挖过深,江心洲几乎被切开成汊,造成该滩段水流散乱,主河槽平面形状犬牙交错,枯水岸线极不规则,航道不畅。

　　闽清口浅滩位于坝下游 16km,洪水期支流梅溪入汇,在闽清口形成拦门沙。拦门沙的存在造成主流洪枯水走向不一致,航道内泥沙落淤形成浅滩。20 世纪 60~70 年代修建了一批整治工程,以改善河势,调整流向,冲刷浅滩。表 3.4.8 统计了多年来闽清口滩变化情况。由表可见,到 1978 年滩情并没有好转,1989 年以后滩情明显好转。经过分析认为,这种变化与水库拦沙蓄水、下泄水流冲刷能力增强密切相关(陈一梅等,1999)。

表 3.4.8　闽清口滩变化情况

项目	时间					
	1965 年 6 月	1966 年 5 月	1978 年 5 月	1989 年 8 月	1992 年	1996 年 2 月
滩长/m	1900	1400	1150	350	175	
最小水深/m	0.7	1	0.4	1.2	1.3	＞2.0

白沙浅滩距电站约 32km,建坝前后河床变化不大,滩情没有好转。从河道平面形状看,浅滩位于弯道凹岸,上游断面河宽 1200m,下行 500m 至长坪园矶头河宽缩窄为 800m。根据统计,建坝后水库蓄水拦沙,泄流含沙量减小 46%,从理论角度来看河床冲刷水深应增大。但坝下河段冲刷,水流行至白沙时含沙量已经获得补充,由于该段局部地形的阻水作用,滩情没有明显好转。

竹岐距水口坝下 46km,竹岐距文山里 17km。该河段为宽浅沙质河床,河床质由中、粗沙组成,滩汊交错,水流分散,最小水深仅 0.8m 左右,是四级航道的主要碍航河段。根据 1991 年 10 月、1992 年 10 月、1995 年 12 月测图和模型试验分析发现,在水库蓄水调节的初期,该河段河势基本没有发生变化,3m 和 5m 等深线范围蓄水前后基本没变,说明水库在蓄水,下泄清水主要冲刷坝下附近河段,竹岐—文山里河段的冲淤主要受电站水沙调节的影响。

在天然状态下,闽江 5～7 月为洪水期,径流约占全年径流量的 50%,10 月至翌年 2 月为枯水期,来水量占全年径流量的 17.5%,实测最大流量为 30300m³/s,最小流量为 196m³/s,竹岐—文山里河段造床作用最强的流量为 3000～8000m³/s。蓄水前竹岐—文山里河段冲淤规律是,汛后至中枯水期间,浅滩冲刷水深增大,表现为落冲。水库蓄水后,洪水期电站畅泄洪水,将大量泥沙冲至下游浅滩。7 月 10 日关闸后,按枯季流量进行日调节方式泄流,最大峰值流量为 2259m³/s,流量突然减小,该河段造床最强的流量历时大大缩短,对下游竹岐—文山里河段冲刷不利,浅滩整治难度加大。

3.4.4　河床平面形态变化及河道稳定性分析

建库后洪水作用削弱,高水河槽趋于稳定,主要表现在河岸不再大量冲刷,河弯、汊道变化缓慢,河岸、台地、高的洲滩大部分为植物被覆或开垦种植,这在多年调节水库下游尤其明显。当洪水削弱后,河岸上的山嘴、突角挑流作用显著减小;河槽突然束窄、突然扩展、急弯等形成的壅水、跌水影响以及河岸对水流的约束程度均减轻。这些改变使中水流量的造床作用增强,从而在原有河道内形成高滩深槽,这就是与下游最高发电水位、流量相适应的中水河槽。这个河槽的轮廓蜿蜒曲折,不仅形态比较规则,稳定性也更为良好,与原河槽相比,边滩发展,心滩减少,水流归槽、平顺。例如,柘林水库下游 10km 的白槎浅滩河段,据柘林水利枢纽设计调查近百年来淤高约 6m,冲宽约 200m。1966 年航道整治时,这种趋势仍在继续,整治设计文件中称筑坝所在河岸,每年崩塌数米至数十米,自 1954 年大水过后,延续已十多年,崩岸约 60m。建库以后,这种向宽浅方向发展的现象改变,从 1966 年和 1981 年地形资料可以看到,河岸崩塌已告停止,河宽不再增加;河段内较明显地出现一条中水河槽。这种河床稳定性增加的现象在其他水库下游也比较常见。

阿斯旺水坝完工后坝下游河流的主要地貌特征仍然与原始流量过程及各自

的原始主导河槽一致。然而,由于水库调度,大坝下游流量过程会有显著改变,有些下游地貌特征会与新的条件适应,河流开始将其河床调整到改变后的位置,如图 3.4.12 所示(Helmut,1995)。

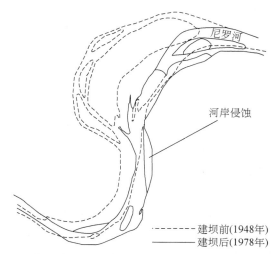

尼罗河

河岸侵蚀

- - - - - 建坝前(1948年)
———— 建坝后(1978年)

图 3.4.12　阿斯旺水坝建造后流量过程线改变导致的下游河道的变化

河道稳定性对于时间尺度是一个相对的概念,在一个较长的时段内河道是稳定的,而在较短的时段内是不稳定的。在天然状态下,水沙条件改变,河道是有冲淤变化的,有的变化幅度还较大。建库以后,水沙条件的突然改变,使下游河道处于不稳定状态,为了适应新的水沙条件,下游河道必然做出调整。经过长时间的重新调整后,河道可能会处于一个相对稳定的阶段。但是,在遭遇大洪水或一个洪汛过程,河道又会发生较大的冲淤变化,之后河道将在新的地形条件下随水沙条件变化出现新的调整过程。特殊水文年(特大洪水)对河床演变的影响往往是巨大的,它造成新的河床形态,在相当时期内是不可逆的。因此,河道处于稳定与不稳定、不断变化、调整又调整的过程。

河道的稳定与不稳定可由河道的稳定性指标来判别,其表示形式为

$$K_y = \frac{d}{HJ}$$

式中,d 为泥沙的直径;H 为河水的深度;J 为水面坡度。

参变数 K_y 越小,则河流相对来说越不稳定。长江汉口河段稳定性指标为0.924,相对较为稳定;黄河秦厂河段稳定性指标为 0.168,为不稳定河段。

影响河岸稳定性的因素主要为河岸土壤的抗冲能力,抗冲能力越强,河岸越稳定;其次是滩槽高差,滩槽高差越大,河岸越稳定。但是,由于河岸土壤具有结构状态以及其起动流速不能用一般起动流速公式计算,所以可以考虑间接地用河岸变

化的结果来描述河岸的稳定性,即采用枯水河宽 b 与造床流量河宽 B 的比值:

$$K_x = \frac{b}{B}$$

K_x 越大,说明枯水期露出沙滩较小,河岸越稳定。

在一定意义上,河床、河岸稳定系数反映河床、河岸的变形强度。K_y 值越大,越不易下切,水流为了消耗能量,必然趋于拓宽河岸,则宽深比 $\sqrt{B}/h$ 变大;K_x 值越大,越不易展宽,水流为了消耗能量,必然趋于下切河床,则宽深比 $\sqrt{B}/h$ 减小。

水库下游纵向和横向稳定性的变化,可以利用以上公式从定性上进行判断。建库后,床沙粗化,比降调平是普遍现象,因此可以断定河床纵向稳定性是增加的。而从大量水库下游的实际观测现象来看,河宽束窄十分明显,枯水河宽与总河宽的差别缩小,因此横向也是趋于稳定的。

3.4.5　日调节波对河床演变的影响

除了一般性的径流调节外,日调节波使下游河床演变更为复杂,主要体现在以下几个方面(黄颖,2005):

(1)水位频繁的陡涨陡落加剧了岸滩的坍塌。日调节波的水位涨、落幅度大,涨水时岸滩受较大速度的入射波冲击;退水时先前渗入岸滩的水在渗透压力作用下反向渗出,产生反向压力;此外,土壤经过频繁的渗入和渗出,结构遭受破坏。因此,岸滩很容易被冲刷、淘刷、坍塌。坍塌的泥沙有可能在主槽和航道内发生淤积。

(2)大、小水频繁交替出现,加剧了边滩的不稳定性。小水走弯大水取直,小水走槽大水漫滩,水流动力轴线多变。涨水时上游滩头冲蚀,退水时下游滩尾受到冲刷和溯源冲刷。在频繁的涨、落水作用下易发生切滩,边滩变沙洲,水流分散,航道摆动。

(3)过渡性浅滩淤积加剧。涨水波具有很大的动能,携带大量的泥沙,行经过渡段受到下边滩的阻碍产生反射波,反射波与入射波叠加,水深加大,流速减小,泥沙停滞,使过渡性浅滩淤积加剧。

(4)涨水淤滩落水淤槽。水位陡涨陡落,涨水时主槽水位高于滩地,产生一个横流,其底流由主槽斜流向滩地,将主槽泥沙带向滩地,发生刷槽淤滩;相反,退水时滩地水位高于主槽,横流的底流由滩地流向主槽,将滩地泥沙带到主槽,发生刷滩淤槽。主槽涨水冲刷与落水淤积并不在同一部位,冲刷在上段,淤积在下段。下段频繁淤积将导致航道出浅。

(5)沙波运动的连续性受到破坏。大、小水交替,在大水时沙波缓慢向下游运行,若其运行到浅滩段转为小水,其运行将停止,航道会出浅,尤其是卵石和粗沙滩。

(6)水位陡涨陡落、河床冲淤多变。由于水位流量频繁的急剧变化,河床泥沙时动时停,河床冲淤多变,冲淤部位也不断变化,加大了河床变形的复杂性。特别是前期流量很小,甚至为零,以及滩地露于水面,当水位、流量突然增加时会引起河床及滩地急剧冲刷,把大量的泥沙带到深潭和主槽,在那里发生淤积。水位突然降落至接近平滩时,滩地溯源冲刷,也会将滩上泥沙带到主槽。

上述多种河床演变的诸多特点都与水位、流量涨落速率、涨落幅度、涨落频度有关,也与河床形态、河床和河岸组成有关,特别是上游泥沙的供给多寡对其影响很大。因此,不同的河流、不同的调节过程,其演变特点并不完全一样。

万安水库每年1～3月和9～12月,电站调峰使下游水位变幅大,下游浅滩水深每日都有可能低于0.5m而断航。流量大时,河床泥沙被冲动输移;流量突然下降,流速急剧减小,正在运动的泥沙突然停留下来形成沙包,下次开闸放水时,沙包又可能被冲刷或淤积加大成江心洲,产生新浅滩或使老浅滩恶化。汉江丹江口水库日调节影响距离约200km,使坝下游河道水位变幅大。洪水期,襄阳、宜城最大变幅1.56～2.57m;枯水期的12月至次年3月,襄阳、宜城变幅分别为0.67m和0.24m。

3.4.6　枢纽下游同流量水位降落

1. 水位自然降落

由清水冲刷,河床自动调整引起的水位降落称为自然降落。河床下切,可使水位下降,而河床粗化阻力增大,导致水深增大,又可抵消水位下降;河床展宽使水深减小、水位下降,而比降调平又可使水深增大。因此,坝下水位变化是河床调整的综合效应,而河床调整又受诸多因素影响,需进行具体分析。

一般情况下,越靠近大坝水位下降越大,越远离大坝水位下降越小,下游水位下降滞后;水位降低随流量增大而减小,枯水水位下降最多;水库运用初期水位下降率最大,而后逐渐减小,直至稳定。

已建水库表明,自然冲刷条件下,坝下水位下降一般并不大,即使在冲刷最剧烈的河段,一般也不超过2.0m,比河床下切深度要小,如表3.4.9所示。

表 3.4.9　部分枢纽坝下水位下降值

河名	枢纽	枢纽运用年限/年	最大水位下降值/m	同河段河床下切值/m	水位下降对应流量/(m³/s)	发生地点
尼罗河	阿斯旺水库	7	0.8		1160(枯水)	坝下166km
科罗拉多河	帝国坝	10	2.0	2.5	113(枯水)	由马站(坝下30km)
汉江	丹江口水库	18	1.64	2.48	1000(中水)	黄家港(坝下6km)
赣江	万安水库	10	1.04	2.01	165(枯水)	西门站(坝下2.3km)

2. 水位降落与断面调整关系

贾锐敏(1992)对汉江丹江口至皇庄 240km 河段中 33 个代表性断面 1960～1984 年实测的资料分析后指出,水位下降与河床断面形态调整关系有以下类型:

(1)以下切为主。以下切为主的河段水位下降小于河床下切深度,如图 3.4.13(a)所示(坝下 15km)。这种类型多位于水库近坝段,这里的河岸(滩)一般抗冲性强,河床多为卵石夹沙。

(2)以展宽为主。以展宽为主的河段水位下降大于河床下切深度。这种类型多出现在宽浅散乱的游荡性河段,洪水期主流摆动不定,河床展宽大于下切,如图 3.4.13(b)所示(坝下 206km)。

(3)先下切后展宽。有的河段河床表层为沙质覆盖层,其下为卵石层,清水下泄后表层泥沙迅速冲失,卵石出露,河床抗冲强度大增,转向冲刷岸滩,河床展宽,水位下降率增大,如图 3.4.13(c)所示(坝下 90km)。

(4)先展宽后下切。远离大坝的游荡性河段,清水下泄前期以展宽为主,后期因上游来沙量减小,又会转变为下切为主,如图 3.4.13(d)所示(坝下 209km),1978 年以前以展宽为主水位下降幅度大,而后以下切为主水位下降率远小于河床冲深率。

(5)展宽与下切并现。河床展宽与下切并重的河段水位下降幅度与河床下切深度相当,如图 3.4.13(e)所示(坝下 138km)。这种类型多位于分汊河段,一汊消亡,另一汊发育壮大,展宽与下切并现。

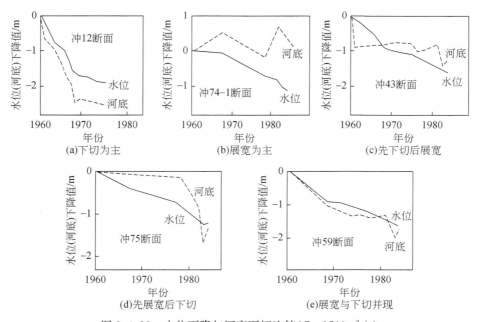

图 3.4.13　水位下降与河床下切比较($Q=1500\mathrm{m^3/s}$)

参 考 文 献

长江航道局,2004. 航道工程手册[M]. 北京:人民交通出版社.

陈一梅,李奕琼,1999. 水口电站运行以来对坝下航道影响的研究[J]. 水利水电快报,20(7): 5-8.

韩其为,何明民,1987. 水库淤积与河床演变的(一维)数学模型[J]. 泥沙研究,(3):16-31.

黄颖,2005. 水库下游河床调整及防护措施研究[D]. 武汉:武汉大学.

贾锐敏,1992. 丹江口水库下游河床冲刷与水位降落对航道的影响[J]. 水道港口,(4):12-22.

乐培九,王永成,2004. 电站日调节泄流对下游航运影响及其防治措施[J]. 水道港口,25(s1): 52-58.

李发政,2004. 三峡电站日调节下游河道通航水流条件研究[J]. 长江志季刊,(1):17-28,35.

李天碧,2003. 浅谈万安水利枢纽下游河段设计水位的确定[J]. 水运工程,(9):45-47.

陆永军,1990. 床沙粗化研究的回顾及展望[J]. 水运工程,(10):10-15.

陆永军,张华庆,1993. 清水冲刷宽级配河床粗化机理试验研究[J]. 泥沙研究,(1):68-77.

陆永军,刘建民,1998. 荆江重点浅滩整治的二维动床数学模型研究[J]. 泥沙研究,(1):37-51.

陆永军,王兆印,左利钦,2006a. 长江中游瓦口子至马家咀河段二维水沙数学模型[J]. 水科学进展,17(2):227-234.

陆永军,赵连白,李云中,等,2006b. 三峡工程蓄水后两坝间河段的泥沙冲淤对葛洲坝枢纽至枝城河段通航条件影响及对策研究[R]. 南京水利科学研究院,交通部天津水运工程科学研究所,长江委三峡水文水资源勘测局.

钱宁,张仁,周志德,1987. 河床演变学[M]. 北京:科学出版社.

王秀英,2006. 冲积河流航道整治设计参数确定方法研究[D]. 武汉:武汉大学.

周克当,高凯春,韩飞,等,2002. 三峡水利枢纽最小下泄流量及其对航道影响的初步研究[J]. 水运工程,(5):41-44,51.

HELMUT S,1995. Impact of dam construction and reservoir operation on the lower reaches[C]. Proceedings of 6th International Symposium on River Sedimentation, New Delhi.

LU Y J,WANG Z Y,ZUO L Q,2005. 2D numerical simulation of flood and fluvial process in the meandering and island-braided middle Yangtze River[J]. International journal of sediment research,20(4):333-349.

第4章　梯级水库泥沙数值模拟技术

4.1　梯级水库水沙数值模拟研究进展

我国是一个水土流失严重的国家,在泥沙研究领域积累了非常丰富的理论与实践经验,但在水库群联合调度研究中,多基于发电量或总出力最大化研发水资源优化调度模型,水沙联合调节计算方面的经验积累仍然不够,这方面的研究依然有待突破,也是多泥沙河流水利工程规划设计中必须解决的关键课题。

郜国明等(2014)对多沙河流水库泥沙研究中的水库淤积、水库调度、水库泥沙处理与利用,以及水库模拟手段等方面进行总结和分析,指出各方面的研究难点及面临的主要问题,并对黄河水库泥沙研究中的问题进行展望。

白晓华等(2002)在工程实践中开发出一套梯级水库群水沙联合调节计算耦合模型,该模型通过数据传输将水库群优化调度动态规划模型、水资源系统模拟模型和水库泥沙冲淤计算模型有机结合起来,并应用于汾河流域梯级水库开发的可行性研究设计中,有效地提高了设计成果的精度和可靠性,对多沙河流梯级水库群的联合水沙调节具有现实的指导意义。

晋健等(2011)针对大渡河干流年来水时空分布特点,利用瀑布沟水库对径流的调蓄与拦沙作用,充分发挥流域统一调度的优势,提出解决下游水库泥沙淤积的联合调度减淤方案;同时利用扩展一维全沙水库冲淤计算模型模拟库区泥沙冲淤过程,对实施联合调度后各库减淤变化进行模拟分析,数据显示联合调度减淤方案有助于改善下游水库长期的减淤问题。

黄河上游梯级水库群联合调度运行是实施黄河水沙"固—拦—调—放—挖"综合治理模式的一项重要非工程措施。白夏等(2016)以黄河上游沙漠宽谷河段为研究对象,以河段输沙量最大为优化目标,建立了基于自迭代模拟优化算法的黄河上游梯级水库多目标水沙联合模拟优化调度模型,并在此基础上系统分析上游来水、沿黄用水、调水调沙时段及起调水位选取等因素对黄河上游梯级水库输沙、发电及供水等综合利用效益的影响,制定黄河上游调水调沙最优方案,最大程度发挥黄河上游水资源综合利用效益。

朱厚生等(1990)考虑上游发电、下游减淤和其他综合利用要求,将黄河上、中、下游联系起来,应用随机动态规划法对黄河上游梯级水库水沙调节优化调度问题进行研究,探讨利用上游水库调节中、下游水沙关系以减少下游河道泥沙淤积的可能性和合理性,在求解与径流具有时空相关的梯级水库的优化调度问题时提出协调保证出力分解逼近算法。

为了确定黄河上游龙羊峡、刘家峡梯级水电站水库实施水资源综合利用所需的合理库容,金文婷等(2015)建立以梯级水电站水库调沙水量最优为目标的黄河上游梯级水库调水调沙模型,通过分析研究,获得了龙羊峡、刘家峡梯级水电站水库相应方案下的合理库容。

白涛等(2016)为缓解内蒙古河段"二级悬河"形势,以黄河上游沙漠宽谷河段为研究对象,把龙羊峡水库、刘家峡水库作为调控主体,开展黄河上游水沙调控研究,建立输沙量、发电量最大的单目标模型和多目标模型,分别采用自迭代模拟算法、逐次逼近动态规划算法和改进的非支配排序遗传优化算法求解模型,设置初始、常规、优化和联合优化四种方案。他的研究成果量化了水沙调控效果和各目标间的转化规律,为开展黄河上游水沙调控提供了决策依据。

刘方(2013)从梯级水库水沙联合调度的目的出发,分别建立梯级水库防洪、发电和泥沙冲淤计算子模型,并在此基础上构建梯级水库水沙联合调度多目标决策模型,该模型能较好地反映梯级水库间的水沙联系以及各目标利益之间的协调;结合理想点评价法,构建基于组合权重的理想点评价模型,该模型在一定程度上改善了单一赋权法的不足,使评价结果更符合客观实际。

肖杨等(2012)对梯级水库水沙联合优化调度的基本理论和水库优化调度子系统、水库泥沙冲淤计算子系统进行研究,总结了水沙联合调度中多目标的选取、目标函数的建立及约束条件的制定等,并在此基础上探讨梯级水库水沙联合调节计算的常规算法和智能优化计算方法,对子系统间的耦合机理、水沙的连接方式、多目标的处理方法等水沙联合调度中的关键问题进行分析,提出梯级水库水沙联合调度研究中一些有待深入研究的问题。

杨丽虎(2017)研究了流域梯级水库对水沙累积影响的过程和机理,提出了流域水沙模拟的新思路和研究框架,从流域宏观角度出发,以梯级水库为主体,以水沙运移为主线,通过多方法联合运用以及多模型集成的途径,将降雨径流模型、水库调度模型、河道水沙模型耦合,建立流域综合模型。

李继伟(2014)针对多沙河流梯级水库长期兴利与排沙减淤之间的矛盾,以一维泥沙冲淤计算模型为基础,构建梯级水库群水沙多目标优化调度模型,同时提出逐次逼近动态规划和多目标动态规划迭代算法相结合的梯级水库水沙联合调度降维求解算法,并用实例验证求解方法的合理性和有效性。

彭杨等(2013)建立梯级水库水沙联合优化调度多目标决策模型,并采用约束法和加权理想点法进行非劣解求解与评价,将该模型应用到溪洛渡—向家坝梯级水库汛末蓄水时间的研究中,得到不同目标权重下满足梯级水库发电和减淤要求的最佳蓄水方案,为研究和解决多沙河流梯级水库水沙联合调度问题提供了技术手段。

　　黄仁勇等(2012)以自主研发并经过实测资料验证的三峡水库一维非恒定流水沙数学模型为基础,将溪洛渡及向家坝水库纳入整体计算范围,建立包括溪洛渡、向家坝和三峡三个水库的长江上游梯级水库联合调度一维非恒定流水沙数学模型。该模型为一基于树状河网的全沙模型,可将溪洛渡水库库尾—三峡坝址的长江干流和部分主要支流作为一个整体进行泥沙冲淤同步联合计算,采用该模型对水库群联合运用条件下各水库泥沙冲淤变化及相互影响进行了研究,初步揭示了长江上游特大型梯级水库群泥沙淤积规律。

　　李永亮等(2008)对黄河不同区域来水进行分析,提出小浪底、万家寨、三门峡、故县、陆浑水库的水沙联合调控组合方式,运用神经网络等方法研究黄河中游水库群水沙联合调度关键问题,包括流量过程、含沙量过程的控制方式及修正模式。

　　毛继新等以水动力学及泥沙运动力学为基础,开发出金沙江下游梯级水库一维非恒定不平衡输沙数学模型,系统模拟金沙江干流乌东德、白鹤滩、溪洛渡和向家坝梯级水库的淤积发展过程、淤积分布、水库排沙及排沙级配变化等,并结合支流梯级水库建设及拦沙特性以及向家坝下游河道冲淤演变模拟计算,预测了三峡水库来水来沙趋势变化,提出了三峡水库泥沙研究中未来入库水沙系列(毛继新等,2008;李丹勋等,2010;毛继新,2015)。

　　目前,国内有多家单位开发了具有自主知识产权的一维非恒定水沙模型软件系统,在众多大中型水库蓄水前后对水库常年回水区淤积、变动回水区冲淤演变、坝下游的泥沙冲刷等方面进行了大量计算和分析,取得了丰硕的成果。

4.2　一维非恒定水沙数学模型

4.2.1　数学模型基本方程及解法

1. 模型基本理论方程

1)水流连续方程

$$\frac{\partial Q}{\partial x} + B\frac{\partial Z}{\partial t} = 0 \qquad (4.2.1)$$

2)水流动量方程

$$\frac{\partial Q}{\partial t} + \frac{\partial}{\partial x}\left(\frac{Q^2}{A}\right) + gA\frac{\partial Z}{\partial x} + gA\frac{Q|Q|}{K^2} = 0 \qquad (4.2.2)$$

3）河床变形方程

$$\frac{\partial(AS)}{\partial t} + \frac{\partial(QS)}{\partial x} + \gamma_s \frac{\partial(\Delta A)}{\partial t} = 0 \tag{4.2.3}$$

4）泥沙连续方程

$$\frac{\partial(QS)}{\partial x} + \frac{\partial(AS)}{\partial t} + \alpha \omega B(S - S^*) = 0 \tag{4.2.4}$$

5）水流挟沙能力

$$S^* = K_0 \left(\frac{V^3}{gh\omega}\right)^m \tag{4.2.5}$$

式中，Q 为流量；A 为过水断面面积；B 为断面宽度；Z 为水位；K 为流量模数；S 为断面平均含沙量；S^* 为断面平均挟沙能力；g 为重力加速度；α 为泥沙恢复饱和系数；ω 为泥沙颗粒沉速；ΔA 为断面冲淤面积；γ_s 为淤积物干容重；K_0 为挟沙能力系数。

一维非恒定流泥沙数学模型的计算采用非耦合方法，首先求解水流连续方程和动量方程，然后求解水流挟沙能力、泥沙不平衡输沙方程和泥沙连续方程。

2. 非恒定流计算

采用 Preissmann 隐式差分格式求解水流连续方程和动量方程。Preissmann 隐式差分格式如图 4.2.1 所示。关于因变量和其导数的离散格式为

$$f_{(x,t)} \approx \frac{\theta}{2}(f_{j+1}^{n+1} + f_j^{n+1}) + \frac{1-\theta}{2}(f_{j+1}^n + f_j^n) \tag{4.2.6}$$

$$\frac{\partial f}{\partial x} \approx \theta \frac{f_{j+1}^{n+1} - f_j^{n+1}}{\Delta x} + (1-\theta)\frac{f_{j+1}^n - f_j}{\Delta x} \tag{4.2.7}$$

$$\frac{\partial f}{\partial t} \approx \frac{f_{j+1}^{n+1} - f_{j+1}^n + f_j^{n+1} - f_j^n}{2\Delta t} \tag{4.2.8}$$

式中，θ 为加权系数，$0 \leqslant \theta \leqslant 1$。

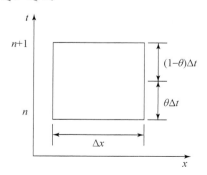

图 4.2.1　Preissmann 隐式差分格式网格布置图

利用式（4.2.6）～式（4.2.8）可得到式（4.2.1）、式（4.2.2）的差分形式，对差分

方程进行线性化,在线性化过程中,忽略增量的乘积项,最后得到以下线性方程组:

$$A_{1j}\Delta Q_j + B_{1j}\Delta Z_j + C_{1j}\Delta Q_{j+1} + D_{1j}\Delta Z_{j+1} = E_{1j} \qquad (4.2.9)$$

$$A_{2j}\Delta Q_j + B_{2j}\Delta Z_j + C_{2j}\Delta Q_{j+1} + D_{2j}\Delta Z_{j+1} = E_{2j} \qquad (4.2.10)$$

其中

$$A_{1j} = -\frac{4\theta\Delta t}{\Delta x(B_j^n + B_{j+1}^n)}$$

$$B_{1j} = 1 - \frac{4\theta\Delta t(Q_{j+1}^n - Q_j^n)}{\Delta x\,(B_j^n + B_{j+1}^n)^2}\frac{\mathrm{d}B_j^n}{\mathrm{d}Z_j^n}$$

$$C_{1j} = \frac{4\theta\Delta t}{\Delta x(B_j^n + B_{j+1}^n)}$$

$$D_{1j} = 1 - \frac{4\theta\Delta t(Q_{j+1}^n - Q_j^n)}{\Delta x\,(B_j^n + B_{j+1}^n)^2}\frac{\mathrm{d}B_{j+1}^n}{\mathrm{d}Z_{j+1}}$$

$$E_{1j} = -\frac{4\Delta t(Q_{j+1}^n - Q_j^n)}{\Delta x\,(B_j^n + B_{j+1}^n)^2}$$

$$A_{2j} = 1 - \frac{4\theta\Delta t}{\Delta x}\left(\frac{Q_j^n}{A_j^n}\right) + 2g\theta\Delta t\frac{A_j^n\,|\,Q_j^n\,|}{(K_j^n)^2}$$

$$B_{2j} = \frac{\theta\Delta t}{\Delta x}\left[\frac{2\,(Q_j^n)^2 B_j^n}{(A_j^n)^2} - g(A_{j+1}^n + A_j^n) + g(Z_{j+1}^n - Z_j^n)B_j^n\right]$$
$$\qquad + g\theta\Delta t\frac{Q_j^n\,|\,Q_j^n\,|}{(K_j^n)^2}\left(B_j^n - \frac{2A_j^n}{K_j^n}\frac{\mathrm{d}K_j^n}{\mathrm{d}Z_j^n}\right)$$

$$C_{2j} = 1 + \frac{4\theta\Delta t}{\Delta x}\frac{Q_{j+1}^n}{A_{j+1}^n} + 2g\theta\Delta t\frac{A_{j+1}^n\,|\,Q_{j+1}^n\,|}{(K_{j+1}^n)^2}$$

$$D_{2j} = \frac{\theta\Delta t}{\Delta x}\left[-\frac{2\,(Q_{j+1}^n)^2 B_{j+1}^n}{(A_{j+1}^n)^2} + g(A_{j+1}^n + A_j^n) + g(Z_{j+1}^n - Z_j^n)B_{j+1}^n\right]$$
$$\qquad + g\theta\Delta t\frac{Q_{j+1}^n\,|\,Q_{j+1}^n\,|}{(K_{j+1}^n)^2}\left(B_{j+1}^n - \frac{2A_{j+1}^n}{K_{j+1}^n}\frac{\mathrm{d}K_{j+1}^n}{\mathrm{d}Z_{j+1}^n}\right)$$

$$E_{2j} = \frac{\Delta t}{\Delta x}\left[-\frac{2\,(Q_{j+1}^n)^2}{A_{j+1}^n} + \frac{2\,(Q_j^n)^2}{A_j^n} - g(A_{j+1}^n + A_j^n)(Z_{j+1}^n - Z_j^n)\right]$$
$$\qquad - g\Delta t\left[\frac{A_{j+1}^n Q_{j+1}^n\,|\,Q_{j+1}^n\,|}{(K_{j+1}^n)^2} + \frac{A_j^n Q_j^n\,|\,Q_j^n\,|}{(K_j^n)^2}\right]$$

式中,上角标为时间序列,下角标为断面序号;A_{ij}、B_{ij}、C_{ij}、D_{ij}、E_{ij}($i=1,2$)为第 j 单元河段差分方程的系数($j=1,2,\cdots,N-1$,其中 N 为断面个数)。

　　式(4.2.9)和式(4.2.10)可针对任何一计算点($j,j+1$)写出,如在模型中有 N 个计算点,就能对 $2N$ 个未知数写出 $2(N-1)$ 个这样的方程,再加上、下游两个边界条件,即构成由 $2N$ 个方程式组成的包含 $2N$ 个未知数的方程组,因此方程组可以求解。

　　由于差分方程中的系数包含有未知数,方程求解不能直接求出未知变量,因此方程求解时必须进行迭代处理。

3. 不平衡输沙方程求解

利用迎风格式,将式(4.2.4)离散为差分方程,整理后得

$$S_j^{n+1} = \begin{cases} \dfrac{\Delta t \alpha B_j^{n+1} \omega_j^{n+1} S_j^{*n+1} + A_j^n S_j^n + \dfrac{\Delta t}{\Delta x_{j-1}} Q_{j-1}^{n+1} S_{j-1}^{n+1}}{\Delta t \alpha B_j^{n+1} \omega_j^{n+1} + A_j^n + \dfrac{\Delta t}{\Delta x_{j-1}} Q_{j-1}^{n+1}}, & Q \geqslant 0 \\[4mm] \dfrac{\Delta t \alpha B_j^{n+1} \omega_j^{n+1} S_j^{*n+1} + A_j^n S_j^n - \dfrac{\Delta t}{\Delta x_{j-1}} Q_{j+1}^{n+1} S_{j+1}^{n+1}}{\Delta t \alpha B_j^{n+1} \omega_j^{n+1} + A_j^n - \dfrac{\Delta t}{\Delta x_j} Q_{j+1}^{n+1}}, & Q < 0 \end{cases} \tag{4.2.11}$$

当 $Q \geqslant 0$ 时,利用上边界条件自上而下计算各断面含沙量;当 $Q < 0$ 时,利用下边界条件由下至上计算各断面含沙量。

4.2.2 悬移质计算重要参数

1. 泥沙恢复饱和系数

恢复饱和系数(式(4.2.4)中的 α)是反映悬移质不平衡输沙时,含沙量向饱和含沙量即挟沙能力靠近的恢复速度的重要参数。由式(4.2.4)可见,当 α 越大时,$\partial S_l / \partial x$ 变化就越快,含沙量和挟沙能力恢复得也就越快。

对于恢复饱和系数的物理意义,各家有不同的解释(窦国仁,1963;韩其为等,1997;韩其为,2006)。窦国仁在建立一维泥沙连续方程时,将 α 解释为泥沙沉降概率;韩其为认为 α 是近底含沙量与垂向平均含沙量之比;张书农等(1986)认为 α 是在泥沙重力和水流紊动的综合作用下能沉积在床面上的泥沙量与可能下沉的泥沙量之比,表征其关系的特征值是 $\omega/(ku^*)$,尽管解释有所差异,但均涉及重力作用与水流紊动作用。

恢复饱和系数可分为两种:一种是在假定条件下直接推导一维方程式(4.2.4)得到的 α,其被解释为泥沙的沉降概率,值应小于 1.0;另一种是在一定边界条件下,通过求解二维扩散方程得到的 α,其值大于 1.0。

20 世纪 70 年代,韩其为(1979)研究了非均匀悬移质不平衡输沙的规律,得出 α 为近底含沙量与垂线平均含沙量的比值,其值应随水力因素及粒径组而变;通过分析实测资料,认为 α 可近似取常数,冲刷时 α 取 1.0,淤积时 α 取 0.25,不同粒径组泥沙 α 取值可相同。此后在相当长的一段时期内,许多泥沙数学模型都采纳了这一研究成果,在利用式(4.2.4)进行分组泥沙的冲淤计算时,都采用了相同的 α 值计算不同粒径组泥沙的冲淤量。

分析式(4.2.4)可看出,若 α 取为定值,则含沙量沿程恢复饱和的速率仅与该粒径组泥沙的沉速 ω_l 有关。沉速越大,含沙量恢复饱和的速率就越大;沉速越小,

含沙量恢复饱和的速率就越小。由于各粒径组泥沙的沉速可相差几个数量级，因此不同粒径组泥沙的恢复饱和速率也相差较大。数学模型计算结果表明，当发生冲刷时，较粗粒径组的泥沙由于沉速大，含沙量恢复饱和速率也大，冲刷得比细粒径组泥沙快，从而导致河床发生细化的反常结果。

韩其为（2006）对不同粒径组泥沙的恢复饱和系数变化进行研究，得出了不同摩阻流速 u_* 下各粒径泥沙的恢复饱和系数 α 值（图 4.2.2 和表 4.2.1），这为泥沙数学模型改进提供了条件。

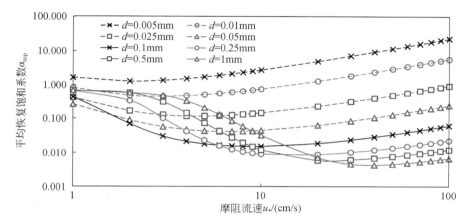

图 4.2.2　不同粒径组泥沙恢复饱和系数

表 4.2.1　平均综合恢复饱和系数 α_{zcp}

摩阻流速*/(cm/s)	$d=$0.005mm	$d=$0.01mm	$d=$0.025mm	$d=$0.05mm	$d=$0.1mm	$d=$0.25mm	$d=$0.5mm	$d=$1mm
1	1.641	0.819	0.416	0.259	0.435	0.685	0.685	0.685
2	1.283	0.483	0.166	0.090	0.071	0.332	0.581	0.581
3	1.368	0.455	0.127	0.058	0.031	0.102	0.308	0.482
4	1.530	0.477	0.117	0.048	0.022	0.043	0.143	0.326
5	1.718	0.513	0.117	0.044	0.018	0.024	0.074	0.203
6	1.917	0.557	0.120	0.042	0.017	0.016	0.043	0.129
7	2.124	0.604	0.125	0.042	0.016	0.012	0.028	0.085
8	2.334	0.654	0.131	0.043	0.016	0.011	0.020	0.059
9	2.546	0.705	0.138	0.044	0.015	0.010	0.015	0.043
10	2.761	0.757	0.146	0.045	0.016	0.009	0.012	0.033
20	4.940	1.294	0.227	0.064	0.019	0.009	0.006	0.007
30	7.139	1.841	0.314	0.085	0.024	0.010	0.006	0.005

摩阻流速* /(cm/s)	d= 0.005mm	d= 0.01mm	d= 0.025mm	d= 0.05mm	d= 0.1mm	d= 0.25mm	d= 0.5mm	d= 1mm
40	9.342	2.391	0.401	0.106	0.029	0.012	0.007	0.004
50	11.546	2.941	0.489	0.128	0.034	0.014	0.008	0.005
60	13.752	3.492	0.577	0.150	0.040	0.015	0.008	0.005
70	15.958	4.044	0.665	0.172	0.045	0.017	0.009	0.005
80	18.164	4.595	0.753	0.194	0.051	0.019	0.010	0.006
90	20.372	5.146	0.841	0.216	0.056	0.021	0.011	0.006
100	22.578	5.698	0.929	0.238	0.062	0.023	0.012	0.007

*摩阻流速 $u_* = (ghJ)^{1/2}$。

本章数学模型中悬移质泥沙恢复饱和系数 α 的取值,由淤积时 $\alpha=0.25$ 和冲刷时 $\alpha=1.0$ 改进为根据每时段各断面的摩阻流速及表 4.2.1 中结果插值求得的各粒径悬移质泥沙恢复饱和系数。

2. 挟沙能力及挟沙能力级配

挟沙能力级配就是与挟沙能力相应的级配,它等于在同样水流和床沙条件下,输沙达到平衡时的悬移质级配,其方程可按以下三种输沙状态确定(韩其为,1979;何明民等,1990;韩其为,2003)。

1)明显淤积

明显淤积是指各组粒径泥沙都发生一定程度淤积(至少不发生冲刷)。这种淤积在床面淤积速度较快时出现。从瞬时情况看,在淤积过程的床面泥沙中虽有被冲起,但冲起后又落淤,所以从累计效果看,床面泥沙不会被冲起,即此时的床面变形和悬移质运动与原河床无关。在明显淤积条件下,可从理论上证明

$$P_{4,L,i,j}^* = P_{4,L,i,j} \qquad (4.2.12)$$

式中,$P_{4,L}^*$ 为第 L 组悬移质挟沙能力所占百分数;$P_{4,L}$ 为第 L 组悬移质所占百分数;i,j 分别代表时段与河段。

2)明显冲刷

明显冲刷是指各组粒径泥沙都发生一定程度的冲刷(至少不发生淤积)。这种冲刷在床面冲刷速度较快时出现。从瞬时情况看,在冲刷过程中,悬移质泥沙虽有被淤下的,但淤下后又被冲起,所以从累计效果看,悬移质不会被淤下,即含沙量和悬沙级配的沿程变化单纯是由沿程冲起泥沙数量和级配所致。在明显冲刷条件下,有近似关系

$$P_{4,L,i,j}^* \approx P_{4,L,i,j} \qquad (4.2.13)$$

明显冲刷和明显淤积状态下的挟沙能力级配等于或约等于悬移质级配,统称

为明显冲淤。以这种挟沙能力级配建立的模型相应称为明显冲淤模型。其挟沙能力公式为

$$S_{i,j}^* = K_0 \frac{Q_{i,j}^{3m} B_{i,j}^m}{A_{i,j}^{4m} \omega_{i,j}^m} \tag{4.2.14}$$

而

$$\omega_{i,j}^m = \sum_{L=1}^N P_{4,L,i,j}^* \omega (L)^m \tag{4.2.15}$$

式中,挟沙能力系数 K_0 需根据实际河段而定;m 为指数,$m=0.92$。

3)微冲微淤

微冲微淤是指各组泥沙的冲淤性质可能不一样,有几组泥沙被冲起,而另有几组可能发生淤积,微冲微淤时挟沙能力级配与悬移质级配不完全一致,挟沙能力级配不但与悬移质级配有关,还与床沙级配有关。

文献(韩其为,1979;何明民等,1990)给出微冲微淤挟沙能力级配如下:

$$P_{4,L}^* = P_{4,0}' P_{4,L,1,0} \frac{S_0}{S^*(\omega^*)} + P_{4,0}'' P_{4,L,2,0} \frac{S_0}{S^*(\omega^*)} \frac{S^*(L)}{S^*(\omega_1^*)}$$
$$+ \left[1 - \frac{P_{4,0}' S_0}{S^*(\omega_{1,0})} - \frac{P_{4,0}'' S_0}{S^*(\omega_1^*)} \right] P_1' P_{4,L,1,1}^* \frac{S^*(\omega_{1,1}^*)}{S^*(\omega^*)} \tag{4.2.16}$$

式中,下角标带"0"的为相应参数在短河段进口断面的值;$S^*(L)$ 为第 L 组泥沙的均匀挟沙能力,即用该组泥沙的平均粒径的泥沙沉速 $\omega(L)$ 代入式(4.2.14)和式(4.2.15)即可。其中,

$$P_{4,0}' = \sum_{L=1}^K P_{4,L,0} \tag{4.2.17}$$

$$P_{4,L,1,0} = \begin{cases} \dfrac{P_{4,L,0}}{P_{4,0}'}, & L=1,2,\cdots,K \\ 0, & L=K+1,K+2,\cdots,N \end{cases} \tag{4.2.18}$$

$$P_{4,0}'' = \sum_{L=K+1}^N P_{4,L,0} \tag{4.2.19}$$

$$P_{4,L,2,0} = \begin{cases} 0, & L=1,2,\cdots,K \\ \dfrac{P_{4,L,0}}{P_{4,0}''}, & L=K+1,K+2,\cdots,N \end{cases} \tag{4.2.20}$$

式中,$P_{4,L,0}$ 为进口断面第 L 组悬移质所占百分数;K 为悬移质中的细颗粒组数;N 为悬移质总组数。

$$S^*(\omega_{1,0}) = \frac{1}{\sum_{L=1}^K \dfrac{P_{4,L,1,0}}{S^*(L)}} \tag{4.2.21}$$

$$S^*(\omega_{2,0}) = \sum_{L=K+1}^N P_{4,L,1,0} S^*(L) \tag{4.2.22}$$

$$S^*(\omega_1^*) = \sum_{L=1}^{M} P_{1,L,1} S^*(L) \tag{4.2.23}$$

$$P_1 = \sum_{L=1}^{n} P_{1,L,1} \tag{4.2.24}$$

$$P_{1,L,1,1} = \begin{cases} \dfrac{P_{1,L,1}}{P_1}, & L=1,2,\cdots,n \\ 0, & L=n+1,n+2,\cdots,M \end{cases} \tag{4.2.25}$$

式中，$P_{1,L,1}$ 为第 L 组床沙所占百分数；n 为床沙中可悬浮泥沙组数；M 为床沙总组数；$S^*(\omega_{1,1}^*)$ 为其相应的挟沙能力；$P_{4,L,1,1}^*$ 为与该组床沙级配 $P_{4,L,1,1}$ 相应的挟沙能力所占百分数，

$$P_{4,L,1,1}^* = \frac{1}{\lambda^*} \int_0^{\lambda^*} P_{4,L,1}^*(\tau) \mathrm{d}\tau \tag{4.2.26}$$

此处

$$P_{4,L,1}^* = \left[\frac{\omega_m}{\omega(L)} \right]^m P_{1,L,1,1} \tag{4.2.27}$$

而 ω_m 由

$$\sum_{L=1}^{n} P_{4,L,1}^* = 1 \tag{4.2.28}$$

试算确定。

　　由式(4.2.16)可知，微冲微淤挟沙能力级配由三部分组成：第一部分为悬移质中的细颗粒，这些来沙从累计效果看是不淤的，因此它的挟沙能力就是这部分来沙；第二部分为悬移质中的较粗颗粒，这一部分泥沙转成床沙后，只有部分能转成挟沙能力；第三部分为从床沙中冲起来的部分。

　　微冲微淤挟沙能力公式为

$$S^*(\omega^*) = S_0 P_{4,0}' + S_0 P_{4,0}'' \frac{S^*(\omega_{2,0}^*)}{S^*(\omega_1^*)} + \left[1 - \frac{P_{4,0}' S_0}{S^*(\omega_{1,0})} - \frac{P_{4,0}'' S_0}{S(\omega_1^*)} \right] P_1 S^*(\omega_{1,1}^*) \tag{4.2.29}$$

式中，符号意义同前。

　　水库下游冲刷过程一般都是细沙冲、粗沙淤的分选交换过程。也就是说，当水流强度不是很大时，各组泥沙有冲有淤，冲淤性质可能不完全一样。因此，从物理模式来看，微冲微淤模型更能反映实际情况。

3. 悬移质级配

1)明显淤积

明显淤积时悬移质级配为(韩其为，2003)

$$P_{4,L,i,j} = P_{4,L,i,j-1} (1 - \lambda_{i,j})^{\left[\frac{\omega(L)}{\omega_{m,i,j}} \right]^{\theta} - 1}, \quad L=1,2,\cdots,N \tag{4.2.30}$$

式中，θ 为修正指数，湖泊型水库取 $\theta = \dfrac{1}{2}$，河道型水库取 $\theta = \dfrac{3}{4}$；λ 为淤积百分数，即

$$\lambda_{i,j} = \frac{S_{i,j-1}Q_{i,j-1} - S_{i,j}Q_{i,j}}{S_{i,j-1}Q_{i,j-1}} \tag{4.2.31}$$

$\omega_{m,i,j}$ 为 d_{50} 沉速，由

$$\sum_{L=1}^{N} P_{4,L,i,j} = 1 \tag{4.2.32}$$

确定。

2）明显冲刷

明显冲刷时的悬移质所占百分数为（韩其为，2003）

$$P_{4,L,i,j} = \frac{1}{1-\lambda_{i,j}}\left(P_{4,L,i,j-1} - \frac{\lambda_{i,j}}{\lambda^*_{i,j}}P_{1,L,i-1,j}\lambda^{*\frac{\omega(L)}{\omega_{m,i,j}}}\right) \tag{4.2.33}$$

式中，$P_{1,L,i-1,j}$ 为该计算时段冲刷开始时的第 L 组床沙所占百分数；$\omega_{m,i,j}$ 由 $\sum\limits_{L=1}^{N} P_{4,L,i,j} = 1$ 确定；λ^* 为冲刷百分数，表示泥沙冲刷分选程度，定义如下：

$$\lambda^* = \frac{\Delta h'_{i,j}}{\Delta h'_0 + \Delta h'_{i,j}} = \frac{(Q_{i,j}S_{i,j} - Q_{i,j-1}S_{i,j-1})}{(Q_{i,j}S_{i,j} - Q_{i,j-1}S_{i,j-1})\Delta t_i + B_k\Delta h'_0\gamma'_{i,j}} \tag{4.2.34}$$

式中，$\Delta h'$ 为虚冲刷厚度，表示单位面积上冲刷泥沙重量（t/m²）；$\Delta h'_0$ 为参加冲刷分选的床沙层厚度（t/m²）；B_k 为稳定河宽（m）；其余符号意义同前。

3）微冲微淤

微冲微淤时悬移质级配的确定是先求出分组含沙量，再求悬移质级配，即

$$P_{4,L,i,j} = \frac{S_{L,i,j}}{\sum\limits_{L=1}^{N} S_{L,i,j}} \tag{4.2.35}$$

微冲微淤是指一次冲刷过程的冲刷幅度较小，各组泥沙有冲有淤，这与明显冲淤的性质是完全不同的。微冲微淤的使用范围是式（4.2.16）和式（4.2.29）必须满足

$$\frac{P'_{4,i,j-1}S_{i,j-1}}{S^*_{i,j-1}(\omega_1)} + \frac{P''_{4,i,j-1}S_{i,j-1}}{S^*_{i,j}(L)} < 1 \tag{4.2.36}$$

当不满足式（4.2.36）时，模型自动转入明显冲淤模型计算。

4.2.3 卵石推移质计算方法

1．均匀沙单宽输沙率公式

$$\lambda_{q_b}(L) = \frac{q_b(L)}{\gamma_s D_L \omega_{1,L}} = K_1 \left(\frac{V_{b,L}}{\omega_{1,L}}\right)^{m_1} \tag{4.2.37}$$

式中，$\lambda_{q_b}(L)$ 为无因次均匀沙推移质单宽输沙率；$q_b(L)$ 为均匀沙推移质单宽输沙率（kg/s·m）；γ_s 为泥沙容重，$\gamma_s = 2650\text{kg/m}^3$；$D_L$ 为第 L 组泥沙颗粒粒径（m）；$\omega_{1,L}$ 为第 L 组泥沙的特征速度，即

$$\omega_{1,L} = \left\{ 32.67 \frac{\gamma_s - \gamma}{\gamma} D_L + \frac{0.186 \times 10^{-7}}{D_L} \left(3 - \frac{t}{\delta_1}\right) \left[\left(\frac{\delta_1}{t}\right)^2 - 1\right] \right.$$
$$\left. + 1.55 \times 10^{-7} \frac{H}{D_L} \left(1 - \frac{t}{\delta_1}\right) \left(3 - \frac{t}{\delta_1}\right) \right\}^{1/2} \tag{4.2.38}$$

式中，γ 为水的容重，$\gamma = 1000\text{kg/m}^3$；$H$ 为水深（m）；t 为泥沙颗粒间的空隙（m）；δ_1 为薄膜水厚度，$\delta_1 = 4.0 \times 10^{-7}\text{m}$；$V_{b,L}$ 为作用在颗粒上的底部流速，它与平均流速的关系为

$$V_{b,L} = 3.73 u_* = 3.73 \frac{\overline{V}}{6.5 \left(\dfrac{H}{D_L}\right)^{\frac{1}{4+\lg(\frac{H}{D})}}} \tag{4.2.39}$$

式中，u_* 为摩阻流速（m/s）；$\overline{V}$ 为断面平均流速（m/s）；m_1 和 K_1 的取值如下（长江勘测规划设计研究院等，2008）：

$$K_1 = \begin{cases} 4.76 \times 10^{10}, & 0.205 \leqslant \dfrac{V_{b,L}}{\omega_{1,L}} < 0.319 \\[2mm] 5.87 \times 10^4, & 0.319 \leqslant \dfrac{V_{b,L}}{\omega_{1,L}} < 0.460 \\[2mm] 16.5, & 0.460 \leqslant \dfrac{V_{b,L}}{\omega_{1,L}} < 0.600 \\[2mm] 0.772, & 0.600 \leqslant \dfrac{V_{b,L}}{\omega_{1,L}} < 1.500 \\[2mm] 0.817, & 1.500 \leqslant \dfrac{V_{b,L}}{\omega_{1,L}} \end{cases} \tag{4.2.40}$$

$$m_1 = \begin{cases} 32.44, & 0.205 \leqslant \dfrac{V_{b,L}}{\omega_{1,L}} < 0.319 \\[2mm] 20.50, & 0.319 \leqslant \dfrac{V_{b,L}}{\omega_{1,L}} < 0.460 \\[2mm] 10, & 0.460 \leqslant \dfrac{V_{b,L}}{\omega_{1,L}} < 0.600 \\[2mm] 4, & 0.600 \leqslant \dfrac{V_{b,L}}{\omega_{1,L}} < 1.500 \\[2mm] 3.864, & 1.500 \leqslant \dfrac{V_{b,L}}{\omega_{1,L}} \end{cases} \tag{4.2.41}$$

2. 非均匀沙的推移质输沙率公式

由于在同样的水力条件下，不均匀沙较细颗粒的输沙率低于同粒径的均匀沙

的输沙率,而较粗颗粒的输沙率要高于同粒径的均匀沙的输沙率(王崇浩等,1997),所以在引用式(4.2.37)计算不均匀沙推移质输沙率时,必须引入天然河道不均匀沙分组推移质输沙校正系数 K_2。则非均匀沙的推移质输沙率公式为

$$Q_{b,L} = K_2 q_b(L) B' P_{1,L} \qquad (4.2.42)$$

式中,$Q_{b,L}$ 为非均匀沙的推移质输沙率(kg/s);B' 为推移质有效输沙宽度;K_2 确定为

$$K_2 = \frac{f\left(\dfrac{D_L}{D}, \dfrac{V_{b,L}}{\omega_{1,L}}\right)}{f\left(1, \dfrac{V_{b,L}}{\omega_{1,L}}\right)} \qquad (4.2.43)$$

$P_{1,L}$ 为有效床沙级配,为

$$P_{1,L} = \beta P'_{1,L} + (1-\beta) P_{b,L} \qquad (4.2.44)$$

式中,$P'_{1,L}$ 为实际第 L 组床沙级配;$P_{b,L}$ 为第 L 组推移质所占百分数;β 为床沙级配所占的权重,取 $\beta = 1/3$。

3. 推移质总输沙率及推移质级配

推移质总输沙率为

$$Q_b = \sum Q_{b,L} \qquad (4.2.45)$$

推移质级配为

$$P_{b,L} = \frac{Q_{b,L}}{Q_b} \qquad (4.2.46)$$

4.3　数学模型的验证

金沙江下游规划的 4 个梯级水电工程中,向家坝和溪洛渡水库分别于 2012 年和 2013 年蓄水运用,而上游的乌东德及白鹤滩梯级水库仍在建设中。考虑到溪洛渡和向家坝水库运行实测水沙资料系列短,对于梯级水库水沙数学模型验证不够充分,所以数学模型验证采用三峡水库 2003~2007 年实测资料和溪洛渡与向家坝水库 2013~2014 年资料。

4.3.1　三峡水库验证

三峡水库自 2003 年 6 月开始初期蓄水运用,2003~2005 年水位基本控制在 135~139m,2006~2007 年汛后水位按 156m 控制。

1. 长江水位计算结果

图 4.3.1~图 4.3.3 为长江几个主要水文(位)站 2003 年 5 月~2007 年 12 月

水位验证图，由此可见各站计算结果与实测值均很接近。

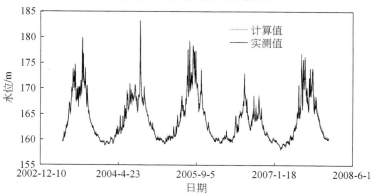

图 4.3.1　寸滩站水位验证图

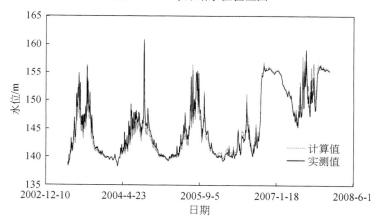

图 4.3.2　清溪场站水位验证图

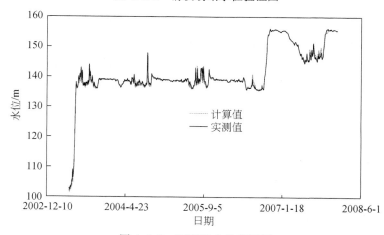

图 4.3.3　万洲站水位验证图

2. 长江流量计算结果

图 4.3.4～图 4.3.6 分别为寸滩站、清溪场站、万州站 2003 年 5 月～2007 年 12 月流量过程图，由此可见各站计算结果与实测值接近。

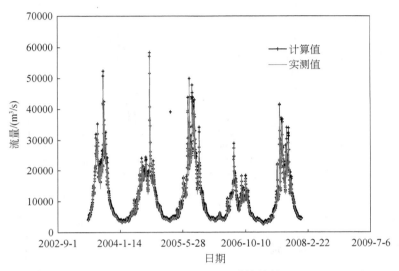

图 4.3.4　寸滩站流量计算结果

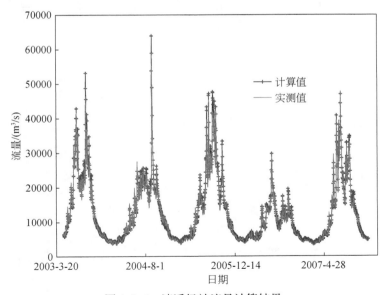

图 4.3.5　清溪场站流量计算结果

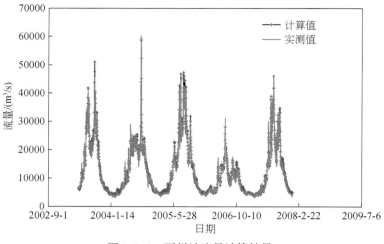

图 4.3.6　万州站流量计算结果

3. 输沙计算结果

图 4.3.7～图 4.3.9 分别为寸滩站、清溪场站、万州站 2003 年 5 月～2007 年 12 月含沙量过程图。

各站计算结果与实测值基本一致,但计算含沙量峰值比实际值小,下游站尤为明显。由于多数时期计算含沙量与实际值相近,互有大小,所以计算全年累计输沙量与实际值也是比较接近的(表 4.3.1)。

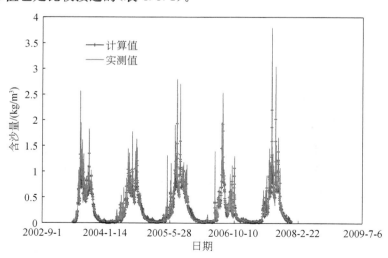

图 4.3.7　寸滩站含沙量计算结果

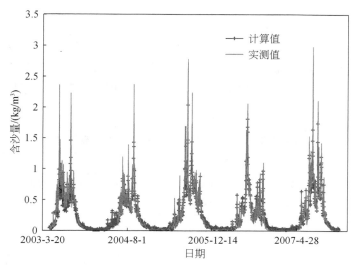

图 4.3.8 清溪场站含沙量计算结果

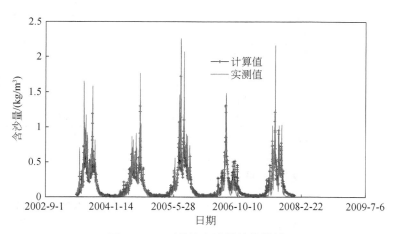

图 4.3.9 万州站含沙量计算结果

表 4.3.1 2003～2007 年三峡水库输沙量验证结果 （单位：亿 t）

站名 年份	2003		2004		2005		2006		2007	
	实测值	计算值	实测值	计算值	实测值	计算值	实测值	计算值	实测值	计算值
寸滩	2.047	2.015	1.73	1.773	2.70	2.635	1.090	1.075	2.100	2.007
清溪场	2.103	1.976	1.66	1.775	2.54	2.402	0.962	0.918	2.170	1.783
万洲	1.630	1.505	1.29	1.352	2.05	1.970	0.483	0.633	1.210	1.128
黄陵庙	0.871	0.759	0.64	0.574	1.10	0.933	0.089	0.116	0.509	0.385

4. 库区淤积量计算结果

由于未有 2003～2007 年系统的地形法统计的三峡水库冲淤量资料,在此仅以输沙量法统计的三峡水库冲淤量进行验证比较。表 4.3.2 为 2003 年 5 月～2007 年 12 月三峡水库库区各河段冲淤量计算结果,由此可见模型计算值与实测值吻合较好。

表 4.3.2　三峡水库库区各河段冲淤量计算结果

河段		寸滩以上	寸滩—清溪场	清溪场—万洲	万洲—三斗坪	全库区
2003 年	实测值	0.157	0.084	0.473	0.759	1.473
	计算值	0.189	0.18	0.47	0.747	1.585
2004 年	实测值	0.085	0.178	0.37	0.65	1.283
	计算值	0.042	0.106	0.4224	0.7783	1.349
2005 年	实测值	0.033	0.204	0.49	0.95	1.677
	计算值	0.098	0.278	0.432	1.037	1.844
2006 年	实测值	0.074	0.162	0.479	0.394	1.109
	计算值	0.0892	0.1908	0.285	0.517	1.082
2007 年	实测值	0.183	0.034	0.96	0.701	1.878
	计算值	0.276	0.328	0.655	0.743	2.002
合计	实测值	0.532	0.662	2.772	3.454	7.42
	计算值	0.6942	1.0828	2.2644	3.8223	7.862

注:河段冲淤量为输沙量法统计值,单位为亿 t。

4.3.2　溪洛渡与向家坝水库验证

因实测资料的限制,模型运用 2013～2014 年溪洛渡和向家坝水库实测水文资料,对向家坝出库沙量进行验证。

模型计算范围包括溪洛渡库区和向家坝库区。溪洛渡水库的进口水文条件包括华弹站的日平均流量、含沙量及年平均悬移质级配,出口边界条件包括坝前水位;向家坝水库的入库水沙条件包括溪洛渡水库出库日平均流量、含沙量及悬移质级配,出口边界条件包括坝前水位。由于缺乏水库区间支流的入库水沙资料,且考虑到区间支流来沙较粗,易于淤积在库区,对出库泥沙量影响相对较小,所以验证计算时暂未考虑区间支流的影响。

根据实测资料分析,向家坝水库 2013 年、2014 年出库沙量分别为 203 万 t 和 221 万 t,华弹站 2013 年、2014 年输沙量分别为 5400 万 t 和 6830 万 t,两年两库泥沙的沉积率分别达到 96.2% 和 96.8%。2014 年两库淤积率增大,主要是该年两库运行水位抬高所致,两库运行水位见图 4.3.10 和图 4.3.11。

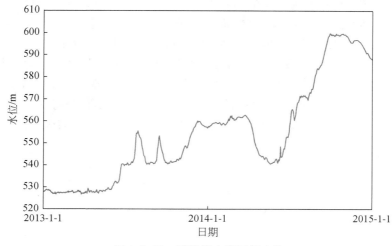

图 4.3.10 溪洛渡水库运行水位

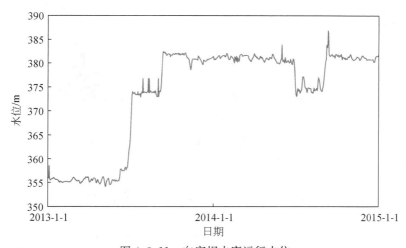

图 4.3.11 向家坝水库运行水位

2013 年和 2014 年华弹站悬移质级配中,粒径小于 0.005mm 的泥沙分别占 6%和 6.5%,根据相应的输沙量可推算出,在 2013 年和 2014 年华弹站泥沙粒径小于 0.005mm 的悬移质输沙量分别为 324 万 t 和 444 万 t,均大于当年向家坝出库沙量。也就是说,粒径小于 0.005mm 的泥沙有相当部分淤积在溪洛渡库区和向家坝库区,而这部分泥沙几乎为冲泻质,很难在动水中落淤。在溪洛渡水库和向家坝水库运行的两年中,之所以有相当数量的此部分泥沙淤积,可能会有絮凝作用的影响,所以本节参考方春明等(2011)关于三峡水库泥沙絮凝研究成果,考虑了絮凝作用对细颗粒泥沙淤积的影响。

图 4.3.12 为模型验证计算的向家坝出库输沙率过程,可见模型计算向家坝出库输沙率变化趋势与实际基本一致,而沙峰值远大于实测值。从年累计输沙量来看,模型计算 2013 年和 2014 年向家坝出库沙量分别为 184 万 t 和 288 万 t,与实际出库沙量 203 万 t 和 221 万 t 分别相差－9.4％和 30.3％;从两年累计效果来看,模型计算向家坝出库沙量 472 万 t,比实测值 424 万 t 相差 11.3％。需要说明的是,由于溪洛渡水库与向家坝水库初始运行,且工程建设仍在进行中,实测资料不充分,因此基于此条件的模型验证是初步的,需要进一步的完善与改进。

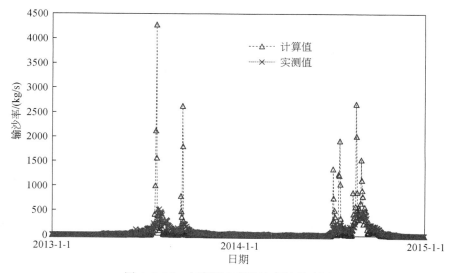

图 4.3.12　向家坝出库输沙率过程验证

4.4　金沙江下游梯级水库模拟计算

金沙江流域是三峡水库泥沙的主要来源,1953～2010 年金沙江屏山站的年平均径流量为 1439 亿 m³,输沙量为 2.383 亿 t,其径流量占三峡水库入库(寸滩＋武隆)的 36.8％,输沙量占 57.2％,受流域梯级水库群拦沙的影响,2001～2010 年是屏山站沙量最少的年份(截至 2010 年)。金沙江下游乌东德、白鹤滩、溪洛渡、向家坝四座大型水库运用后,其巨大的拦沙作用将进一步拦截金沙江流域的上游来沙,显著影响三峡的入库水沙条件,因此研究金沙江下游梯级水库的拦沙效果,是预测三峡入库水沙条件的基础。

本节以 1991～2000 年及 2001～2010 年水沙序列作为典型系列,并初步考虑金沙江中游干支流水库的拦沙作用,采用建立的河道非恒定水沙模型,对乌东德、白鹤滩、溪洛渡、向家坝四座梯级联合运行 100 年各水库的淤积情况和水库排沙情况进行模拟计算。

4.4.1　乌东德水库泥沙数值模拟计算

乌东德水电站是金沙江下游河段梯级开发的第一个梯级水电站,坝址位于乌东德峡谷,左岸是四川会东县,右岸是云南禄劝县,电站上距攀枝花 190km。坝址控制流域面积为 40.6 万 km²,占金沙江流域的 84%,多年平均流量为 3690m³/s,多年平均径流量为 1200 亿 m³,占金沙江流域径流总量的 78%。径流以降雨为主,冰雪融水为辅,年际水量比较稳定。金沙江攀枝花至屏山区间是金沙江产沙的主要河段,年均输沙量占金沙江总量的 70%,多年平均输沙模数约达 2200t/km²。根据长江水利委员会勘测规划设计研究院和中国水电顾问集团西北勘测设计研究院等单位研究成果(2008),乌东德水电站坝址多年平均径流量为 1200 亿 m³,多年平均悬移质输沙量为 1.22 亿 t,多年平均含沙量为 1.50kg/m³,年平均推移质输沙量为 234 万 t。

乌东德水电站的开发任务是以发电为主,兼顾防洪和拦沙。水库正常蓄水位975m 时,总库容为 58.6 亿 m³,调节库容为 26.2 亿 m³,为不完全季调节水库,电站装机容量 870 万 kW,保证出力 328.4 万 kW,年发电量 394.6 亿 kW・h。

1. 计算条件

攀枝花至乌东德电站河道长约 213.91km,有雅砻江、龙川江、勐果河、普隆河、鲹鱼河等支流汇入。本节用 40 个实测断面资料描述金沙江干流河道形态,因缺乏实测地形资料,未对支流河道进行模拟计算,其来水来沙量在模型中以点源的形式进行考虑。

乌东德水库入库水沙主要由金沙江上游来水来沙及区间内水沙汇入两部分组成,金沙江攀枝花站年平均径流量为 593 亿 m³,年均输沙量为 5190 万 t。据长江水利委员会长江科学院研究成果(2006),区间支流来水来沙量见表 4.4.1。

表 4.4.1　乌东德水库入库水沙特征值统计表

站名	年均输沙量/万 t	年平均径流量/亿 m³
攀枝花	5190	593
小得石	3010	526
湾滩	710	74.7
小黄瓜园	760	159
尘河	1400	110
未控区间	1120	—
乌东德	12200	—

本节乌东德水库入库水沙条件考虑了金沙江上游干流金安桥枢纽、观音岩枢纽及雅砻江二滩水电站的拦沙影响。

乌东德水库死水位950m，汛期限制水位962.5m，正常蓄水位980m，坝前水位的调度原则：6～7月按不高于汛期限制水位运行，8月初开始蓄水，留5m的防洪库容到8月底，9月至次年5月维持高水位运行。

2. 水库淤积计算

1991～2000年系列中，攀枝花站多年平均径流量为585亿m³，输沙量为6599万t；华弹站多年平均径流量为1338亿m³，输沙量为2.233亿t，两站多年平均径流量变化不大，输沙量均有较大幅度增加。按照水沙变化沿程分配的假定，本节推算乌东德坝址多年平均径流量、输沙量分别为1219亿m³和1.515亿t。雅砻江因二滩水利枢纽的运用，水沙条件产生了较大差异，年平均径流量、输沙量取多年平均值，即分别为526亿m³和3010万t，汇入金沙江的泥沙量值为经二滩水库不同时期拦沙率核算后的值。根据沙量平衡推算水库区间支流来水来沙分别为108亿m³和0.554亿t。

2001～2010年系列中，攀枝花站多年平均径流量为615亿m³，输沙量为5230万t；华弹站多年平均径流量为1315亿m³，输沙量为1.315亿t，雅砻江及区间多年平均径流量、输沙量分别为700亿m³和0.792亿t。

模型计算乌东德水库淤积变化如图4.4.1所示。由此可见，乌东德水库是累积性淤积的。1991～2000年系列中，水库运行10年、50年、100年的累计淤积量分别为6.14亿m³、28.45亿m³、40.82亿m³；水库运用80年后淤积减缓，逐渐接近平衡。

2001～2010年系列中，从时空分布上看，水库淤积速率也未见明显减缓趋势，水库运行10年、50年、100年的累计淤积量分别为3.57亿m³、18.20亿m³和34.11亿m³。

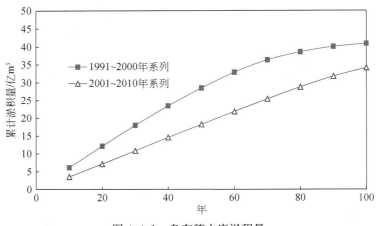

图 4.4.1　乌东德水库淤积量

3. 水库排沙

　　由于考虑了金沙江中游干支流梯级水库拦沙作用随时间推移而逐渐减弱,所以乌东德入库沙量逐年增多,水库淤积量增加的同时,水库排沙也多。图 4.4.2 和图 4.4.3 为模型计算乌东德水库排沙结果。在 1991~2000 年系列水沙条件下,乌东德水库运用 100 年内,水库累计排沙量增加趋势明显,前 80 年每 10 年排沙增量是逐渐加大的,80 年后增量减少,主要是上游水库淤积趋于平衡,乌东德水库来沙量趋于稳定,且乌东德水库本身淤积也趋于平衡所致。从累计效果看,水库运行 100 年累计排沙 66.94 亿 t。

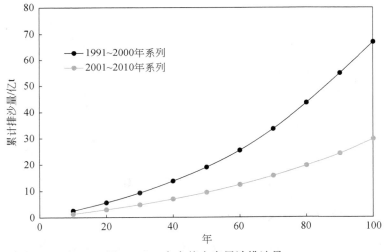

图 4.4.2　乌东德水库累计排沙量

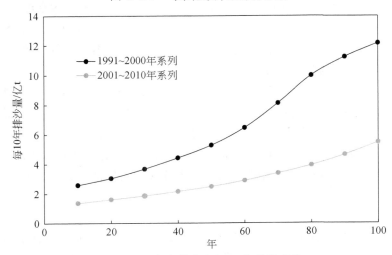

图 4.4.3　乌东德水库每 10 年排沙变化

2001～2010 年系列中,随着乌东德水库运用,排沙逐渐增多,100 年累计排沙29.66 亿 t,排沙量明显少于 1991～2000 年系列。

图 4.4.4 为 1991～2000 年系列乌东德水库排沙级配变化,排沙中值粒径由1～10 年的 0.011mm 逐渐增加至 91～100 年的 0.031mm。

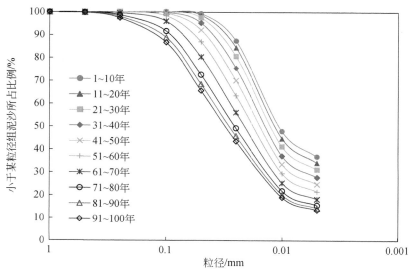

图 4.4.4 乌东德水库排沙级配

4.4.2 白鹤滩水库泥沙数值模拟计算

白鹤滩水电站位于四川省凉山彝族自治州宁南县同云南省巧家县交界的金沙江峡谷,是金沙江下游河段四个梯级水电站的第二级,下距溪洛渡水电站 195km。电站坝址处控制流域面积 43.03 万 km²,占金沙江流域面积的 91.0%;多年平均径流量为 1321 亿 m³,多年平均流量为 4160m³/s。坝址多年平均悬移质输沙量为1.85 亿 t,多年平均含沙量为 1.46kg/m³。

白鹤滩水电站以发电为主,兼有拦沙、灌溉等综合效益。水库正常蓄水位为825m,相应库容为 190.06 亿 m³,死水位 765m 以下库容为 85.7 亿 m³,总库容为205.1 亿 m³。汛限水位为 795m,预留防洪库容为 58.38 亿 m³。调节库容达104.36 亿 m³,具有年调节能力。上游回水 180km 与乌东德水电站衔接。电站总装机容量为 1305 万 kW,年发电量为 576.9 亿 kW·h,保证出力 503 万 kW。

1. 计算条件

白鹤滩水电站上游距乌东德坝址约 182km。乌东德—白鹤滩水电站区间有四条主要支流汇入,分别为黑水河、普渡河、小江、以礼河。本节中,金沙江干流库区设 102 个计算断面,支流黑水河、普渡河、小江、以礼河水沙量以点源的形式沿程汇入。

白鹤滩水电站坝址位于华弹水文站下游 42km,坝址至华弹水文站区间有黑水河汇入,因此白鹤滩水电站水文泥沙分析计算中,以金沙江华弹站和黑水河的宁南站为依据站。根据中国水电顾问集团华东勘测设计研究院成果(2007),华弹站多年平均径流量为 1299 亿 m³,输沙量为 1.802 亿 t;白鹤滩坝址多年平均径流量为 1321 亿 m³,输沙量为 1.849 亿 t,推移质输沙量为 214 万 t,由此推算,黑水河年平均径流量为 22 亿 m³,输沙量为 470 万 t。

白鹤滩库区主要的四条支流黑水河、普渡河、小江、以礼河开展泥沙水文测验的站点少,测验年限短。根据文献成果(中国水电顾问集团华东勘测设计研究院,2007),黑水河多年平均悬移质输沙量为 471 万 t,推移质输沙量为 13.5 万 t;普渡河多年平均悬移质输沙量为 149 万 t,推移质输沙量为 6.9 万 t;小江多年平均悬移质输沙量为 872 万 t,推移质输沙量为 11.2 万 t;以礼河多年平均悬移质输沙量为 160 万 t,考虑到上游已建毛家村和水槽子水库的拦沙影响,多年平均悬移质输沙量按 83 万 t 计算,推移质输沙量为 1.13 万 t(表 4.4.2)。可见,四条支流入库总沙量为 1607.7 万 t,未控区间年来沙量为 4662.3 万 t。

表 4.4.2　白鹤滩水库水沙特征值　　　　　　　(单位:万 t)

河名	乌东德坝址	普渡河	小江	以礼河	黑水河	未控区间	华弹	白鹤滩坝址
悬移质	12200	149	872	160	471	4715	18020	18490
推移质	234	6.9	11.2	1.13	13.5			214

白鹤滩水库区间支流入库泥沙级配采用华弹站 1998～2004 年实测平均值(图 4.4.5),金沙江来沙级配采用计算乌东德水库出库泥沙级配值。

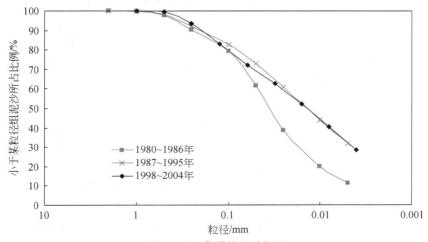

图 4.4.5　华弹站悬沙级配

白鹤滩水电站防洪限制水位采用 785m,防洪库容采用分期预留、逐步蓄水的运行方式,6～7 月中旬 785m,7 月下旬 795m,8 月上旬 805m,8 月中旬 815m,8 月下旬之后 825m。

2. 水库淤积计算

1991～2000 年系列中,华弹站多年平均径流量为 1338 亿 m³,输沙量为 2.2334亿 t。2001～2010 年系列中,华弹站多年平均径流量为 1315 亿 m³,输沙量为 1.315亿 t。各系列白鹤滩水库支流普渡河、小江、以礼河、黑水河来水来沙量均取多年平均值。由此计算出上游修建乌东德水库条件下白鹤滩水库淤积量,见图 4.4.6。

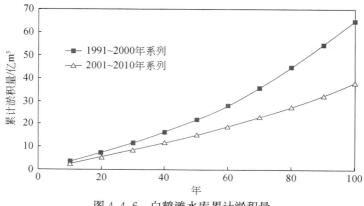

图 4.4.6　白鹤滩水库累计淤积量

1991～2000 年系列中,水库运用 100 年累计淤积量为 64.80 亿 m³。2001～2010 年系列中,尽管其来沙较少,但因白鹤滩水库库容大,加之考虑絮凝影响,泥沙沉降率高,所以前 50 年水库淤积与 1991～2000 年系列方案淤积量仅相差 6.78亿 m³,后期因 2001～2010 年系列来沙增加值少于 1991～2000 年系列,水库淤积差别逐渐加大,至 100 年,2001～2010 年系列白鹤滩水库累计淤积 38.12 亿 m³,比1991～2000 年系列方案少淤积约 26.8 亿 m³。应用两个典型水沙系列计算白鹤滩水库 100 年内淤积均没有减缓的趋势。

3. 水库排沙

白鹤滩水库排沙计算结果见图 4.4.7 和图 4.4.8。1991～2000 年系列中,水库年平均排沙量由 1～10 年的 785 万 t 逐渐增加到 91～100 年的 1960 万 t,100 年平均年排沙量为 1260 万 t;2001～2010 年系列中,1～10 年水库年平均排沙量为 480 万 t,91～100 年平均年排沙量为 974 万 t,100 年年平均排沙量为 709 万 t。1991～2000 年系列水库排沙级配变化见图 4.4.9,排沙中值粒径小于 0.01mm,非常细,但排沙中值粒径随时间逐渐变粗的趋势是明显的。

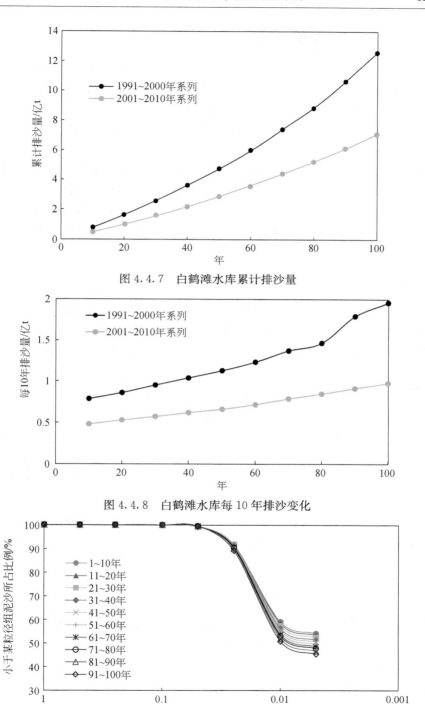

图 4.4.7　白鹤滩水库累计排沙量

图 4.4.8　白鹤滩水库每 10 年排沙变化

图 4.4.9　白鹤滩水库出库级配

4.4.3 溪洛渡水库泥沙数值模拟计算

溪洛渡水电站位于四川省雷波县和云南省永善县分界的金沙江溪洛渡峡谷，是金沙江下游河段四个梯级水电站的第三级。该水电站坝址距离宜宾市河道里程184km。该水电站坝址处控制流域面积45.44万km²，占金沙江流域面积的96%，多年平均径流量1440亿m³，多年平均流量4570m³/s，多年平均悬移质输沙量2.47亿t，多年平均含沙量1.72kg/m³。

溪洛渡水电站以发电为主，兼有防洪、拦沙和改善库区及下游江段航运条件等综合利用效益。溪洛渡水电站正常蓄水位600m，限制水位560m，死水位540m。正常蓄水位时，水库库容115.7亿m³，调节库容64.6亿m³，死库容51.1亿m³，具有不完全年调节性能。电站总装机1260万kW，保证出力338.5万kW，年发电量573.5亿kW·h。

1. 计算条件

溪洛渡坝址上距白鹤滩水电站195.6km，区间有西溪河、牛栏江、美姑河等支流。溪洛渡库区各支流来水来沙量见表4.4.3。本节用106个实测河道横断面描述金沙江干流河段的河道形态，区间支流未设计算断面，以点源的形式沿程汇入金沙江干流。

溪洛渡水电站上、下游有华弹水文站和屏山水文站，坝址位于屏山水文站上游124km，坝址控制集水面积45.44km²，屏山水文站控制集水面积45.86万km²，区间面积仅占屏山水文站控制面积的0.9%，区间无大的支流汇入，因此屏山站为溪洛渡水电站水文泥沙设计研究的依据站。根据成都勘测设计研究院研究成果（2002），屏山站多年平均径流量1440亿m³，悬移质输沙量2.47亿t，推移质输沙量182万t。

表 4.4.3　溪洛渡库区各支流河口流量、输沙量特征值表

河名	西溪河	牛栏江	美姑河
多年平均流量/(m³/s)	59.5	153	59.1
多年平均输沙量/万t	399	1430	337

溪洛渡库区除有三条支流汇入外，还有68条发育泥石流沟，其中干流库区64条，支流库区4条，干流河段平均约3km有一条泥石流沟。

根据白鹤滩坝址、屏山水文站及各支流水沙量资料推算，溪洛渡水库区间年平均来水流量34亿m³，来沙量4044万t。

金沙江—屏山站及各支流悬移质级配见表4.4.4和图4.4.10，除牛栏江悬移质级配较细外，其余两条支流悬移质级配与干流屏山站悬移质级配接近。

表 4.4.4　溪洛渡水库入库悬移质级配

河流—站名	小于某颗粒径组泥沙所占比例								
	0.005	0.007	0.01	0.025	0.05	0.1	0.25	0.5	1.0
金沙江—屏山站	8.18		15.0	30.7	56.2	78.9	91.9	99.0	100
西溪河—昭觉站		16.3	21.4	35.3	57.6	88.2	99.4	100	
牛栏江—小河站		28.4	37.4	61.3	89.4	99.5	99.8	99.9	100
美姑河—美姑站	13.3		20.9	40.3	58.8	76.5	91	97.7	100

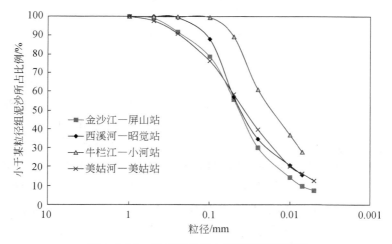

图 4.4.10　溪洛渡水库入库悬移质级配图

溪洛渡水库正常蓄水位 600m,汛期限制水位 560m,死水位 540m,根据水库特性,考虑发电、防洪、排沙等因素初步拟定水库运行方式为:汛期(6～9 月 10 日)按汛期限制水位 560m 运行,9 月中旬开始蓄水,9 月底水库水位蓄至 600m,12 月下旬至次年 5 月底为供水期,5 月底水库水位降至死水位 540m。

计算时假定溪洛渡水库比乌东德、白鹤滩水库提前 10 年建成运用。

2. 水库淤积计算

1991～2000 年系列中,屏山站年平均径流量 1482 亿 m³,输沙量 2.945 亿 t;2001～2010 年系列中,屏山站年平均径流量 1465 亿 m³,输沙量 1.641 亿 t。

图 4.4.11 给出了模型计算溪洛渡水库淤积量。由图可见,1991～2000 年系列中,溪洛渡水库运用 100 年累计淤积量为 44.34 亿 m³;2001～2010 年系列中,由于流域沙量较少,溪洛渡水库淤积明显少于 1991～2000 年系列计算值,水库运用 100 年累计淤积量为 24.81 亿 m³,为 1991～2000 年系列的 56.0%左右。

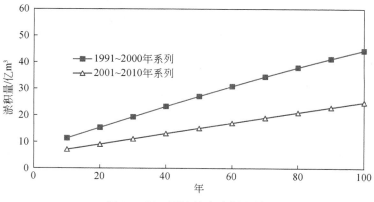

图 4.4.11　溪洛渡水库淤积量

3. 水库排沙

图 4.4.12 和图 4.4.13 给出了溪洛渡水库排沙量的模型计算值。分析 1991～2000 年系列,溪洛渡水库运用前 10 年,因上游乌东德、白鹤滩水库未拦沙,进入溪洛渡水库的沙量多,出库沙量相对也较大,水库年平均排沙量 4375 万 t;11～20 年因上游乌东德、白鹤滩梯级水库运用,期间溪洛渡水库排沙量最少,水库年平均排沙量分别为 2380 万 t;此后溪洛渡出库沙量逐渐增加,至 91～100 年水库年平均排沙量 4383 万 t。100 年总平均,水库年平均排沙量 3281 万 t。

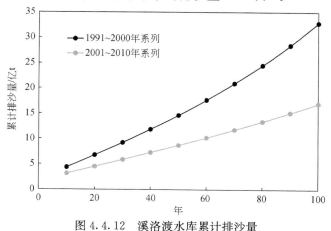

图 4.4.12　溪洛渡水库累计排沙量

2001～2010 年系列溪洛渡水库排沙变化趋势与 1991～2000 年系列一样,只是此系列流域沙量较少,溪洛渡水库排沙较少。例如,1～10 年水库年平均排沙量 3155 万 t,11～20 年水库年平均排沙量 1346 万 t,91～100 年水库年平均排沙量

1805 万 t,100 年水库年平均排沙量 1695 万 t。

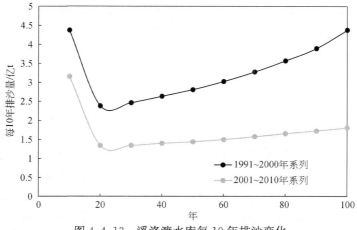

图 4.4.13　溪洛渡水库每 10 年排沙变化

1991~2000 年系列考虑絮凝作用水库排沙级配变化见图 4.4.14。溪洛渡水库运用 100 年内,排沙级配逐渐变粗,91~100 年排沙中值粒径约 0.014mm,小于屏山站同期实测值 0.043mm。

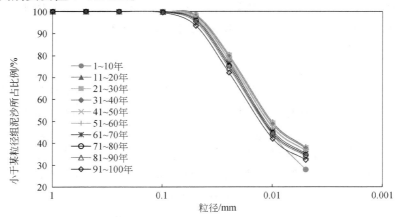

图 4.4.14　溪洛渡水库排沙级配

4.4.4　向家坝水库泥沙数值模拟计算

向家坝水电站位于四川省宜宾县和云南省水富县交界的金沙江峡谷出口处,下距宜宾市 33km,是金沙江下游河段四个梯级水电站的最后一级。坝址控制流域面积 45.88 万 km²,占金沙江流域面积的 97%,控制了金沙江的主要暴雨区和产沙区。多年平均径流量 1440 亿 m³,多年平均流量 4570m³/s。坝址多年平均悬移质输沙量 2.47 亿 t,多年平均含沙量 1.72kg/m³,多年平均推移质输沙量 182 万 t。

向家坝水电站以发电为主,兼有航运、灌溉、拦沙、防洪和梯级反调节等综合效益。水库正常蓄水位 380m,相应库容 49.77 亿 m³,调节库容 9.03 亿 m³,具有季调节性能。电站装机容量 600 万 kW,与溪洛渡联合运行时年发电量 307.47 亿 kW·h,保证出力 200 万 kW。

1. 计算条件

向家坝水电站上距溪洛渡坝址 156.6km,区间有西宁河、中都河、大汶溪 3 条支流汇入。本节中向家坝水库金沙江干流河段河道地形用 65 个实测河道横断面描述。区间支流没有实测水文及地形资料,根据国家电力公司中南勘测设计研究院相关成果(2003),西宁河、中都河、大汶溪支流库区流域植被条件比较好,西宁河上游的源头地区还有部分原始森林,除中都河流域外,西宁河、大汶溪流域居住人口和土地均较少,人为因素造成的水土流失较轻,参照上、下游相关站的有关资料分析,推算西宁河、中都河、大汶溪的多年平均径流量 33.74 亿 m³,输沙量 694 万 t,分别占屏山站的 2.3% 和 2.7%,所占比例较小,因而本节中未单独考虑向家坝水库支流水沙的影响。

向家坝水库运行方式为:汛期 6 月中旬～9 月上旬按汛期限制水位 370m 运行,9 月中旬开始蓄水,9 月底水库水位蓄至正常蓄水位 380m,10～12 月一般维持在正常蓄水位或附近运行,至 6 月上旬末水库水位降至 370m。

2. 水库淤积计算

1991～2000 年系列中,屏山站年平均径流量 1482 亿 m³,输沙量 2.945 亿 t;2001～2010 年系列中,屏山站年平均径流量 1465 亿 m³,输沙量 1.641 亿 t,径流量与 1991～2000 年系列接近,而输沙量仅为其 55.7%。

图 4.4.15 给出了模型计算向家坝水库淤积量。可见,由于上游梯级水库拦沙影响,向家坝水库淤积较少,且淤积增加缓慢。1991～2000 年系列,前 10 年水库

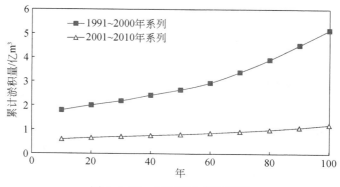

图 4.4.15　向家坝水库淤积量

淤积量 1.801 亿 m³,50 年水库淤积量 2.646 亿 m³,60 年后水库每 10 年淤积增量加大,100 年累计淤积量 5.136 亿 m³。

2001～2010 年系列中,前 10 年水库淤积量 0.595 亿 m³,50 年水库淤积量 0.798 亿 m³,100 年水库淤积量 1.203 亿 m³,也就是说上游乌东德、白鹤滩水库运用后 90 年向家坝水库淤积 6080 万 m³,年均淤积 60.8 万 m³。这主要是未考虑区间来沙以及溪洛渡排沙较细,不易落淤的结果。

3. 水库排沙

向家坝水库排沙计算结果见图 4.4.16 和图 4.4.17。在向家坝水库淤积很少的情况下,自 11～20 年向家坝水库每 10 年排沙量是增加的,1991～2000 年系列中,向家坝水库年均年排沙量 983 万 t,91～100 年向家坝水库平均年排沙量 2599 万 t。2001～2010 年系列中,11～20 年向家坝水库平均年排沙量 637 万 t,91～100 年向家坝水库平均年排沙量 1254 万 t。

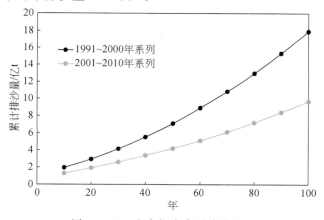

图 4.4.16　向家坝水库累计排沙量

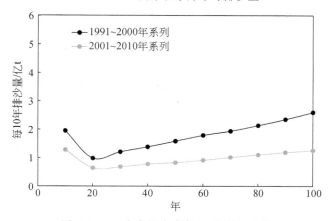

图 4.4.17　向家坝水库每 10 年排沙变化

　　1991～2000 年系列向家坝水库排沙级配变化见图 4.4.18,向家坝水库排沙中值粒径在 0.01mm 左右,前 20 年排沙非常细,其他时期排沙级配变化也不明显,这是向家坝及上游梯级水库巨大的拦沙库容拦截了粗颗粒泥沙的结果。

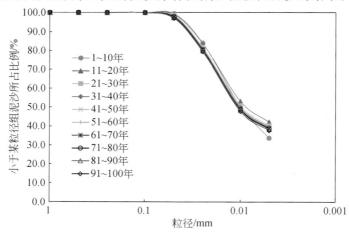

图 4.4.18　向家坝水库排沙级配

参 考 文 献

白涛,阚艳彬,畅建霞,等,2016. 水库群水沙调控的单-多目标调度模型及其应用[J]. 水科学进展,27(1):116-127.

白夏,戚晓明,汪艳芳,2016. 黄河上游梯级水库多目标水沙联合模拟优化调度模型[J]. 人民珠江,37(10):12-17.

白晓华,李旭东,周宏伟,等,2002. 汾河流域梯级水库群水沙联合调节计算[J]. 水电能源科学,20(3):51-54.

长江水利委员会长江科学院,2006. 金沙江乌东德水电站预可行性研究水库泥沙淤积分析研究报告[R]. 武汉:长江水利委员会长江科学院.

长江水利委员会勘测规划设计研究院,中国水电顾问集团西北勘测设计研究院,2008. 金沙江乌东德水电站预可行性研究报告(第一篇综合说明)[R]. 武汉:长江水利委员会勘测规划设计研究院.

成都勘测设计研究院,2002. 金沙江溪洛渡水电站预可行性研究报告[R]. 成都:成都勘测设计研究院.

窦国仁,1963. 泥沙运动理论[R]. 南京:南京水利科学研究院.

方春明,董耀华,2011. 三峡工程水库泥沙淤积及其影响与对策研究[M]. 武汉:长江出版社.

邰国明,谈广鸣,李涛,2014. 多沙河流水库泥沙研究展望[J]. 浙江水利科技,(5):42-46.

国家电力公司中南勘测设计研究院,2003. 金沙江向家坝水电站可行性研究报告[R]. 长沙:国家电力公司中南勘测设计研究院.

韩其为,1979. 非均匀悬移质不平衡输沙的研究[J]. 科学通报,24(17):804-808.

韩其为,2003. 水库淤积[M]. 北京:科学出版社.

韩其为,2006. 扩散方程边界条件及恢复饱和系数[J]. 长沙理工大学学报(自然科学版),3(3):
　　7-19.

韩其为,何明民,1997. 恢复饱和系数初步研究[J]. 泥沙研究,(3):32-40.

韩其为,陈绪坚,2008. 恢复饱和系数的理论计算方法[J]. 泥沙研究,31(6):8-16.

何明民,韩其为,1990. 挟沙能力级配及有效床沙级配的确定[J]. 水利学报,(3):1-12.

黄仁勇,谈广鸣,范北林,2012. 长江上游梯级水库联合调度泥沙数学模型研究[J]. 水力发电学
　　报,31(6):143-148.

金文婷,黄强,2015. 龙羊峡和刘家峡梯级水电站水库调水调沙合理库容研究[J]. 水利水电快
　　报,36(4):38-41.

晋健,马光文,吕金波,2011. 大渡河瀑布沟以下梯级电站发电及水沙联合调度方案研究[J]. 水
　　力发电学报,30(6):210-214,236.

李丹勋,毛继新,杨胜发,等,2010. 三峡水库上游来水来沙变化趋势研究[M]. 北京:科学出
　　版社.

李继伟,2014. 梯级水库群多目标优化调度与决策方法研究[D]. 北京:华北电力大学.

李永亮,张金良,魏军,2008. 黄河中下游水库群水沙联合调控技术研究[J]. 南水北调与水利科
　　技,6(5):56-59.

刘方,2013. 水库水沙联合调度优化方法与应用研究[D]. 北京:华北电力大学.

毛继新,2015. 上游梯级水库运用后三峡入库水沙变化研究[R]. 北京:中国水利水电科学研
　　究院.

毛继新,鲁文,2008. 金沙江修建水库对三峡水库来沙条件影响研究[J]. 天津大学学报,(41).

彭杨,纪昌明,刘方,2013. 梯级水库水沙联合优化调度多目标决策模型及应用[J]. 水利学报,
　　44(11):1272-1277.

王崇浩,韩其为,1997. 向家坝和溪洛渡水库下游河床冲淤变形一维数学模型计算与分析[R].
　　北京:中国水利电力科学研究院.

肖杨,彭杨,2012. 梯级水电站水库水沙联合优化调度研究进展[J]. 现代电力,29(5):55-60.

杨丽虎,2007. 梯级水库对流域出口水沙的累积影响研究[D]. 武汉:长江科学院.

张书农,华国祥,1986. 河流动力学[M]. 北京:水利水电出版社.

中国水电顾问集团华东勘测设计研究院,2007. 金沙江白鹤滩水电站可行性研究——水库回水
　　计算分析专题报告[R]. 杭州:中国水电顾问集团华东勘测设计研究院.

朱厚生,邱林,1990. 黄河上游梯级水库水沙调节优化调度[J]. 系统工程理论与实践,(6):
　　54-60.

第 5 章　水利枢纽下泄非恒定流冲淤数值模拟技术

5.1　水沙数值模拟研究进展

在计算机与泥沙计算相结合成为现代泥沙数学模型之前,20 世纪 50 年代,中国、美国、苏联和西欧等国家和地区就曾经使用计算的方法研究水库淤积、水库下游河段的冲刷和潮汐河口冲淤演变方面的问题。但是,现代泥沙运动数学模型是到 20 世纪 70 年代后期才发展起来的,比其他许多学科数学模型的发展要晚十年甚至二十年。其原因受多方面因素制约,主要原因有:①取决于泥沙工程在国民经济发展中的地位;②由于泥沙模型必须建立在水流数学模型的基础上,它的发展必然是在水流数学模型之后;③由于泥沙问题的复杂性,用数学形式表达河流动力学问题至今仍未很好解决。

周志德等(1990)总结了许多国家在发展冲积河流数学模型方面所做的大量工作,认为美国、荷兰、法国等国家已研制出相当多的一维模型;二维模型正处于发展的初期阶段,现有的模型还不太多;而三维模型处于开始研制阶段。

在我国,泥沙数学模型的前期工作是从 20 世纪 60 年代开始的。许协庆等(1963)研究了等宽河道中一维悬沙输移引起的河床变形问题,根据平衡输沙概念得出了平衡输沙条件下的河床变形基本方程组,并用特征线法求解河床变形方程组。但当时,他们只能用计算器等工具进行计算,计算工作受到很大限制。窦国仁(1963)首先用不平衡输沙的概念分析了冲积河流及河口的河床变形问题。韩其为(1980)对不平衡输沙条件下的河床变形问题进行了详尽的分析。林秉南等(1988)从不同角度分析,对这一模型进行了论证。

进入 20 世纪 80 年代,随着三峡工程的论证、初步设计,南水北调中线工程、北水南调工程规划论证及大江大河治理、港口航道建设的发展,我国泥沙数学模型的研究工作受到有关单位的重视。谢鉴衡等(1987)扼要介绍了河流泥沙数学模型的概况,并指出了已经取得的成就及今后需改进之处。陈国祥等(1989)就冲积河流数学模型的进展进行了论述,着重介绍了几个关键性问题。

5.1.1　一维水沙数学模型

1. 概述

一维水沙数学模型将所研究的长河段划分成若干小河段,计算各断面的平均水力、泥沙因素以及上下游断面之间的平均冲淤厚度的沿程变化及因时变化情况，研究对象相对简单。但是，由于挟沙水流与可动河床的相互作用十分复杂，即便是一维问题至今也未能解决得十分彻底(谢鉴衡等,1987)。值得指出的是，即便河流基本上处于输沙平衡状态，分布在床面上的各种成型堆积体仍然在不断变化，因此河床变形始终存在。而这样的河床变形并不是一维数学模型能反映的。一维数学模型一般只能用来研究来水来沙条件和侵蚀基点条件发生巨大变化引起的河床变化，这种巨大变化主要是由修建水利枢纽等人类活动引起的，但在某些特殊情况下，自然河流上也可能出现(谢鉴衡等,1987)。

目前，一维数学模型已经有很多，有用于河流及水库冲淤计算的美国陆军工程师兵团的 HEC-6 模型(1981)、日本的芦田和男模型(1980)、中国的窦国仁模型(1990)、韩其为模型(1987)、李义天模型(1993)、韦直林模型(1997)、方红卫模型(2000b)、杨志达的 GSTARS-1D 模型(Yang et al.,2004)、谢作涛模型(2005)等，也有用于水库下游河床冲淤计算的韩其为模型(1987)、杨美卿模型(1988;1998)、李义天模型(1996)、陆永军模型(1993b;1993c)、张红武模型(2002)等。这些模型的基本方程如水流连续方程、水流运动方程、泥沙连续方程大体相同，各模型的差异在于为闭合基本方程的辅助方程或补充关系式，包括阻力、水流挟沙能力、推移质输移计算方法等。下面着重介绍这些重要的补充关系式的处理问题。

2. 阻力

水流运动方程中的阻力一般采用谢才系数 C 或曼宁系数 n 表示，对于冲积河流，虽可用半经验公式进行计算，但仍以根据各级流量下的实测资料推求为宜，如计算水位及河床组成与自然情况相比发生的变化很大，则应划分河床及河岸阻力、河床的沙粒及沙波阻力，参考半经验公式加以调整。

3. 水流挟沙能力

从已有的数学模型可以看出，不同的模型采用的水流挟沙能力公式是很不相同的，说明这一问题的复杂性和研究的不足。不同河型河段悬移质与床沙交换机理不同，水流挟沙能力的表达形式也不相同。在河口及海湾地区，悬移质细而均匀，受海水含氯度的影响常发生絮凝现象，当水流挟沙能力小于含沙量时泥沙大量落淤，而当水流挟沙能力大于含沙量时河床遭受明显冲刷。在床沙粒径相差几倍乃至上百倍的卵石、卵石夹沙河床的上游河段，悬移质泥沙几乎不与床沙交换，床沙中细颗粒部分被水流掀起后计入挟沙能力；在河流中游河段，床沙组成大都为中细沙，悬移质中粗颗粒部分落淤到床面与床沙交换，而床沙中细颗粒部分被水流掀起后计入挟沙能力。

4. 非均匀推移质输移

与悬移质运动不同，推移质常以滚动、推移、跃移为主要运动形式，它时刻与床沙发生交换,且天然河流中粒径组成大都相差几倍至上百倍,床沙粗细颗粒相互作用,导致推移质颗粒运动相互影响。粗颗粒暴露于平均床面之上,受水流作用力大,在相同水流条件下容易动,而细颗粒常位于粗颗粒尾流区,受粗颗粒的荫蔽作用难以参与运动。此外,推移质挟沙能力恢复饱和距离很短。因此,在通常情况下,不考虑推移质的不平衡输移计算。

5. 计算方法

一维数学模型的计算方法可分为两大类:一类是将水流和泥沙方程式直接联立求解;另一类是先解水流方程式求出有关水力要素后,再解泥沙方程式,推求河床冲淤变化,如此交替进行。前者称为耦合解,适用于河床变形比较急剧的情况;后者称为非耦合解,适用于河床变形比较缓和的情况。另外,根据边界上水流、泥沙条件是否属于或可概化为恒定流情况,上述两大类还可各自分为非恒定流解和恒定流解两个亚类(谢鉴衡等,1987)。

一维数学模型常采用的数值计算方法为有限差分法,这种方法又分为显式格式和隐式格式两种。隐式格式是无条件稳定的,只考虑解的精度问题。为此,时间步长应满足 $\Delta t = \Delta x / C_R$,式中 C_R 为动态波速, $C_R = 1.5U$, U 为断面平均流速。而显式格式则不然,为保持稳定,必须严格遵守 Courant 准则,即 $\Delta t = \Delta x / C$,式中 C 是小扰动波速, $C = \sqrt{gh} + U$ 。由于 $C_R \leqslant C$,所以隐式格式的时间步长可远大于显式格式的时间步长,但是,前者必须反复试算,而后者可避免反复试算。

非耦合解一般均直接使用有限差分法,而耦合解既可直接使用有限差分法,也可先采用特征线法,将偏微分方程组化成特征线方程,进一步求解,其中,特征线方程仍用有限差分法求解。

为简化计算,一般河道水流泥沙数学模型多采用非耦合的恒定流解,并直接使用有限差分法,在进行水流计算时采用隐式差分格式,而在计算河床冲淤时采用显式差分格式。

5.1.2　二维水沙数学模型

河流泥沙一维数学模型,只能给出水力、泥沙因子沿河道方向的变化,不能得到水力、泥沙因子沿河宽方向的变化。采用流管法可得到准二维的计算结果,李义天等(1993)研究表明,对于平顺冲积性河段,这种方法得到的冲淤沿河宽分布基本上能反映实际,但对于河宽变化较大的河段,计算结果可靠性较差。分析其原因,主要是河宽变化剧烈的河段洪枯水流向不一致,且在突咀、人工建筑物或江心洲尾部常有各种各样的付流(如回流等),而这些在一维数学模型中不能体现出来。因此,需建立平面二维数学模型对河道水流、悬移质含沙浓度、推移质输沙率平面分布及河床的平面变形进行比较细致的模拟。

对于平面二维泥沙数学模型,国内林秉南(1988)、王尚毅等(1987)、李义天(1989)、周建军等(1993)、陆永军等(1993a)、张华庆等(1992;1993)、郭庆超等(1996)、董文军(1996)、辛文杰(1997)、史英标(1997)、范北林等(1993)、窦希萍等(1999)、李瑞杰等(1999)、孙东坡等(1999)、李东风等(1999)、马福喜等(1999)、方红卫等(2000a)、陈界仁等(2000)、余明辉等(2000)、曹文洪等(2001)、张杰等(2002)、赵明登等(2002)、张细兵等(2002)、方春明(2003)、徐峰俊等(2003)、白玉川等(2003)、郑金海(2003)、施勇等(2002)、钟德钰等(2004)、谈广鸣等(2005)、谢作涛等(2005)建立了相应的模型,已经能够较好地实现天然河流流场及河床变形的模拟,并取得了一定的工程应用成果和经验。在国外的研究中,则主要有德国Karlsruhe 大学的 FAST 2D 模型(1991)、荷兰 Delft 的 van Rijn(1987)模型、Lowa水利所的 MOBED2 模型(1990)、美国 Mississippi 大学水科学计算中心的CCHE2D 模型、丹麦水利所的 MIKE21 模型(1999)、美国的 SED2D 模型(2000)、Hayter 的 HSCTM-2D(1995)模型等。由于待解决的泥沙问题各具特色,所以国内外模型的研究亦各有侧重;对于国内的研究,大多数工程问题中悬沙所占的比例较高,关于悬沙输移问题积累的经验也丰富一些;而相对西方国家而言,则主要集中在推移质输沙方面收集了大量的数据并建立相应的模型。

1. 基本方程(控制方程)

控制水沙运动的基本方程在沿水深按静水压力分布等假定条件下,沿水深对三维雷诺方程和泥沙对流扩散方程积分得到以下方程式:

水流连续方程为

$$\frac{\partial H}{\partial t} + \frac{\partial hu}{\partial x} + \frac{\partial hv}{\partial y} = 0 \tag{5.1.1}$$

水流运动方程为

$$\frac{\partial u}{\partial t} + u\frac{\partial u}{\partial x} + v\frac{\partial u}{\partial y} = -g\frac{\partial H}{\partial x} + fv + \frac{\partial}{\partial x}\left(\nu_t\frac{\partial u}{\partial x}\right) + \frac{\partial}{\partial y}\left(\nu_t\frac{\partial u}{\partial y}\right) - \frac{n^2 gu\sqrt{u^2+v^2}}{h^{4/3}} \tag{5.1.2}$$

$$\frac{\partial u}{\partial t} + u\frac{\partial v}{\partial x} + v\frac{\partial v}{\partial y} = -g\frac{\partial H}{\partial y} - fu + \frac{\partial}{\partial x}\left(\nu_t\frac{\partial v}{\partial x}\right) + \frac{\partial}{\partial y}\left(\nu_t\frac{\partial u}{\partial y}\right) - \frac{n^2 gv\sqrt{u^2+v^2}}{h^{4/3}} \tag{5.1.3}$$

悬沙对流扩散方程为

$$\frac{\partial(hs)}{\partial t} + \frac{\partial(uhs)}{\partial x} + \frac{\partial(vhs)}{\partial y} = \frac{\partial}{\partial x}\left(\frac{\nu_t}{\sigma_s}\frac{\partial hs}{\partial x}\right) + \frac{\partial}{\partial y}\left(\frac{\nu_t}{\sigma_s}\frac{\partial hs}{\partial y}\right) + \alpha\omega(S^* - S) \tag{5.1.4}$$

河床变形方程为

$$\gamma_s' \frac{\partial Z}{\partial t} + \frac{\partial g_{bx}}{\partial x} + \frac{\partial g_{by}}{\partial y} = \alpha \omega (S - S^*) \tag{5.1.5}$$

水流挟沙能力公式为

$$S^* = S^* (\omega, h, \sqrt{u^2 + v^2}, \cdots) \tag{5.1.6}$$

推移质输沙率公式为

$$\vec{g}_b = \vec{g}_b (\sqrt{u^2 + v^2}, h, D, \cdots) \tag{5.1.7}$$

式中，$g_{bx} = g_b u / \sqrt{u^2 + v^2}$，$g_{by} = g_b v / \sqrt{u^2 + v^2}$；$h$ 为水深；u、v 分别为垂线平均流速在 x、y 方向的分量；H 为水位；ν_t 为紊动黏性系数；n 为曼宁糙率系数；g 为重力加速度；f 为柯氏力系数。

2. 紊流闭合

方程(5.1.1)～方程(5.1.7)构成了描述水沙运动平面二维模型的控制方程，在采用方程(5.1.1)～方程(5.1.7)时，常忽略了水流运动的紊动效应，$\nu_t = 0$。这种做法对岸线比较平顺的河段而言是允许的，但对岸线不规则、有可能产生回流的河段而言，是不允许的。这是因为回流的存在主要是以铅直面摩阻力的存在为前提的，主流区和回流的泥沙交换是通过紊动扩散作用实现的。

在实际工程计算中，为了便于计算，常将 ν_t 取为常数，或采用经验公式，这种处理比不考虑 ν_t 要好一些，但回流的模拟误差通常较大。因此，准确模拟工程前后（如丁坝、港池开挖、挖槽）的流场及泥沙运动引起的河床变形时应采用完整的紊流模型（如 k-ε 模型，$\nu_t = C_\mu k^2 / \varepsilon$）模拟水沙运动。

紊动动能 k 输运方程为

$$\frac{\partial (hk)}{\partial t} + \frac{\partial (uhk)}{\partial x} + \frac{\partial (vhk)}{\partial y} = \frac{\partial}{\partial x} \left(\frac{\nu_t}{\sigma_k} \frac{\partial hk}{\partial x} \right) + \frac{\partial}{\partial y} \left(\frac{\nu_t}{\sigma_k} \frac{\partial hk}{\partial y} \right) + (G + P_{kv} - \varepsilon) h \tag{5.1.8}$$

紊动动能耗散率 ε 输运方程为

$$\frac{\partial (h\varepsilon)}{\partial t} + \frac{\partial (uh\varepsilon)}{\partial x} + \frac{\partial (vh\varepsilon)}{\partial y} = \frac{\partial}{\partial x} \left(\frac{\nu_t}{\sigma_\varepsilon} \frac{\partial h\varepsilon}{\partial x} \right) + \frac{\partial}{\partial y} \left(\frac{\nu_t}{\sigma_\varepsilon} \frac{\partial h\varepsilon}{\partial y} \right) + \left(C_{1\varepsilon} \frac{\varepsilon}{k} P_h + P_{\varepsilon v} \right) - C_{2\varepsilon} \frac{\varepsilon^2}{k} h \tag{5.1.9}$$

式中，P_{kv}、$P_{\varepsilon v}$ 表示由床底切应力引起的紊动效应，它们与摩阻流速 u_* 间的关系为：$P_{kv} = C_k u_*^3 / h$，$P_{\varepsilon v} = C_\varepsilon u_*^4 / h^2$，$C_k = h^{1/6} / (n C_\varepsilon) = 3.6 C_{2\varepsilon} C_\mu^{1/2} / C_f^{3/4}$，$C_f = n^2 g / h^{1/3}$；$C_\mu$，$\sigma_k$，$\sigma_\varepsilon$，$C_{1\varepsilon}$，$C_{2\varepsilon}$，$\sigma_s$ 表示经验常数，采用 Rodi(1984)建议的值，源项 P_h 表示紊动应力与平均流速梯度相互作用产生的紊动能量，表达式为

$$P_h = \nu_t \left[2 \left(\frac{\partial u}{\partial x} \right)^2 + 2 \left(\frac{\partial v}{\partial y} \right)^2 + \left(\frac{\partial u}{\partial y} + \frac{\partial v}{\partial x} \right)^2 \right] \tag{5.1.10}$$

3. 阻力

水流运动方程中的阻力项通常采用曼宁糙率系数 n 来表示，许多研究者认为，

最可靠的办法是根据河流实测的流量及水面线资料反求 n，这样虽能较好地反映河流的客观情况，但无法预报水沙条件改变后或整治工程建成后河槽中的阻力变化。对于冲积河流，n 与床面形态（沙波）有关，而床面形态是随水流及输沙强度变化的。

目前，关于冲积河流阻力的计算公式都是针对一维水流的，在复式河槽情况下，常将滩地与主槽分开，分别计算其糙率。对于在二维水流计算中如何计算阻力的研究很少，通常假定沿河宽不变，即等于断面平均糙率。李义天(1989)曾经提出一个糙率沿河宽变化的计算方法，但问题远未获得解决(陈国祥等，1989)。

在建立模型时，选用阻力公式应遵循的原则是(Brownline，1983)：①实验室和野外资料符合很好；②包含使用范围及误差分析；③易于在计算机模拟中使用；④能提供大范围独立变量解。因此，应收集大量实验室及野外资料，尤其是工程前后水位、流速、河床形态、床沙组成等资料，采用统计分析的方法建立不同河型、河段阻力沿河宽方向变化的算式。

4. 水流挟沙能力

水流近岸处的垂线平均流速相对于河道中间要小，由于河岸的影响，近岸处水流的紊动强度较大，水流挟沙能力相对于河道中间要大。

对于弯道及分汊河道，水流速度沿河宽分布很不均匀，导致水流挟沙能力沿河宽分布不均匀；对于不规则的岸边及工程附近常存在回流，其水流紊动及挟沙机理与通常河槽也不相同。

5. 非均匀推移质输移及床沙交换计算

大多数平原河流河床变形主要是由悬移质运动引起的，推移质运动引起的河床变形仅占总量的 $5\% \sim 10\%$。因此，已有的二维全沙数学模型(窦国仁等，1987；李义天，1989；周建军，1988；陆永军等，1993a)实际上大多验证了悬移质引起的冲淤变化，由于缺乏野外及室内推移质运动引起的河床变形资料，对推移质运动的二维模型研究得还不够。山区河流中河床多为卵石铺盖，当上游有砾石或粗沙通过某一河段时，这种砾石或粗沙推移质会在卵石床面上输移，用一般公式计算推移质输沙率时，由于卵石起动流速较大，水流速度常小于卵石起动流速，会得到输沙率为零的错误结果，这就需要考虑有效床沙组成问题。另外，推移质与床沙总是在发生交换，使床沙级配发生变化，河床冲刷时床沙粗化，河床淤积时床沙细化。床沙交换引起的床沙级配变化机理及床沙交换层的厚度很难确定。港口航道工程中的丁坝及挖槽，常常由于推移质运动引起河床变形，推移质运动模拟问题在二维数模中尚未解决，同样在河工实体模型试验中也没有很好解决。

6. 计算方法

目前求解二维泥沙数学模型的数值方法很多,其中主要的两种方法是差分法和有限元法。

1)差分法

最常用的是直接差分法,该方法简易明了,形式上比较简单且易于掌握和理解。鉴于时间和空间差分形式不同,出现了多种形式的差分格式,在时间处理上主要分为显式和隐式两种。具体的差分方法主要有以下几种。

(1)特征线法:对原始方程进行处理,转化成沿特征方向的常微分方程再进行求解。

(2)交替方向法(ADI 法):采用双时间层的方法将一个时间步一分为二,前半时步,对 x 方向的运动方程和连续方程采用隐式求解,y 方向函数采用显式求解,后半时步则反之。

(3)破开算子法:通过引进一个或若干中间变量,将偏微分方程中的时间微商破开成两个或更多的部分,得到相应的便于求解的若干个偏微分方程,且对每个偏微分方程选择不同的格式求解,具有一定的灵活性。

(4)控制体积法:基本思路是将计算区域划分成一系列控制体积,将待解的微分方程对每一个控制体积积分,便得出一组以网格上因变量为未知量的离散方程,由于对任意控制体积都体现准确的积分守恒,因此控制体积法的时间步长比 ADI 法及破开算子法要长得多,且计算稳定性好。

2)有限元法

采用局部近似的低阶多项式作为试函数构成关于因变量节点值的代数方程。其优点是网格划分灵活,便于处理不规则边界,但其数学推演和编程比较复杂。传统的有限元法需要整体存储,因而占用内存大,计算费用昂贵。

5.1.3　三维水沙数学模型

在工程附近,水流和泥沙运动已属于三维问题,二维泥沙数学模型的应用受到了限制。因此,三维水沙数学模型成为泥沙及河流海岸动力学的前沿课题之一,许多学者对此进行了有益的探索。

McAnally 等(1986)和 Chen(1986)对河口三维水沙运动进行了研究。Wang 等(1986)采用有限元方法建立了一个河流泥沙三维数学模型。Demuren 等(1986)采用 k-ε 紊流模式模拟了弯道中示踪物的运动,Demuren(1989)后来将这一模式拓展应用于悬移质输移模拟,1991 年又建立了推移质运动模型并计算了由 Odgarrd-Bergs 于 1988 年完成的 180°弯道水槽的水流和泥沙运动。van Rijn(1987)采用组合模式,水流由水深平均二维模型计算,流速沿水深的分布采用对数流速分布公式,进而发展了一个组合的三维数值模型。Shimizu 等(1990)采用三维水沙数学模型计算了弯曲河道的水流及河床变形。Ferenette 等(1992)在假定河床是不可冲刷的刚性边界条件下,建立了一个三维水沙模型,计算了来自上游点源的泥沙在往下游运动中的扩散和沉积。Prinos(1993)采用三维 N-S 方程、k-ε 双方程及悬移质的对流扩散方程,对复式断面明渠悬移质的输移进行了数值计算。Wang 等(1995)发展了一个三维水沙数学模型,可以模拟冲积河流中的水流、泥沙运动和河床地形变化,特别是用于模拟桥墩附近的局部冲刷问题。Lin 等(1996)建立了一个模拟河口水流及悬移质运动模型,该模型采用静水压力假定和一个简单的紊动黏性系数。Wu 等(2000)提出了一个三维全沙数值模型,其中水流采用雷诺方程及 k-ε 紊流模式。Olsen 等(1994)建立了一个沉沙池和局部最大冲深模拟的三维数值模型。Fang 等(2000)建立了一个模拟紊动二次流和悬移质运动非正交曲线网格的三维数值模型,模型中采用不平衡输沙模式。

国内的研究略晚于国外,周华君(1992)建立了基于曲线网格的水流泥沙三维模型,并用于长江口最大浑浊带附近的泥沙输运研究。李芳君等(1994)用破开算子法对疏浚引起的三维泥沙扩散问题建立了数值模型。周发毅等(1997)对取水口附近的水流泥沙运动进行了三维数值模拟。陈虹等(1999)、董文军等(1999)和李孟国等(2003)对三维潮流输沙问题进行了模拟研究。丁平兴等(2001)依据三维动量方程和连续方程,通过将流场和悬沙场分别分解成三种不同时间尺度的速度和悬沙浓度的叠加,构成了研究波-流共同作用下三维悬沙输运的数学模型。方红卫等(2000a,2000b)建立了三维悬沙数值模型,并对三峡近坝区的泥沙冲淤进行了模拟。夏云峰(2002)采用非交错曲线网格二三维水流泥沙数值模型研究了感潮河段河道水流泥沙问题。陆永军等(2004)根据紊流随机理论导出了各向异性紊流的雷诺应力的数值格式,建立了三峡坝区三维紊流悬沙数学模型。王崇浩等(2006)为研究河口的泥沙输移规律和最大浑浊带与盐水入侵、咸淡水混合等的关系,提出了具有二阶精度、建立在 9 节点有限单元上的三维水动力及泥沙输移模型。唐学林等(2007)针对黄河中游小浪底工程建成前的河段水沙流动特点,建立了河流的三维水沙数学模型。芦绮玲等(2007)和冯小香等(2008)采用三维水沙模型对水库坝前冲刷漏斗状形态进行了模拟。崔占峰等(2008)对丁坝冲刷问题进行了三维数值模拟。李大鸣等(2008)应用垂向坐标变换,结合水平有限元、垂向有限差分的分层方法建立了河道拟三维水流泥沙数学模型。沈永明等(2008)建立了曲线坐标下 k-ε-k_p 固液两相双流体湍流模型,并模拟了弯曲河道内的底沙运动和河床变形。胡德超(2009)为解决河床发生冲淤时带来的不稳定,运用亚网格融合技术建立了三维悬移质泥沙数学模型。

5.2　一维非恒定水沙数学模型

5.2.1　基本方程

描述河流非恒定水沙运动的基本方程有连续性方程、动量方程、泥沙输运方程和河床变形方程等。

连续性方程：

$$\frac{\partial A}{\partial t} + \frac{\partial Q}{\partial x} = q + Q_j \tag{5.2.1}$$

动量方程：

$$\frac{\partial}{\partial t}\left(\frac{Q}{A}\right) + \frac{\partial}{\partial x}\left(\frac{\beta' Q^2}{2A^2}\right) + g\frac{\partial h}{\partial x} + g(S_f + S_0) = 0 \tag{5.2.2}$$

式中，t 和 x 分别为时间和空间坐标；A 为过水断面面积；Q 为流量；q 为单位长度河道的旁侧入流；Q_j 为旁侧集中入流；β' 为动量修正系数；h 为水深；S_0 为底坡源项；S_f 为摩擦阻力项，即

$$S_f = \frac{Q|Q|}{K^2} \tag{5.2.3a}$$

$$K = \frac{1}{n} A^{5/3} P^{-2/3} \tag{5.2.3b}$$

式中，K 为流量模数；n 为糙率；P 为湿周。

非均匀泥沙输运方程：

$$\frac{\partial(AC_{tk})}{\partial t} + \frac{\partial Q_{tk}}{\partial x} + \frac{1}{L_s}(Q_{tk} - Q_{t^*k}) = q_{lk} \tag{5.2.4}$$

式中，C_{tk} 为第 k 组泥沙含沙量；Q_{tk} 为第 k 组泥沙输沙率；L_s 为泥沙非平衡调整长度，根据泥沙运动状态不同取不同的值，冲泻质：$1/L_s = 0$；推移质：$L_s = 7.3c_1 h$，经验系数 $c_1 = 1$，h 为平均水深；悬移质：$L_s = Uh/(\alpha w_k)$，α 为恢复饱和系数，w_k 为第 k 组泥沙沉降速度。

河床变形方程：

$$(1 - p')\frac{\partial A_{bk}}{\partial t} = \frac{1}{L_s}(Q_{tk} - Q_{t^*k}) \tag{5.2.5}$$

式中，p' 为床沙孔隙率；Q_{t^*k} 为第 k 组泥沙的输沙能力，即

$$Q_{t^*k} = p_{bk}Q_{tk}^* \tag{5.2.6}$$

式中，p_{bk} 为混合层组成；Q_{tk}^* 为水流中粒径为第 k 组泥沙的挟沙能力。

床沙混合层方程：

$$\frac{\partial(A_m p_{bk})}{\partial t} = \frac{\partial A_{bk}}{\partial t} + p_{bk}^*\left(\frac{\partial A_m}{\partial t} - \frac{\partial A_b}{\partial t}\right) \tag{5.2.7}$$

式中，A_m 为断面混合层面积；A_{bk} 为第 k 组泥沙引起的河床变形；A_b 为河床总变形，即

$$A_b = \sum_{k=1}^{n} A_{bk} \tag{5.2.8}$$

p_{bk}^* 根据混合层和下层交换确定，即

$$p_{bk}^* = \begin{cases} p_{bk}, & \dfrac{\partial \delta_m}{\partial t} - \dfrac{\partial z_b}{\partial t} \leqslant 0 \\[3mm] p_{bk}^1, & \dfrac{\partial \delta_m}{\partial t} - \dfrac{\partial z_b}{\partial t} > 0 \end{cases} \tag{5.2.9}$$

式中，p_{bk}^1 为混合层下层的组成；$\delta_m = \max(0.05, 0.5\Delta, 2d_{50})$ 为混合层厚度，其中 Δ 为沙波厚度，根据 van Rijn(1984)公式计算，d_{50} 为床沙中值粒径。

5.2.2　初始条件和边界条件

初始时刻给定水位和流量初值：

$$z = z(x)\big|_{t=0} \quad 和 \quad Q = Q(x)\big|_{t=0} \tag{5.2.10}$$

边界条件具体如下。

流量边界条件：直接给定节点流量边界条件 $Q = Q(t)\big|_{x=x_0}$。

水位边界条件：将水位变化过程 $z = z(t)\big|_{x=z_0}$ 代入离散方程计算。

含沙量边界条件：直接给定边界节点输沙率边界条件 $Q_{tk} = Q_{tk}(x)\big|_{x=x_0}$。

水位流量关系边界条件：将水位流量关系 $z = f(Q)\big|_{x=z_0}$ 代入离散方程求解。

5.2.3　基本方程的离散

圣维南方程的求解方法很多，根据离散方法的不同，有特征线法、有限差分法、有限元法和有限体积法等。各种离散方法都有各自的优势，本模型采用广泛使用的四点偏心隐格式离散求解。该格式具有较好的稳定性，能够满足计算要求。

$$f = \theta \left[\psi f_{j+1}^{n+1} + (1-\psi) f_j^{n+1} \right] + (1-\theta) \left[\psi f_{j+1}^n + (1-\psi) f_j^n \right] \tag{5.2.11}$$

$$\frac{\partial f}{\partial t} = \psi \frac{f_{j+1}^{n+1} - f_{j+1}^n}{\Delta t} + (1-\psi) \frac{f_j^{n+1} - f_j^n}{\Delta t} \tag{5.2.12}$$

$$\frac{\partial f}{\partial x} = \theta \frac{f_{j+1}^{n+1} - f_j^{n+1}}{\Delta x} + (1-\theta) \frac{f_{j+1}^n - f_j^n}{\Delta x} \tag{5.2.13}$$

式中，f 为离散变量，如 A、Q 等；θ 为隐式求解系数；ψ 为偏心系数，如图 5.2.1 所示。

离散格式的稳定性条件为

$$\frac{\psi - \dfrac{1}{2}}{C_{rj}} + \left(\theta - \frac{1}{2} \right) \geqslant 0 \tag{5.2.14}$$

当 $\psi > 1/2$ 和 $\theta > 1/2$ 时，有无条件稳定性。

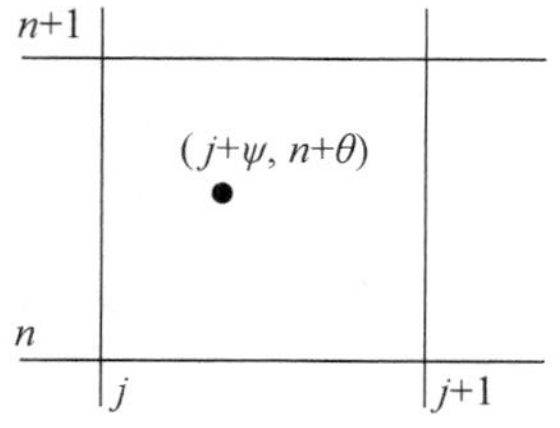

图 5.2.1　四点偏心隐格式离散图

将式(5.2.11)～式(5.2.13)代入方程(5.2.1)和方程(5.2.2),连续性方程和动量方程最终可以离散为

连续性方程

$$a_j \Delta h_j + b_j \Delta Q_j + c_j \Delta h_{j+1} + d_j \Delta Q_{j+1} = p_j \tag{5.2.15}$$

动量方程

$$e_j \Delta h_j + f_j \Delta Q_j + g_j \Delta h_{j+1} + w_j \Delta Q_{j+1} = r_j \tag{5.2.16}$$

式中,a_j、b_j、c_j、d_j、p_j、e_j、f_j、g_j、w_j、r_j 为离散系数,即

$$a_j = \frac{(1-\psi)B_j^*}{\Delta t} \tag{5.2.17a}$$

$$b_j = \frac{1-\theta}{\Delta x} \tag{5.2.17b}$$

$$c_j = \frac{\psi B_{j+1}^*}{\Delta t} \tag{5.2.17c}$$

$$d_j = \frac{\theta}{\Delta x} \tag{5.2.17d}$$

$$p_j = -\frac{1-\psi}{\Delta t}(A_j^* - A_j^n) - \frac{\psi}{\Delta t}(A_{j+1}^* - A_{j+1}^n) - \frac{\theta}{\Delta x}(Q_{j+1}^* - Q_j^{n+1}) - \frac{1-\theta}{\Delta x}(Q_j^* - Q_j^n)$$
$$+ \theta[\psi q_{j+1}^{n+1} + (1-\psi)q^{n+1}] + (1-\theta)[\psi q_{j+1}^n + (1-\psi)q_j^n] \tag{5.2.17e}$$

$$e_j = -\frac{1-\psi}{\Delta t}\frac{Q_j^* B_j^*}{(A_j^*)^2} + \frac{\theta}{\Delta x}\frac{\beta_j^* (Q_j^*)^2 B_j^*}{(A_j^*)^3} - \frac{\theta g}{\Delta x} - 2\theta(1-\psi_R)g\frac{S_{f,j}^*}{K_j^*}\left(\frac{\partial K}{\partial h}\right)_j^*$$
$$\tag{5.2.17f}$$

$$f_j = \frac{1-\psi}{\Delta t}\frac{1}{A_j^*} - \frac{\theta}{\Delta x}\frac{\beta_j^* Q_j^*}{(A_j^*)^2} + 2\theta(1-\psi_R)g\frac{|Q_j^*|}{(K_j^*)^2} \tag{5.2.17g}$$

$$g_j = -\frac{\psi}{\Delta t}\frac{Q_{j+1}^* B_{j+1}^*}{(A_{j+1}^*)^2} - \frac{\theta}{\Delta x}\frac{\beta_{j+1}^* (Q_{j+1}^*)^2 B_{j+1}^*}{(A_{j+1}^*)^3} + \frac{\theta g}{\Delta x} - 2\theta\psi_R g\frac{S_{f,j+1}^*}{K_{j+1}^*}\left(\frac{\partial K}{\partial h}\right)_{j+1}^*$$
$$\tag{5.2.17h}$$

$$w_j = \frac{\psi}{\Delta t}\frac{1}{A_{j+1}^*} + \frac{\theta}{\Delta x}\frac{\beta_{j+1}^* Q_{j+1}^*}{(A_{j+1}^*)^2} + 2\theta\psi_R g\frac{|Q_{j+1}^*|}{(K_{j+1}^*)^2} \tag{5.2.17i}$$

$$r_j = -\frac{\psi}{\Delta t}\left(\frac{Q_{j+1}^*}{A_{j+1}^*} - \frac{Q_{j+1}^n}{A_{j+1}^n}\right) - \frac{1-\psi}{\Delta t}\left(\frac{Q_j^*}{A_j^*} - \frac{Q_j^n}{A_j^n}\right) - \frac{\theta}{\Delta x}\left[\frac{\beta_{j+1}^*}{2}\left(\frac{Q_{j+1}^*}{A_{j+1}^*}\right)^2 - \frac{\beta_j^*}{2}\left(\frac{Q_j^*}{A_j^*}\right)^2\right]$$
$$- \frac{(1-\theta)}{\Delta x}\left[\frac{\beta_{j+1}^n}{2}\left(\frac{Q_{j+1}^n}{A_{j+1}^n}\right)^2 - \frac{\beta_j^n}{2}\left(\frac{Q_j^n}{A_j^n}\right)^2\right] - \frac{\theta g}{\Delta x}(y_{j+1}^* - y_j^*) - \frac{(1-\theta)g}{\Delta x}(y_{j+1}^n - y_j^n)$$
$$- \theta g[\psi_R S_{f,j+1}^* + (1-\psi_R)S_{f,j}^*] - (1-\theta)g[\psi_R S_{f,j+1}^n + (1-\psi_R)S_{f,j}^n] \tag{5.2.17j}$$

一维方程空间离散示意图如图 5.2.2 所示。

由离散方程(5.2.15)和方程(5.2.16)可以得到如下正向和反向递推关系,在下游节点 N 有

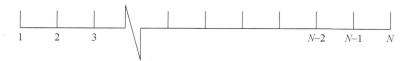

图 5.2.2　一维方程空间离散示意图

$$\Delta Q_N = L_N \Delta h_1 + M_N \Delta h_N + N_N \tag{5.2.18}$$

在上游节点 1 有

$$\Delta Q_1 = X_1 \Delta h_1 + Y_1 \Delta h_N + Z_1 \tag{5.2.19}$$

式中，L、M、N 为正向递推系数；X、Y、Z 为反向递推系数。

将式(5.2.11)～式(5.2.13)代入方程(5.2.4)，有

$$c_1 Q_{tk,j+1}^{n+1} = c_2 Q_{tk,j}^{n+1} + c_3 Q_{tk,j+1}^{n} + c_4 Q_{tk,j}^{n} + c_{0k} \tag{5.2.20}$$

式中

$$c_1 = \frac{\psi}{U_{j+1}^{n+1}\Delta t} + \frac{\theta}{\Delta x} + \frac{\theta\psi}{L_{s,j+1}^{n+1}} \tag{5.2.21a}$$

$$c_2 = -\frac{1-\psi}{U_j^{n+1}\Delta t} + \frac{\theta}{\Delta x} - \frac{\theta(1-\psi)}{L_{s,j}^{n+1}} \tag{5.2.21b}$$

$$c_3 = \frac{\psi}{U_{j+1}^{n}\Delta t} - \frac{1-\theta}{\Delta x} - \frac{(1-\theta)\psi}{L_{s,j+1}^{n}} \tag{5.2.21c}$$

$$c_4 = \frac{1-\psi}{U_j^{n}\Delta t} + \frac{1-\theta}{\Delta x} - \frac{(1-\theta)(1-\psi)}{L_{s,j}^{n}} \tag{5.2.21d}$$

$$\begin{aligned} c_{0k} = {} & \frac{\theta\psi}{L_{s,j+1}^{n+1}} Q_{t*k,j+1}^{n+1} + \frac{\theta(1-\psi)}{L_{s,j+1}^{n+1}} Q_{t*k,j}^{n+1} + \frac{(1-\theta)\psi}{L_{s,j+1}^{n}} Q_{t*k,j+1}^{n} + \frac{(1-\theta)(1-\psi)}{L_{s,j+1}^{n}} Q_{t*k,j}^{n} \\ & + \theta\psi q_{lk}^{n+1} + \theta(1-\psi) q_{lk}^{n+1} + (1-\theta)\psi q_{lk}^{n} + (1-\theta)(1-\psi) q_{lk}^{n} \end{aligned} \tag{5.2.21e}$$

5.2.4　关键问题的处理

1. 汊点处理

汊点示意图如图 5.2.3 所示，根据质量守恒有

$$\sum Q_k^{\mathrm{up}} = \sum Q_j^{\mathrm{down}} \tag{5.2.22}$$

式中，Q^{up} 为流出汊点流量；Q^{down} 为流入汊点流量。

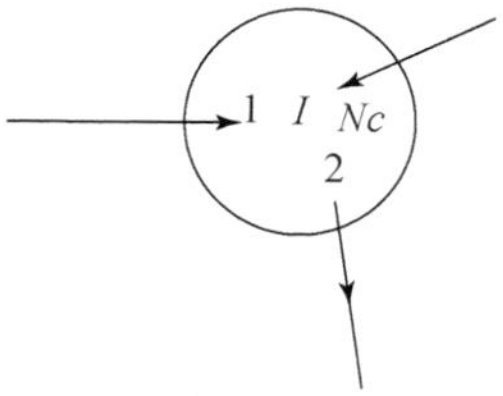

图 5.2.3　汊点示意图

假定汊点的水位相同，则

$$\Delta Z_i = \Delta Z_I, \quad i = 1, 2, Nc \tag{5.2.23}$$

将方程(5.2.18)、方程(5.2.19)和方程(5.2.23)代入式(5.2.22)，得

$$\left(\sum_k X_{k,1} - \sum_j M_{j,N}\right)\Delta h_i + \sum_k (Y_{k,1}\Delta h_{k,N}) - \sum_j (L_{j,N}\Delta h_{j,1}) = \sum_k Z_{k,1} - \sum_j N_{j,N} \tag{5.2.24}$$

汉点泥沙输运根据流量进行分配。

2. 河段内求解

在求解离散方程(5.2.15)和方程(5.2.16)时,传统算法为扫描算法,即假设流量变化量和水位变化量存在线性关系,然后代入方程(5.2.15)和方程(5.2.16)中循环扫描计算。本节通过增补节点流量平衡方程,直接解耦流量和水位,构造三对角追赶矩阵求解。该方法避免迭代计算,守恒性和稳定性较好,尤其适用于有非恒定流的受枢纽影响河段计算,具体过程如下。

根据方程(5.2.15)和方程(5.2.16)可得

$$\Delta Q_j = A_{1,j} + A_{2,j}\Delta h_j + A_{3,j}\Delta h_{j+1} \tag{5.2.25}$$

$$\Delta Q_{j+1} = B_{1,j} + B_{2,j}\Delta h_j + B_{3,j}\Delta h_{j+1} \tag{5.2.26}$$

往前递推,可得

$$\Delta Q_{j-1} = A_{1,j-1} + A_{2,j-1}\Delta h_{j-1} + A_{3,j-1}\Delta h_j \tag{5.2.27}$$

$$\Delta Q_j = B_{1,j-1} + B_{2,j-1}\Delta h_{j-1} + B_{3,j-1}\Delta h_j \tag{5.2.28}$$

在节点 j 处根据质量守恒有

$$B_{2,j-1}\Delta h_{j-1} + (B_{3,j-1} - A_{2,j})\Delta h_j - A_{3,j}\Delta h_{j+1} = A_{1,j} - B_{1,j-1} \tag{5.2.29}$$

加入边界条件得到离散方程组为

$$\begin{bmatrix} (B_{3,1} - A_{2,2}) & -A_{3,2} & & & \\ \cdots & \cdots & \cdots & & \\ & B_{2,j-1} & (B_{3,j-1} - A_{2,j}) & -A_{3,j} & \\ & & \cdots & \cdots & \cdots \\ & & & B_{2,N-2} & (B_{3,N-2} - A_{2,N-1}) \end{bmatrix} \begin{bmatrix} \Delta h_2 \\ \vdots \\ \Delta h_j \\ \vdots \\ \Delta h_{N-1} \end{bmatrix}$$

$$= \begin{bmatrix} (A_{1,2} - B_{1,1}) - B_{2,1}\Delta h_1 \\ \vdots \\ A_{1,j} - B_{1,j-1} \\ \vdots \\ (A_{1,N-1} - B_{1,N-2}) + A_{3,N-1}\Delta h_N \end{bmatrix}$$

$$\tag{5.2.30}$$

3. 泥沙模型求解

方程(5.2.20)可以写为

$$Q_{tk,j+1}^{n+1} = e_k Q_{t*k,j+1}^{n+1} + e_{0,k} \tag{5.2.31}$$

式中

$$e_k = \frac{\theta\psi}{c_1 L_{s,j+1}^{n+1}} \tag{5.2.32a}$$

$$e_{0,k} = \frac{c_2 Q_{tk,j}^{n+1} + c_3 Q_{tk,j+1}^n + c_4 Q_{tk,j}^n + c_{0k} - \dfrac{\theta \psi Q_{t*k,j+1}^{n+1}}{L_{s,j+1}^{n+1}}}{c_1} \qquad (5.2.32b)$$

河床变形方程离散为

$$(1-p') \frac{\Delta A_{bk}}{\Delta t} = \theta \frac{Q_{tk,j+1}^{n+1} - Q_{t*k,j+1}^{n+1}}{L_{s,j+1}^{n+1}} + (1-\theta) \frac{Q_{tk,j+1}^n - Q_{t*k,j+1}^n}{L_{s,j+1}^n} \qquad (5.2.33)$$

其中

$$\Delta A_{bk} = f_1 Q_{tk,j+1}^{n+1} - f_2 Q_{t*k,j+1}^{n+1} + f_{0k} \qquad (5.2.34a)$$

$$f_1 = f_2 = \frac{\theta \Delta t}{(1-p') L_{s,j+1}^{n+1}} \qquad (5.2.34b)$$

$$f_{0k} = (1-\theta) \Delta t \frac{Q_{tk,j+1}^n - Q_{t*k,j+1}^n}{(1-p') L_{s,j+1}^n} \qquad (5.2.34c)$$

混合层组成方程离散为

$$p_{bk,j+1}^{n+1} = \frac{\Delta A_{bk,j+1} + A_{m,j+1}^n p_{bk,j+1}^n + p_{bk,j+1}^{*n} (A_{m,j+1}^{n+1} - A_{m,j+1}^n - \Delta A_{b,j+1})}{A_{m,j+1}^{n+1}}$$

$$(5.2.35)$$

式中,如果 $\Delta A_{b,j+1} + A_{m,j+1}^n \geqslant A_{m,j+1}^{n+1}$, $p_{bk,j+1}^{*n}$ 为 $p_{bk,j+1}^n$ 。

将 $Q_{t*k,j+1}^{n+1} = p_{bk,j+1}^{n+1} Q_{tk,j+1}^{*n+1}$ 和式(5.2.31)代入式(5.2.35)可得

$$\Delta A_{bk} = (f_1 e_k - f_2) p_{bk,j+1}^{n+1} Q_{tk,j+1}^{*n+1} + f_1 e_{0k} + f_{0k} \qquad (5.2.36)$$

将式(5.2.36)代入式(5.2.35)有

$$\Delta A_{bk,j+1} = \Delta A_{b,j+1} \frac{(f_2 - f_1 e_k) p_{bk,j+1}^{*n} Q_{tk,j+1}^{*n+1}}{A_{m,j+1}^{n+1} - (f_1 e_k - f_2) Q_{tk,j+1}^{*n+1}}$$

$$+ \frac{(f_1 e_k - f_2) Q_{tk,j+1}^{*n+1} [A_{m,j+1}^{n+1} p_{bk,j+1}^n + p_{bk,j+1}^{*n} (A_{m,j+1}^{n+1} - A_{m,j+1}^n)]}{A_{m,j+1}^{n+1} - (f_1 e_k - f_2) Q_{tk,j+1}^{*n+1}}$$

$$+ \frac{(f_1 e_{0k} + f_{0k}) A_{m,j+1}^{n+1}}{A_{m,j+1}^{n+1} - (f_1 e_k - f_2) Q_{tk,j+1}^{*n+1}} \qquad (5.2.37)$$

由式(5.2.37)可得

$$\Delta A_{b,j+1} = \left\{ \sum_{k=1}^N \frac{(f_1 e_k - f_2) Q_{tk,j+1}^{*n+1} [A_{m,j+1}^n p_{bk,j+1}^n + p_{bk,j+1}^{*n} (A_{m,j+1}^{n+1} - A_{m,j+1}^n)]}{A_{m,j+1}^{n+1} - (f_1 e_k - f_2) Q_{tk,j+1}^{*n+1}} \right.$$

$$\left. + \sum_{k=1}^N \frac{(f_1 e_{0k} + f_{0k}) A_{m,j+1}^{n+1}}{A_{m,j+1}^{n+1} - (f_1 e_k - f_2) Q_{tk,j+1}^{*n+1}} \right\} \left[1 - \sum_{k=1}^N \frac{(f_2 - f_1 e_k) p_{bk,j+1}^{*n} Q_{tk,j+1}^{*n+1}}{A_{m,j+1}^{n+1} - (f_1 e_k - f_2) Q_{tk,j+1}^{*n+1}} \right]^{-1}$$

$$(5.2.38)$$

4. 模型前后处理

一维模型的数值计算需要准备大量的数据,如断面描述、断面位置、断面关系、边界条件、阻力系数等。模型计算后还有大量的计算结果需要统计分析,或者验证比较等,采用文本方式输入输出需要大量附加劳动,且不够直观。本节采用 C♯语

言完成了模型前后处理的格式化,且数据实行了数据库存储。

5.2.5　模型验证——以两坝间河段水沙验证为例

两坝间的河道长 38km,处于西陵峡之中,河形蜿蜒曲折,河道走向多变,河谷狭窄,水流湍急,泡漩汹涌,流态紊乱。葛洲坝枢纽建成后,两坝间河道常年处于水库回水区内,水深增加,流速、比降减小,航道条件改善。葛洲坝电站是一座低水头径流式电站,汛期壅高有限,故两坝间河道兼具水库与自然河道的双重特性。

莲沱以上河段属于庙南宽谷,河道的断面多呈"U"或"W"形,其主槽多偏于右岸;莲沱以下多属于峡谷段,河道的横断面多呈"V"形。乐天溪以下河段,两岸由基岩或乱石组成,故岸线稳定,河道的演变主要表现为垂向冲淤变化;乐天溪以上属于三峡坝区,河道受施工影响较大。

本次验证计算的范围为三峡坝下至葛洲坝水利枢纽,全长约 38km,如图 5.2.4所示。坝下至黄陵庙采用川江测量总队南京航道区测量队 1978 年 12 月至 1979 年 1 月施测的 1∶5000 地形图,摘取断面 6 个,黄陵庙至葛洲坝采用 1984年实测地形图,摘取断面 103 个。

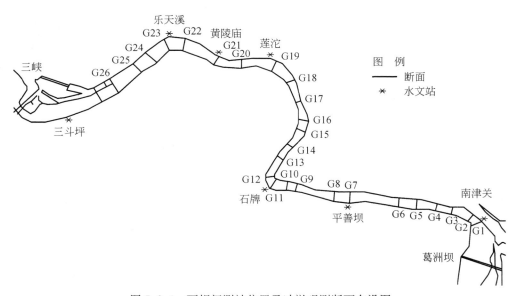

图 5.2.4　两坝间测站位置及冲淤观测断面布设图

模型验证采用恒定流和非恒定流两级进行验证。恒定流验证计算范围为黄陵庙至葛洲坝,验证了七个流量级的水位(陆永军等,1998a)。图 5.2.5 给出了计算水面线和实测水面线的比较,南津关、平善坝、石牌、莲沱和黄陵庙站点的实测水位与计算水位的比较见表 5.2.1。从图表中可以看出,计算水位与实测水位之间的差值在 0.1m 以内,可见计算结果令人满意。

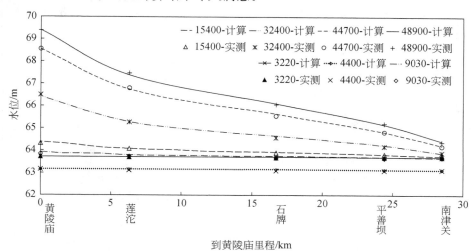

图 5.2.5　黄陵庙至葛洲坝水位计算值与实测水面线比较

表 5.2.1　恒定流七级流量水位比较　　　　　　　　(单位:m)

流量/(m³/s)	南津关			平善坝			石牌		
	原型	模型	差值	原型	模型	差值	原型	模型	差值
3220	63.70	63.70	0.00	63.69	63.70	−0.01	63.68	63.71	−0.03
4400	63.13	63.13	0.00	63.10	63.13	−0.03	63.10	63.14	−0.04
9030	63.68	63.69	−0.01	63.65	63.71	−0.06	63.67	63.75	−0.08
15400	63.78	63.75	0.03	63.83	63.83	0.00	63.90	63.93	−0.03
32400	63.90	63.88	0.02	64.18	64.22	−0.04	64.57	64.66	−0.09
44700	64.19	64.20	−0.01	64.83	64.83	0.00	65.55	65.63	−0.08
48900	64.38	64.42	−0.04	65.21	65.16	0.05	66.06	66.10	−0.04

流量/(m³/s)	莲沱			黄陵庙		
	原型	模型	差值	原型	模型	差值
3220	63.70	63.71	−0.01	63.71	63.71	0.00
4400	63.12	63.15	−0.03	63.16	63.15	0.01
9030	63.73	63.80	−0.07	63.84	63.91	−0.07
15400	64.08	64.08	0.00	64.32	64.38	−0.06
32400	65.27	65.28	−0.01	66.49	66.43	0.06
44700	66.80	66.74	0.06	68.55	68.55	0.00
48900	67.47	67.38	0.09	69.39	69.40	−0.01

为进一步检验模型,又模拟了 2004 年两坝间的水沙过程(采用 2002 年实测地形图)。泥沙粒径 0.002~32mm 共分 16 组。图 5.2.6 给出了 2004 年南津关、平

善坝、石牌、莲沱和黄陵庙站实测水位与计算水位过程的比较；图5.2.7给出了葛洲坝出库含沙量与宜昌站含沙量计算值与实测值的比较，可以看出水位和含沙量都吻合较好。

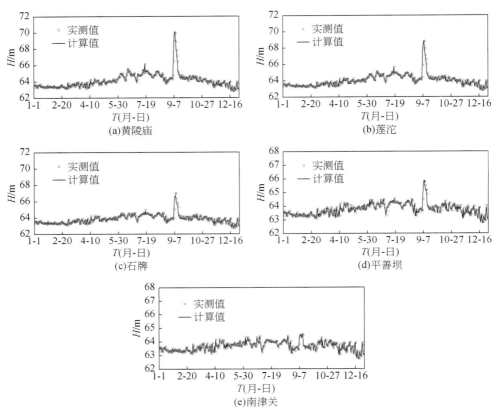

图 5.2.6　南津关计算水位与实测水位比较（2004年）

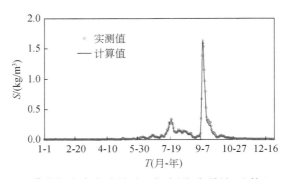

图 5.2.7　葛洲坝出库含沙量过程与实测（宜昌站）比较（2004年）

三峡电站日调节负荷变化一昼夜中有三次峰荷,即 10:00、15:00、20:00,其中以 20:00 为全天最高负荷,过程如图 5.2.8 和表 5.2.2 所示,下游葛洲坝的反调节过程如图 5.2.8 所示。由于计算的上游和下游都采用流量边界条件,因此计算的初始条件很重要,否则由于初始条件的误差将难以通过边界条件消除。在日调节计算之前,上游采用 $7380 \mathrm{m}^3/\mathrm{s}$,下游边界(葛洲坝坝前)水位为 $63.00 \mathrm{m}$ 的恒定流。

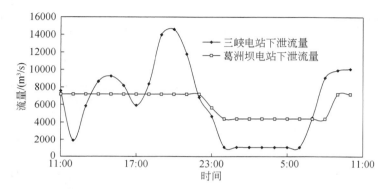

图 5.2.8　三峡电站和葛洲坝电站下泄流量过程

表 5.2.2　三峡电站和葛洲坝电站下泄流量过程

时段	三峡电站下泄流量/(m³/s)	葛洲坝电站下泄流量/(m³/s)	时段	三峡电站下泄流量/(m³/s)	葛洲坝电站下泄流量/(m³/s)
11:00	7573	7189	23:00	4662	5663
12:00	1903	7189	24:00	1076	4393
13:00	5855	7189	1:00	1076	4393
14:00	8645	7189	2:00	1069	4393
15:00	9260	7189	3:00	1065	4393
16:00	8182	7189	4:00	1061	4393
17:00	5917	7189	5:00	1057	4393
18:00	8374	7189	6:00	1053	4393
19:00	13982	7189	7:00	4486	4393
20:00	14603	7189	8:00	9083	4394
21:00	11778	7189	9:00	9933	7189
22:00	6850	7189	10:00	10071	7189

图 5.2.9 给出了两坝间的非恒定流过程并与物理模型试验结果(陆永军等,1998a)的比较,可以看出计算结果和实测结果吻合较好,说明模型能够在上下两枢纽都给定流量过程后对两坝间非恒定过程进行模拟。

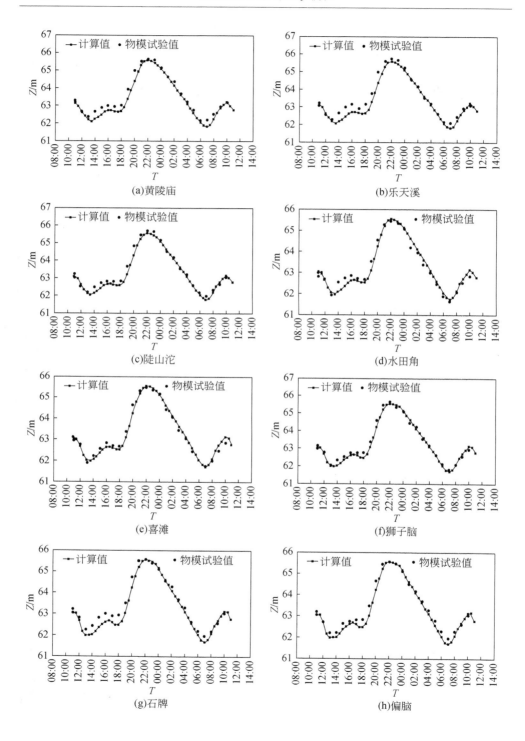

(a)黄陵庙

(b)乐天溪

(c)陡山沱

(d)水田角

(e)喜滩

(f)狮子脑

(g)石牌

(h)偏脑

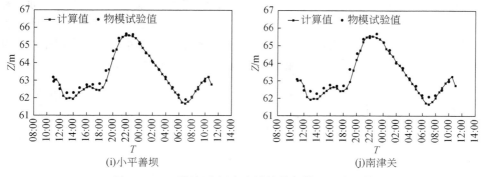

(i)小平善坝　　　　　　　　　　　　(j)南津关

图 5.2.9　两坝间非恒定流计算值与模型试验比较

由图 5.2.8 和表 5.2.2 的三峡与葛洲坝调节过程可以看出,24h 内三峡枢纽出现了三次泄流峰值,即 10:00 峰值 10071m³/s;15:00 峰值 9260m³/s;20:00 峰值 14603m³/s。凌晨 0:00~6:00 下泄流量最小,最小流量仅为 1053m³/s,一个日调节周期内三峡下泄的流量差 10 余倍。葛洲坝枢纽下泄一个周期内分两级流量下泄,分别为 7189m³/s 和 4393m³/s。

11:00~20:00 葛洲坝枢纽下泄流量为常数,两坝间的水位的变化和波动受到三峡枢纽的下泄流量影响,20:00~次日 0:00 葛洲坝下泄流量从流量级 7189m³/s 降为 4393m³/s,在 7:00~8:00 两坝间水位达到最低,水位日最大变幅在 4m 左右。

图 5.2.10 给出了三峡坝下和葛洲坝近坝水位的比较。由图可见,两坝间水位变化随着两电站下泄流量变化,受河道特性影响较小。两电站负荷变化在两坝间河道引起的顺波和逆波传播速度很快,三峡非恒定波传播至葛洲坝大约需要20min,传播速度接近 30m/s。

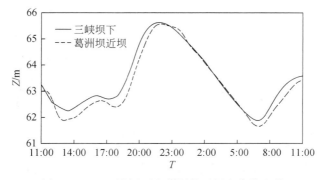

图 5.2.10　三峡坝下和葛洲坝近坝水位的比较

根据黄陵庙流量与输沙量关系(图 5.2.11)和泥沙级配曲线(图 5.2.12)对日调节泥沙输运进行了模拟,图 5.2.13~图 5.2.16 给出了沿程莲沱站、石牌站、平善坝站和南津关站的输沙过程,小于等于 0.016mm 粒径的泥沙基本上为冲泄质,大于等于 0.5mm 粒径的泥沙基本上为推移质。从图中可以看出,输沙率随着日调节过程有较大的变化,以悬移质输沙为主,变化规律与流量过程相似,两坝间江道的上段主要受三峡下泄流量和输沙量影响,下段受两个枢纽共同影响。

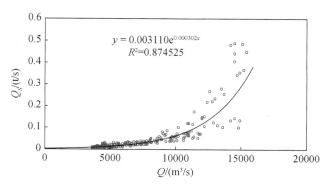

图 5.2.11　黄陵庙流量与输沙量关系

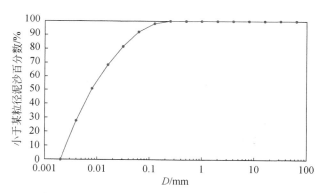

图 5.2.12　下泄泥沙级配曲线

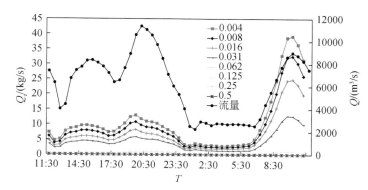

图 5.2.13　莲沱站输沙率与流量过程

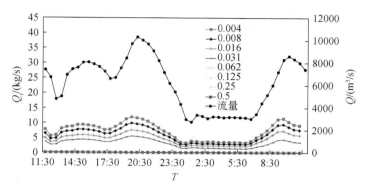

图 5.2.14　石牌站输沙率与流量过程

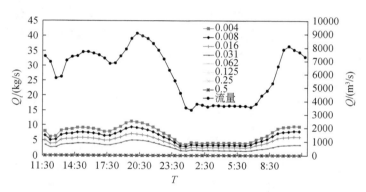

图 5.2.15　平善坝站输沙率与流量过程

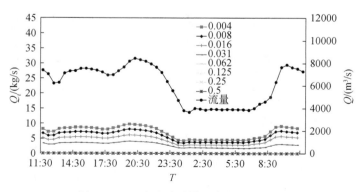

图 5.2.16　南津关站输沙率与流量过程

5.3　二维非恒定水沙数学模型

5.3.1　控制方程

对于河道水流、泥沙的模拟,如何布置网格,使之贴合曲折边界,并反映随着水位变化的边界地形,同时克服计算域长宽比悬殊的困难,是一个关键问题。如果选择矩形网格,为了顾及水边界及河道横断面上的不规则形状,不得不采用众多尺度很小的单元,这就大大增加了对计算机内存的要求,计算工作量也显著增加。采用贴体正交曲线网格系统来克服边界复杂及计算域尺度悬殊引起的困难。

1. 坐标转换关系的基本方程

平面直角坐标系下的任意形状的区域,通过边界贴体坐标,可转化为新坐标系下的规则区域。新旧坐标采用:$\xi = \xi(x, y)$,$\eta = \eta(x, y)$ 函数关系联系起来。假定变换关系满足 Poisson 方程与 Dirichlet 边界条件。

Poisson 方程:

$$\frac{\partial^2 \xi}{\partial x^2} + \frac{\partial^2 \xi}{\partial y^2} = P(\xi, \eta, x, y) \tag{5.3.1}$$

$$\frac{\partial^2 \eta}{\partial x^2} + \frac{\partial^2 \eta}{\partial y^2} = Q(\xi, \eta, x, y) \tag{5.3.2}$$

Dirichlet 边界条件:

$$\begin{pmatrix} \xi \\ \eta \end{pmatrix} = \begin{bmatrix} D_1 \\ \eta_1(x, y) \end{bmatrix}, \quad (x, y) \in \Gamma_1$$

$$\begin{pmatrix} \xi \\ \eta \end{pmatrix} = \begin{bmatrix} \xi_1(x, y) \\ C_1 \end{bmatrix}, \quad (x, y) \in \Gamma_2$$

$$\begin{pmatrix} \xi \\ \eta \end{pmatrix} = \begin{bmatrix} D_2 \\ \eta_2(x, y) \end{bmatrix}, \quad (x, y) \in \Gamma_3$$

$$\begin{pmatrix} \xi \\ \eta \end{pmatrix} = \begin{bmatrix} \xi_2(x, y) \\ C_2 \end{bmatrix}, \quad (x, y) \in \Gamma_4$$

新旧坐标的变换关系为

$$\xi = \xi(x, y) \tag{5.3.3}$$

$$\eta = \eta(x, y) \tag{5.3.4}$$

式中,P、Q 为与 ξ、η、x、y 有关的某一函数,反映了 (ξ, η) 平面上等值线在 (x, y) 平面上的疏密程度,适当选择 P、Q 函数,可使坐标变换为正交变换。根据水流势函数与流函数的性质及水流等势线与等流线的正交性,可导出生成正交曲线网格的转换方程:

$$\begin{cases} \alpha \dfrac{\partial^2 x}{\partial \xi^2} + \gamma \dfrac{\partial^2 x}{\partial \eta^2} + J^2 \left(P \dfrac{\partial x}{\partial \xi} + Q \dfrac{\partial x}{\partial \eta} \right) = 0 \\ \alpha \dfrac{\partial^2 y}{\partial \xi^2} + \gamma \dfrac{\partial^2 y}{\partial \eta^2} + J^2 \left(P \dfrac{\partial y}{\partial \xi} + Q \dfrac{\partial y}{\partial \eta} \right) = 0 \end{cases} \tag{5.3.5}$$

式中

$$\alpha = x_\eta^2 + y_\eta^2 \, ; \qquad \gamma = x_\xi^2 + y_\xi^2 \, ; \qquad J = \sqrt{\alpha \gamma}$$

$$P = -\frac{1}{\gamma} \frac{\partial (\ln K)}{\partial \xi} \, ; \qquad Q = -\frac{1}{\alpha} \frac{\partial (\ln K)}{\partial \eta} \, ; \qquad K = \sqrt{\gamma/\alpha}$$

2. 平面二维贴体坐标系下的水流运动方程

水流连续方程为

$$\frac{\partial H}{\partial t} + \frac{1}{C_\xi C_\eta} \frac{\partial}{\partial \xi} (h u C_\eta) + \frac{1}{C_\xi C_\eta} \frac{\partial}{\partial \eta} (h v C_\xi) = 0 \tag{5.3.6}$$

ξ 方向动量方程为

$$\frac{\partial u}{\partial t} + \frac{1}{C_\xi C_\eta} \left[\frac{\partial}{\partial \xi} (C_\eta u^2) + \frac{\partial}{\partial \eta} (C_\xi v u) + v u \frac{\partial C_\eta}{\partial \eta} - v^2 \frac{\partial C_\eta}{\partial \xi} \right] = -g \frac{1}{C_\xi} \frac{\partial H}{\partial \xi} + f v$$

$$- \frac{u \sqrt{u^2 + v^2}\, n^2 g}{h^{4/3}} + \frac{1}{C_\xi C_\eta} \left[\frac{\partial}{\partial \xi} (C_\eta \sigma_{\xi\xi}) + \frac{\partial}{\partial \eta} (C_\xi \sigma_{\eta\xi}) + \sigma_{\xi\eta} \frac{\partial C_\xi}{\partial \eta} - \sigma_{\eta\eta} \frac{\partial C_\eta}{\partial \xi} \right]$$

$$\tag{5.3.7}$$

η 方向动量方程为

$$\frac{\partial v}{\partial t} + \frac{1}{C_\xi C_\eta} \left[\frac{\partial}{\partial \xi} (C_\eta v u) + \frac{\partial}{\partial \eta} (C_\xi v^2) + u v \frac{\partial C_\eta}{\partial \xi} - u^2 \frac{\partial C_\xi}{\partial \eta} \right] = -g \frac{1}{C_\eta} \frac{\partial H}{\partial \eta} - f u$$

$$- \frac{v \sqrt{u^2 + v^2}\, n^2 g}{h^{4/3}} + \frac{1}{C_\xi C_\eta} \left[\frac{\partial}{\partial \xi} (C_\eta \sigma_{\xi\eta}) + \frac{\partial}{\partial \eta} (C_\xi \sigma_{\eta\eta}) + \sigma_{\eta\xi} \frac{\partial C_\eta}{\partial \xi} - \sigma_{\xi\xi} \frac{\partial C_\xi}{\partial \eta} \right]$$

$$\tag{5.3.8}$$

式中，ξ、η 分别表示正交曲线坐标系中两个正交曲线坐标；u、v 分别表示沿 ξ、η 方向的流速；h 表示水深；H 表示水位；C_ξ、C_η 表示正交曲线坐标系中的拉梅系数：

$$C_\xi = \sqrt{x_\xi^2 + y_\xi^2} \, , \qquad C_\eta = \sqrt{x_\eta^2 + y_\eta^2}$$

$\sigma_{\xi\xi}$、$\sigma_{\xi\eta}$、$\sigma_{\eta\xi}$、$\sigma_{\eta\eta}$ 表示紊动应力，即

$$\sigma_{\xi\xi} = 2\nu_t \left(\frac{1}{C_\xi} \frac{\partial u}{\partial \xi} + \frac{v}{C_\xi C_\eta} \frac{\partial C_\xi}{\partial \eta} \right) , \qquad \sigma_{\eta\eta} = 2\nu_t \left(\frac{1}{C_\eta} \frac{\partial v}{\partial \eta} + \frac{u}{C_\xi C_\eta} \frac{\partial C_\eta}{\partial \xi} \right)$$

$$\sigma_{\xi\eta} = \sigma_{\eta\xi} = \nu_t \left[\frac{C_\eta}{C_\xi} \frac{\partial}{\partial \xi} \left(\frac{v}{C_\eta} \right) + \frac{C_\xi}{C_\eta} \frac{\partial}{\partial \eta} \left(\frac{u}{C_\xi} \right) \right]$$

ν_t 表示紊动黏性系数，在一般情况下，$\nu_t = \alpha u_* h$，$\alpha = 0.5 \sim 1.0$，u_* 表示摩阻流速；对于不规则岸边、整治建筑物、桥墩作用引起的回流，采用 k-ε 紊流模型 $\nu_t = C_\mu k^2 / \varepsilon$，$k$ 表示紊动动能，ε 表示紊动动能耗散率。正交曲线坐标系下紊动动能输运方程：

$$\frac{\partial hk}{\partial t} + \frac{1}{C_\xi C_\eta} \Big[\frac{\partial}{\partial \xi}(uhkC_\eta) + \frac{\partial}{\partial \eta}(vhkC_\xi)\Big]$$

$$= \frac{1}{C_\xi C_\eta}\Big[\frac{\partial}{\partial \xi}\Big(\frac{\nu_t}{\sigma_k}\frac{C_\eta}{C_\xi}\frac{\partial hk}{\partial \xi}\Big) + \frac{\partial}{\partial \eta}\Big(\frac{\nu_t}{\sigma_k}\frac{C_\xi}{C_\eta}\frac{\partial hk}{\partial \eta}\Big)\Big] + h(G + P_{kv} - \varepsilon) \qquad (5.3.9)$$

紊动动能耗散率输运方程：

$$\frac{\partial h\varepsilon}{\partial t} + \frac{1}{C_\xi C_\eta}\Big[\frac{\partial}{\partial \xi}(uh\varepsilon C_\eta) + \frac{\partial}{\partial \eta}(vh\varepsilon C_\xi)\Big]$$

$$= \frac{1}{C_\xi C_\eta}\Big[\frac{\partial}{\partial \xi}\Big(\frac{\nu_t}{\sigma_\varepsilon}\frac{C_\eta}{C_\xi}\frac{\partial h\varepsilon}{\partial \xi}\Big) + \frac{\partial}{\partial \eta}\Big(\frac{\nu_t}{\sigma_\varepsilon}\frac{C_\xi}{C_\eta}\frac{\partial h\varepsilon}{\partial \eta}\Big)\Big] + h\Big(C_{1\varepsilon}\frac{\varepsilon}{k}G - C_{2\varepsilon}\frac{\varepsilon^2}{k} + P_{kv}\Big)$$

$$(5.3.10)$$

紊动动能产生项：

$$G = \sigma_{\xi\xi}\Big(\frac{1}{C_\xi}\frac{\partial u}{\partial \xi} + \frac{v}{C_\xi C_\eta}\frac{\partial C_\xi}{\partial \eta}\Big) + \sigma_{\xi\eta}\Big[\Big(\frac{1}{C_\eta}\frac{\partial u}{\partial \eta} + \frac{1}{C_\xi}\frac{\partial v}{\partial \xi}\Big)$$

$$- \Big(\frac{u}{C_\xi C_\eta}\frac{\partial C_\xi}{\partial \eta} + \frac{v}{C_\xi C_\eta}\frac{\partial C_\eta}{\partial \xi}\Big)\Big] + \sigma_{\eta\eta}\Big(\frac{1}{C_\eta}\frac{\partial v}{\partial \eta} + \frac{u}{C_\xi C_\eta}\frac{\partial C_\eta}{\partial \xi}\Big)$$

式中，P_{kv}、$P_{\varepsilon v}$ 表示因床面切应力引起的紊动效应，它们与摩阻流速 u_* 间的关系为：$P_{kv} = C_k u_*^3/h$，$P_{\varepsilon v} = C_\varepsilon u_*^4/h^2$，$C_k = h^{1/6}/(n\sqrt{g})$，$C_\varepsilon = 3.6 C_{2\varepsilon} C_\mu^{1/2}/C_f^{1/4}$，$C_f = n^2 g/h^{1/3}$，$C_\mu$、$\sigma_k$、$\sigma_\varepsilon$、$C_{1\varepsilon}$、$C_{2\varepsilon}$ 为经验常数，采用 Rodi 建议的值，$C_\mu = 0.09$，$\sigma_k = 1.0$，$\sigma_\varepsilon = 1.3$，$C_{1\varepsilon} = 1.44$，$C_{2\varepsilon} = 1.92$，$\sigma_s = 1.0$。

3. 贴体坐标系下的悬沙不平衡输移方程

非均匀悬移质按其粒径大小可分成 n_0 组，用 S_L 表示第 L 组粒径含沙量，P_{SL} 表示此粒径悬沙含沙量所占的比值，则

$$S_L = P_{SL}S, \qquad S = \sum_{L=1}^{n_0} S_L$$

针对非均匀悬移质中第 L 组粒径的含沙量，二维悬移质不平衡输沙基本方程为

$$\frac{\partial hS_L}{\partial t} + \frac{1}{C_\xi C_\eta}\Big[\frac{\partial}{\partial \xi}(C_\eta huS_L) + \frac{\partial}{\partial \eta}(C_\xi hvS_L)\Big]$$

$$= \frac{1}{C_\xi C_\eta}\Big[\frac{\partial}{\partial \xi}\Big(\frac{\varepsilon_\xi}{\sigma_s}\frac{C_\eta}{C_\xi}\frac{\partial hS_L}{\partial \xi}\Big) + \frac{\partial}{\partial \eta}\Big(\frac{\varepsilon_\eta}{\sigma_s}\frac{C_\xi}{C_\eta}\frac{\partial hS_L}{\partial \eta}\Big)\Big] + \alpha_L \omega_L(S_L^* - S_L) \qquad (5.3.11)$$

式中，S_L^* 表示第 L 组泥沙的挟沙能力，$S_L^* = P_{SL}^* S^*(\omega)$，$P_{SL}^*$ 表示第 L 组泥沙的挟沙能力所占百分数，$S^*(\omega) = \Big[\sum_{L=1}^{n_0}\dfrac{P_{SL}}{S^*(L)}\Big]^{-1} = K_0\Big[\dfrac{(u^2+v^2)^{3/2}}{h}\Big]^m \sum_{L=1}^{n_0}\dfrac{P_{SL}}{\omega_L^m}$，$\omega_L$ 为第 L 组泥沙的沉速，K_0 为挟沙能力系数；α_L 为第 L 组泥沙的含沙量恢复饱和系数。

4. 贴体坐标系下的推移质不平衡输移方程

非均匀推移质按其粒径大小可分成 n_b 组，窦国仁（2001）推移质不平衡输移基

本方程为

$$\frac{\partial h S_{bL}}{\partial t} + \frac{1}{C_\xi C_\eta}\left[\frac{\partial}{\partial \xi}(C_\eta h u S_{bL}) + \frac{\partial}{\partial \eta}(C_\xi h v S_{bL})\right]$$

$$= \frac{1}{C_\xi C_\eta}\left[\frac{\partial}{\partial \xi}\left(\frac{\varepsilon_\xi}{\sigma_{bL}}\frac{C_\eta}{C_\xi}\frac{\partial h S_{bL}}{\partial \xi}\right) + \frac{\partial}{\partial \eta}\left(\frac{\varepsilon_\eta}{\sigma_{bL}}\frac{C_\xi}{C_\eta}\frac{\partial h S_{bL}}{\partial \eta}\right)\right] + \alpha_{bL}\omega_{bL}(S_{bL}^* - S_{bL})$$

$$(5.3.12)$$

式中，S_{bL}^* 表示第 L 组推移质的挟沙能力，$S_{bL}^* = g_{bL}^*/(\sqrt{u^2+v^2}\,h)$，$g_{bL}^*$ 为第 L 组推移质的单宽输沙率；S_{bL} 表示床面推移层的含沙浓度，$S_{bL} = g_{bL}/(\sqrt{u^2+v^2}\,h)$；$\alpha_{bL}$ 为第 L 组推移质泥沙的恢复饱和系数；ω_{bL} 为第 L 组推移质的沉速，$\sigma_{bL} = 1$。

5. 床沙级配方程

床沙级配方程为

$$\gamma_s\frac{\partial E_m P_{mL}}{\partial t} + \alpha_L \omega_L(S_L - S_L^*) + \alpha_{bL}\omega_{bL}(S_{bL} - S_{bL}^*)$$

$$+ \left[\varepsilon_1 P_{mL} + (1-\varepsilon_1)P_{mL0}\right]\gamma_s\left(\frac{\partial Z_L}{\partial t} - \frac{\partial E_m}{\partial t}\right) = 0 \qquad (5.3.13)$$

式(5.3.13)是将 CARICHAR 混合层一维模型扩展到二维模型的。式中，P_{mL}、P_{mL0} 分别表示当前时刻床面混合层内以及混合层以下初始床沙级配；左端第四项的物理意义为混合层下界面在冲刷过程中将不断下切河床以求得河床对混合层的补给，进而保证混合层内有足够的颗粒被冲刷而不至于亏损，当混合层在冲刷过程中波及原始河床时 $\varepsilon_1 = 0$，否则取 1。

6. 河床变形方程

河床变形方程为

$$\gamma_s\frac{\partial Z_L}{\partial t} = \alpha_L\omega_L(S_L - S_L^*) + \alpha_{bL}\omega_{bL}(S_{bL} - S_{bL}^*) \qquad (5.3.14)$$

河床总冲淤厚度为

$$Z = \sum_{L=1}^{n} Z_L$$

5.3.2　数值计算格式

比较式(5.3.6)～式(5.3.12)，发现它们的形式是相似的，可表达成如下的通用格式：

$$C_\xi C_\eta\frac{\partial \psi}{\partial t} + \frac{\partial(C_\eta u\psi)}{\partial \xi} + \frac{\partial(C_\xi v\psi)}{\partial \eta} = \frac{\partial}{\partial \xi}\left(\Gamma\frac{C_\eta}{C_\xi}\frac{\partial \psi}{\partial \xi}\right) + \frac{\partial}{\partial \eta}\left(\Gamma\frac{C_\xi}{C_\eta}\frac{\partial \psi}{\partial \eta}\right) + C$$

$$(5.3.15)$$

　　在数值计算时,只需对式(5.3.15)编制一个通用程序,所有控制方程均可用此程序求解。这里,Γ 为扩散系数;C 为源项。

　　根据控制方程的特点布置如图 5.3.1 所示的交错网格,即纵向流速 u、横向流速 v、水深 h、含沙量 S、推移质输沙率 g_b、河床冲淤厚度 Z 等物理量并不布置在同一网格上,并使进出口边界通过纵向流速的计算点,固壁通过横向流速的计算点,网格的疏密程度视物理量变化程度而定。

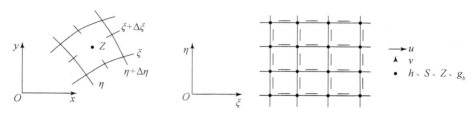

图 5.3.1　ζ-η 坐标系下节点布置

　　利用控制体积法离散控制方程。将计算区域划分成一系列连续但互不重合的有限体积——控制体积,每个控制体积内包含一个计算节点,得出一组离散方程,其中未知数是网格节点上因变量 ϕ 的值。本节将控制面布置在相邻节点的中间,并且根据对流-扩散方程解的特点,设节点间物理量按幂函数规律变化,与对流及扩散强度有关。

　　由通用微分方程(5.3.15)可以看出,各方程的主要差别在源项上,源项通常是因变量的函数,为了使数值计算收敛加快,在进行具体计算之前,常常对源项进行负坡线性化处理,即

$$C = C_c + C_p \psi_p \tag{5.3.16}$$

　　为了保证收敛,要求 $C_p \leqslant 0$,运动方程及含沙量方程含有源项,经负坡线性化后,各方程的 C_c 及 C_p 一并列于表 5.3.1。

表 5.3.1　各方程负坡线性化汇总

方程	ψ	Γ	C_p	C_c
连续	h	0	$-\dfrac{C_\xi C_\eta}{\Delta t}$	$-\dfrac{C_\xi C_\eta}{\Delta t}$
ξ 向动量	u	ν_t	$\begin{aligned}-\Big(&\frac{C_\xi C_\eta}{\Delta t} + v\frac{\partial C_\xi}{\partial \eta}\\ &+ C_\xi C_\eta \frac{n^2 g\sqrt{u^2+v^2}}{h^{4/3}}\\ &+ 2\nu_t \frac{1}{C_\xi C_\eta}\frac{\partial C_\eta}{\partial \xi}\frac{\partial C_\eta}{\partial \xi}\\ &+ \nu_t \frac{1}{C_\xi C_\eta}\frac{\partial C_\xi}{\partial \eta}\frac{\partial C_\xi}{\partial \eta}\Big)\end{aligned}$	$\begin{aligned}&\frac{C_\xi C_\eta u}{\Delta t} - gC_\eta \frac{\partial H}{\partial \xi} + v^2\frac{\partial C_\eta}{\partial \xi} + \frac{\partial}{\partial \xi}\Big[C_\eta \nu_t\Big(\frac{1}{C_\xi}\frac{\partial u}{\partial \xi}\\ &+ \frac{2v}{C_\xi C_\eta}\frac{\partial C_\xi}{\partial \eta}\Big)\Big] + \frac{\partial}{\partial \eta}\Big[\nu_t C_\xi\Big(\frac{1}{C_\xi}\frac{\partial v}{\partial \xi} - \frac{v}{C_\xi C_\eta}\frac{\partial C_\eta}{\partial \xi}\Big)\\ &- \frac{u}{C_\xi C_\eta}\frac{\partial C_\xi}{\partial \eta}\Big] + \nu_t\Big[\frac{1}{C_\xi}\frac{\partial v}{\partial \xi} + \frac{1}{C_\eta}\frac{\partial u}{\partial \eta}\\ &- \frac{v}{C_\xi C_\eta}\frac{\partial C_\eta}{\partial \xi}\Big]\frac{\partial C_\xi}{\partial \eta} - 2\nu_t \frac{1}{C_\eta}\frac{\partial v}{\partial \eta}\frac{\partial C_\eta}{\partial \xi}\end{aligned}$

续表

方程	ψ	Γ	C_p	C_c
η 向动量	v	ν_t	$-\left(\dfrac{C_\xi C_\eta}{\Delta t} + u\dfrac{\partial C_\eta}{\partial \xi}\right.$ $+ C_\xi C_\eta \dfrac{n^2 g \sqrt{u^2+v^2}}{h^{4/3}}$ $+ 2\nu_t \dfrac{1}{C_\xi C_\eta}\dfrac{\partial C_\xi}{\partial \eta}\dfrac{\partial C_\xi}{\partial \eta}$ $\left. + \nu_t \dfrac{1}{C_\xi C_\eta}\dfrac{\partial C_\eta}{\partial \xi}\dfrac{\partial C_\eta}{\partial \xi}\right)$	$\dfrac{C_\xi C_\eta v}{\Delta t} - gC_\xi \dfrac{\partial H}{\partial \eta} + u^2 \dfrac{\partial C_\xi}{\partial \eta} + \dfrac{\partial}{\partial \xi}\left[C_\eta \nu_t \left(\dfrac{1}{C_\eta}\dfrac{\partial u}{\partial \eta}\right.\right.$ $- \dfrac{v}{C_\xi C_\eta}\dfrac{\partial C_\eta}{\partial \xi} - \dfrac{u}{C_\xi C_\eta}\dfrac{\partial C_\xi}{\partial \eta}\left.\right] + \dfrac{\partial}{\partial \eta}\left[\nu_t C_\xi \left(\dfrac{1}{C_\eta}\dfrac{\partial v}{\partial \eta}\right.\right.$ $\left.+ \dfrac{2u}{C_\xi C_\eta}\dfrac{\partial C_\eta}{\partial \xi}\right)\left.\right] + \nu_t \left[\dfrac{1}{C_\xi}\dfrac{\partial v}{\partial \xi} + \dfrac{1}{C_\eta}\dfrac{\partial u}{\partial \eta}\right.$ $\left.- \dfrac{u}{C_\xi C_\eta}\dfrac{\partial C_\xi}{\partial \eta}\right]\dfrac{\partial C_\eta}{\partial \xi} - 2\nu_t \dfrac{1}{C_\xi}\dfrac{\partial u}{\partial \xi}\dfrac{\partial C_\xi}{\partial \eta}$
k 输运	k	$\dfrac{\nu_t}{\alpha_k}$	$-C_\xi C_\eta h\left(\dfrac{2C_\mu k}{\nu_t} + \dfrac{1}{\Delta t}\right)$	$C_\xi C_\eta h\left(G + P_{kv} + \varepsilon + \dfrac{k}{\Delta t}\right)$
ε 输运	ε	$\dfrac{\nu_t}{\alpha_\varepsilon}$	$-C_\xi C_\eta h\left(2C_\varepsilon \dfrac{\varepsilon}{k} + \dfrac{1}{\Delta t}\right)$	$C_\xi C_\eta h\left(C_{k}\dfrac{\varepsilon}{k}G + P_{\varepsilon v} + \dfrac{\varepsilon}{\Delta t}\right)$
悬移质输运	S_L	$\dfrac{\nu_t}{\alpha_\varepsilon}$	$-C_\xi C_\eta\left(\alpha\omega_L + \dfrac{h}{\Delta t}\right)$	$C_\xi C_\eta\left(\alpha_L \omega_L S_L^* + h\dfrac{S_L}{\Delta t}\right)$

将控制方程在控制体积内积分,得到一组代数方程组,解此代数方程组,就可得到所求问题的解,方程(5.3.15)的离散形式如下:

$$\alpha_p \psi_p = \alpha_N \psi_N + \alpha_E \psi_E + \alpha_W \psi_W + \alpha_S \psi_S + b \tag{5.3.17}$$

式中

$$\alpha_E = D_e \max[0,(1-0.1|P_e|)^5] + \max(-F_e,0) \tag{5.3.18a}$$

$$\alpha_W = D_w \max[0,(1-0.1|P_w|)^5] + \max(F_w,0) \tag{5.3.18b}$$

$$\alpha_N = D_n \max[0,(1-0.1|P_n|)^5] + \max(-F_n,0) \tag{5.3.18c}$$

$$\alpha_S = D_s \max[0,(1-0.1|P_s|)^5] + \max(F_s,0) \tag{5.3.18d}$$

$$\alpha_P^0 = \frac{C_\xi C_\eta \Delta\xi\Delta\eta}{\Delta t} \tag{5.3.18e}$$

$$\alpha_p = \alpha_E + \alpha_W + \alpha_N + \alpha_S + \alpha_P^0 - C_p C_\xi C_\eta \Delta\xi\Delta\eta \tag{5.3.18f}$$

$$b = C_c C_\xi C_\eta \Delta\xi\Delta\eta h_p + \frac{\alpha_P^0 C_\xi C_\eta \Delta\xi\Delta\eta}{\Delta t} \tag{5.3.18g}$$

D_e、D_w、D_n、D_s、F_e、F_w、F_n、F_s、P_e、P_w、P_n、P_s 分别表示各控制面上的扩散、对流强度及佩克莱(Peclet)数,可分别表示为

$$D_e = \Gamma_e \frac{C_\eta \Delta\eta}{C_\xi \delta\xi_e}, \quad F_e = u_e C_\eta \Delta\eta, \quad P_e = \frac{F_e}{D_e}$$

$$D_w = \Gamma_w \frac{C_\eta \Delta\eta}{C_\xi \delta\xi_w}, \quad F_w = u_w C_\eta \Delta\eta, \quad P_w = \frac{F_w}{D_w}$$

$$D_n = \Gamma_n \frac{C_\eta \Delta\eta}{C_\xi \delta\xi_n}, \quad F_n = u_n C_\eta \Delta\eta, \quad P_n = \frac{F_n}{D_n}$$

$$D_s = \Gamma_s \frac{C_\eta \Delta\eta}{C_\xi \delta\xi_s}, \quad F_s = u_s C_\eta \Delta\eta, \quad P_s = \frac{F_s}{D_s}$$

式中,u_e、u_w、v_n、v_s 为垂直控制面的速度;Γ_e、Γ_w、Γ_n、Γ_s 为控制面上的扩散系数;$\Delta\xi$、$\Delta\eta$ 为控制面的长度;$\delta\xi_e$、$\delta\xi_w$、$\delta\xi_n$、$\delta\xi_s$ 为相邻节点之间的距离。

从控制方程看,没有专门的方程确定水深,但水流是必然满足连续方程的,基于这个考虑,令

$$h = h^* + h'$$

式中,h' 称为水深校正值。

同样,引入速度的修正值:

$$u = u^* + u'; \quad v = v^* + v'$$

根据 Patankar(1980)压力校正法(水深校正)(即 SIMPLE-C 算法)原理,水深校正方程为

$$\alpha_p h_p = \alpha_E h_E + \alpha_W h_W + \alpha_N h_N + \alpha_S h_S + b_h \tag{5.3.19}$$

其中

$$\alpha_E = \frac{g\,(h_e C_\eta \Delta\eta)^2}{\alpha_e} \tag{5.3.20a}$$

$$\alpha_W = \frac{g\,(h_w C_\eta \Delta\eta)^2}{\alpha_w} \tag{5.3.20b}$$

$$\alpha_N = \frac{g\,(h_n C_\eta \Delta\eta)^2}{\alpha_n} \tag{5.3.20c}$$

$$\alpha_S = \frac{g\,(h_s C_\eta \Delta\eta)^2}{\alpha_s} \tag{5.3.20d}$$

$$\alpha_p = \alpha_E + \alpha_W + \alpha_N + \alpha_S \tag{5.3.20e}$$

$$b_h = \frac{C_\xi \Delta\xi \Delta\eta(h_p' - h_p)}{\Delta t} + (h_w u_w - h_e u_e)C_\eta \Delta\eta + (h_s u_s - h_n u_n)C_\xi \Delta\xi$$

$$\tag{5.3.20f}$$

式中,α_E、α_W 表示 u 方程相邻节点系数之和;α_N、α_S 表示 v 方程相邻节点系数之和。

5.3.3 边界条件及动边界技术

闭边界采用岸壁流速为零;水边界(开边界)采用水位或流速过程,沿边界上网格线方向求得 ξ 及 η 方向流速分量 u 和 v 后纳入求解;当边界处(岸边)有支流时,应取距支流入汇或分流口数千米以远处为水边界。

当边滩及心滩随水位升降使边界发生变动时,采用动边界技术,即根据水深(水位)节点处河底高程,可以判断该网格单元是否露出水面,若不露出,糙率 n 取正常值;反之,糙率 n 取一个接近于无穷大(如 10^{30})的正数。在用动量方程计算露出单元四边流速时,其糙率采用相邻节点糙率的平均值。无论相邻单元是否露出,平均阻力仍然是一个极大值。因此,动量方程式中其他各项与阻力项相比仍然为

无穷小,计算结果露出单元四周流速一定是趋于零的无穷小量。为使计算进行下去,在露出单元水深点给定微小水深(0.005m)。

5.3.4 计算方法

通用方程的离散格式(式(5.3.15))为三对角方程,可采用解三对角方程的追赶法的线性迭代方法(TDMA)。

为了避免计算机的截断误差在计算过程中出现溢出值,引进亚松弛因子 α_ψ 以改善方程(5.3.17)中系数的对角占优程度。

式(5.3.17)可写成如下形式:

$$\alpha_p \psi_p = \sum \alpha_{nb} \psi_{nb} + b_\psi$$

Patankar 将此式写成如下形式:

$$\frac{\alpha_p}{\alpha_\psi} \psi_p = \sum \alpha_{nb} \psi_{nb} + b_\psi + \frac{1-\alpha_\psi}{\alpha_p} \alpha_p \psi_p^* \tag{5.3.21}$$

式中,ψ_p^* 表示前一次迭代值;α_ψ 为松弛因子。

一般情况下,只需给出水深校正值 h' 的收敛标准即可。

$$|\max(b_h)| < \varepsilon_b \tag{5.3.22}$$

式中,ε_b 为给定精度,一般情况下 $b_h = 0.0001\text{m}$。显然精度越小,迭代次数越多。也可采用连续方程的剩余质量源与入口质量流之比小于 $0.5\% \sim 1.0\%$ 作为收敛标准。

这样,求解离散方程的迭代步骤如下:①给水深 h 赋以初始猜测值,并给 u、v、S_L 以计算初值;②计算动量方程系数,并求解速度场 u^*、v^*;③计算水深 h 方程的系数,并求出校正量 h;④检验结果是否满足精度,若满足转⑤,否则计算校正后的水深,并由速度校正公式计算校正后的速度场转②;⑤计算分组含沙量 S_L;⑥计算推移质输沙率;⑦计算河床冲淤厚度;⑧计算床沙级配;⑨输出计算结果。

5.3.5 关键问题的处理

1. 卵石夹沙河床及沙质河床水流的有效挟沙能力

根据何明民和韩其为(1990)的研究,卵石夹沙河床水流中的悬移质与床沙的交换是单向的,仅为从床沙中冲起细颗粒泥沙而悬沙中粗颗粒泥沙几乎不落淤。此时,挟沙能力由两部分组成:一部分是悬移质来沙全部计入挟沙能力;另一部分是床沙中可冲颗粒部分地掀起后计入挟沙能力,即

$$S_L^* = P_{SL} S + \left[1 - \frac{S}{S^*(\omega)}\right] P_1 P_{SL1}^* S^*(\omega_{11}^*) \tag{5.3.23}$$

式中,$S^*(\omega)$ 表示全部悬移质挟沙能力,即

$$S^*(\omega) = \frac{1}{\sum\limits_{L=1}^{n} \dfrac{P_{SL}}{S^*(L)}} = \frac{K_0 \left[\dfrac{(u^2+v^2)^{3/2}}{gh}\right]^m}{\sum\limits_{L=1}^{n} P_{SL}\omega_L^m} \tag{5.3.24}$$

$S^*(\omega_{11})$ 表示床沙中能够被掀起部分计入的挟沙能力,即

$$S^*(\omega_{11}) = \sum_{L=1}^{n} \frac{P_{mL}}{P_1} S^*(L) = K_0 \left[\frac{(u^2+v^2)^{3/2}}{gh}\right]^m \sum_{L=1}^{n} \frac{P_{mL}}{P_1\omega_L^m} \tag{5.3.25}$$

式中,P_1 表示床沙中可悬颗粒所占百分数;P_{mL} 表示第 L 组床沙所占百分数;P^*_{SL1} 表示第 L 组悬移质相应的挟沙能力所占百分数,即

$$P^*_{SL1} = \frac{S^*_{(L)}}{S^*_{(\omega_{11})}} \frac{P_{mL}}{P_1} = \frac{P_{mL}/(P_1\omega_L^m)}{\sum\limits_{L=1}^{n} \dfrac{P_{mL}}{P_1\omega_L^m}} \tag{5.3.26}$$

　　沙质河床水流中的悬移质中粗颗粒与床沙中细颗粒在不断发生交换,悬移质中粗颗粒部分落淤,而床沙中细颗粒被掀起。根据何明民和韩其为(1990)的研究,此时挟沙能力由三部分组成:一是悬移质中细颗粒部分,它从累计效果看,不参与床沙交换,即常说的冲泻质部分 SP_s;二是悬移质中粗颗粒部分落淤到床面与床沙发生交换时再部分地掀起后计入挟沙能力 $SP''_s S^*(\omega_2^*)/S^*(\omega_1^*)$;三是从床沙中可冲颗粒中部分地掀起后计入挟沙能力 $\left[1 - \dfrac{P_s S}{S^*(\omega_1)} - \dfrac{P''_s S}{S^*(\omega_1^*)}\right] P_1 S^*(\omega_{11})$。

$$S^*_L = SP_s P_{SL1} + SP''_s P_{SL2} \frac{S^*(L)}{S^*(\omega_1^*)} + \left[1 - \frac{P_s S}{S^*(\omega_1)} - \frac{P''_s S}{S^*(\omega_1^*)}\right] P_1 P^*_{SL1} S^*(\omega_{11}) \tag{5.3.27}$$

式中

$$P_{SL1} = \begin{cases} P_{SL}/P_s, & L \leqslant k \\ 0, & L > k \end{cases}, \quad P_{SL2} = \begin{cases} 0, & L \geqslant k \\ P_{SL}/P''_s, & L > k \end{cases}$$

$$P_s = \sum_{L=1}^{k} P_{SL}, \quad P''_s = \sum_{L=k+1}^{n_0} P_{SL}$$

$$S^*(\omega_1) = \left[\sum_{L=1}^{n} \frac{P_{SL1}}{S^*(L)}\right]^{-1} = K_0 \left[\frac{V^3}{h}\right]^m \sum_{L=1}^{n} \frac{P_{SL}}{\omega_L^m} \omega_L$$

$$S^*(\omega_1^*) = \sum_{L=1}^{M} P_{mL} S^*(L) = K_0 \left(\frac{V^3}{h}\right)^m \sum_{L=1}^{M} \frac{P_{mL}}{\omega_L^m}$$

k 表示冲泻质与床沙质的分界粒径;$S^*(\omega_{11}^*)$ 表示床沙中能够悬浮部分的挟沙能力;$S^*(\omega_1)$ 表示全部床沙挟沙能力。

　　以上是 $S_L \leqslant S^*_L$,即含沙量小于挟沙能力情况,而当 $S_L > S^*_L$ 时有

$$S^*_L = P_{SL} S^*(\omega) \tag{5.3.28}$$

2. 非均匀沙起动概率及非均匀沙推移质输沙率

1)非均匀沙起动概率

在非均匀床沙交换过程中,大小粒径在床面上的暴露程度不一样,使大小颗粒之间的相互影响十分复杂。颗粒处在床面上位置不同,则颗粒所受水流作用力也不同。位于平均床面以上的粗颗粒暴露于平均床面之上,所受水流作用力相对要大一些;位于平均床面以下的细颗粒,处于大颗粒的尾流区,受到大颗粒的荫蔽作用。本节采用参数 ξ 来反映颗粒的暴露和荫蔽作用,并用床沙几何平均粒径 D_m 作为床沙的代表粒径,经 Little-Mayer、Gessler、Ashida-Michiue、刘兴年、陆永军等试验资料及 San Lus 河资料回归得到荫暴系数表达式为

$$\xi_L=\begin{cases}10^{0.55\lg^2(D_L/D_m)-0.204(D_L/D_m)-0.112}, & D_L\leqslant 0.5D_m\\0.895\,(D_L/D_m)^{-0.16}, & D_L>0.5D_m\end{cases} \tag{5.3.29}$$

粒径为 D_L 组泥沙的临界 Shields 数为

$$\theta_{crL}=0.031\xi_L \tag{5.3.30}$$

将式(5.3.29)和式(5.3.30)代入 Gessler 的泥沙停留在床面不动概率公式,得到第 L 组泥沙的起动概率:

$$p_L=1-q_L=1-\frac{1}{\sigma\sqrt{2\pi}}\int_{-\infty}^{\xi_L\frac{0.031(\gamma_s-\gamma)D_L}{\tau}}\exp\left(-\frac{t^2}{2\sigma^2}\right)\mathrm{d}t \tag{5.3.31}$$

2)非均匀沙推移质输沙率

采用作者(1991)从水流功率理论出发导出的非均匀沙推移质输沙率公式:

$$g_{bL}=K_b\frac{\gamma_s}{\gamma_s-\gamma}\tau_0u_*\,P_{mL}\left(1-0.7\sqrt{\frac{\theta_{crL}}{\theta_L}}\right)(1-q_L) \tag{5.3.32}$$

式中,水流拖曳力 $\tau_0=\gamma RJ$,C 为谢才系数,$c=h^{1/6}/n$;$u_*=\sqrt{\tau_0}/\rho$;P_{mL} 为第 L 组床沙所占百分数;q_L 为第 L 组泥沙停留在床面的概率,可由修正后的 Gessler 公式即式(5.3.31)算得;θ_{crL} 由式(5.3.30)计算;$\theta_L=\tau_0/[(\gamma_s-\gamma)D_L]$;

$$K_b=\begin{cases}11.6, & \theta>0.25\\10^{0.2256-2.5348\lg\theta-1.896\lg^2\theta}, & 0.06<\theta<0.25\\10^{12.8719}\theta^{10.1319}, & \theta\leqslant 0.06\end{cases} \tag{5.3.33}$$

当床沙为均匀沙时,式(5.3.32)转变为

$$g_b=K_b\frac{\gamma_s}{\gamma_s-\gamma}\tau_0u_*\left(1-0.7\sqrt{\frac{\theta_c}{\theta}}\right)(1-q) \tag{5.3.34}$$

式(5.3.33)与 Samage 等试验资料、Gilbert 试验资料、长江新厂(二)站沙质推移质输沙资料的比较表明,计算值与实测值之比为 0.5～2.0 的点占 90%,两者吻合较好。

3. 挟沙能力系数 K_0 及指数 m

挟沙能力系数 K_0 及指数 m 根据含沙量饱和河段含沙量 S 与 $[Q^3B/(A^4w)]^m$ 之间的关系确定。长江中游冲淤验证计算表明, $K_0=0.014\sim0.017$,指数 m 采用韩其为(1987)得到的值, $m=0.92$。

4. 恢复饱和系数 α 的选取

若各种粒径组恢复饱和系数 α 取不同值,验证计算工作量很大,数值试验表明,不饱和输沙公式中恢复饱和系数 α 可以不随粒径变化,在一般情况下,悬移质中各粒径组泥沙均发生冲淤时, $\alpha=0.25$;悬移质中粗颗粒不落淤,床沙中可冲颗粒部分均发生冲刷时, $\alpha=1.0$;悬移质中粗颗粒落淤而床沙中细颗粒被冲刷时, $\alpha=0.5$。

5. 混合层厚度 E_m

E_m 与床沙特性有关,计算表明,对于卵石夹沙河床,冲刷初期 $E_m=1.0\sim2.0$m,冲刷后期, $E_m=0.5\sim1.0$m;对于沙质河床, E_m 相当于沙波波高,一般取 $2.0\sim3.0$m。

6. 推移质与悬移质的划分

推移质与悬移质的划分通常采用悬移指标 $\omega/(ku_*)$ 的概念,当 $\omega/(ku_*)\geqslant5$ 时为推移质,当 $\omega/(ku_*)<5$ 时为悬移质。

5.3.6　模型验证

葛洲坝枢纽下游近坝段是指从葛洲坝枢纽坝轴线至枝城约 63.1km 河段,该河段处于山区性河道与平原河道的过渡段,区间有较大的支流清江在宜都入汇。河段示意如图 5.3.2 所示。葛洲坝枢纽建成后,主流出二江,靠近左岸,经西坝凸咀挑流偏向右岸,沿右侧凹岸而下;经宜昌断面至胭脂坝河段头部(河底有 1:800 的倒坡),主流又过渡到左岸,在胭脂坝尾经临江溪边滩附近又逐渐过渡到右岸而下;经磨盘溪、虎牙滩至虎牙峡水道、云池水道,主流深槽位于右岸。

1. 计算条件

1)计算域及正交曲线网格生成

计算域进口位于葛洲坝枢纽坝轴线,出口为枝城水文站。在域内共布置 357×41 个网格节点,经正交计算,形成如图 5.3.3 所示的正交曲线网格。网格沿河长方向间距为 90～380m,平均为 175m,沿河宽方向间距为 16～40m,其中坝轴线至虎牙滩河段网格相对较密,沿河长方向间距为 90～120m,平均为 112m。

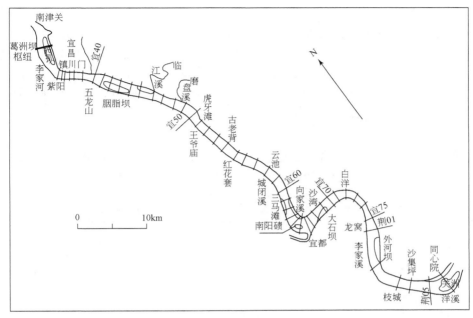

图 5.3.2　葛洲坝枢纽下游近坝段示意图

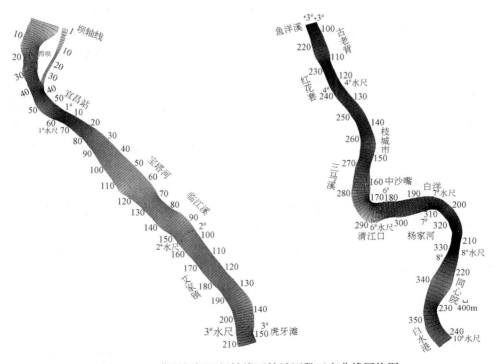

图 5.3.3　葛洲坝枢纽坝轴线至枝城河段正交曲线网格图

2) 水沙过程概化

动床验证计算时段从 1980 年 6 月到 1986 年 6 月,再从 1986 年 6 月至 1995 年 12 月。枯水期平均 5~10 天划分一个流量级,洪水期平均 1~3 天划分一个流量级,每年划分 80~100 个时段。出口水位过程由宜昌至武汉河段一维全沙模型(陆永军,2002b)算得。悬移质计算包括 6 个粒径组的分组含沙量计算,推移质计算包括 8 个粒径组的分组输沙率计算。

3) 进口悬移质级配

进口悬移质级配采用葛洲坝枢纽蓄水后宜昌站多年平均值(表 5.3.2),悬移质计算包括 6 个粒径组分组含沙量计算,各粒径组级配与沉速列于表 5.3.2。

表 5.3.2　葛洲坝枢纽蓄水后宜昌站多年平均悬移质级配及沉速

d/mm	0.005	0.0169	0.0368	0.0736	0.169	0.368
$P_s/\%$	36.8	20.0	16.7	15.4	8.9	2.2
$\omega_L/(cm/s)$	0.00158	0.0180	0.0855	0.339	1.641	5.110

4) 宜昌河段河床组成

葛洲坝枢纽蓄水前、后本河段砂卵石混合级配列于表 5.3.3。由表可见,由于坝下河段河床冲刷下切使床沙粗化,表现为河床组成中小于 1mm 的沙质,由蓄水前的 50.7%,减少到蓄水后的 36%;1~10mm 的砾石由蓄水前的 14.8%,减小到蓄水后的 10%;10~100mm 的卵石由蓄水前的 34.5%,增加到蓄水后的 52%。

表 5.3.3　葛洲坝枢纽蓄水前、后宜昌河段床沙组成

d/mm	0.0736	0.169	0.368	0.736	2.745	7.357	27.454	73.570
蓄水前 $P_m/\%$	1.7	27.4	15.6	6.0	7.4	7.4	24.7	9.8
蓄水后 $P_m/\%$	0.0	22.0	10.0	4.0	7.0	3.0	17.0	35.0

5) 糙率的确定

糙率采用一维全沙模型(陆永军,2002b)推求的综合糙率,验证计算表明,用一维综合糙率乘以系数 0.90~0.95,可基本代表二维模型的糙率。宜昌站至宜都河段糙率变化为 0.02~0.03,宜都至枝城河段糙率变化为 0.018~0.025,且枯水糙率大,洪水糙率小。

2. 水面线及流速分布验证

根据长江水利委员会水文局长江三峡水文水资源勘测局 1995 年 12 月实测葛洲坝枢纽至虎牙滩河段地形及紫阳河、李家河、宜昌站、宝塔河、艾家镇及磨盘溪 6 处固定水尺的瞬时、日平均水位资料,各水尺水位实测值与计算值相差一般小于

0.04m,仅个别河段偏差为 0.07m。计算得到的紫阳河至李家河、李家河至宜昌站、宜昌站至宝塔河、宝塔河至艾家镇、艾家镇至磨盘溪各河段糙率 n 随流量的变化规律表明,本河段糙率随流量的变化规律总体趋势是枯水糙率大、洪水糙率小,其中,紫阳河至李家河、宜昌站至宝塔河、宝塔河至艾家镇河段糙率为 0.035～0.02,枯水流量时($Q < 8000 \text{m}^3/\text{s}$),$n = 0.035 \sim 0.025$,年平均流量时($Q = 14300 \text{m}^3/\text{s}$),$n = 0.028 \sim 0.025$,洪水流量时($Q > 25000 \text{m}^3/\text{s}$),$n = 0.025 \sim 0.020$;李家河至宜昌站河段受特殊地形构造的影响,该河段位于弯道的顶点,水位落差大,表现为该河段糙率相对较大,$n = 0.028 \sim 0.038$,枯水、洪水时糙率达 0.035,仅在中枯水流量 $Q = 8000 \sim 14500 \text{m}^3/\text{s}$ 时糙率相对较小,$n = 0.027 \sim 0.028$;艾家镇至磨盘溪河段糙率为 0.038～0.015,枯水时糙率相对较大,$n = 0.038 \sim 0.023$,中水流量时($Q = 10000 \sim 20000 \text{m}^3/\text{s}$),$n = 0.026 \sim 0.028$,流量超过 20000 m^3/s 时,该河段受虎牙峡峡口壅水影响,水面落差小,流量越大,影响越大,流量超过 30000 m^3/s 时,该河段糙率仅为 0.015～0.018。

　　长江航道规划设计研究院分别于 1997 年 3 月 28～30 日、5 月 28～30 日、7 月 20～22 日进行了宜昌至沙市河段瞬时水面线的同步观测,相应宜昌流量分别为 5380 m^3/s、12200 m^3/s、49000 m^3/s。本节选择宜昌至枝城河段的水面线进行验证计算,该河段左岸水面线与实测值的比较,如图 5.3.4 所示,右岸水面线与实测值的比较,如图 5.3.5 所示,可见计算与实测比较吻合,偏差一般不超过 0.1m。

　　图 5.3.6 给出了流量分别为 3870 m^3/s、17900 m^3/s 时计算的宜昌水文断面流速沿河宽分布与实测值的比较,图中还给出了计算采用的 1995 年 12 月实测流速分布时的河道断面形态。由图可见,计算值与实测值很接近,偏差小于 10%,个别点相差较大,与计算地形和测流时地形略有差异有关。

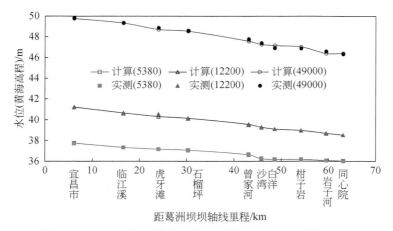

图 5.3.4　宜昌至枝城河段左岸水面线计算值与实测值的比较

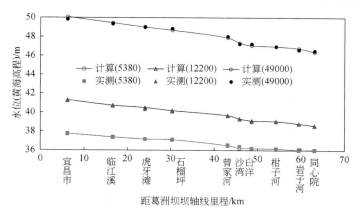

图 5.3.5　宜昌至枝城河段右岸水面线计算值与实测值的比较

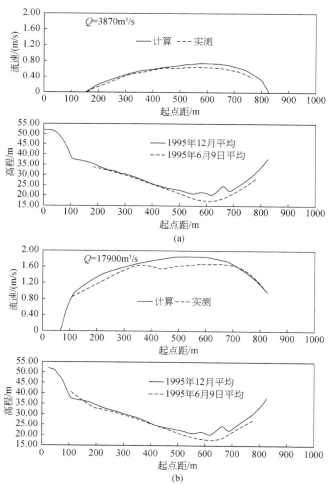

图 5.3.6　流量为 3870m³/s、17900m³/s 时宜昌水文断面流速沿河宽分布计算与实测比较

　　中水流量 14000m³/s 时,1996 年 5 月宜都水道流速分布计算与实测的比较如图 5.3.7～图 5.3.9 所示,可见两者吻合较好。

　　计算较好地反映了随流量的增大,水流逐步淹没胭脂坝、临江溪边滩及大江冲沙闸、三江口门处回流现象。计算表明,当流量小于 6500m³/s 时,胭脂坝与右岸连成一体;当流量为 6500～25000m³/s 时,胭脂坝右岸的串沟过流分成两汊;当流量超过 25000m³/s 时,胭脂坝被水流淹没,但水流动力轴线仍位于枯水深槽。图 5.3.10 给出了三江口门区流场图,由图可见,当流量为 40200m³/s 时,三江口门区回流流速达 0.5m/s,这与 1983 年 8 月 7 日流量约 41308m³/s 时的实测值 0.46～0.54m/s 很接近。

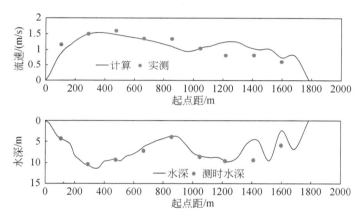

图 5.3.7　流量为 14000m³/s 时宜都水道(CS280,宜枝 63)流速分布验证

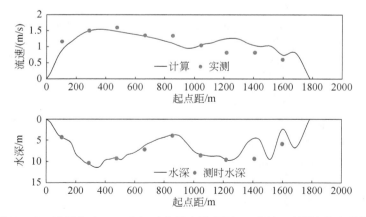

图 5.3.8　流量为 14000m³/s 时宜都水道(CS290,宜枝 66)流速分布验证

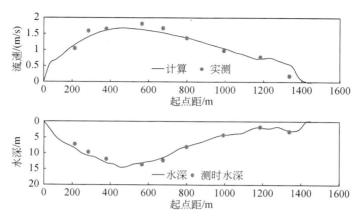

图 5.3.9　流量为 14000m³/s 时宜都水道(CS300,宜枝 69)流速分布验证

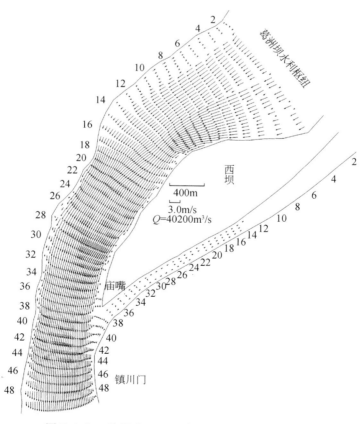

图 5.3.10　流量为 40200m³/s 时三江口门区流场图

3.1980～1995 年河床冲淤验证

葛洲坝枢纽为径流式电站,不调节流量,即过水情况与天然基本相同,而输沙过程发生了变化,表现为枯水期 11 月至次年 4 月下泄水流的含沙量大幅度减少,洪水期5～10月与天然情况接近,但下泄卵石、沙质推移质明显减少。蓄水前宜昌站实测沙砾石(0.1～10mm)推移量多年平均为 878 万 t,卵石推移量为 75.8 万 t。蓄水后 1981～1993 年宜昌站年平均沙砾石推移量为 149.4 万 t,比蓄水前减少83.0%;卵石推移量年平均为 39.6 万 t,比蓄水前减小 47.8%。这样,坝下游河床必然引起冲刷。

以 1980 年 6 月长江水利委员会水文局荆江水文水资源勘测局实测宜昌至云池河段地形作为起始地形,计算至 1986 年 6 月,且与 1986 年 6 月实测地形相比较。该河段计算与实测的冲淤部位如图 5.3.11 所示。据统计,这时期宜昌至虎牙滩河段建筑用骨料开挖量达 1426.1×10^4 m^3,相应该河段河床冲刷量为 1418.2×10^4 m^3。骨料开挖带有一定的随机性,因此本次验证河床冲淤仅仅是看总体趋势,重点在后面的 1986 年 6 月至 1995 年 12 月宜昌至虎牙滩河段河床地形的冲淤验证。

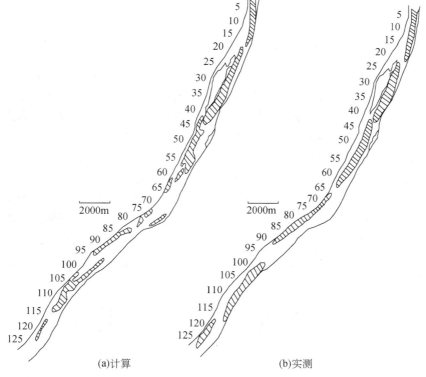

(a)计算　　　　　　　　(b)实测

图 5.3.11　1980 年 6 月～1986 年 6 月宜昌至云池河段冲淤部位计算与实测的比较

　　计算的 1980 年 6 月至 1986 年 6 月宜昌至云池河段冲刷厚度 1m 等值线与实测值接近。宜昌至云池河段冲刷区域位于宜昌至万寿桥的右半部、胭脂坝左汊主槽、胭脂坝尾至艾家河、虎牙滩右岸至白鹤滩及古老背至城闭溪主槽。

　　1987 年以后,葛洲坝二期工程投入运行,宜昌至虎牙滩河段骨料开挖停止,河床年际间有冲有淤,冲淤交替,有利于河床冲淤的验证,以 1986 年 6 月长江水利委员会水文局荆江水文水资源勘测局实测宜昌至虎牙滩河段地形作为起始地形计算至 1993 年 11 月,得到该河段微淤 $556×10^4 m^3$,1993 年 11 月恰逢落水冲刷,这 $556×10^4 m^3$ 淤积量大部分是洪水期淤积的泥沙,再计算至 1995 年 12 月与实测地形相比较。计算的冲淤部位与实测地形接近(陆永军等,2002),冲刷区域位于万寿桥至胭脂坝的枯水深槽、胭脂坝尾至虎牙滩间的主槽。计算的 1986 年 6 月至 1995 年 12 月沿程各河段冲淤量与实测的比较列于表 5.3.4,沿程各河段冲刷量计算值与实测值吻合较好,偏差小于 10%。

表 5.3.4　1986～1995 年宜昌至虎牙滩河段河床冲淤量计算值与实测值的比较

河段名称	宜昌—宝塔河	宝塔河—临江溪	临江溪—虎牙滩	宜昌—虎牙滩
计算值/$10^4 m^3$	−112.3	−184.5	−1095.4	−1392.3
实测值/$10^4 m^3$	−103.9	−185.4	−1032.5	−1321.8
偏差/%	8.1	−0.4	6.1	5.3

4. 1998 年洪水河床冲淤验证

　　1998 年,长江大洪水使葛洲坝枢纽至三峡工程坝址两坝间的淤积物大量冲刷出库,导致葛洲坝下游近坝段在汛期呈普遍性的淤积。1997 年 12 月至 1998 年 9 月,三峡大坝至葛洲坝枢纽两坝间 38km 河段平均冲深 2.54m。宜昌河段从坝下到虎牙滩全长约 21.6km,1997 年 8 月至 1998 年 9 月共计淤积 $3240×10^4 m^3$,河段平均淤厚为 1.85m(李云中,2003)。

　　验证计算以 1995 年 12 月底地形为起始地形,从 1996 年 1 月到 1998 年 10 月,每天划分一个流量级。表 5.3.5 给出了 1996 年 1 月至 1998 年 10 月庙咀至虎牙滩河段河床冲淤计算与实测的比较,图 5.3.12 和图 5.3.13 分别给出了各分段冲淤部位计算与实测的比较。可见,庙咀至虎牙滩约 20.1km 河段计算的淤积量为 $3563.1×10^4 m^3$,实测值为 $4217.2×10^4 m^3$,两者比较接近,淤积部位也吻合较好(图 5.3.12 和图 5.3.13)。

表 5.3.5　1996～1998 年庙咀至虎牙滩河段河床冲淤量计算值与实测值的比较

河段	庙咀—宝塔河	宝塔河—艾家镇	艾家镇—虎牙滩	庙咀—虎牙滩
断面编号	39～97	97～150	150～210	39～210
间距/km	6.1	6.1	7.9	20.1

续表

河段	庙咀—宝塔河	宝塔河—艾家镇	艾家镇—虎牙滩	庙咀—虎牙滩
平均河宽/m	885.8	1349.5	1112.9	1116.1
计算值/$10^4 m^3$	694.6	1336.3	1532.2	3563.1
实测值/$10^4 m^3$	640.4	1689.7	1887.1	4217.2
偏差/%	8.5	−20.9	−18.8	−15.5

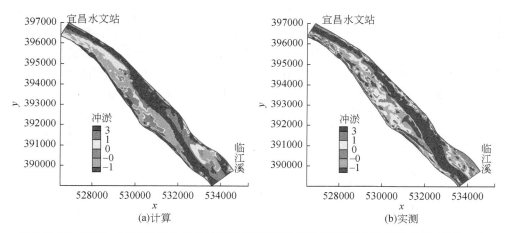

图 5.3.12 1996～1998 年宜昌水文站至临江溪河段河床冲淤计算与实测的比较(单位:m)

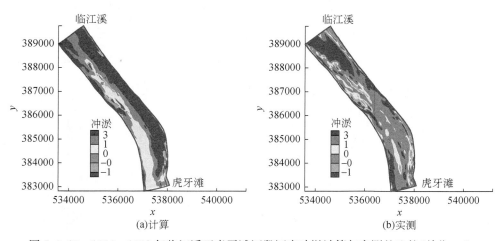

图 5.3.13 1996～1998 年临江溪至虎牙滩河段河床冲淤计算与实测的比较(单位:m)

5. 2002～2004 年近坝段冲刷验证

2003 年 6 月,三峡工程坝前水位蓄至 135.0m(吴淞基面),同年 11 月库水位又抬升至 139m(吴淞基面)。三峡坝址年径流量基本与多年平均流量持平,而出库沙量仅为蓄水前的 15%～20%,葛洲坝下游河道水流挟沙能力远大于含沙量,水流就要从河床中补充泥沙冲刷河床。

验证计算时段为从 2002 年 10 月到 2004 年 10 月,结合河床变形计算,图 5.3.14～图 5.3.16 给出了沿程各站水位过程计算与实测的比较。表 5.3.6 给出了 2002 年 10 月分别至 2003 年 10 月、2004 年 10 月近坝段河床冲刷计算与实测的比较。图 5.3.14、图 5.3.15 分别给出了各分段冲淤部位计算与实测的比较。可见,庙咀至虎牙滩约 20.1km 河段计算的冲刷量为 847.6×10⁴m³,实测值为 956.7×10⁴m³,两者比较接近,冲刷部位也吻合较好(图 5.3.17 和图 5.3.18)。

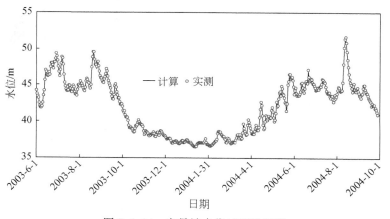

图 5.3.14　宜昌站水位过程验证图

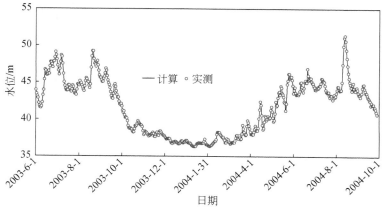

图 5.3.15　宝塔河站水位过程验证图

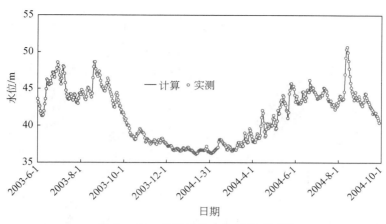

图 5.3.16　艾家镇站水位过程验证图

　　需要说明的是,陆永军(2002a,2002b)曾于"九五"期间预测过本河段的冲刷量。当时以 1995 年 12 月地形为起始地形,根据长江科学院提供的水沙边界条件(1961～1970 水文系列)。预测结果表明,至 2003 年底宜昌—虎牙滩河段冲刷量为 $987.7 \times 10^4 \, \mathrm{m}^3$,至 2004 年底该河段冲刷量为 $1526.4 \times 10^4 \, \mathrm{m}^3$,至 2005 年底冲刷量为 $1516.1 \times 10^4 \, \mathrm{m}^3$,可见,冲刷过程发展很快。当时未考虑两坝间冲淤对近坝段的影响,前面已述,两坝间冲淤与近坝段冲淤有因果关系。两坝间冲刷后,必然使近坝段冲刷有所减小,故"九五"期间预测及本次验证结果均属合理。

表 5.3.6　2002 年 9 月至 2004 年 10 月近坝段河床冲淤计算与实测的比较

河段	庙咀—宝塔河	宝塔河—艾家镇	艾家镇—虎牙滩	庙咀—虎牙滩
断面编号	39～97	97～150	150～210	39～210
间距/km	6.1	6.1	7.9	20.1
河宽/m	885.8	1349.5	1112.9	
时段	2002 年 9 月～2003 年 10 月			
计算值/$10^4 \mathrm{m}^3$	−331.5	−365.4	93.8	−603.1
实测值/$10^4 \mathrm{m}^3$	−299.1	−418.9	122.7	−595.3
偏差/%	10.8	−12.8	−23.6	1.3
时段	2002 年 9 月～2004 年 10 月			
计算值/$10^4 \mathrm{m}^3$	−357.9	−452.3	−37.4	−847.6
实测值/$10^4 \mathrm{m}^3$	−350.2	−549.1	−57.4	−956.7
偏差/%	2.2	−17.6	−34.8	−11.4

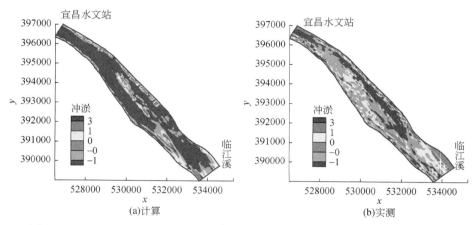

图 5.3.17　2002～2004 年宜昌水文站至临江溪河段河床冲淤计算与实测的比较

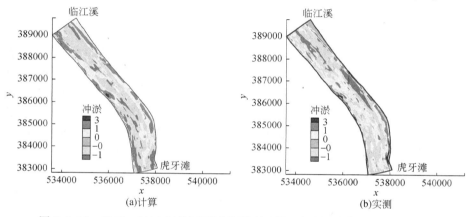

图 5.3.18　2002～2004 年临江溪至虎牙滩河段河床冲淤计算与实测的比较

5.4　三维非恒定水沙数学模型

近年来，k-ε 紊流模型和其他模型的发展越来越成熟，并在工程实际中得到应用。由于 k-ε 模型采用了 Boussinesq 假设，因此对复杂问题预测性还不强，限制了该模型的应用范围，如对浮力流、旋转流、弯曲明渠流及紊流线曲率效应影响的流动的预测。窦国仁(1981)提出的紊流随机模型克服了 Boussinesq 假设的缺陷，并已应用到一些简单的流动中，从而形成了一套完整的体系。在复杂的流动计算中，随机模型的特征值关系式相当复杂。以往的三维泥沙数学模型的水流模拟大多采用零方程模型或 k-ε 紊流模型。本节建立了基于紊流随机理论的三维泥沙数学模型，包括控制方程、自由表面、壁面及进出口边界处理、床面附近的挟沙能力、数值计算方法等。

5.4.1　控制方程

在笛卡儿坐标系中,三维小含沙量水流、悬沙运动和河床变形方程如下:

(1)连续方程为

$$\frac{\partial \bar{u}_i}{\partial x_i} = 0 \tag{5.4.1}$$

(2)动量方程(雷诺方程)为

$$\frac{\partial \bar{u}_i}{\partial t} + \bar{u}_j \frac{\partial \bar{u}_i}{\partial x_j} = X_i - \frac{1}{\rho}\frac{\partial \bar{p}}{\partial x_i} + \frac{\partial}{\partial x_j}\left(\nu \frac{\partial \bar{u}_i}{\partial x_j}\right) - \frac{\partial \overline{u_i' u_j'}}{\partial x_j} \tag{5.4.2}$$

式(5.4.2)为封闭雷诺方程,本节采用窦国仁紊流随机理论模型。窦国仁(1981)紊流流速的脉动相关矩为

$$-\overline{u_i' u_j'} = -\beta_{ij}\delta_{ij} + \varepsilon_{ij}\left(\frac{\partial \bar{u}_i}{\partial x_j} + \frac{\partial \bar{u}_j}{\partial x_i}\right) \tag{5.4.3}$$

其中

$$\beta_{ij} = \frac{2}{3}k + 2C_l\frac{k^3}{\varepsilon^2}\left(\frac{\partial \bar{u}_i}{\partial x_m}\frac{\partial \bar{u}_j}{\partial x_l} - \frac{Q}{3} - \frac{R}{48}\right) \tag{5.4.4}$$

$$\varepsilon_{ij} = C_t\frac{k^2}{\varepsilon} - \frac{C_l}{8}\frac{k^3}{\varepsilon^2}(3\delta_{bm}-1)\left(\frac{\partial \bar{u}_i}{\partial x_m} + \frac{\partial \bar{u}_m}{\partial x_i}\right)\left(\frac{\partial \bar{u}_j}{\partial x_l} + \frac{\partial \bar{u}_l}{\partial x_j}\right)\left(\frac{\partial \bar{u}_i}{\partial x_j} + \frac{\partial \bar{u}_j}{\partial x_i}\right)^{-1} \tag{5.4.5}$$

$$Q = \frac{\partial \bar{u}_a}{\partial x_m}\frac{\partial \bar{u}_a}{\partial x_l} \tag{5.4.6}$$

$$R = (3\delta_{bm}-1)\left(\frac{\partial \bar{u}_a}{\partial x_m} + \frac{\partial \bar{u}_m}{\partial x_a}\right)\left(\frac{\partial \bar{u}_a}{\partial x_l} + \frac{\partial \bar{u}_l}{\partial x_a}\right) \tag{5.4.7}$$

单位水体紊动动能 k 及紊动动能耗散率 ε 的输运方程为

$$\frac{\partial k}{\partial t} + u_i\frac{\partial k}{\partial x_i} = \frac{\partial}{\partial x_i}\left(\frac{\nu_t}{\sigma_k}\frac{\partial k}{\partial x_i}\right) + G - \varepsilon \tag{5.4.8}$$

$$\frac{\partial \varepsilon}{\partial t} + u_i\frac{\partial \varepsilon}{\partial x_i} = \frac{\partial}{\partial x_i}\left(\frac{\nu_t}{\sigma_\varepsilon}\frac{\partial \varepsilon}{\partial x_i}\right) + \frac{C_1\varepsilon}{k}G - C_2\rho\frac{\varepsilon^2}{k} \tag{5.4.9}$$

此处 G 为紊动动能产生项,可表示为

$$G = \nu_t\left[2\left(\frac{\partial u_i}{\partial x_i}\right)^2 + \left(\frac{\partial u_i}{\partial x_j} + \frac{\partial u_j}{\partial x_i}\right)^2\right] \tag{5.4.10}$$

ε_{ij} 相当于 Boussinesq 假设中的紊动黏滞系数 ν_t,Boussinesq 认为雷诺应力可表达为

$$-\overline{u_i' u_j'} = -\frac{2}{3}k\delta_{ij} + \nu_t\left(\frac{\partial \bar{u}_i}{\partial x_j} + \frac{\partial \bar{u}_j}{\partial x_i}\right) \tag{5.4.11}$$

$$\nu_t = c_u\frac{k^2}{\varepsilon} \tag{5.4.12}$$

ε_{ij} 表示一个二阶张量,所以可以反映紊动黏滞系数为各向异性的一般流动;C_t、C_l

为经验系数;脚标 m、l 均表示 1、2、3 项之和。

只要能够确定式(5.4.4)、式(5.4.5)中的系数 C_t 和 C_l,加上 k 方程、ε 方程及雷诺方程,即构成封闭的方程组,就可以求解紊流流动问题。

在紊流随机理论模型中,窦国仁使用了求和的下标符号 m 和 l,书中一些计算中用到的项展开如下:

$$\frac{\partial \bar{u}_i}{\partial x_m} \frac{\partial \bar{u}_j}{\partial x_l} = \left(\frac{\partial \bar{u}_i}{\partial x_1} + \frac{\partial \bar{u}_i}{\partial x_2} + \frac{\partial \bar{u}_i}{\partial x_3} \right) \left(\frac{\partial \bar{u}_j}{\partial x_1} + \frac{\partial \bar{u}_j}{\partial x_2} + \frac{\partial \bar{u}_j}{\partial x_3} \right) (3\delta_{lm} - 1)$$

$$\cdot \left(\frac{\partial \bar{u}_i}{\partial x_m} + \frac{\partial \bar{u}_m}{\partial x_i} \right) \left(\frac{\partial \bar{u}_j}{\partial x_l} + \frac{\partial \bar{u}_l}{\partial x_j} \right) \sum_{m=1}^{3} \sum_{l=1}^{3} (3\delta_{lm} - 1) \left(\frac{\partial \bar{u}_i}{\partial x_m} + \frac{\partial \bar{u}_m}{\partial x_i} \right) \left(\frac{\partial \bar{u}_j}{\partial x_l} + \frac{\partial \bar{u}_l}{\partial x_j} \right)$$

$$Q = \frac{\partial \bar{u}_a}{\partial x_m} \frac{\partial \bar{u}_a}{\partial x_l} = \sum_{i=1}^{3} \left[\left(\frac{\partial \bar{u}_i}{\partial x_1} + \frac{\partial \bar{u}_i}{\partial x_2} + \frac{\partial \bar{u}_i}{\partial x_3} \right)^2 \right]$$

$$R = (3\delta_{lm} - 1) \left(\frac{\partial \bar{u}_a}{\partial x_m} + \frac{\partial \bar{u}_m}{\partial x_a} \right) \left(\frac{\partial \bar{u}_a}{\partial x_l} + \frac{\partial \bar{u}_l}{\partial x_a} \right)$$

$$= \sum_{i=1}^{3} \left\{ \sum_{m=1}^{3} \sum_{l=1}^{3} \left[(3\delta_{lm} - 1) \left(\frac{\partial \bar{u}_i}{\partial x_m} + \frac{\partial \bar{u}_m}{\partial x_i} \right) \left(\frac{\partial \bar{u}_i}{\partial x_l} + \frac{\partial \bar{u}_l}{\partial x_i} \right) \right] \right\}$$

(3)悬移质不平衡输沙方程如下。非均匀悬移质按其粒径大小可分成 n_0 组,用 S_L 表示第 L 组粒径含沙量,P_{SL} 表示此粒径组泥沙含量占悬沙的比值,则

$$S_L = P_{SL} S , \quad S = \sum_{L=1}^{n_0} S_L$$

针对非均匀悬移质中第 L 组粒径的含沙量,三维悬移质不平衡输沙基本方程为

$$\frac{\partial S_L}{\partial t} + \bar{u}_j \frac{\partial S_L}{\partial x_j} - \omega_L \frac{\partial S_L}{\partial x_z} = \frac{\partial}{\partial x_j} \left(\frac{\nu_t}{\sigma_s} \frac{\partial S_L}{\partial x_j} \right) \tag{5.4.13}$$

式中,ω_L 为第 L 组泥沙沉速;$\sigma_S = 1$。

(4)河床变形方程为

$$\gamma_s' \frac{\partial Z_{bL}}{\partial t} = \omega_L (S_{bL} - S_{bL}^*) \tag{5.4.14}$$

式中,S_{bL}、S_{bL}^* 分别表示第 L 组泥沙床面推移层的含沙量及推移质挟沙能力。

河床总变形为

$$Z_b = \sum Z_{bL}$$

(5)床沙级配方程为

$$\gamma_s' \frac{\partial E_m P_{mL}}{\partial t} + \omega_L (S_{bL} - S_{bL}^*) + [\varepsilon_1 P_{mL} + (1 - \varepsilon_1) P_{mL0}] \gamma_s' \left(\frac{\partial Z_{bL}}{\partial t} - \frac{\partial E_m}{\partial t} \right) = 0$$

$$\tag{5.4.15}$$

式(5.4.15)是将 CARICHAR 混合层模型(Holly et al.,1990)推广到三维模型的。E_m 表示混合层厚度;式(5.4.15)中左端第三项的物理意义为:混合层下界面

在冲刷过程中将不断下切底床以求得底床对混合层的补给,进而保证混合层内有足够的颗粒被冲刷而不至于亏损;当混合层在冲刷过程中波及原始底床时,$\varepsilon_1 = 0$,否则,$\varepsilon_1 = 1$;P_{mL0} 表示原始第 L 组床沙所占百分数;P_{mL} 表示第 L 组床沙所占百分数。

这样,式(5.4.1)、式(5.4.2)、式(5.4.8)、式(5.4.9)、式(5.4.13)、式(5.4.14)、式(5.4.15)构成了完整的三维紊流泥沙数学模型的控制方程。为方便起见,后面的叙述中将略去时均符号。

5.4.2　紊流随机理论模型的参数及特点

1. 紊动参数 C_t、C_l 的确定

紊动参数 C_t、C_l 可通过试验来确定(叶坚等,1990)。

考虑二维情形,由式(5.4.3)得

$$\overline{u'^2} = \frac{2}{3}k + 2C_l \frac{k^3}{\varepsilon^2}\left[\left(\frac{\partial u}{\partial x} + \frac{\partial u}{\partial y}\right)^2 - \frac{Q}{3} - \frac{R}{48}\right] - C_t \frac{k^2}{\varepsilon}\left(2\frac{\partial u}{\partial x}\right)$$
$$+ \frac{C_l}{8}\frac{k^3}{\varepsilon^2}\left[8\left(\frac{\partial u}{\partial x}\right)^2 + 2\left(\frac{\partial u}{\partial y} + \frac{\partial v}{\partial x}\right)^2 - 4\frac{\partial u}{\partial x}\left(\frac{\partial u}{\partial y} + \frac{\partial v}{\partial x}\right)\right] \quad (5.4.16)$$

$$\overline{v'^2} = \frac{2}{3}k + 2C_l \frac{k^3}{\varepsilon^2}\left[\left(\frac{\partial v}{\partial x} + \frac{\partial v}{\partial y}\right)^2 - \frac{Q}{3} - \frac{R}{48}\right] - C_t \frac{k^2}{\varepsilon}\left(2\frac{\partial v}{\partial y}\right)$$
$$+ \frac{C_l}{8}\frac{k^3}{\varepsilon^2}\left[8\left(\frac{\partial u}{\partial x}\right)^2 + 2\left(\frac{\partial u}{\partial y} + \frac{\partial v}{\partial x}\right)^2 - 4\frac{\partial u}{\partial x}\left(\frac{\partial u}{\partial y} + \frac{\partial v}{\partial x}\right)\right] \quad (5.4.17)$$

$$\overline{w'^2} = \frac{2}{3}k + 2C_l \frac{k^3}{\varepsilon^2}\left(-\frac{Q}{3} - \frac{R}{48}\right) \quad (5.4.18)$$

$$\overline{u'v'} = -C_t \frac{k^2}{\varepsilon}\left(\frac{\partial u}{\partial y} + \frac{\partial v}{\partial x}\right) + \frac{C_l}{8}\frac{k^3}{\varepsilon^2}\left[-4\frac{\partial u}{\partial x}\frac{\partial v}{\partial y} - \left(\frac{\partial u}{\partial y} + \frac{\partial v}{\partial x}\right)^2\right] \quad (5.4.19)$$

式中,Q、R 由式(5.4.20)和式(5.4.21)确定,即

$$Q = \frac{\partial u_i}{\partial x_m}\frac{\partial u_i}{\partial x_l} = \left(\frac{\partial u}{\partial x} + \frac{\partial u}{\partial y}\right)^2 + \left(\frac{\partial v}{\partial x} + \frac{\partial v}{\partial y}\right)^2 \quad (5.4.20)$$

$$R = (3\delta_{bm} - 1)\left(\frac{\partial \overline{u_i}}{\partial x_m} + \frac{\partial \overline{u_m}}{\partial x_i}\right)\left(\frac{\partial \overline{u_i}}{\partial x_l} + \frac{\partial \overline{u_l}}{\partial x_i}\right)$$
$$= 8\left(\frac{\partial u}{\partial x}\right)^2 + 8\left(\frac{\partial v}{\partial y}\right)^2 + 4\left(\frac{\partial u}{\partial y} + \frac{\partial v}{\partial x}\right)^2 \quad (5.4.21)$$

在边壁附近的局部平衡区,由试验资料得

$$-\overline{u'v'} = 0.09\frac{k^2}{\varepsilon}\frac{\partial \overline{u}}{\partial y} \quad (5.4.22)$$

此时式(5.4.19)可写成

$$-\overline{u'v'} = C_t \frac{k^2}{\varepsilon} \frac{\partial u}{\partial y} + \frac{C_l}{8} \frac{k^3}{\varepsilon^2} \left(\frac{\partial u}{\partial y}\right)^2 = \left(C_t + \frac{C_l}{8} \frac{k}{\varepsilon} \frac{\partial u}{\partial y}\right) \frac{k^2}{\varepsilon} \frac{\partial u}{\partial y} \quad (5.4.23)$$

由于在近壁的局部平衡区有

$$k = \frac{u_*^2}{0.3}, \quad \varepsilon = \alpha \frac{u_*^3}{\kappa y}, \quad \frac{\partial u}{\partial y} = \alpha \frac{u_*}{\kappa y} \quad (5.4.24)$$

$$\alpha = \frac{2}{1 + \dfrac{5\nu}{u_* y}} + \frac{0.008\left(23.2 - \dfrac{u_* y}{\nu}\right)\left(\dfrac{u_* y}{\nu}\right)^2}{\left(0.2 \dfrac{u_* y}{\nu} + 1\right)^2} \quad (5.4.25)$$

由式(5.4.23)及式(5.4.24)有

$$-\overline{u'v'} = \left(C_t + \frac{C_l}{2.4}\right) \frac{k^2}{\varepsilon} \frac{\partial u}{\partial y} \quad (5.4.26)$$

比较式(5.4.22)和式(5.4.26)得

$$C_t + \frac{C_l}{2.4} = 0.09 \quad (5.4.27)$$

式(5.4.27)即系数 C_t、C_l 之间必须要满足的关系式。

根据 Klebanoff 边界层的试验结果,在边壁附近的局部平衡区($\dfrac{u_* y}{\nu}$ 约为 50)有

$$\overline{w'^2} \approx 0.53k \quad (5.4.28)$$

在同一区域考察式(5.4.18):

$$\overline{w'^2} = \frac{2}{3}k - 2C_l \frac{k^3}{\varepsilon^2}\left[\frac{1}{3}\left(\frac{\partial u}{\partial y}\right)^2 + \frac{1}{12}\left(\frac{\partial u}{\partial y}\right)^2\right] = \frac{2}{3}k - \frac{5}{6}C_l k \frac{1}{0.09}$$

$$(5.4.29)$$

由式(5.4.28)和式(5.4.29)可得

$$C_l = 0.0147 \quad (5.4.30)$$

将式(5.4.30)代入式(5.4.27)得

$$C_t = 0.08386 \quad (5.4.31)$$

另外,可以根据式(5.4.28)确定几组不同的系数,见表5.4.1。

表 5.4.1　紊流随机模型系数表

| C_t | 0.09 | 0.08583 | 0.08386 | 0.0817 |
| C_l | 0.00 | 0.01 | 0.0147 | 0.02 |

由表5.4.1看出,当取 $C_t = 0.09$,$C_l = 0.00$ 时,本模型变成 k-ε 模型,所以 k-ε 模型可以看成本模型的一个特例。本节中采用的系数 C_t 为 0.08386,C_l 为 0.0147。

2. 紊流随机理论模型的特点

分析由窦国仁紊流随机理论模型得出的脉动流速相关矩表达式：

$$-\overline{u_i'u_j'} = -\left[\frac{2}{3}k + 2C_l\frac{k^3}{\varepsilon^2}\left(\frac{\partial \bar{u}_i}{\partial x_m}\frac{\partial \bar{u}_j}{\partial x_l} - \frac{Q}{3} - \frac{R}{48}\right)\right]\delta_{ij} + C_t\frac{k^2}{\varepsilon}\left(\frac{\partial \bar{u}_i}{\partial x_j} + \frac{\partial \bar{u}_j}{\partial x_i}\right)$$

$$-\frac{C_l}{8}\frac{k^3}{\varepsilon^2}(3\delta_{bm}-1)\left(\frac{\partial \bar{u}_i}{\partial x_m} + \frac{\partial \bar{u}_m}{\partial x_i}\right)\left(\frac{\partial \bar{u}_j}{\partial x_l} + \frac{\partial \bar{u}_l}{\partial x_j}\right) \tag{5.4.32}$$

式中，Q、R 由式(5.4.20)～式(5.4.21)确定。

注意到式(5.4.3)中的 ε_{ij} 相当于 Boussinesq 假设中的紊动黏滞系数 ν_t。一般情况下紊动黏滞系数在各个方向上是不相同的，故应取为张量形式。有学者对 Boussinesq 假设的雷诺应力表达式进行了分析，建议紊动黏滞系数取二阶张量。而随机理论推导得出的 ε_{ij} 正好是二阶张量形式，并且由式(5.4.5)中 ε_{ij} 的表达式可以看出各个方向上的紊动黏滞系数是不相同的，因此 ε_{ij} 可以反映紊动黏滞系数各向异性的一般流动的情形。

在前面提到，当 $C_t = 0.09$，$C_l = 0.00$ 时，式(5.4.4)变为

$$\beta_{ij} = \frac{2}{3}k \tag{5.4.33}$$

式(5.4.5)变为

$$\varepsilon_{ij} = 0.09\frac{k^2}{\varepsilon} = C_u\frac{k^2}{\varepsilon} \tag{5.4.34}$$

而式(5.4.33)正是 $k\text{-}\varepsilon$ 模型中采用的 Boussinesq 假设，即紊动黏滞系数认为是各向同性的。相比之下，在式(5.4.32)中 $C_t\frac{k^2}{\varepsilon}\left(\frac{\partial \bar{u}_i}{\partial x_j} + \frac{\partial \bar{u}_j}{\partial x_i}\right)$ 表示紊动黏滞系数中各向同性的部分，而 $-\frac{C_l}{8}\frac{k^3}{\varepsilon^2}(3\delta_{bm}-1)\left(\frac{\partial \bar{u}_i}{\partial x_m} + \frac{\partial \bar{u}_m}{\partial x_i}\right)\left(\frac{\partial \bar{u}_j}{\partial x_l} + \frac{\partial \bar{u}_l}{\partial x_j}\right)$ 表示紊动黏滞系数的各向异性部分。因此，$k\text{-}\varepsilon$ 模型可以看作紊流随机理论模型的一个特殊情况，只要选取合适的系数即可得出。由此可见，紊流的随机理论模型比 $k\text{-}\varepsilon$ 模型更能准确反映出一般流动的真实情况。

根据 Boussinesq 假设可得出，当时均流速梯度为零时，脉动流速也为零，而这个情况与实际情况不符。例如，管道中心处，流速梯度为零，然而脉动流速依然存在，试验资料证实了这一点(窦国仁，1981)。分析紊流随机理论的脉动流速公式可知，当流速梯度为零时，公式转化为 $u' = u''$，并不等于零。而 u_i'' 相当于各向同性紊流中的脉动流速，其统计平均值是各向同性的(窦国仁，1981)。窦国仁脉动流速公式是在多种紊流理论的基础上获得的，在某种意义上它也是现有各种紊流理论关于脉动流速表达式的综合和概括。

5.4.3　定解条件

1. 壁面边界 Γ_1

从前面的叙述中可以知道,无论是 k-ε 模型还是紊流随机理论模型,均适用于离开壁面一定距离的紊流旺盛区域,称高 Re 模型。在高 Re 区域,ν 相对于 ν_t 可以忽略不计。然而,在与壁面相邻近的黏性底层中,紊流 Re 很低,这里必须考虑分子黏性的影响,此时系数 C_μ 将与 Re 有关,k、ε 方程也要进行相应的修改。采用高 Re k-ε 模型来计算壁面附近的区域时,可采用壁面函数法来处理。

Launder 等(1974)将高 Re 的 k-ε 模型加以修正,使它可以同时用到壁面附近的黏性底层,提出了低 Re 模型。当采用这种方法时,由于在黏性底层内速度梯度很大,需要布置相当多的节点,因此无论计算时间还是所需内存都比较多。

为此,Spalding 等提出了壁面函数法,其基本思想是:在黏性底层内不布置任何节点,把靠近壁面的第一个计算节点布置在黏性底层之外的完全紊流区,也就是说与壁面相邻的第一个控制容积取得特别大。这就要求第一个计算节点与壁面间的无因次距离 $z^+=z_1 u_*/\nu$(z_1 为第一个节点距离壁面的距离)为 $30\sim100$。此时,壁面上的切应力仍然按第一个内节点与边壁面上的速度之差来计算,其关键是如何确定此处的有效扩散系数以及 k、ε 的边界条件,以使计算所得的切应力能与实际情况基本相符。这种方法能节省内存和计算时间,在工程紊流计算中应用较广。

下面对目前常用的壁函数进行介绍。

1)对数律壁函数

设计算点 P 是距壁面最近的节点,距离为 z_p。假设在壁面附近可采用混合长度理论,即设此边界上垂向流速为零,平行于壁面的流速 u 满足对数关系式:

$$\frac{u}{u_*}=\frac{1}{\kappa}\ln(z^+ E) \tag{5.4.35}$$

壁面处紊动动能计算为

$$\frac{k}{u_*^2}=\frac{1}{\sqrt{C_\mu}} \tag{5.4.36}$$

壁面处耗散率为

$$\varepsilon=\frac{u_*^3}{z^+ \kappa} \tag{5.4.37}$$

式(5.4.35)～式(5.4.37)中,E 为与壁面糙率有关的常数,κ 为卡门常数。计算时取 $\kappa=0.4$,$E=9.0$(Rodi,1984),C_μ 取值见前面有关介绍。在迭代过程中,由上次迭代计算所得近壁层流速 $u^{(n)}$ 及式(5.4.35)求出 $u_*^{(n+1)}$,则 P 点的 $k^{(n+1)}$、$\varepsilon^{(n+1)}$ 分别由式(5.4.36)和式(5.4.37)求得。

　　壁函数的应用避开了分子黏性项对模型的影响,同时壁函数在固壁与主流区又起着桥梁的作用。壁函数关系在紊流模型的应用中,是一个重要的环节。事实上,不管是何种紊流模型,如果边界处理不当,终将导致数值解的不真实。

　　由于对数律壁函数简单、实用,是目前应用最普遍的一种壁函数,在 $k\text{-}\varepsilon$ 紊流模型中,通常选用的就是对数律壁函数。但是,受适用范围的限制,对数律壁函数并不是对所有的情况都适用。对于低 Re 及过渡状态下的紊流边界层及分离流的近壁点,由于壁面附近的局地 Re 较低,有可能不在对数区,此时对数律壁函数已不再适用。同时,对于不稳定流动及复杂的三维流动问题,对数律壁函数也不再适用(Rodi,1984)。

　　在使用紊流的随机理论模型时,还要求知道近壁节点流速的导数项 $\dfrac{\partial u}{\partial z}$,故对数律壁函数也不适用。为了克服这些困难,叶坚提出了两种新的壁函数,即解析式壁函数和精细壁函数(叶坚,1989;叶坚等,1990)。

　　2)解析式壁函数

　　根据概括明渠各流层时均流速分布规律的窦国仁解析式,可用以解决近壁点处 $\dfrac{u_* z_1}{\nu}$ 值较低时的壁函数问题。

　　窦国仁(1981)流速分布公式为

$$\frac{\bar{u}}{u_*}=2.5\ln\left(1+\frac{u_* z}{5\nu}\right)+7.05\left[\frac{\dfrac{u_* z}{5\nu}}{1+\dfrac{u_* z}{5\nu}}\right]^2+2.5\left[\frac{\dfrac{u_* z}{5\nu}}{1+\dfrac{u_* z}{5\nu}}\right]-B_*$$

(5.4.38)

式中,B_* 项是考虑壁面糙率对流速分布的影响,在一般情况下应当根据壁面的绕流条件确定。对于光滑壁面,$B_*=0$。

　　流速梯度分布表达式为

$$\frac{\mathrm{d}\bar{u}}{\mathrm{d}z}=\alpha\left(\frac{u_*}{kz}\right)$$

$$\alpha=\frac{2}{1+\dfrac{5\nu}{u_* z}}+\frac{0.008\left(23.2-\dfrac{u_* z}{\nu}\right)\left(\dfrac{u_* z}{\nu}\right)^2}{\left(0.2\dfrac{u_* z}{\nu}+1\right)^2}$$

(5.4.39)

同样认为近壁处存在局部平衡区,则有

$$k=\frac{u_*^2}{0.3},\quad \varepsilon=\frac{\alpha u_*^3}{\kappa z_p}$$

(5.4.40)

　　由于式(5.4.38)不受近壁处 $\dfrac{u_* z_1}{\nu}$ 值的限制,解析式壁函数比对数律壁函数精确,适用性更广。但是更详细的试验资料表明,局部平衡区只在近壁处的一定范围内存在。根据试验资料和窦国仁公式,叶坚(1989)推求出适合于更一般情况的函数——精细壁函数。

3)精细壁函数

取无因次量 $z^+ = \dfrac{u_* z}{\nu}$, $k^+ = \dfrac{k}{u_*^2}$, $u^+ = \dfrac{u}{u_*}$, $\varepsilon^+ = \dfrac{\nu\varepsilon}{u_*^4}$, $\overline{u'v'}^+ = \dfrac{\overline{u'v'}}{u_*^2}$ 和 $P^+ = -\overline{u'v'}^+ \dfrac{\mathrm{d}u^+}{\mathrm{d}z^+}$,则式(5.4.39)可写成

$$\frac{\mathrm{d}u^+}{\mathrm{d}z^+} = \alpha\left(\frac{1}{kz^+}\right) \tag{5.4.41}$$

其中

$$\alpha = \frac{2}{1 + \dfrac{5}{z^+}} + \frac{0.008(23.2 - z^+)z^{+2}}{(0.2z^+ + 1)^2}$$

对于 k^+ 分布,由窦国仁公式关于 $\dfrac{\overline{u'^2}}{u_*^2}$ 、 $\dfrac{\overline{v'^2}}{u_*^2}$ 的表达式出发,根据试验资料进行适当修正,即令

$$\frac{\overline{w'^2}}{u_*^2} = \frac{1}{2}\left(\frac{z^+}{z^+ + 11.6}\right) + 0.0654\left(\frac{z}{u_*}\frac{\mathrm{d}\overline{u}}{\mathrm{d}z}\right)^2 \tag{5.4.42}$$

得

$$k^+ = \frac{3}{4}\left(\frac{z^+}{z^+ + 11.6}\right) + 0.2327\left(\frac{\alpha}{\kappa}\right)^2 \tag{5.4.43}$$

根据宽明渠 Reynolds 应力表达式,考虑近壁区情况,得

$$-\overline{u'v'} = 1 - \frac{1}{1 + 0.2z^+} - \frac{0.0464z^+ - 0.02z^{+2}}{(1 + 0.2z^+)^3} = \beta \tag{5.4.44}$$

式(5.4.44)在壁面附近均可应用。

$$P^+ = -\overline{u'v'} + \frac{\mathrm{d}u^+}{\mathrm{d}z^+} = \alpha\beta\frac{1}{\kappa z^+}$$

在近壁区认为 $P = \varepsilon$,处于局部平衡状态,则有 $\varepsilon^+ = \alpha\beta/(\kappa z^+)$ 。但由试验资料可知,近壁区的 P/ε 值并不总是等于 1。为与试验结果一致,令

$$f_\varepsilon = \begin{cases} 1, & z^+ \leqslant 10 \\ \alpha\beta - 0.25[1 - \exp(-0.05(z^+ - 15))], & z^+ > 10 \end{cases}$$

再取

$$\varepsilon^+ = \alpha\beta\frac{1}{f_\varepsilon \kappa z^+}$$

这样,在近壁区,k-ε 模型中的系数 C_μ 需要进行一些调整。令 f_μ 为修正因子,则有

$$\beta = -\overline{u'v'} = f_\mu C_\mu \frac{k^{+2}}{\varepsilon^+}\frac{\mathrm{d}u^+}{\mathrm{d}z^+}$$

从而,得

$$f_\mu = \frac{\beta^2}{0.09 k^{+2} f_\varepsilon}$$

综上，精细壁函数为

$$
\begin{cases}
u^+ = 2.5\ln(1+0.2z^+) + 7.05\left(\frac{0.2z^+}{1+0.2z^+}\right)^2 + 2.5\left(\frac{0.2z^+}{1+0.2z^+}\right) - B_* \\[2mm]
\dfrac{\mathrm{d}u^+}{\mathrm{d}z^+} = \dfrac{\alpha}{\kappa z^+} \\[2mm]
k^+ = \dfrac{3}{4}\left(\dfrac{z^+}{z^+ + 11.6}\right) + 0.2327\left(\dfrac{\alpha}{\kappa}\right)^2 \\[2mm]
\varepsilon^+ = \dfrac{\alpha\beta}{f_\varepsilon \kappa z^+} \\[2mm]
f_\mu = \dfrac{\beta^2}{0.09 k^{+2} f_\varepsilon}
\end{cases}
$$

$$(5.4.45)$$

其中

$$\alpha = \frac{2}{1+\dfrac{5}{z^+}} + \frac{0.008(23.2 - z^+)z^{+2}}{(0.2z^+ + 1)^3}$$

$$\beta = 1 - \frac{1}{1+0.2z^+} + \frac{0.464z^+ - 0.02y^{+2}}{(1+0.2z^+)^3}$$

$$
f_\varepsilon = \begin{cases}
1, & z^+ \leqslant 10 \\
\alpha\beta - 0.25[1 - \exp(-0.05(z^+ - 15))], & z^+ > 10
\end{cases}
$$

当 $z^+ < 10$ 时，k^+、ε^+ 变化很剧烈，为确保计算的稳定性和精度，叶坚等（1989，1990）建议最好保持 $z^+ \geqslant 10$。

考察精细壁函数式（5.4.45），若认为切应力在近壁区为常数，k^+ 取 $z^+ = 60$ 时的值，且流动处于局部平衡状态，则精细壁函数就变成解析式壁函数。因此，解析式壁函数可看成精细壁函数的简化形式。

另外，在紊流随机理论模型中，由于要求知道近壁区节点流速的导数项，只能应用解析式壁函数和精细壁函数。只是需要注意的是，此时对于精细壁函数，需要用 f_μ 来修正系数 C_t、C_l。

本节采用精细壁函数法。

4）床面附近的含沙量 S_{bL}

在数值计算中，已知床面以上某一节点的含沙量 S_{kL}，需推求床面附近的含沙量 S_{bL}，具体的处理如图 5.4.1 所示。

$$S_{bL} = S_{kL} + S_{bL}^*\left[1 - \mathrm{e}^{-(\omega_L \sigma_s / \nu_t)(Z_k - \delta_b)}\right]$$

$$(5.4.46)$$

式中，δ_b 表示床面泥沙交换层的厚度，Einstein 认为 $\delta_b = 2d_{50}$（Chien et al.，1999）；van Rijn（1984）认为 $\delta_b = (0.01 \sim 0.05)h$（$h$ 为水深）；Wu 等（2000）根据床面形式

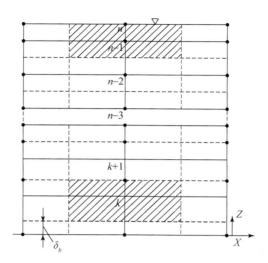

图 5.4.1　床面及床面附近控制体示意图

不同取值不同,平整床面 $\delta_b = 2d_{50}$,沙波床面取沙波高度的 2/3;本节在进行水槽试验资料的验证时取 0.005m,在进行天然河流的水沙计算时取沙波高度的 2/3。

5)床面附近挟沙能力 S_{bL}^*

采用张瑞瑾等(1989)确定床面附近挟沙能力 S_{bL}^* 的方法:

$$S_{bL}^* = \frac{S_L^*}{\int_{\eta_b}^{\eta_h} \exp\left\{\frac{\omega_L}{\kappa u_*}\left[f(\eta) - f(\eta_b)\right]\right\} d\eta} \tag{5.4.47}$$

式中, $f(\eta)$ 为含沙量沿垂线分布函数; $\eta = 1 - Z/h$, $f(\eta)$ 与 η 的关系见表 5.4.2; η_b 、 η_h 分别为距离床面和水面的相对长度距离。 $S_L^* = k_0\,(U^3/h)^m P_{SL} / \sum P_{SL}\omega_L^m$,三峡坝区河段 $k_0 = 0.023 \sim 0.024$,长江中游冲淤平衡河段 $k_0 = 0.015 \sim 0.017$, m 采用韩其为等(1987)建议的值 $m = 0.92$ 。

表 5.4.2　$f(\eta)$ 与 η 的关系

η	$f(\eta)$	η	$f(\eta)$	η	$f(\eta)$
0	0	0.4	3.687	0.9	6.673
0.02	0.809	0.5	4.181	0.95	7.450
0.1	1.784	0.6	4.665	0.99	9.150
0.2	2.568	0.7	5.181		
0.3	3.168	0.8	5.796		

2. 入流边界 Γ_2

$$\begin{cases} u\mid_{\Gamma_2}=u_m \\ v\mid_{\Gamma_2}=v_m \\ w\mid_{\Gamma_2}=w_m \\ k\mid_{\Gamma_2}=k_m \\ \varepsilon\mid_{\Gamma_2}=\varepsilon_m \\ S_L\mid_{\Gamma_2}=S_{Lm} \end{cases} \qquad (5.4.48)$$

式中，u_m、v_m、w_m 由上边界流量求出各垂线的垂线平均流速后，按对数分布及壁函数求得。

3. 出流边界 Γ_3

$$\frac{\partial u}{\partial n}=\frac{\partial v}{\partial n}=\frac{\partial w}{\partial n}=\frac{\partial K}{\partial n}=\frac{\partial \varepsilon}{\partial n}=\frac{\partial S}{\partial n}=\frac{\partial P}{\partial n}=0 \qquad (5.4.49)$$

$$Z_S\mid_{\Gamma_3}=Z_{\text{Sout}}$$

式中，Z_{Sout} 为水位，各变量在出流边界法向导数为 0。

4. 自由表面 Γ_4

进行水流的数值计算时，由于自由表面未知，不能直接将自由水面的大气压强作为一个重要的自由水面边界条件。所以，得到的压力场类似于一个封闭管中的压力场，在计算过程中无法得到自由水面的位置。为解决自由水面问题，以前常用的方法有：①静水压力假设，使动量方程中的压力 $P=\rho g(h-z)$，这样做的结果是使 w 方向的动量方程变成齐次，类似于分层流的算法。另外，由于压力场的近似将引起水面曲线误差过大，这对于求解三维水面变化问题，显然是难以接受的。②刚盖(Rigid lid)假定，当考虑的问题水面变化不是很大，即 $Fr\ll1$ 时，可采用刚盖假定，即将自由表面看成可滑移的边界。此时不能考虑水面变化对压力场的影响，水体表面的垂向流速在计算过程中始终被确定为零，且河道中的过水断面面积不能随 H 变化。当 Fr 数不是很小、水面变化已不容忽视时，采用刚盖假定将带来明显的误差，会直接影响流场的计算结果。

近十年来，处理自由表面问题主要有标记节点法、空隙比法和标高函数法。本节采用 Wu 等(2000)导出的明渠流动中自由面位置 Z_s 的压力 Poisson 方程，该方法基于二维水深平均动量方程

$$\frac{\partial U}{\partial t}+U\frac{\partial U}{\partial x}+V\frac{\partial U}{\partial y}=-g\frac{\partial z_s}{\partial x}+\frac{1}{\rho}\frac{\partial \tau_{xx}}{\partial x}+\frac{1}{\rho}\frac{\partial \tau_{xy}}{\partial y}-\frac{1}{\rho h}\tau_{xb} \qquad (5.4.50)$$

$$\frac{\partial V}{\partial t}+U\frac{\partial V}{\partial x}+V\frac{\partial V}{\partial y}=-g\frac{\partial z_s}{\partial y}+\frac{1}{\rho}\frac{\partial \tau_{xy}}{\partial x}+\frac{1}{\rho}\frac{\partial \tau_{yy}}{\partial x}-\frac{1}{\rho h}\tau_{yb} \qquad (5.4.51)$$

和自由面位置 Z_s 的压力 Poisson 方程

$$\frac{\partial Z_s^2}{\partial x^2} + \frac{\partial Z_s^2}{\partial y^2} = \frac{Q}{g} \tag{5.4.52}$$

式中

$$Q = -\frac{\partial}{\partial t}\left(\frac{\partial U}{\partial x} + \frac{\partial V}{\partial y}\right) - \left(\frac{\partial U}{\partial x}\right)^2 - 2\frac{\partial U}{\partial y}\frac{\partial V}{\partial x} - \left(\frac{\partial V}{\partial y}\right)^2 - U\left(\frac{\partial^2 U}{\partial x^2} + \frac{\partial^2 V}{\partial x \partial y}\right)$$

$$- V\left(\frac{\partial^2 U}{\partial x \partial y} + \frac{\partial^2 V}{\partial y^2}\right) + \frac{1}{\rho}\left(\frac{\partial^2 \tau_{xx}}{\partial x^2} + 2\frac{\partial^2 \tau_{xy}}{\partial x \partial y} + \frac{\partial^2 \tau_{yy}}{\partial y^2}\right) - \frac{1}{\rho}\frac{\partial}{\partial x}\left(\frac{\tau_{bx}}{h}\right) - \frac{1}{\rho}\left(\frac{\tau_{by}}{h}\right)$$

τ_{xx}、τ_{xy}、τ_{yy} 为水深平均紊动切应力；τ_{bx}、τ_{by} 为底部切应力。

由上述方程直接离散求出水位值 Z_s，并且能满足二维动量方程。

其他物理量在自由面 Γ_4 处采用其法向梯度为零的边界条件：

$$\frac{\partial u}{\partial n}\bigg|_{\Gamma_4} = 0, \quad \frac{\partial v}{\partial n}\bigg|_{\Gamma_4} = 0, \quad \frac{\partial w}{\partial n}\bigg|_{\Gamma_4} = 0$$

$$\frac{\partial k}{\partial n}\bigg|_{\Gamma_4} = 0, \quad \frac{\partial \varepsilon}{\partial n}\bigg|_{\Gamma_4} = 0, \quad \omega_L S_L\bigg|_{\Gamma_4} = 0 \tag{5.4.53}$$

5.4.4 水流控制方程的离散及求解

1. 基本思路

首先用正交曲线坐标变换将三维计算区域的平面区域变换为矩形区域（Thompson et al.，1985；Willemse，1986），然后采用冻结法处理不规则边界，用守恒性较好的有限体积法离散方程，最后用 SIMPLE-C 算法进行求解。

2. 正交曲线坐标下的控制方程

引入正交曲线坐标变换，即

$$\begin{cases} \xi = \xi(x, y) \\ \eta = \eta(x, y) \\ \zeta = z \end{cases} \tag{5.4.54}$$

式中，x、y、z 分别为物理平面上的纵向坐标、横向坐标、垂向坐标；ξ、η、ζ 分别为变换平面上的纵向坐标、横向坐标、垂向坐标。

正交曲线坐标中的拉梅系数为 $h_\xi = \sqrt{x_\xi^2 + y_\eta^2}$，$h_\eta = \sqrt{x_\eta^2 + y_\eta^2}$，$h_\zeta = 1$。设流速在正交曲线坐标下的分量分别为 $\tilde{u}$、$\tilde{v}$、$\tilde{w}$，则有

$$\begin{cases} u = \dfrac{x_\xi}{h_\xi}\tilde{u} + \dfrac{x_\eta}{h_\eta}\tilde{v} \\ v = \dfrac{y_\xi}{h_\xi}\tilde{u} + \dfrac{y_\eta}{h_\eta}\tilde{v} \\ w = \tilde{w} \end{cases} \tag{5.4.55}$$

在曲线坐标系下,通用控制方程转化为

$$\frac{\partial \varphi}{\partial t} + \frac{1}{h_\xi h_\eta} \frac{\partial}{\partial \xi}(h_\eta \tilde{u} \varphi) + \frac{1}{h_\xi h_\eta} \frac{\partial}{\partial z}(\tilde{w} \varphi) = \frac{1}{h_\xi h_\eta} \frac{\partial}{\partial \xi}\left(\nu_{\varphi\xi} \frac{h_\eta}{h_\xi} \frac{\partial \varphi}{\partial \xi}\right)$$

$$+ \frac{1}{h_\xi h_\eta} \frac{\partial}{\partial \eta}\left(\nu_{\varphi\eta} \frac{h_\xi}{h_\eta} \frac{\partial \varphi}{\partial \eta}\right) + \frac{\partial}{\partial z}\left(\nu_{\varphi z} \frac{\partial \varphi}{\partial z}\right) + S_\varphi$$

$$\text{(5.4.56)}$$

为表达方便,书中的 $\tilde{u}$、$\tilde{v}$、$\tilde{w}$ 去掉上标"~",直接写成 u、v、w,但此时是曲线坐标系下 ξ、η、ζ 方向的流速分量。在曲线坐标下,通用控制方程的差别主要体现在源项 S_φ 上,S_φ 由标准化后对流项剩余项 $S_{\varphi 1}$、扩散项剩余项 $S_{\varphi 2}$ 和其他原有源项 $S_{\varphi 3}$ 组成,见表 5.4.3。

表 5.4.3　各方程源项 $S_\varphi = S_{\varphi 1} + S_{\varphi 2} + S_{\varphi 3}$

方程	变量 φ	剩余对流项 $S_{\varphi 1}$	剩余扩散项 $S_{\varphi 2}$	其他原有源项 $S_{\varphi 3}$	扩散系数 ν_t
连续方程	1	0	0	0	0
ξ 方向动量方程	u	$-\dfrac{uv}{h_\xi h_\eta}\dfrac{\partial h_\xi}{\partial \eta} + \dfrac{v^2}{h_\xi h_\eta}\dfrac{\partial h_\eta}{\partial \xi}$	$-\dfrac{v}{h_\eta}\dfrac{\partial}{\partial \eta}\left(\dfrac{1}{h_\xi h_\mu}\nu_t\dfrac{\partial h_\eta}{\partial \xi}\right) - \dfrac{2\nu_t}{h_\xi h_\eta^2}\dfrac{\partial h_\eta}{\partial \xi}\dfrac{\partial v}{\partial \eta} + \dfrac{2\nu_t}{h_\xi^2 h_\eta}\dfrac{\partial h_\xi}{\partial \eta}\dfrac{\partial v}{\partial \xi} + \dfrac{\nu_t u}{h_\xi}\dfrac{\partial}{\partial \xi}\left(\dfrac{1}{h_\xi h_\mu}\dfrac{\partial h_\eta}{\partial \xi}\right) + \dfrac{v}{h_\xi}\dfrac{\partial}{\partial \xi}\left(\dfrac{1}{h_\xi h_\eta}\nu_t\dfrac{\partial h_\xi}{\partial \eta}\right) + \dfrac{\nu_t u}{h_\eta}\dfrac{\partial}{\partial \eta}\left(\dfrac{1}{h_\xi h_\eta}\dfrac{\partial h_\xi}{\partial \eta}\right)$	$-\dfrac{1}{\rho h_\xi}\dfrac{\partial p}{\partial \xi}$	ν_t
η 方向动量方程	v	$-\dfrac{uv}{h_\xi h_\eta}\dfrac{\partial h_\eta}{\partial \xi} + \dfrac{v^2}{h_\xi h_\eta}\dfrac{\partial h_\xi}{\partial \eta}$	$-\dfrac{v}{h_\eta}\dfrac{\partial}{\partial \eta}\left(\dfrac{1}{h_\xi h_\mu}\nu_t\dfrac{\partial h_\eta}{\partial \xi}\right) - \dfrac{2\nu_t}{h_\xi h_\eta^2}\dfrac{\partial h_\eta}{\partial \xi}\dfrac{\partial v}{\partial \eta} + \dfrac{2\nu_t}{h_\xi^2 h_\eta}\dfrac{\partial h_\xi}{\partial \eta}\dfrac{\partial v}{\partial \xi} + \dfrac{\nu_t u}{h_\xi}\dfrac{\partial}{\partial \xi}\left(\dfrac{1}{h_\xi h_\mu}\dfrac{\partial h_\eta}{\partial \xi}\right) + \dfrac{v}{h_\xi}\dfrac{\partial}{\partial \xi}\left(\dfrac{1}{h_\xi h_\eta}\nu_t\dfrac{\partial h_\xi}{\partial \eta}\right) + \dfrac{\nu_t u}{h_\eta}\dfrac{\partial}{\partial \eta}\left(\dfrac{1}{h_\xi h_\eta}\dfrac{\partial h_\xi}{\partial \eta}\right)$	$-\dfrac{1}{\rho h_\eta}\dfrac{\partial p}{\partial \eta}$	ν_t
Z 方向动量方程	w	0	0	$-\dfrac{1}{\rho}\dfrac{\partial p}{\partial z}$	ν_t
紊动动能输运方程	k	0	0	$P_k - \varepsilon$	$\dfrac{\nu_t}{\sigma_k}$
紊动动能耗散率输运方程	ε	0	0	$C_1\dfrac{\varepsilon}{k}P_k - C_2\dfrac{\varepsilon^2}{k}P_k$	$\dfrac{\nu_t}{\sigma_\varepsilon}$
悬沙不平衡输移方程	S_L	0	0	$\omega_L\dfrac{\partial S_L}{\partial z}$	$\dfrac{\nu_t}{\sigma_s}$

3. 控制方程的离散

采用有限体积法离散方程,其中变量布设采用交错网格技术。取图 5.4.2 所示的控制体积,通用控制方程(5.4.56)在节点 P 的离散方程为

$$a_P \varphi_P = a_E \varphi_E + a_W \varphi_W + a_N \varphi_N + a_S \varphi_S + a_T \varphi_T + a_B \varphi_B + b \qquad (5.4.57)$$

式中

$$a_E = \frac{1}{J_P} \{ D_e A(|P_e|) + \max(-F_e, 0) \}, \quad a_W = \frac{1}{J_P} \{ D_w A(|P_w|) + \max(F_w, 0) \}$$

$$a_N = \frac{1}{J_P} \{ D_n A(|P_n|) + \max(-F_n, 0) \}, \quad a_S = \frac{1}{J_P} \{ D_s A(|P_s|) + \max(F_s, 0) \}$$

$$a_T = \frac{1}{J_P} \{ D_t A(|P_t|) + \max(-F_t, 0) \}, \quad a_B = \frac{1}{J_P} \{ D_b A(|P_b|) + \max(F_b, 0) \}$$

$$a_P = a_E + a_W + a_N + a_S + a_T + a_B + \frac{\Delta\xi\Delta\eta\Delta z}{\Delta t} - S_P \Delta\xi\Delta\eta\Delta z \qquad (5.4.58)$$

$$b = S_c \Delta\xi\Delta\eta\Delta z + \varphi_P^0 \frac{\Delta\xi\Delta\eta\Delta z}{\Delta t} \qquad (5.4.59)$$

$$J = h_\xi h_\eta$$

$$P = F/D$$

$$A(P) = \max[0, 1 - 0.5 P^5] \qquad (5.4.60)$$

$$S_\varphi = S_C + S_P \varphi \qquad (S_P \leqslant 0 \text{ 源项负坡线性化}) \qquad (5.4.61)$$

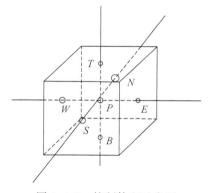

图 5.4.2　控制体积示意图

$$F_e = (h_\eta u)_e \Delta\eta\Delta z, \quad D_e = \left(\frac{h_\eta}{h_\xi} \frac{\gamma_{\varphi\xi}}{\Delta\xi} \right)_e$$

$$F_w = (h_\eta u)_w \Delta\eta\Delta z, \quad D_e = \left(\frac{h_\eta}{h_\xi} \frac{\gamma_{\varphi\xi}}{\Delta\xi} \right)_w$$

$$F_n = (h_\xi v)_n \Delta z\Delta\xi, \quad D_n = \left(\frac{h_\xi}{h_\eta} \frac{\gamma_{\varphi\eta}}{\Delta\eta} \right)_n$$

$$F_s = (h_\xi v)_s \Delta z\Delta\xi, \quad D_s = \left(\frac{h_\xi}{h_\eta} \frac{\gamma_{\varphi\eta}}{\Delta\eta} \right)_s$$

$$F_t = w_t \Delta\xi\Delta\eta, \quad D_t = \left(\frac{\gamma_{\varphi z}}{\Delta z} \right)_t$$

$$F_b = w_b \Delta\xi\Delta\eta, \quad D_b = \left(\frac{\gamma_{\varphi z}}{\Delta z} \right)_b$$

4. 压力与速度的修正

离散化的 u、v、w 方程求解的关键是如何求解压力场，或者在假定了一个压力场后，如何改正它。目前广泛采用的压力修正法就是用来改进压力场的一种计算方法，其基本思想是：对于给定的压力场（它可以是假定的或是上一层次的计算确定的），按次序求解 u、v 和 w 的代数方程；由此所得到的速度场未必能满足质量守恒的要求，因而必须对给定的压力场进行修正。为此，将动量方程的离散形式规定的压力与速度的关系代入连续性方程的离散形式，从而得出压力修正值方程；由压力修正方程得出压力改进值，进而改进速度，以得出在这一迭代层次上能满足连续性方程的解；然后用计算所得的新的速度值去改进动量离散方程的系数，以开始下一层次的迭代；如此反复，直到获得收敛的解。

为了避免由于速度场和压力场分开求解可能带来的锯齿形压力场分布的缺陷，采用如图 5.4.3 所示的交错网格进行速度场和压力场的求解。

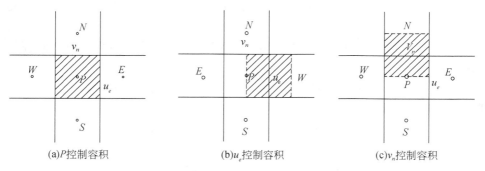

(a)P控制容积　　　　　　(b)u_e控制容积　　　　　　(c)v_n控制容积

图 5.4.3　交错网格示意图

设原来的压力为 p^*，与之相对应的速度为 u^*、v^* 和 w^*，将压力改进值与 p^* 之差记为 p'，相应的速度修正值为 u'、v' 和 w'，则改进后的速度和压力分别为

$$p = p^* + p'$$
$$u = u^* + u'$$
$$v = v^* + v'$$
$$w = w^* + w'$$

(5.4.62)

将它们代入动量离散方程，得

$$a_e(u_e^* + u_e') = \sum a_{nb}(u_{nb}^* + u_{nb}') + b + [(p_P^* + p_P') - (p_E^* + p_E')]A_e$$

(5.4.63)

注意到 u^*、v^*、w^* 和 p^* 也是从这一离散方程解出的，因而它们也满足

$$a_e u_e^* = \sum a_{nb} u_{nb}^* + b + (p_P^* - p_E^*)A_e$$

(5.4.64)

将式(5.4.63)和式(5.4.64)相减，得

$$a_e u_e' = \sum a_{nb} u_{nb}' + (p_P' - p_E')A_e$$

(5.4.65)

由式(5.4.64)可见，任何一点的速度修正由两部分组成：一部分是由该速度在同一方向上的相邻两点压力修正之差产生的；另一部分是由邻点速度的修正值引起的，是四周压力修正对该点的间接影响。其中相邻两点压力修正引起的影响是主要影响，四周邻点速度修正值的影响可以忽略不计，于是得到速度修正方程为

$$u_e' = d_e(p_P' - p_E')$$

(5.4.66)

其中

$$d_e = \frac{A_e}{a_e}$$

于是,有

$$u_e = u_e^* + d_e(p'_P - p'_E) \tag{5.4.67}$$

同理,有

$$v_n = v_n^* + d_n(p'_P - p'_N) \tag{5.4.68}$$

$$w_B = w_B^* + d_e(p'_P - p'_B) \tag{5.4.69}$$

将式(5.4.67)、式(5.4.68)及式(5.4.69)代入连续方程,经过简化、整理得到压力的修正方程为

$$a_P p'_P = a_E p'_E + a_W p'_W + a_N p'_N + a_S p'_S + a_B p'_B + a_T p'_T + b \tag{5.4.70}$$

其中

$$a_E = \rho_e d_e \Delta y \Delta z , \quad a_W = \rho_w d_w \Delta y \Delta z \tag{5.4.71}$$

$$a_N = \rho_n d_n \Delta x \Delta z , \quad a_S = \rho_s d_s \Delta x \Delta z$$

$$a_B = \rho_b d_b \Delta y \Delta x , \quad a_T = \rho_t d_t \Delta y \Delta x$$

$$a_P = a_E + a_W + a_N + a_S + a_B + a_T$$

$$b = \frac{(\rho_P^0 - \rho_P)\Delta x \Delta y \Delta z}{\Delta t} + [(\rho u^*)_w - (\rho u^*)_e]\Delta y \Delta z$$

$$+ [(\rho v^*)_s - (\rho v^*)n\Delta z \Delta x + [(\rho w^*)_b - (\rho w^*)_t]\Delta y \Delta x$$

由式(5.4.70)可以看出,压力修正方程中的 b 项实质上是指按带星号的速度场取值的离散化的连续方程。若 b 值为零,则 u^* 速度场将与现在的速度场一致。同时,u^* 又是通过解动量方程得到的,这意味着所得到的解 u^* 就是真解。同时,b 项也代表一个质量源,在压力修正算法中常作为判断方程求解收敛的一个主要判据。

5. SIMPLE 方法

1)SIMPLE 算法的基本步骤

上述用以进行流场计算的程序是 Pantankar 和 Spalding 于 1972 年提出的 SIMPLE 算法,其全称是 semi-implicit method for pressure-linked equations,意思是解压力耦合方程的半隐式法。

主要计算步骤,按照它们执行的先后次序如下:

(1)估计压力场 p^*;

(2)求解动量方程以得到 u^*、v^* 和 w^*;

(3)解 p' 方程(5.4.70);

(4)由方程(5.4.62),计算 p;

(5)利用速度修正公式即式(5.4.67)～式(5.4.69),由带星号的速度值计算 u、v 和 w;

(6)利用改进后的速度场求解那些通过源项特性等与速度场耦合的 φ 变量,如果 φ 并不影响流场,应当在速度场收敛以后再求解;

（7）利用改进后的速度场重新计算动量离散方程的系数，并用改进后的压力场作为下一层次迭代计算的初值，检验结果是否满足精度，若满足转（8），否则计算校正后的水深，并由速度校正公式计算校正后的速度场转（2）；

（8）计算分组含沙量 S_L；

（9）计算河床冲淤厚度；

（10）计算床沙级配；

（11）输出计算结果。

由于动量方程是非线性方程，在迭代的过程中，每次 φ 的变化可能较大，从而有可能使收敛变慢甚至发散。为了加快收敛速度，防止迭代发散，采用了欠松弛的方法，即

$$\varphi = \alpha\widetilde{\varphi} + (1-\alpha)\varphi^0 \tag{5.4.72}$$

式中，α 为欠松弛因子；φ^0 表示本轮迭代的计算值；$\widetilde{\varphi}$ 表示上轮计算值。对于动量方程，Pantankar（1980）建议 α 取 0.5，对压力修正建议 α 取 0.8。在本书中分别取 0.5 和 1.0。

2）对 SIMPLE 算法的改进

在迭代过程中，忽略掉式（5.4.65）中 $\sum a_{nb}u'_{nb}$ 项并不影响最终的结果，因为方程（5.4.70）中质量源项 b 为零时，压力修正 p' 也为零，收敛的结果将完全满足动量方程和连续方程。但收敛的速度受这种忽略的影响。由于 SIMPLE 算法从速度修正公式中消除了相邻点的速度修正影响，压力修正就完全担负起修正速度的任务，从而导致一个相当强烈的压力修正场。这样，在得到收敛的压力场时需经过多次修正才能建立，使迭代次数增加，工作量加大。

另外，在略去 $\sum a_{nb}u'_{nb}$ 等项不计时，实际上犯了一个"不协调一致"的错误。因为略去了 $\sum a_{nb}u'_{nb}$ 相当于使 $a_{nb} \to 0$，而根据系数计算公式，$a_e = \sum a_{nb} - S_P\Delta V$，在令等号后面的 $a_{nb} = 0$ 时没有同时令等号前的 a_{nb} 也等于零。为了使略去 $\sum a_{nb}u'_{nb}$ 等项时能保证方程基本协调，可在 u'_e 方程的等号两端同时减去 $\sum a_{nb}u'_e$，即

$$(a_e - \sum a_{nb})u'_e = \sum a_{nb}(u'_{nb} - u'_e) + A_e(p'_P - p'_E)$$

可以预期，u'_e 与其邻点的修正值 u'_{nb} 具有相同的量级，因而略去 $\sum a_{nb}(u'_{nb} - u'_e)$ 产生的影响远比在原 u'_e 方程中不计 $\sum a_{nb}u'_{nb}$ 带来的影响要小。于是，得

$$u'_e = \frac{A_e}{a_e - \sum a_{nb}}(p'_P - p'_E) \tag{5.4.73}$$

类似地

$$v'_n = \frac{A_n}{a_n - \sum a_{nb}}(p'_P - p'_N) \tag{5.4.74}$$

$$w_b' = \frac{A_b}{a_b - \sum a_{nb}}(p_P' - p_B') \tag{5.4.75}$$

这就是协调一致的 SIMPLE 算法，简称 SIMPLE-C（C 取自英语单词 consistent 的词首）。经改进 SIMPLE-C 算法的收敛速度比 SIMPLE 方法明显加快。

SIMPLE-C 算法与 SIMPLE 算法的计算步骤基本相同，只有以下两点微小的区别：①以 $\dfrac{A_e}{a_e - \sum a_{nb}}$ 代替 SIMPLE 中的 $\dfrac{A_e}{a_e}$；②在 SIMPLE-C 算法中，p' 不再亚松弛，即取 $\alpha_p = 1$。

本节采用 SIMPLE-C 算法求解基本方程。

采用压力校正法求解水流方程，该方程控制体积内物理量守恒较好，动量方程中已隐含水流连续方程，使计算过程具有适应性强与计算稳定的特点。在同一时步内通过解动量方程流速更换一次，还通过压力校正一次，收敛速度加快。

5.4.5 模型验证

利用本节开发的三维紊流泥沙模型对水利、水运工程中的若干挟沙水流问题进行计算，并与实际资料进行比较，同时根据计算成果对水沙运动特性进行分析与讨论。

1. 航槽三维流动

根据前面的紊流随机模型，编制得到了基于紊流随机理论的三维紊流模型数值计算程序，应用该程序，计算航槽内的三维水流情况，并与前人的试验成果和经验公式进行比较。

本次计算了多种组合，不同挖深比、不同坡度、不同航槽开挖角度的三维航槽水流。

1）水池试验资料的验证

首先用袁美琦等（1992）的水池试验资料对模型进行验证。袁美琦等试验所用水池长 19m、宽 10.6m，底部抹水泥浆，糙率为 0.013。试验中进行了多组不同开挖航槽方向、宽度、挖深比（h_2/h_1，h_1 表示开挖前水深，h_2 表示开挖后航槽水深）的试验。本节验证了其中航槽开挖前水深为 8cm，航槽底宽为 3.7m，航槽边坡为 1∶5，开挖前水流流速为 15cm/s，开挖挖深比为 1.5、2.0、3.0，流向与航槽交角分别为 30°、60°、90°的资料。

数值计算中 x 方向取 200 层，y 方向取 20 层，z 方向根据挖深比的不同分别取 15 层、20 层、30 层。各组计算值与试验值比较见表 5.4.4。在表中，给出了计算的沿垂向表层、中间和底层三层的流速，并求出了左边滩、航槽中心和右边滩的平均流速，与试验所得平均流速进行了比较。由表 5.4.4 可看出，计算所得平均值与试验值符合较好。

表5.4.4 航槽流速计算值与试验值的比较

α_1	h_1/m	h_2/m	h_2/h_1	左边滩流速/(cm/s)						航槽中流速/(cm/s)					右边滩流速/(cm/s)					v_2/v_1
				计算				试验		计算				试验	计算				试验	
				表层	中间	底层	平均	平均		表层	中间	底层	平均	平均	表层	中间	底层	平均	平均	
30	0.08	0.12	1.5	17.5	10.4	4.2	14.2	14.0		16.0	10.2	2.1	12.5	12.7	17.5	10.5	4.0	14.1	13.2	0.83
		0.16	2.0	16.8	10.1	3.8	13.6	13.9		15.2	9.8	2.1	10.9	11.9	16.5	10.2	3.9	13.5	13.2	0.73
		0.24	3.0	14.8	9.5	3.6	10.9	11.8		14.8	9.0	2.0	9.0	9.1	14.5	9.0	3.3	10.7	10.3	0.60
60	0.08	0.12	1.5	17.3	10.8	4.2	14.8	15.4		16.0	10.8	2.2	11.2	11.1	17.2	11.0	4.2	14.9	14.8	0.75
		0.16	2.0	16.3	10.5	4.1	14.5	14.7		15.5	10.2	2.0	9.1	8.9	16.5	10.2	4.0	14.6	14.4	0.61
		0.24	3.0	15.1	10.2	3.5	13.3	14.0		14.3	8.2	2.1	6.3	6.6	15.0	10.1	3.3	13.2	13.8	0.42
90	0.08	0.12	1.5	17.5	11.1	2.7	15.0	15.2		15.0	10.8	1.8	10.5	10.5	17.5	11.0	2.1	14.6	14.8	0.70
		0.16	2.0	17.4	10.2	2.6	15.1	14.8		15.5	6.5	1.4	7.3	7.1	17.0	10.6	1.9	13.7	14.7	0.49
		0.24	3.0	17.1	10.3	1.4	14.9	15.7		16.2	6.1	1.2	5.0	5.1	16.2	10.0	1.1	13.0	14.2	0.33

图 5.4.4 给出了前述水池试验计算结果中,航槽与流向交角 30°、进口流速 15cm/s、挖深比为 1.5 的流速平面分布图。计算中,x 方向取 200 层,y 方向取 20 层,z 方向取 15 层,图 5.4.4 给出了 z 方向第七层网格的流速分布情况,中间两条斜线为挖槽底部的边线。

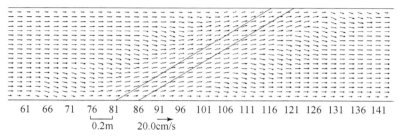

61　66　71　76　81　86　91　96　101　106　111　116　121　126　131　136　141

　　　　0.2m　　20.0cm/s

图 5.4.4　$\alpha_1 = 30°$、$h_2/h_1 = 1.5$ 的航槽第七层流速分布图

2)水槽试验资料的验证

陆永军等(1998b)曾对航槽与流向垂直的水流进行了水槽试验,取得了航槽中垂线流速分布的资料。验证计算网格 x 方向取 60 层,y 方向取 10 层,z 方向 1:2 边坡取 20 层,1:5 边坡取 10 层,进口流速为 0.2m/s。x、y 网格步长均为 1.5cm,z 方向网格根据航槽水深不断变化。其中 $h_1 = 20$cm、$h_2/h_1 = 1.2$、边坡为 1:5 的两组计算的垂向流速(按水平各点取平均得到)分布与试验资料的比较如图 5.4.5 所示。从图中看出,模型计算所得垂向流速分布与试验资料基本吻合。

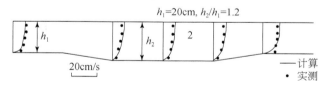

$h_1 = 20$cm, $h_2/h_1 = 1.2$

20cm/s

——计算
·实测

图 5.4.5　$h_1 = 20$cm、$h_2/h_1 = 1.2$ 垂向计算流速分布与试验值比较

图 5.4.6 和图 5.4.7 分别是边坡为 1:2 和 1:5 的挖槽各个剖面计算流速分布图。从图 5.4.6 和图 5.4.7 可以看出,边坡 1:5 的挖槽由于边坡较缓,挖槽内基本没有回流,且槽内流速较小;边坡 1:2 的挖槽内有回流,但槽内的流速仍然较小。1:2边坡无试验资料,所以此处仅给出计算结果图。

2. 丁坝绕流

1)丁坝绕流机理

河流中为防止侵蚀的护岸工程、为保证航深的整治工程,海岸上为抵御波浪和减轻海啸等灾害破坏的海塘工程,以及桥渡附近的防护工程等,一般均采用类似于丁坝的凸形建筑物。丁坝绕流呈高度三维性,目前的量测设备阻碍了这方面的研

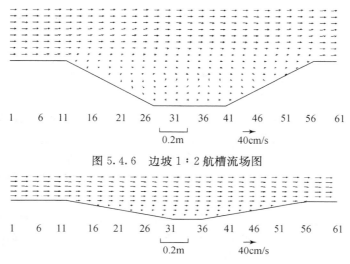

图 5.4.6　边坡 1∶2 航槽流场图

图 5.4.7　边坡 1∶5 航槽流场图

究,但对丁坝绕流的一些规律性认识还是取得了很大进展。这些进展主要表现在对坝后回流域长度、宽度的认识。

　　在水流中设置丁坝后,水流的速度场和压力场都要发生变化,流动呈高度的三维性。丁坝上游形成壅水和收缩,下游则类似骤然扩大。受丁坝阻挡的水流,一部分直接绕坝头而下,另一部分则沿上游坝面下潜、转向、再绕过坝头下泄。就时均流场而言,有一直保持前进运动的主流区和具有闭合流线的回流区,如图 5.4.8 所示。丁坝上游,主流收缩,水流偏向对岸。水流绕过坝头后,由于惯性作用,主流宽度继续收缩,形成主流最窄(回流最宽)的收缩断面(图 5.4.8 中的 c—c),随后主流沿程扩散。回流末端以下,水流逐渐恢复正常。

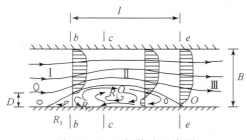

图 5.4.8　丁坝绕流示意图

　　水流绕过丁坝头部时,其流线曲率、旋转角速度以及压力梯度都很大。因此,水流绕过坝头后边界层即发生分离。在分离点以下,形成旋转角速度较大的旋涡。旋涡是每隔一段时间一个接一个地发生并向下游移动。因此,在混掺区内某处的流速、流向及压力(水位)也相应发生周期性脉动。旋涡初生时,角速度较大,体积较小,在向下游移动的过程中,体积逐渐扩大,其强度随之减小。在一系列向下游运动着的旋涡之间,互相碰撞而破碎或合并。旋涡移动路径及它们在平面上的分布都是随机的。强度较大的旋涡,可能到达的范围远于回流末端,在其间它们既可侵入回流区,也可能楔入主流区。

如图 5.4.8 所示,边界层流动在坝头突然分离,与坝后相对静水区域之间形成剪切层,在这个剪切层内,形成一连串的涡列。在 Re 很大时,此涡列极不稳定,激烈的变化形成大的紊动涡团,并与相对静水区的流体迅速混合。由于剪切层附近的掺混作用,相对静水区部分流体被卷吸到主流方向去,为维持相对静水区中部附近流体的连续条件而产生逆流,即图 5.4.8 所示的回流域 R_1。

回流末端断面的下游,称为恢复区。水流经过该区,由于主流与边界之间的流速梯度将形成二次边界层,丁坝产生的扰动沿程衰减,直至消失,各种流动特征值逐渐向无丁坝情况过渡。

为了检验三维水流模型的可靠性,对明渠丁坝绕流进行了数值计算。

2)试验装置和计算域

丁坝绕流试验是在一光滑玻璃槽中进行的,玻璃槽在 X 方向上长 13m,在 Y

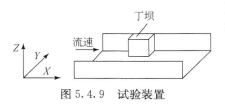

图 5.4.9　试验装置

方向上宽 0.6m。同时,一玻璃丁坝安置在水槽的一侧,丁坝在 X 方向上长 0.3m,在 Y 方向上宽 0.125m,在 Z 方向上足够高并保证露出水面,如图 5.4.9 所示。在流动方向上,测量区域为丁坝上游 0.8m,丁坝 0.3m,丁坝下游 1.7m。

在水槽下游端安装一尾门来调节水深,水槽上游端安装水箱,并由水泵从水池供水。按照水槽与三峡航道比例,水槽水深不应该很深。当水槽里的水流稳定后,平均水深为 0.085m,流量为 $9.10 \times 10^{-3} \mathrm{m}^3/\mathrm{s}$,此时,自由水面流场图用摄录像系统采集资料并连接计算机进行数据处理,并观察丁坝绕流的流态,该测量系统的量测误差小于 1.0%。

考虑到影响计算结果的所有可能因素,必须选取合适的计算区域,在流动方向上,取为丁坝上游 1m,丁坝 0.3m,丁坝下游 3.7m。计算采用的网格为非均匀网格,在划分网格时考虑了流场中流速分布的一般规律,在流速梯度较大的区域内网格较密,通过采用这样的网格,在计算中会获得较好的结果。最终网格系统取为 $I \times J \times K = 501 \times 101 \times 18$,其中,I 代表 X 方向,J 代表 Y 方向,K 代表 Z 方向。

3)试验数据与计算结果的比较、分析

(1)自由表面上的流速、流线和涡量分布。

从图 5.4.10～图 5.4.13 中可观察到,主流在丁坝顶端分离、收缩,直到在丁坝宽度的 3/7 处,主流宽度达到最窄。丁坝后的大尺度回流的计算结果与试验数据比较一致,回流长度大约为 1.08m。同时,丁坝前后的角涡也被预测到。回流区域的流速及涡强度都非常小,若对于挟沙水流,这意味着此区域极易发生淤积,反之,大流速区域则不易发生积淤。在远离丁坝的下游区域,流速分布逐渐恢复。

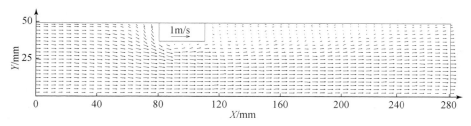

图 5.4.10　试验流速分布

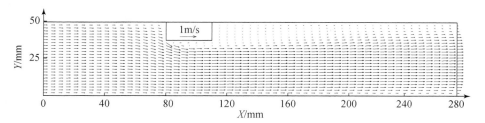

图 5.4.11　计算流速分布

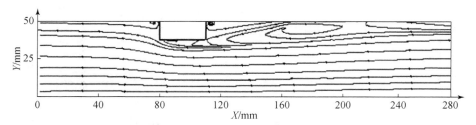

图 5.4.12　计算流线分布

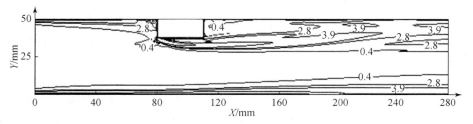

图 5.4.13　计算涡量分布(单位:1/s)

（2）$Z=0.04$m 水平面上的流速、流线和涡量分布。

图5.4.14～图5.4.16 中的计算结果同样表明，流速分布和自由表面的结果相似，但丁坝后的回流区域有所减小，反之，此区域涡的强度比自由表面的结果要强。另外，在远离丁坝的下游区域，流速分布逐渐恢复的速度比自由表面的结果要快一些。

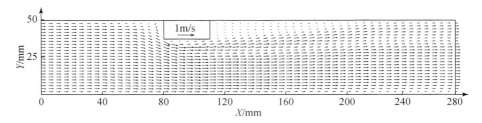

图5.4.14　计算流速分布（$Z=0.04$m）

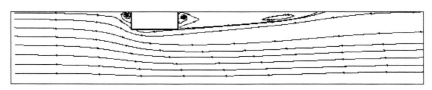

图5.4.15　计算流线分布（$Z=0.04$m）

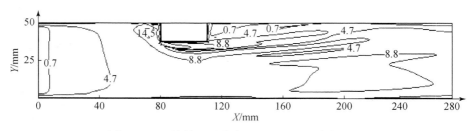

图5.4.16　计算涡量分布（$Z=0.04$m）（单位：1/s）

（3）$Y=0.47$m 垂直面上的流速、流线和涡量分布。

从图5.4.17～图5.4.19 中的计算结果同样可观察到丁坝后的大尺度回流区。同时，也预测到了丁坝前的一角涡。所有的水平面涡和垂直面涡相互作用，从而产生复杂的三维涡结构，最终导致丁坝绕流的强三维性。

（4）$Y=0.25$m 垂面上的流速、流线和涡量分布。

图5.4.20～图5.4.22 中的计算结果表明，丁坝仍然对此垂面上的流速有一些影响，但此处已没有回流，而且，此垂面上的涡量强度比垂面 $Y=0.47$m 上的计算值大一些。

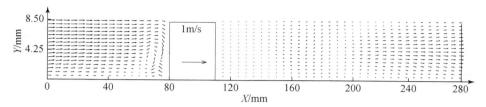

图 5.4.17　计算流速分布(Y=0.47m)

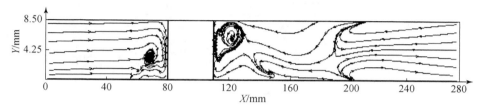

图 5.4.18　计算流线分布(Y=0.47m)

图 5.4.19　计算涡量分布(Y=0.47m)(单位:1/s)

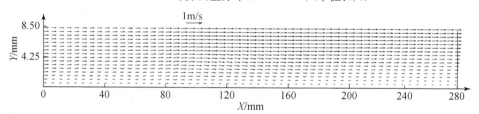

图 5.4.20　计算流速分布(Y=0.25m)

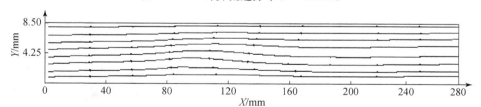

图 5.4.21　计算流线分布(Y=0.25m)

图 5.4.22　计算涡量分布(Y=0.25m)(单位:1/s)

(5)横向流速分布。

图 5.4.23 和图 5.4.24 分别显示在 $Z=0.07m$ 和 $Z=0.04m$ 两水平面上的横向流速分布,两者在丁坝上游差别不大,但在丁坝下游,水平面 $Z=0.04m$ 上的流速和回流区域都比水平面 $Z=0.07m$ 上的流速稍大。

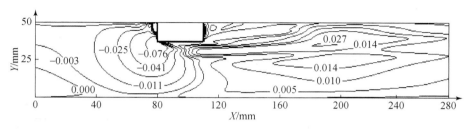

图 5.4.23 $Z=0.07m$ 水平面上的计算横向流速分布(单位:m/s)

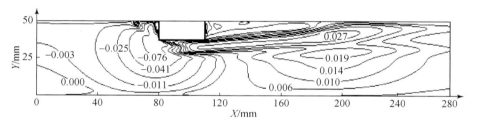

图 5.4.24 $Z=0.04m$ 水平面上的计算横向流速分布(单位:m/s)

如上所述,计算结果清楚表明,所有水平面上的流速并不是均匀的,而且是强三维的,所以,基于水深方向上积分的二维水平面控制方程不可能提供如此丰富的流场信息,如垂直面上的流速、流向和涡量分布。

3. 含沙量沿垂线分布

1)松散床面泥沙掀起的纯悬浮过程

van Rijn(1987)在如图 5.4.25 所示的水槽中进行了水流从清水经过松散泥沙床面时逐渐挟沙并恢复饱和的试验。试验水槽长 30m、宽 0.5m、深 0.7m。试验水深 0.25m,平均流速为 0.67m/s。床面泥沙粒径 $d_{50}=0.23mm$、$d_{90}=0.32mm$。van Rijn(1986)、Celik 等(1988)、Lin 等(1996)及 Wu 等(2000)分别使用各自的模型计算了该试验的悬移质浓度变化过程。

本节选用这一资料来检验水动力和悬沙输移模型。假定流动为均匀流,进口给定流速,出口给定水位,经过试算确定其河床糙率。计算中,进口悬沙浓度为 0,水流挟带从床面上掀起的泥沙,逐渐恢复饱和,悬移泥沙的粒径约为 0.2mm,相应沉速为 0.0218m/s。图 5.4.26 给出了距离进口(定床)不同地段计算的含沙量分布与实测值的比较。可见,两者吻合较好。

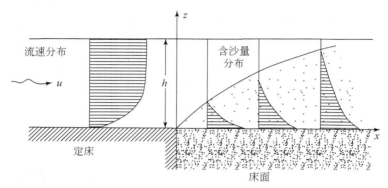

图 5.4.25　水流从清水经过松散泥沙床面后逐渐挟沙并恢复饱和试验的水槽示意图

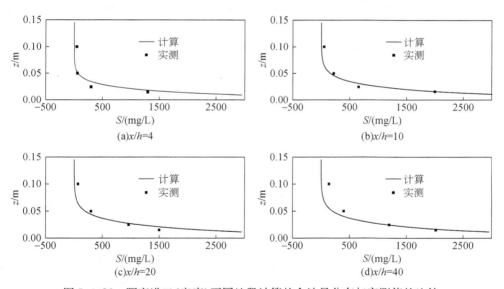

图 5.4.26　距离进口(定床)不同地段计算的含沙量分布与实测值的比较

2)纯淤积过程

Wang 等(1986)进行了如图 5.4.27 所示的纯淤积过程的悬移质试验。试验水槽长 20m,其中,前 10m 为定床,在进口加入泥沙,在 $x=0$ 处改变床面,使 16m 长的床面改变为多孔床面,即悬移质运动至 $x=0$ 处后,泥沙落到床面后,使泥沙没有可能再悬浮,其底部泥沙通量或浓度梯度为 0。试验时,平均流速为 0.56m/s,水深为 0.215m,床面泥沙:$d_{10}=0.075$mm、$d_{50}=0.095$mm、$d_{90}=0.105$mm。计算中,假定床面泥沙为均匀沙,相应沉速为 0.0056m/s。van Rijn(1986)、Lin 等(1996)、

Wu 等(2000)曾进行了该算例的计算。

本次计算中,进口边界位于由定床至多孔床面分界处($x=0$),此处实测的浓度分布作为进口边界条件,给定均匀流的流速和水深,计算得到床面摩阻流速为0.032m/s,与试验观测值0.033m/s很接近。计算与实测的浓度分布曲线的比较如图5.4.28所示,可见,计算结果还是比较令人满意的。

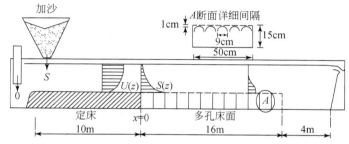

图 5.4.27　Wang 等进行的悬移质纯淤积过程试验水槽示意图

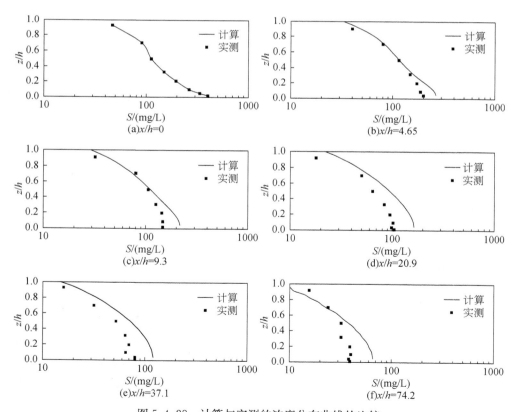

图 5.4.28　计算与实测的浓度分布曲线的比较

参 考 文 献

白玉川,杨建民,黄本胜,2003. 二维水沙数学模型在复杂河道治理中的应用[J]. 水利学报,
　34(9):25-30.

曹文洪,何少苓,方春明,2001. 黄河河口海岸二维非恒定水流泥沙数学模型[J]. 水利学报,
　32(1):42-48.

陈国祥,郁伟族,1989. 冲积河流数学模拟的进展[J]. 河海大学科技情报,(3):50-63

陈虹,李大鸣,1999. 三维潮流泥沙运动的一种数值模拟[J]. 天津大学学报:自然科学与工程技
　术版,32(5):573-579.

陈界仁,沙捞・巴里,陈国祥,2000. 二维水库水流泥沙数值模拟[J]. 河海大学学报(自然科学
　版),28(5):11-15.

崔占峰,张小峰,冯小香,2008. 丁坝冲刷的三维紊流模拟研究[J]. 水动力学研究与进展(A 辑),
　23(1):33-41.

丁平兴,孔亚珍,朱首贤,等,2001. 波-流共同作用下的三维悬沙输运数学模型[J]. 自然科学进
　展,11(2):147-152.

董文军,1996. 永定新河二维输沙有限元数值模拟[J]. 泥沙研究,(4):86-94.

董文军,李世森,白玉川,1999. 三维潮流和潮流输沙问题的一种混合数值模拟及其应用[J]. 海
　洋学报,21(2):108-114.

窦国仁,1963. 潮汐水流中悬沙运动及冲淤计算[J]. 水利学报,(4):15-26.

窦国仁,1981. 紊流力学(上)[M]. 北京:人民教育出版社.

窦国仁,2001. 河口海岸全沙模型相似理论[J]. 水利水运工程学报,(1):1-12.

窦国仁,赵士清,1990. 在三峡工程变动回水区中一维全沙数学模型的研究[J]. 水利水运工程
　学报,(2):3-12.

窦国仁,赵士清,黄亦芬,1987. 河道二维全沙数学模型的研究[J]. 水利水运科学研究,(2):
　1-12.

窦希萍,李提来,窦国仁,1999. 长江口全沙数学模型研究[J]. 水利水运科学研究,(2):136-145.

范北林,黄煜龄,黄耀华,1993. 河道平面二维泥沙数学模型研究与验证[J]. 长江科学研究院院
　报,10(2):27-33.

方春明,2003. 考虑弯道环流影响的平面二维水流泥沙数学模型[J]. 中国水利科学研究院院
　报,1(3):26-29.

方红卫,王光谦,2000a. 平面二维全沙泥沙输移数学模型及其应用[J]. 应用基础与工程科学学
　报,8(2):165-178.

方红卫,王光谦,2000b. 一维全沙泥沙输移数学模型及其应用[J]. 应用基础与工程科学学报,
　2(2):154-164.

冯小香,张小峰,李建兵,等,2008. 水库坝前冲刷漏斗形态三维水沙数学模型研究[J]. 水动力
　学研究与进展 A 辑,23(1):15-23.

郭庆超,韩其为,何明民,1996. 二维潮流及泥沙数学模型[J]. 泥沙研究,(1):48-55.

韩其为,1980. 悬移质不平衡输沙的研究//第一届河流泥沙国际学术讨论会论文集[C]. 北京光
　华出版社.

韩其为,何明民,1987. 水库淤积与河床演变的(一维)数学模型[J]. 泥沙研究,(3):14-29.

何明民,韩其为,1990. 挟沙能力级配及有效床沙级配的确定[J]. 水利学报,(3):1-12.

胡德超,2009. 三维水沙运动及河床变形数学模型研究[D]. 北京:清华大学.

李大鸣,付庆军,林毅,等,2008. 河道三维错层的水流泥沙数学模型[J]. 天津大学学报,41(7):769-776.

李东风,张红武,许雨新,等,1999. 黄河下游平面二维水沙运动模拟的有限元方法[J]. 泥沙研究,(4):59-63.

李芳君,陈士荫,1994. 疏浚引起泥沙扩散的三维数值模拟[J]. 泥沙研究,(4):68-75.

李孟国,时钟,秦崇仁,2003. 伶仃洋三维潮流输沙的数值模拟[J]. 水利学报,(4):51-57.

李瑞杰,孙效功,1999. 潮流作用下河口悬沙运动二维数学模型[J]. 海洋湖沼通报,(3):10-15.

李义天,1989. 河道平面二维泥沙数学模型研究[J]. 水利学报,(2):26-35.

李义天,吴伟明,1993. 三峡水库变动回水区(平面二维与一维嵌套)泥沙数学模型研究及初步应用//长江三峡工程泥沙与航运关键技术研究专题研究报告集(下册)[M]. 武汉:武汉工业大学出版社.

李义天,高凯春,1996. 三峡枢纽下游宜昌至沙市河段河床冲刷的数值模拟研究[J]. 泥沙研究,(2):3-8.

李云中,2003. 1998年洪水前后两坝间(三峡至葛洲坝)及葛洲坝下游近坝段水沙及河床冲淤变化规律研究[R]. 宜昌:长江水利委员会三峡水文局.

林秉南,1988. 关于一维动床数学模型的讨论//三峡工程泥沙问题研究成果汇编(160～180m 蓄水位方案)[C]. 北京:水利电力部科学技术司.

林秉南,韩曾萃,孙宏斌,等,1988. 潮汐水流泥沙输移与河床变形的二维数学模型[J]. 泥沙研究,(2):1-8.

刘兴年,2004. 沙卵石推移质运动及模拟研究[D]. 成都:四川大学.

芦绮玲,郑邦民,赵明登,等,2007. 水库坝前冲刷漏斗的三维数值模拟[J]. 水动力学研究与进展 A 辑,22(2):254-259.

芦田和男,1980. 水库淤积预报//第一次国际河流泥沙会议论文集[C]. 上海:上海光华出版社.

陆永军,2002a. 葛洲坝枢纽船闸与航道水深问题二维泥沙数学模型研究//长江三峡工程泥沙问题研究(1996—2000)[M]. 北京:知识产权出版社.

陆永军,2002b. 三峡工程下游浅滩整治一维及二维数值模拟研究//长江三峡工程泥沙问题研究(1996-2000)[M]. 北京:知识产权出版社.

陆永军,张华庆,1991. 非均匀沙推移质输沙率及其级配计算[J]. 水动力学研究与进展 A 辑,6(4):96-106.

陆永军,张华庆,1993a. 平面二维河床变形的数值模拟[J]. 水动力学研究与进展 A 辑,8(3):273-284.

陆永军,张华庆,1993b. 水库下游冲刷的数值模拟—模型的构造[J]. 水动力学研究与进展,8(1):81-89.

陆永军,张华庆,1993c. 水库下游冲刷的数值模拟—模型的检验[J]. 水动力学研究与进展,8(s1):491-498.

陆永军,徐成伟,1995. 丹江口水库下游河道二维全沙数学模型[J]. 水利学报,(增刊):135-141.

陆永军,刘建民,1998a. 荆江重点浅滩整治的二维动床数学模型研究[J]. 泥沙研究,(1):37-51.

陆永军,陈国祥,刘建民,等,1998b. 航道工程泥沙数学模型的研究(Ⅱ)—模型的验证与应用[J]. 河海大学学报,26(1):66-72.

陆永军,陈稚聪,赵连白,等,2002. 三峡工程对葛洲坝枢纽下游近坝段水位与航道影响研究[J]. 中国工程科学,4(10):67-72.

陆永军,窦国仁,韩龙喜,等,2004. 三维紊流悬沙数学模型及应用[J]. 中国科学 E 辑 技术科学,34(3):311-328.

陆永军,王兆印,左利钦,2006. 长江中游瓦口子至马家咀河段二维水沙数学模型[J]. 水科学进展,17(2):227-234.

马福喜,李文新,1999. 河口水流、波浪潮流、泥沙、河床变形二维数学模型[J]. 水利学报,(5):39-43.

沈永明,刘诚,2008. 弯曲河床中底沙运动和河床变形的三维 k-ε-k_p 两相湍流模型[J]. 中国科学 E 辑 技术科学,(7):1118-1130.

施勇,胡四一,2002. 无结构网格上平面二维水沙模拟的有限体积法[J]. 水科学进展,13(4):409-415.

史英标,1997. 潮汐河口平面二维悬沙输移及河床变形的数值模拟[J]. 河口与海岸工程,(1):9-21.

孙东坡,彭文启,刘培斌,1999. 河流交叉工程平面二维水沙数值模拟[J]. 水利学报,(2):62-66.

谈广鸣,赵连军,韦直林,等,2005. 海河口平面二维潮流泥沙数学模型研究[J]. 水动力学研究与进展 A 辑,20(5):545-550.

唐学林,陈稚聪,陆永军,等,2007. 小浪底河段浑水流动的三维数值模拟[J]. 清华大学学报(自然科学版),(9):1447-1451.

王崇浩,韦永康,2006. 三维水动力泥沙输移模型及其在珠江口的应用[J]. 中国水利水电科学研究院学报,4(4):246-252.

王尚毅,顾元棪,1987. 二维泥沙数学模型的理论基础及其应用[J]. 海洋学报,9(1):104-114.

韦直林,谢鉴衡,傅国岩,等,1997. 黄河下游河床变形长期预测数学模型的研究[J]. 武汉水利电力大学学报,30(6):1-5.

夏云峰,2002. 感潮河道三维水流泥沙数值模型研究与应用[D]. 南京:河海大学.

谢鉴衡,魏良琰,1987. 河流泥沙模型的回顾与展望[J]. 泥沙研究,(3):3-15.

谢作涛,张小峰,袁晶,等,2005. 一般曲线坐标系平面二维水沙数学模型研究与应用[J]. 泥沙研究,(6):58-64.

辛文杰,1997. 潮流、波浪综合作用下河口二维悬沙数学模型[J]. 海洋工程,15(1):30-47.

徐峰俊,刘俊勇,2003. 伶仃洋海区二维不平衡非均匀沙输沙数学模型[J]. 水利学报,(7):16-21,29.

许协庆,朱鹏程,1964. 河床变形问题的特征线解[J]. 水利学报,(5):3-21.

杨美卿,陈亦平,1988. 卵石夹沙河床长期清水冲刷的数学模型[J]. 泥沙研究,(1):47-56.

杨美卿,王桂仙,1998. 卵石夹沙河流动床泥沙数学模型研究[J]. 清华大学学报(自然科学版),38(1):19-22.

叶坚,1989. 紊流 K-ε-S 模型的研究以及应用[D]. 南京:南京水利科学研究院.

叶坚,窦国仁,1990. 一种新的紊流模型 K-e-S 模型[J]. 水利水运科学研究,(3):1-10.

余明辉,杨国录,2000. 平面二维非均匀沙数值模拟方法[J]. 水利学报,(5):65-69.

袁美琦,李伯海,张秀芹,1992. 珠江口伶仃洋航道水力学研究报告之一——水池试验报告[R]. 天津:交通部天津水运工程科学研究所.

张红武,黄远东,赵连军,等,2002. 黄河下游非恒定输沙数学模型 I 方程模型与数值方法[J]. 水科学进展,13(3):265-270.

张华庆,陆永军,1992. 清水冲刷河床粗化数学模型[J]. 水动力学研究与进展 A 辑,(4):412-419.

张华庆,陆永军,1993. 河道平面二维泥沙数学模型[J]. 水道港口,(2):36-43.

张杰,李永红,2002. 平面二维河床冲淤计算有限体积法[J]. 长江科学院院报,19(5):17-20.

张瑞瑾,谢鉴衡,王明甫,等,1989. 河流泥沙动力学[M]. 北京:水利电力出版社.

张细兵,黄耀华,殷瑞兰,2002. 河道平面二维水沙数学模型的有限元法[J]. 泥沙研究,(6):60-65.

赵明登,李义天,2002. 二维泥沙数学模型及工程应用问题探讨[J]. 泥沙研究,(1):66-70.

郑金海,2003. 贴体正交曲线坐标系下水流泥沙数学模型的构建与应用[J]. 海洋通报,22(1):1-8.

钟德钰,张红武,2004. 考虑环流横向输沙及河岸变形的平面二维扩展数学模型[J]. 水利学报,35(7):14-20.

周发毅,陈璧宏,1997. 取水口附近水流泥沙运动的三维数值模拟[J]. 水利学报,(12):30-37.

周华君,1992. 长江口最大浑浊带特性研究和三维水流泥沙数值模拟[D]. 南京:河海大学.

周建军,1988. 平面二维不恒定流及河床形数值模拟方法研究[D]. 南京:南京水利科学研究院.

周建军,林秉南,王连祥,1993. 平面二维泥沙数学模型及其应用[J]. 水利学报,(11):10-19.

周志德,丁联臻,1990. 泥沙数学模型概述[R]. 北京:国际泥沙研究培训中心.

BROWNLIE W R,1983. Flow depth in sand bed channels[J]. Journal of hydraulic engineering, ASCE,109(7):959-990.

CELIK I,RODI W,1988. Modeling suspended sediment transport in non-equilibrium situations [J]. Journal of hydraulic engineering,114(8):1157-1191.

CHEN R F,1986. Modeling of estuary hydrodynamics- A mixture of art and science[C]. Proceedings of 3rd International Symposium on River Sedimentation,Mississippi.

CHIEN N,WAN Z H,1999. Mechanics of sediment transport[M]. Reston:ASCE Press.

DEMUREN A O, 1989. Calculation of sediment transport in meandering channels [C]. Proceedings of 23rd IAHR Congress,International Association for Hydraulic Research,Delft.

DEMUREN A O, 1991. Development of a mathematical model for sediment transport in meandering rivers[R]. Karlsruhe:Institution for Hydromechanics,University of Karlsruhe.

DEMUREN A O,RODI W, 1986. Calculation of flow and pollutant dispersion in meandering channels[J]. Journal of fluid mechanics,17(2):63-92.

FANG H W,WANG G Q,2000. Three-dimensional mathematical model of suspended-sediment transport[J]. Hydraulic engineering,ASCE,126(8):578-592.

FELDMANA D,1981. Hec models for water resources system simulation theory and experience

［J］. The hydraulic engineering center,(12):297-423.

FERENETTE R D G, TANGUY J M, 1992. A three-dimensional finite element sediment transport model［C］. Proceedings of 5th International Symposium on River Sedimentation, Karlsruhe.

HOLLY F M JR, RAHUEL J L, 1990. New numerical physical framework for mobile-bed modelling［J］. Journal of hydraulic research, 28(5):545-564.

LAUNDER B E, SPALDING D B, 1974. The numerical computation of turbulent flows［J］. Computer methods in applied mechanics & engineering, 3:269-289.

LIN B L, FALCONER R A, 1996. Numerical modeling of three-dimensional suspended sediment for estuarine and coastal waters［J］. Journal of hydraulic research, 34(4):435-456.

LU Y J, ZHANG H Q, 1992. A study on nonequilibrium transport of nonuniform bedload in steady flow［J］. Journal of hydrodynamics, 4(2):111-118.

LU Y J, WANG Z Y, 2009. 3D numerical simulation for water flows and sediment deposition in dam areas of the Three Gorges Project［J］. Journal of hydraulic engineering, ASCE, 135(9): 755-769.

MCANALLY W H, LETER J W, TOMAS W A, 1986. Two- and three-D modeling systems for sedimentation［C］. Proceedings of the 3rd International Symposium on River Sedimentation, Mississippi.

OLSEN N R B, SKOGLUND M, 1994. Three-dimensional suspended sediment for estuarine and coastal water［J］. Journal of hydraulic research, 32(6):833-844.

PATANKAR S V, 1980. Numerical heat transfer and fluid flow［M］. Washington DC: Hemsphero Publishing Co.

PRINOS P, 1993. Compound open channel flow with suspended sediments［C］. Proceedings of the International Conference of Hydroscience and Engineering.

RODI W, 1984. Turbulence models and their application in hydraulics—A state of the art view ［C］. International Association for Hydraulics Research, Delft.

SHIMIZU Y, YAMAGUCHI H, ITAKURA T, 1990. Three-dimensional computation of flow and bed deformation［J］. Journal of hydraulic engineering, ASCE, 116(9):1090-1108.

THOMPSON J F, WARSI Z U A, MASTIN C W, 1985. Numerical grid generation: Foundations and applications［M］. Amsterdam: North-Holland.

VAN RIJN, 1984. Sediment transport, part Ⅲ: Bed forms and alluvial roughness［J］. Journal of hydraulic engineering, ASCE, 110(12):1733-1754.

VAN RIJN, 1986. Mathematical modeling of suspended sediment in non-uniform flows［J］. Journal of hydraulic engineering, 112(6):433-455.

VAN RIJN, 1987. Mathematical modeling of morphological processes in the case of suspended sediment transport［M］. Delft: Delft Hydraulic Communication.

WANG S Y, ADEFF S E, 1986. Three-dimensional modeling of river sedimentation processes ［C］. Proceedings of the 3rd International Symposium on River Sedimentation, Mississippi.

WANG S Y, JIA Y, 1995. Computational modeling and hydroscience research//Advances in Hydro-Science and Engineering, Proceedings of 2nd International Conference on Hydro-Science and Engineering[C]. Beijing: Tsinghua University Press.

WANG Z B, RIBBERINK J S, 1986. The validity of a depth-integrated model for suspended sediment transport[J]. Journal of hydraulic research, 24(1), 53-66.

WILLEMSE J B T M, 1986. Solving shallow water equations with an orthogonal coordinate transformation[M]. Delft: Delft Hydraulics Communication.

WU W M, RODI W, WENKA T, 2000. 3D numerical model for suspended sediment transport in open channels[J]. Journal of hydraulic engineering, ASCE, 126(1): 4-15.

YANG C T, HUANG J C, GREIMANN, 2004. User's manual for GSTARS-1D (generalized sediment transport model for alluvial rivers-one dimension)[M]. Colorado: US Bureau of Reclamation Technical Service Center.

第6章 水库(枢纽)泥沙物理模型模拟技术

6.1 水库泥沙物理模拟研究进展

水库泥沙主要研究库区(包括常年回水区和变动回水区)河段、坝区河段和坝下游河段的水流泥沙运动特性及河床冲淤变形情况。库区河段重点研究在各种水库运用方案的条件下,库区河段沿程水位和流速的变化、库区泥沙的淤积过程和淤积分布、库区泥沙淤积对洪水位及航道条件和回水末端的影响、沿程含沙量以及泥沙颗粒组成的变化等。坝区是指水利枢纽所在河段,着重研究枢纽布置的方案比较、坝区泥沙淤积过程、淤积部位、淤积数量和淤积形态及其对发电、航运等方面的影响。枢纽下游河道着眼于枢纽泄流情况下,下游河道的冲刷和河床演变的规律。鉴于工程布置及水流泥沙运动的复杂性,水库泥沙目前很难用理论的计算方法获得满意的结果,因而对重大工程多采用以物理模型试验为主并辅以数学模型计算的方式进行研究。水库泥沙物理模型是将工程建筑物、河道形态和水流泥沙运动特征按相似准则缩小成模型,用以模拟水库水流泥沙运动及河床冲淤变形情况的一种研究方法,其为河工模型重要的组成部分,是解决江河治理及大型水利水电工程泥沙问题的主要和有效的手段之一(惠遇甲等,1999)。

两百多年前,牛顿提出相似理论;1848年,法国的别尔特兰(Bertrand)提出相似第一定理;1870年左右,傅汝德(Froude)进行船模试验,提出傅汝德相似律;1885年,雷诺(Reynolds)运用傅汝德相似律进行 Mersey 河模型试验;1898年,德国水利学者恩格斯(Engels)首创河工实验室进行天然河流的模型试验,并多次为黄河进行河工模型试验。20世纪以来,河工模型得到更大发展。由于我国河流泥沙问题突出,尽管我国水库泥沙物理模型的研究与实践起步较晚,但近几十年来水利事业发展十分迅速,尤其在20世纪后半叶,我国为多个大型水库进行了大规模的泥沙模型试验,如葛洲坝工程、三峡工程、小浪底工程、三门峡水库、官厅水库等,在试验理论、技术和设备条件等方面有了长足的发展。

根据河床活动性,水库物理模型可做成定床或动床。定床模型主要用于研究原型河段的水面线、水流流速和流态以及汊道分流情况等问题,因此定床模型只需满足水流运动相似和动力相似条件。如果需研究水流作用下的河床冲淤演变情况,应选用动床模型。对于动床模型,除必须保证水流运动相似条件外,还应满足泥沙起动相似、输沙能力相似、河床冲淤变形相似和冲淤时间相似等条件。对于悬移质泥沙,还需考虑泥沙沉降相似和悬浮相似。有异重流运动时,应满足其发生条件相似和阻力相似。按几何相似程度分,又可分为正态模型及变态模型。这些模型各有特点,适用范围也各不相同(参见表 6.1.1)(周冠伦等,2004)。

表 6.1.1　水库泥沙物理模型分类

正、变态要求	按河床可动性及泥沙运动类型划分	适用范围
库区河段模型一般采用变态模型 坝区河段模型一般采用正态模型或小变率变态模型 坝下游河段模型一般采用正态模型	定床水流模型	河床不变形或变形较小的水库水流特性问题
	定床推移质模型	以推移质运动为主的水库淤积问题及引航道防沙及清淤问题
	定床悬移质模型	以悬移质运动为主的水库淤积问题及引航道淤积问题
	动床推移质模型	以推移质运动为主的水库泥沙冲刷和淤积问题及引航道泥沙问题
	动床悬移质模型(含推移质在内)	以悬移质运动为主的水库泥沙冲刷和淤积问题及引航道泥沙等问题,常年库区淤积问题需考虑全沙

　　比尺模型方法是以相似论为基础的,源于牛顿发表的相似理论。但往往由于问题的复杂性,常对相似条件加以简化和取舍。郑兆珍(1953)是我国最早提出挟沙水流模型试验定律的学者,其主要研究成果是认为水流运动相似方面必须同时满足曼宁公式及傅汝德准则,并认为在平原河道内可以允许傅汝德准则有偏差。1958 年,列维教授根据沉沙池上的一些泥沙沉降规律,提出挟沙水流模型试验的相似条件,并根据巴连布拉特的挟沙水流总能量平衡方程得出了含沙量比尺。对底沙运动的模拟,刚开始多沿用 Vogel(1935)提出的相似条件。直至 1954 年,爱因斯坦(Einstein)及钱宁提出较为完善的以推移质泥沙运动为主的模型相似律。之后,李昌华(1966,1977,1981)在总结国内外经验的基础上考虑脉动水流为克服阻力消耗的能量,提出了动床泥沙模型,从理论上证明了悬沙运动的相似要求满足泥沙沉降相似条件,同时还要求满足泥沙垂线分布的相似条件。1977 年,窦国仁根据巴连布拉特的挟沙水流脉动能量方程得到悬沙含沙量比尺,为了能够同时模拟悬移质和推移质泥沙运动,提出了全沙模型,该模型的关键在于必须使用他提出的推移质输沙公式。王世夏(1978)对以底沙运动为主的水利枢纽下游附近动床模型相似律问题进行了普遍性的分析,论证了模型设计和模型沙选择应满足的 8 个相似条件。

　　对于黄河这类含沙量高的河流,屈孟浩(1981)根据黄河的水沙特点,提出了适合黄河动床模型试验的基本方法。而窦国仁等(1995)通过研究高含沙水流的宾汉切应力,成功地将高低含沙量的水流模拟相似律统一到一个模型中,充实并发展了全沙模型相似律。李保如等(1985)认为,研究黄河河床演变时,定性的问题可采用自然模型法,定量的问题可采用比尺模型法。出于对固液流动相似性的要求和对时间变态的考虑,张红武(1992)认为在模型沙的选取时需采用比重较大的,并从理论上指出河流综合稳定性指标适用于原型和模型,可作为河型相似的准数。张红武于 1995 年系统开展了动床模型相似理论的研究,针对能代表天然实际情况的紊流型高含沙水流运动及输沙特性,提出了模型相似律。张俊华等(2001)在张红武提出的模型相似律的基础上,针对黄河水库泥沙模型的特点,论证了时间变态的影响及异重流运动相似条件,还通过对三门峡水库泥沙模型试验的验证,完善了黄河水库泥沙模型的相似律。张红武等(2001)详细讨论了试验过程中存在的几何变态、推移质泥沙级配选配、时间变态等问题,并提出了相应的解决途径和建议。胡春宏等(2003)等结合永定河来水含沙量高的特点和官厅水库的泥沙淤积特征,建立了一套适用于含沙量高、变幅大的变态动床模型设计方法,解决了为库容调蓄和坝前异重流进口的模拟难题,成功地模拟了高含沙水库分(汇)流区和坝前异重流运动及妫水河口拦门沙形成。胡春宏等(2001,2003,2005)、曾庆华等(1996)开展了泾河东庄水库下游河道冲淤物理模型试验、潼关高程变化对渭河下游河道影响的动床物理模型试验等方面的研究工作,解决了渭河修建水库引起的下游冲刷、河流交汇区水沙运动等方面的相似问题,取得了令人满意的成果。

6.2　模型相似律

模型有正态和变态之分。在下述模型相似律(JTJ/T 232—1998)的讨论中,将垂直比尺 λ_H 和水平比尺 λ_L 加以区别表示,是为了使相似比尺的关系式既适用于变态模型,又适用于正态模型,对于后一种情况,只要将 λ_H 换成 λ_L 即可。

6.2.1　水流定床模型试验

(1)几何相似

$$\lambda_L = L_p/L_m \text{ 和 } \lambda_H = H_p/H_m \tag{6.2.1}$$

(2)重力相似

$$\lambda_V = \lambda_H^{1/2} \tag{6.2.2}$$

(3)阻力相似

$$\lambda_n = \lambda_H^{7/6}/(\lambda_V \lambda_L^{1/2}) \tag{6.2.3}$$

(4)水流运动时间相似

$$\lambda_{t_1} = \lambda_L/\lambda_V \tag{6.2.4}$$

(5)水流运动连续性相似

$$\lambda_Q = \lambda_L \lambda_H \lambda_V \tag{6.2.5}$$

式中,λ_L 为水平比尺;λ_H 为垂直比尺;L_p 为原型平面尺度(m);L_m 为模型平面尺度

(m);H_p 为原型垂向尺度(m);H_m 为模型垂向尺度(m);λ_V 为流速比尺;λ_n 为糙率比尺;λ_{t_1} 为水流运动时间比尺;λ_Q 为水流流量比尺。

6.2.2　推移质泥沙模型

推移质泥沙模型的相似条件除应符合上述相似条件外,还应满足下列相似条件:

(1)起动相似

$$\lambda_{V_0} = \lambda_V \tag{6.2.6}$$

(2)输沙率相似

$$\lambda_P = \lambda_{P_*} \tag{6.2.7}$$

(3)河床变形相似

$$\lambda_{t_2} = \frac{\lambda_{\gamma_0} \lambda_L \lambda_H}{\lambda_P} \tag{6.2.8}$$

式中,λ_{V_0} 为起动流速比尺;λ_P 为推移质输沙率比尺;λ_{P_*} 为推移质输沙能力比尺;λ_{t_2} 为推移质冲淤时间比尺;λ_{γ_0} 为泥沙干容重比尺。

6.2.3　悬移质泥沙模型

悬移质泥沙模型设计除应符合式(6.2.1)~式(6.2.5)的相似条件外,还应满足下列相似条件:

(1)泥沙沉降相似

$$\lambda_\omega = \lambda_V \frac{\lambda_H}{\lambda_L} \tag{6.2.9}$$

(2)泥沙悬浮相似

$$\lambda_\omega = \lambda_V \left(\frac{\lambda_H}{\lambda_L}\right)^{1/2} \tag{6.2.10}$$

(3)泥沙起动相似

$$\lambda_{V_0} = \lambda_V \tag{6.2.11}$$

(4)水流挟沙能力相似

$$\lambda_{s_*} = \lambda_s \tag{6.2.12}$$

(5)河床冲淤变形时间相似

$$\lambda_{t_3} = \frac{\lambda_{\gamma_0} \lambda_L}{\lambda_V \lambda_s} \tag{6.2.13}$$

(6)异重流运动发生条件相似

$$\lambda_{V_e} = \lambda_V \tag{6.2.14}$$

其中异重流运动速度比尺可按下式计算:

$$\lambda_{V_e} = \lambda_{\frac{\gamma_s - \gamma}{\gamma_s}}^{1/2} \lambda_H^{1/2} \lambda_s^{1/2} \tag{6.2.15}$$

式中,λ_{ω} 为泥沙沉降速度比尺;λ_{s_*} 为水流挟沙能力比尺;λ_s 为含沙量比尺;λ_{t_3} 为河床冲淤时间比尺;λ_{V_e} 为异重流速度比尺。

6.2.4　模型设计限制条件

(1)模型水流应处于阻力平方区,垂直比尺 λ_H 应满足下列公式的要求:

$$\lambda_H \leqslant 4.22 \left(\frac{V_p H_p}{\nu}\right)^{2/11} \xi_p^{8/11} \lambda_L^{8/11} \tag{6.2.16}$$

$$\xi_p = 2gn^2 / H_p^{1/3} \tag{6.2.17}$$

式中,V_p 为原型平均流速,m/s;H_p 为原型平均水深,m;ν 为紊动黏性系数,m^2/s;ξ_p 为原型阻力系数;n 为曼宁糙率系数。

(2)模型水流不处于阻力平方区时,水流 Re 应大于 1000。

(3)模型水流应减小表面张力影响,模型试验段的最小水深不应小于 0.03m。

(4)模型糙率不宜小于 0.012 或大于 0.03。

(5)变态模型的变率宜为 2~5,试验河段宽深比小时取小值,反之可取大值;对于河床窄深,河道弯曲半径小,地形复杂,水流急险、紊乱的碍航河段或枢纽河段,宜采用正态模型。

6.3　几个关键问题讨论

水库模型在设计时要满足的相似条件较多,难以全部满足,例如,重力相似条件中,变态模型主要遵守水平方向的惯性力相似,忽视垂直方向的惯性力相似;泥沙起动相似比尺和沉降相似比尺很难同时满足;时间变态也不可避免等。因此,只能根据试验研究的具体要求,选择主要条件进行设计,而允许次要条件在一定程度上发生偏离。

6.3.1　模型变率的限制

在水库泥沙物理模型设计时,一方面受试验场地的限制以及模型水深的要求,模型不可能全都设计成正态模型,另一方面在模型试验中所塑造出来的模型河道与天然河道之间存在变态的河相关系。因此,物理模型往往设计成变态模型。水库泥沙物理模型中,水平方向和垂直方向常采用不同的长度比尺,这种水平比尺 λ_L 和垂直比尺 λ_H 不同的模型,称为几何变态模型,水平比尺与垂直比尺的比值为变态率,即 $\eta = \lambda_L / \lambda_H$。根据相似理论的要求,模型试验设计以正态模型为宜,变态模型需根据试验研究目的要求和河道特性来设计。变态模型在垂直方向和水平方向上的动力和流态都不能达到完全相似,只能做到水流平均特征的相似,即只能达到整体水流相似(张瑞瑾,1979)。当变率越大时,纵向流速垂线分布偏离越大,因此对于研究流速分布的情况,不适宜使用大变率模型。在利用变态模型来研究一维水流问题时,即只研究水位和断面平均流速的相似问题时,是可以采取大变率模型的。例如,荆江分洪闸的整体模型变率就取到了 50,试验成果同样较好(陈德明等,1998)。

模型变率除改变水流结构外,也对泥沙的输移有着不可忽视的影响。李旺生(2001)指出受河床边界变化或水工建筑物阻滞水流的影响,垂线流速梯度的不相似必然造成副流模拟失真,而正是这种失真波及主流和主流输沙。对于推移质运动,模型变率的影响主要在于输沙率比尺上。受模型变率的影响,床面水流流速分布首先发生变化,继而改变了泥沙起动的难易程度,输沙率发生偏离。而对悬移质运动来说,模型变率在改变水流相似结构的同时,也势必影响悬移质浓度的垂线分布及含沙量比尺的确定。既然模型变率如此关键,那么该如何来选取就显得极为关键。

在模型设计过程中,模型变率是没有一个固定值的,其具体的大小主要取决于宽深比和河床糙率。在长江三峡、葛洲坝以及黄河小浪底等水库模型设计过程中,一方面受场地等因素的制约,另一方面考虑到原型河段宽深比较大,往往会将模型设计成变态模型。从大量试验统计来看,此类模型都较好地满足原型水流运动相似、水流泥沙分布相似以及河床冲淤变形相似等条件。模型设计成正态模型不存在加糙问题,而在变态模型中,糙率系数应按倍比 $\eta^{2/3}/\lambda_L^{2/3}$ 加大。因此,除需正确选定模型平面及垂直长度比尺、制模材料及制模方法外,一般需要加糙。在模型上加糙的方法很多,通常采用的两种方法是密实加糙和梅花形加糙。

在山区河流模型中有时会遇到,一种加糙方式难于使各级流量的水面线达到相似,此时可采用多种加糙方式加糙。模型加糙后,仍需保证枯水水深、过水断面面积与天然相似。为了避免加糙对水流相似性的影响,张胜利等(1995)提出为避免模型加糙困难或加糙后造成垂线流速分布失真,模型可采用比降二次变态的技术,这为减弱模型阻力相似偏离、满足起动相似条件提供了新思路。此外,在我国和世界其他各地的一些大型河工模型试验中早已使用过,并取得了较为满意成果的流量变态法(JTJ/T 232—1998)。通常情况下,在原型河段的宽深比越大,而糙率较小时,所能允许的模型变态率也就越大。

下面统计张红武(1986,2001)、颜国红(1996)、姚仕明等(1999)、Liang(1992)、李国英(2002)、段文忠等(1998)、卢金友等(2008)、胡春宏等(2008)在不同情况下,模型变率概化模型试验研究的成果。

(1)对于顺直河段,变态率小于 10,水流动力轴线及垂线平均流速沿横向与沿流程的分布基本一致,相对误差小于 10%。

(2)对于弯道河段,模型变态的影响比顺直段更大,弯道内水面形状、横向比降及弯道水流的流向都将偏离正态模型,而且偏离的程度随变态率增大而趋向明显,所以此类模型变态率不能过大,以小于 4 为宜。

(3)对于分汊河段,变态率小于 10,且模型宽深比$(B/H)_m$大于 2 的变态定床模型,只要满足重力相似与阻力相似,当两汊分流角较小且过水断面相差不大时,其汊道分流比基本一致。变态率对汊道内纵向垂线平均流速沿流程及沿河宽分布以及水流动力轴线的影响甚微。

6.3.2 时间变态

在水库泥沙物理模型试验中,由水流运动方程和河床变形方程得出的时间比尺不一致。水流连续运动得出的时间比尺为

$$\lambda_{t_1} = \frac{\lambda_L}{\lambda_V} = \frac{\lambda_L}{\lambda_H^{1/2}} \tag{6.3.1}$$

而河床变形方程得出的时间比尺为

$$\lambda_{t_2} = \frac{\lambda_L \lambda_{\gamma_0}}{\lambda_H^{1/2} \lambda_s} \tag{6.3.2}$$

式中,λ_{γ_0}为淤积物干容重比尺;λ_s为含沙量比尺。

只有在 $\lambda_s = \lambda_{\gamma_0}$ 时,$\lambda_{t_1} = \lambda_{t_2}$ 才能满足,而这在动床试验中几乎是不可能的。在模型试验中,为保证泥沙起动和沉降相似,往往选用轻质沙,其容重远远小于天然沙$(\gamma = 25.97 \text{kN/m}^3)$,则有 $\lambda_s < 1$,而 $\lambda_{\gamma_0} > 1$,从而有 $\lambda_{\gamma_0}/\lambda_s > 1$,即 $\lambda_{t_1} > \lambda_{t_2}$。因此,在采用轻质沙为模型沙时,时间变态是不可避免的(卢金友等,2008)。令时间变率为两时间比尺的比值:

$$M = \frac{\lambda_{t_2}}{\lambda_{t_1}} \tag{6.3.3}$$

因为动床水库模型的研究重点是河床变形问题,所以现行的普遍做法是遵守泥沙冲淤时间比尺,模型放水历时较短,而忽略水流运动时间比尺的偏离,这就使模型中流量和水位的调整时间比水流运动实际需要的时间缩短了 M 倍。因此,时间变态改变了模型的槽蓄过程的相似,即在涨水过程中沿程水位不能按原型的相应时间涨上去,流速也不能及时达到要求值(李发政等,2011)。同样,降水过程中,水位及流速均滞后于原型的变化。此外,从弗劳德数 $Fr = \frac{V}{\sqrt{gh}}$ 可以看出,在选用泥沙冲淤时间比尺时,弗劳德数比尺变为 $\lambda_{Fr} = \frac{\lambda_L/(M\lambda_{t_1})}{\lambda_H^{1/2}} = \frac{1}{M}$。因此,模型不能很好地反映出原型流态。水流运动是泥沙运动的基础条件,当水流运动发生变化时,泥沙运动的相似性必然受到扭曲。归根结底,时间变态就是在确定某一级流量运行时间时出现的。对非恒定流而言,往往受时间变态的影响更大,流量运行时间不能满足相似,水位过程线和流速发生偏差,进而导致流量、挟沙能力以及河床冲淤量产生偏离。

在模型设计时,模拟的河段越长,河道越宽,流量历时越短,水沙概化流量变幅

越大,时间变态的影响越大(渠庚等,2007)。为了满足河床冲淤变形相似,往往需要选用轻质沙,这直接引起河床变形时间比尺过大,导致时间变率变大,那么水流变化过程变形严重(渠庚等,2009),河床变形的相似性易发生偏离。基于此,张红武(1992)认为可以选用大容重的模型沙,这样可以有效减小时间变态带来的影响。此外,三峡工程变动回水区的几座模型(表6.3.1)通过采用尾门滞后的调整方式、在上游沿程施放小流量清水、模型分段试验、水沙概化过程进行优化、模型验证时适当放大含沙量比尺、缩小冲淤时间比尺等措施,来减少时间变态对试验成果的影响,取得了较好的效果(惠遇甲等,1999)。但虞邦义等(2000,2006)的研究发现,当 $M<5$ 时,尾门调节能满足下边界相似要求;当 $M>5$ 时,仅靠尾门调节难以满足下边界水位相似要求。因此,最根本的解决方法仍是在模型设计时,对几何比尺及模型沙材料进行反复的比选,力求使两时间比尺接近(李远发等,2005)。

表 6.3.1 变动回水区模型的时间变态表

模型	水流运动时间比尺	悬沙冲淤时间比尺	卵石冲淤时间比尺	悬沙时间变态	卵石时间变态
长江科学院	27.4	627	400	22.88	14.6
清华大学	27.4	600	452	21.89	16.5
重庆西南水运工程科学研究所	25	570	570	22.88	22.88
武汉水利电力学院	22.36	611		27.32	
中国水利水电科学研究院	25	120	208	4.8	8.32
南京水利科学研究院	25	116	116	4.64	4.64

6.3.3 悬移质含沙量比尺的选取

为保证冲淤相似,含沙量比尺必须等于挟沙能力比尺,即 $\lambda_s = \lambda_{s_*}$,称为挟沙相似条件。因为只有如此,原型处于输沙平衡状态时,模型也相应处于输沙平衡状态。为研究三峡工程建成后库区淤积问题,武汉水利电力学院(1985)、清华大学(1984)、长江科学院(1986)及南京水利科学研究院(1990)等单位进行了大量泥沙模型试验。在模型设计时采用了不同的悬移质挟沙能力公式,但都得出了同一挟沙能力比尺公式,即 $\lambda_{s_*} = \dfrac{\lambda_{\gamma_s}}{\lambda_{(\gamma_s-\gamma)}} \cdot \dfrac{\lambda_V \lambda_H}{\lambda_\omega \lambda_L}$。因此,只需得到沉降相似比尺,即可得出挟沙能力比尺和悬移质含沙量比尺。引用二维扩散理论悬沙运动微分方程:

$$V \frac{\partial S}{\partial x} = \varepsilon \frac{\partial^2 S}{\partial y^2} + \omega \frac{\partial S}{\partial y} \qquad (6.3.4)$$

式中,V 为水流在 x 轴方向上的速度;S 为体积含沙浓度;ε 为泥沙紊动扩散系数;ω

为泥沙沉速。

　　令式(6.3.4)表示原型情况,引入相似常数后得到表示模型情况的方程为

$$\frac{\lambda_L}{\lambda_s \lambda_V} V \frac{\partial S}{\partial x} = \frac{\lambda_H^2}{\lambda_\varepsilon \lambda_s} \varepsilon \frac{\partial^2 S}{\partial y^2} + \frac{\lambda_H}{\lambda_\omega \lambda_s} \omega \frac{\partial S}{\partial y} \qquad (6.3.5)$$

式(6.3.4)及式(6.3.5)在文字上全同的条件是

$$\frac{\lambda_L}{\lambda_s \lambda_V} = \frac{\lambda_H^2}{\lambda_\varepsilon \lambda_s} = \frac{\lambda_H}{\lambda_\omega \lambda_s} \qquad (6.3.6)$$

式(6.36)即悬移质运动相似的条件,可分解为下列两个独立的相似条件(李昌华,1977):

$$\lambda_\omega = \frac{\lambda_V \lambda_H}{\lambda_L} \qquad (6.3.7)$$

$$\lambda_\omega = \frac{\lambda_\varepsilon}{\lambda_H} \qquad (6.3.8)$$

　　关于 ε 值,可根据 Prandtl 紊流半经验理论,假定其与水流的紊流扩散系数相等,采用

$$\varepsilon = k u_* h \qquad (6.3.9)$$

式中,k 为卡门常数;u_* 为摩阻流速。

　　因此

$$\lambda_\varepsilon = \lambda_k \lambda_{u_*} \lambda_H \qquad (6.3.10)$$

将 $\lambda_k = 1$ 代入式(6.3.10)可得悬浮相似条件(李昌华,1977):

$$\lambda_\omega = \lambda_{u_*} = \sqrt{\frac{\lambda_V \lambda_H}{\lambda_L}} \qquad (6.3.11)$$

要想确定悬移相似比尺,就必须保证式(6.3.7)和式(6.3.11)相等。由式(6.3.7)和式(6.3.11)可以看出,对于正态模型,当模型满足重力相似条件 $\lambda_V = \sqrt{\lambda_H}$ 时,上述两式可表述为一个相似条件 $\lambda_\omega = \lambda_V = \sqrt{\lambda_H}$。但是在变态模型中,由于模型变率的存在,在模型设计过程中,这两个式子得出的沉速比尺各不相同,且模型变率越大,两者偏差越大。借鉴正态模型分析这两个式子的思路,可以发现,由于模型遵守重力相似条件 $\lambda_V = \sqrt{\lambda_H}$,因此上面所论述的两模型比尺可统一为一个公式:

$$\lambda_\omega = \lambda_V \left(\frac{\lambda_H}{\lambda_L}\right)^m \qquad (6.3.12)$$

式中,m 为指数,取值范围为 0.5~1。

　　此时 m 的取值成为该问题的关键。对于 m 的取值,李昌华等(1966,2003)、窦国仁(1977)、李保如等(1985)、谢鉴衡(1990)、张红武(1992)、林秉南(1994)、廖小勇等(2010)分别提出了不同的观点。其中李保如等认为 m 应取 0.5,林秉南、廖小勇等则认为只需考虑沉降相似,忽略悬浮相似,m 取 1。而李昌华等、谢鉴衡、张红武认为沉降相似和悬浮相似都应该考虑。窦国仁虽然没有提及悬浮相似,但他认

为模型设计时,需要同时考虑沉降相似和扬动相似。

从推导的过程来看,沉降相似(式(6.3.7))和悬浮相似(式(6.3.11))都共同涉及了重力项,沉降相似还考虑了对流项,而悬浮相似考虑了扩散项的存在。悬移质泥沙的悬移运动过程是水流及重力共同作用的过程。水流的作用表现为两方面,一方面是受水流时均流速的输移,另一方面是受紊动水流扩散悬浮。水流的紊动扩散作用不是独立存在的,它是由水流时均流动派生出来的,它的大小在一定程度上也反映了时均流速的大小。如果所研究的问题属于静水沉降一类性质的问题或淤积远大于冲刷的河工模拟,由于紊动扩散的作用非常弱,此时可以取 $m=1$,能够正确地模拟出纵向流速与泥沙沉降的相互关系。但随着紊动扩散作用的相对明显,m 值应随之减小。如果紊动扩散作用与时均流速作用同等重要,两者需要兼顾,即 m 可取 0.75。同理,对于冲刷严重的河段,必然是其紊动扩散作用过强导致的,此时 m 可取 0.5。

现阶段,在国内开展的少沙河流的悬移质动床模型试验中,无论正态还是变态,广泛采用式(6.3.13)计算含沙量比尺 λ_s 和挟沙能力比尺 λ_{s_*},即

$$\lambda_s = \lambda_{s_*} = \frac{\lambda_{\gamma_s}}{\lambda_{\gamma_s - \gamma}} \tag{6.3.13}$$

该含沙量比尺公式的实质是以满足沉降相似(式(6.3.7))为主,而未能遵循悬浮相似(式(6.3.11))。由于针对水流挟沙能力 S_*,还没有严谨的理论公式,而依据半经验半理论公式求得的模型比尺一般是不准确的,因此需在计算出比尺的基础上,借助资料分析和验证试验来参选悬移质含沙量比尺。

6.3.4 动床冲淤验证试验

目前泥沙运动理论及河床演变理论远未完善,李保如(1991)论述了不同作者在设计模型时对于泥沙运动规律所采用的方法不同,从而所导出的模型比尺也不尽相同,且对某些问题的处理办法也有差异,因此,在模型建成后,必须对模型进行验证试验,率定有关比尺参数,并确认模型设计的正确性,然后才能进行正式试验,以保证试验成果的可靠性。动床模型的正确性有赖于验证的成果。既要赖以判别动床模型的相似性,又要据此确定输沙比尺和冲淤时间比尺。因此,动床冲淤验证试验实际上是动床模型试验设计的一部分。

水库泥沙物理模型动床冲淤验证试验包括水流验证试验以及河道地形冲淤验证试验。其中水流验证部分与定床模型验证相同,但其要求可相对低一些,主要是验证沙量输移分布以及河道冲淤的相似性。

验证试验一般以试验起始地形为标准,应具备一个或多个水文年(视问题的性质及要求而定)的实测冲淤地形以及相应的流量、输沙量过程。然后在模型上按流量比尺 λ_Q、输沙量比尺 λ_P 和冲淤时间比尺 λ_{t_2} 施放相应水文年的流量及沙量过程,

定时测定模型地形的冲淤变化以及有关含沙量的分布等资料,并与原型相应的冲淤地形相比较,以与原型符合为准。当不符合时应分析原因,做出多种调整,主要靠调整输沙量比尺 λ_P 及相应的时间比尺 λ_{t_2},直至与原型冲淤地形基本相似。具体方法见有关实例。

6.4　重力相似偏离问题

6.4.1　概述

河工模型往往因某些客观因素,为保证满足水流阻力、泥沙起动等相似条件,允许水流重力相似条件有所偏离,以致影响水流运动和泥沙运动及河床变形的相似性。

对于重力相似条件偏离问题,国内外已有学者进行了一定的研究工作,取得了一些成果。例如,钱宁(1957)提出允许比降二次变态和弗劳德数有一定偏差,解决变态动床模型设计中遇到的困难;欧美学者把这种重力相似条件偏离的程度称为缩尺影响,de Vries(1973)研究了重力相似有偏离时的能头比尺缩尺影响;李昌华等(1981)论述过该问题,认为平原河流沿程断面变化不大,只要水流的曲率不是很大,可允许重力相似条件有 50% 以内的偏离;彭瑞善(1988)分析了不同程度的比降二次变态对水流特性的影响,得到满足流速分布相似所容许的变态幅度;虞邦义等(2000)认为增加一个附加比降来满足模型沙的起动相似,并给出了附加比降的计算方法;孔祥柏等(2006)研究了推移质泥沙模型中重力相似条件偏离对整治建筑物(丁坝和潜坝)壅水值的影响,并给出了整治建筑物壅水高度的计算公式;刘怀汉等(2007)和乐培九(2005)也对该问题进行过研究;《内河航道与港口水流泥沙模拟技术规程》(JTJ/T 232—1998)规定泥沙模型重力相似条件偏离在 30% 以内为宜。

关于重力相似条件偏离的理论研究已较多,并且在实际模型试验中应用广泛,解决了许多实际工程问题。但至今,对于水流流线曲折情况下重力相似条件偏离的影响及允许偏离的限度等问题研究尚少,值得深入研究。

在泥沙动床模型中,通常只尽可能满足一级流量的水流重力相似条件,其他流量级则允许水流重力相似条件偏离,以求满足阻力相似条件。重力相似条件偏离实质上是增大或减小模型流速或流量,使得模型水流能坡出现偏离。对于宽浅型的平原河流,水流能坡沿程变化不大,重力相似条件偏离对模型水流流场平面上的相似性影响甚微。但其毕竟使模型水流与原型的相似性出现偏差,特别是在垂向上,受其影响,泥沙垂向分布的相似程度也降低,在三维特性较强的河段,如弯道、分汊河段、局部拓宽或缩窄河段以及整治工程附近局部区域,重力相似条件偏离的影响较大,甚至有可能使试验结果失真。这种影响究竟有多大,在何种情况下允许偏离及其偏离的限度等问题,尚无明确的答案。

鉴于选择典型弯道、窄深河段及局部拓宽或缩窄河段研究,仅能说明具体情况,难以得到一般性结论,因而采用三种弯道概化模型试验的方法,针对三级流量 Q_1、Q_2 及 Q_3,研究重力相似条件偏离对弯道水流泥沙运动和河床变形的影响。主要试验内容见表 6.4.1。

表 6.4.1　试验内容一览表

试验类别	河型	试验内容
定床	曲率 R_1 模型 曲率 R_2 模型 曲率 R_3 模型	(1)施放流量 Q_1、流量 Q_2、流量 Q_3; (2)测量沿程水位及典型断面流速分布; (3)共九组试验
动床	曲率 R_1 模型 曲率 R_2 模型 曲率 R_3 模型	(1)铺设沙样 A、B、C; (2)清水冲刷,测量平衡状态下河床变形; (3)共九组试验

6.4.2　模型设计

总结以往大量河工模型试验,长江中游航道整治模型变率一般为 3 左右,平面比尺约为 300,垂直比尺约为 100,根据平面比尺和垂直比尺计算确定模型宽度为 3m 和水深为 10cm 较为合适。模型长度除试验段外还应包括进、出口水流调节的非试验段,根据《内河航道与港口水流泥沙模拟技术规程》(JTJ/T 232—1998),结合现有试验场地条件,取模型进口段长为 8.0m,弯曲段长为 8.0m,出口段长为 8.0m,模型宽度为 3.0m。设计三个不同转折角弯道的概化模型(图 6.4.1),其弯道中心角分别为 30°、60°及 120°。模型顺直段采用梯形断面,弯道段采用偏 V 形断面。三个概化水槽模型根据事先确定的橡皮高度进行加糙,以保持床面糙率一致。

统计长江中游河道断面形态,天然河道弯道段凸岸边坡取 1∶70,凹岸边坡取 1∶2;过渡段凸岸一侧边坡取 1∶45,凹岸一侧边坡取 1∶3.5;直道段两侧边坡取 1∶5。模型变态后,边坡变陡,天然河道边坡除以 3 即模型边坡,考虑弯道段凸岸最小水深为 2cm,模型最大水深为 12cm,动床模型铺沙厚度为 20cm。

为保证模型与原型水流运动的相似,必须同时满足以下两个相似条件:

重力相似条件

$$\lambda_v = \lambda_H^{1/2} \tag{6.4.1}$$

阻力相似条件

$$\lambda_n = \frac{\lambda_H^{7/6}}{\lambda_v \lambda_L^{1/2}} \tag{6.4.2}$$

式中,λ_v为流速比尺;λ_n为糙率比尺。

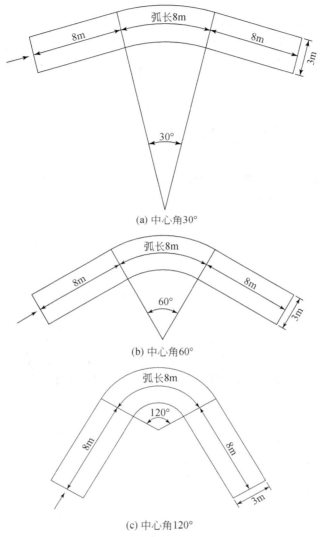

(a) 中心角30°

(b) 中心角60°

(c) 中心角120°

图 6.4.1　概化模型平面设计图

三个概化模型的平面比尺和垂直比尺均相同,其中平面比尺 λ_L 为 300,垂直比尺 λ_H 为 100。各模型分别设计三种工况,进行重力相似条件(弗劳德数)不同偏离程度的试验。具体工况和相应的物理量比尺关系如下。

(1)工况 M1:弗劳德数不偏离。

按平面比尺和垂直比尺,则可计算糙率比尺:

$$\lambda_n = \frac{1}{\lambda_V} \lambda_H^{1/6} \left(\frac{\lambda_H \lambda_H}{\lambda_L} \right)^{1/2} = 1.24 \tag{6.4.3}$$

若天然糙率 $n_p = 0.029$，则模型糙率为 $n_{m_1} = 0.023$。

（2）工况 M2：弗劳德数偏离 20%。

由 $\Delta Fr_2 = \left(1 - \frac{\lambda_{V_2}}{\sqrt{\lambda_H}} \right) \times 100\% = 20\%$ 得到

$$\lambda_{V_2} = 0.8\lambda_H^{1/2} = 8$$

再由 $\lambda_{V_2} = \frac{1}{\lambda_{n_2}} \lambda_H^{1/6} \left(\frac{\lambda_H \lambda_H}{\lambda_L} \right)^{1/2} = 8$ 得到

$$\lambda_{n_2} = 1.55$$

则由比尺换算得到模型糙率为 $n_{m_2} = 0.018$。

（3）工况 M3：弗劳德数偏离 40%。

由 $\Delta Fr_3 = \left(1 - \frac{\lambda_{V_3}}{\sqrt{\lambda_H}} \right) \times 100\% = 40\%$ 得到

$$\lambda_{V_3} = 0.6\lambda_H^{1/2} = 6$$

再由 $\lambda_{V_3} = \frac{1}{\lambda_{n_3}} \lambda_H^{1/6} \left(\frac{\lambda_H \lambda_H}{\lambda_L} \right)^{1/2} = 6$ 得到

$$\lambda_{n_3} = 2.07$$

则由比尺换算得到模型糙率为 $n_{m_3} = 0.014$。

第一种工况 M1 模型流量为 $0.036\text{m}^3/\text{s}$，相当于天然河道流量 $10800\text{m}^3/\text{s}$，其他两种工况根据弗劳德数偏离程度计算出模型流量值，出口水位相同均为 0.12m。三个定床模型不同工况放水要素见表 6.4.2。

表 6.4.2　定床模型不同工况放水要素表

河道	工况	重力相似条件偏离程度	流速比尺	糙率	流量/(m³/s)	出口水位/m
弯道 1 （中心角 30°）	M1	不偏离	10	0.023	0.036	0.12
	M2	偏离 20%	8	0.018	0.045	0.12
	M3	偏离 40%	6	0.014	0.060	0.12
弯道 2 （中心角 60°）	M1	不偏离	10	0.023	0.036	0.12
	M2	偏离 20%	8	0.018	0.045	0.12
	M3	偏离 40%	6	0.014	0.060	0.12
弯道 3 （中心角 120°）	M1	不偏离	10	0.023	0.036	0.12
	M2	偏离 20%	8	0.018	0.045	0.12
	M3	偏离 40%	6	0.014	0.060	0.12

6.4.3　重力相似条件偏离对弯道水流运动的影响

1. 对横比降的影响

表 6.4.3 给出了在不同重力相似条件偏离程度下,各弯道最大横比降变化。由此可见,在同一弯道中,弯道最大横比降随着重力相似条件偏离程度的增大而增大;在重力相似条件偏离程度相同情况下,弯道最大横比降随着弯道中心角的增大而增大。

表 6.4.3　不同工况弯道最大横比降　　　　　　　　(单位:‰)

工况	偏离程度	30°弯道	60°弯道	120°弯道
M1	不偏离	0.49	0.89	1.86
M2	偏离20%	0.83(70%)	1.46(64%)	3.06(65%)
M3	偏离40%	1.57(220%)	2.73(208%)	5.77(211%)

注:括号内是与不偏离情况相比的偏离百分数。

2. 对纵比降的影响

表 6.4.4 给出了不同重力相似条件偏离程度下,各弯道段和全河段左右岸平均纵向水面比降变化。由此可见,在同一弯道中,纵向水面比降随着重力相似条件偏离程度的增大而增大;在重力相似条件偏离程度相同的情况下,弯道段纵向水面比降随着弯道中心角的增大而略有减小,全河段纵向水面比降随着弯道中心角的增大而增大。

表 6.4.4　不同工况弯道纵比降　　　　　　　　(单位:‰)

工况	弯道段			全河段		
	30°弯道	60°弯道	120°弯道	30°弯道	60°弯道	120°弯道
M1 不偏离	1.05	1.06	1.06	0.69	0.71	0.79
M2 偏离20%	1.10 (5.2%)	1.09 (2.9%)	1.05 (−0.8%)	0.75 (9.8%)	0.79 (11.0%)	0.93 (17.1%)
M3 偏离40%	1.19 (13.8%)	1.13 (6.4%)	1.08 (2.1%)	0.89 (30.3%)	0.98 (37.7%)	1.29 (62.0%)

注:括号内是与不偏离情况相比的偏离百分数。

3. 对流速的影响

表 6.4.5 给出了不同重力相似条件偏离程度下,各弯道最大流速和最大断面

平均流速变化,由表可见,在同一弯道中,随着重力相似条件偏离程度的增大,即模型流量增大,模型最大流速和最大断面平均流速随之变大。但按流速比尺换算成原型流速后,30°弯道和60°弯道最大流速及最大断面平均流速并不随着重力相似条件偏离程度的增大而增大,其流速值基本一致,偏差在±5%内;120°弯道最大流速随着重力相似条件偏离程度的增大而略有增大,重力相似条件偏离程度为20%和40%时,最大流速分别增大2.9%和7%。在重力相似条件偏离程度相同情况下,30°弯道和60°弯道最大流速及最大断面平均流速值基本一致,120°弯道最大流速随着弯道中心角的增大而略有增大。由此说明30°弯道和60°弯道重力相似条件偏离程度对最大流速及最大断面平均流速值影响不大,120°弯道重力相似条件偏离程度对最大流速值略有影响。

表 6.4.5　　不同工况弯道最大流速及断面平均流速值　　（单位:m/s）

工况	最大流速			最大断面平均流速		
	30°弯道	60°弯道	120°弯道	30°弯道	60°弯道	120°弯道
M1 不偏离	1.69	1.68	1.71	1.50	1.50	1.50
M2 偏离 20%	1.67 (−1.2%)	1.67 (−0.6%)	1.76 (2.9%)	1.51 (0.7%)	1.51 (0.7%)	1.50 (0.0%)
M3 偏离 40%	1.66 (−1.8%)	1.66 (−1.2%)	1.83 (7.0%)	1.51 (0.7%)	1.51 (0.7%)	1.50 (0.0%)

注:括号内是与 M1 相比的偏离百分数。

4. 水流运动重力相似条件偏离允许程度

《内河航道与港口水流泥沙模拟技术规程》(JTJ/T 232—1998)规定:平原河流水位允许偏差为原型±0.05m,水面比降和落差应与原型一致。断面流速分布规律应与原型基本一致,实测流量允许偏差±5%。本次试验结果表明:

(1)从水位来看,当重力相似条件偏离20%时,左右岸水位偏差均在±0.05m以内,能够满足规范的要求;当重力相似条件偏离40%时,左右岸水位偏差超过±0.05m,不满足规范的要求。

(2)从流速来看,随着重力相似条件偏离程度增大,沿程断面平均流速变化不大,偏差在±5%内,能够满足规范的要求。

(3)从流速分布来看,当重力相似条件偏离20%和40%时,流速分布基本一致,主要是弯道出口以下随着重力相似条件偏离程度增大,流速分布不均匀程度加大。

(4)综合而言,对于中心角30°、60°及120°弯道水流,重力相似条件偏离在20%以内,能够满足规范的要求。

6.4.4　重力相似条件偏离对弯道河床变形的影响

1. 动床模型设计

同样设计三种工况,各种工况各物理量比尺计算如下。

(1)工况 M1:弗劳德数不偏离。

根据平面比尺 λ_L、垂直比尺 λ_H,弗劳德数不偏离,则糙率比尺按式(6.4.4)计算:

$$\lambda_n = \frac{1}{\lambda_V}\lambda_H^{1/6}\left(\frac{\lambda_H\lambda_H}{\lambda_L}\right)^{1/2} = 1.24 \tag{6.4.4}$$

泥沙起动流速比尺为

$$\lambda_{V_{01}} = \lambda_{V_1} = 10 \tag{6.4.5}$$

取天然河床质粒径为 0.25mm,天然糙率为 0.029,天然沙起动流速采用如下沙玉清公式计算:

$$V_{0p} = \sqrt{0.43d^{3/4} + 1.1\frac{(0.7-\varepsilon)^4}{d}}\,h^{1/5} \tag{6.4.6}$$

式中,泥沙粒径 d 以 mm 计,水深 h 以 m 计;ε 为孔隙率,稳定值约为 0.4。

当水深为 12m 时,天然沙起动流速 $V_{0p} = 71\text{cm/s}$,为满足泥沙起动相似,有 $\lambda_{V_1} = \lambda_{V_{01}} = 10$,则要求模型沙起动流速为 $V_{m01} = 7.1\text{cm/s}$,可据此起动流速值选择相应粒径的模型沙。同时,要求模型糙率为 $n_{m_1} = 0.023$,若模型沙糙率偏小,则在动床床面上加糙,使其满足水流阻力相似条件。

(2)工况 M2:弗劳德数偏离 20%。

由 $\Delta Fr_2 = \left(1 - \dfrac{\lambda_{V_2}}{\sqrt{\lambda_H}}\right) \times 100\% = 20\%$ 得到

$$\lambda_{V_2} = 0.8\lambda_H^{1/2} = 8$$

再由 $\lambda_{V_2} = \dfrac{1}{\lambda_{n_2}}\lambda_H^{1/6}\left(\dfrac{\lambda_H\lambda_H}{\lambda_L}\right)^{1/2} = 8$ 得到

$$\lambda_{n_2} = 1.55$$

为满足泥沙起动相似条件,有 $\lambda_{V_2} = \lambda_{V_{02}} = 8$,由 $V_{0p} = 71\text{cm/s}$,则要求模型沙起动流速为 $V_{m02} = 8.8\text{cm/s}$,根据此模型沙起动流速值选择相应粒径的模型沙。同时,要求模型糙率为 $n_{m_2} = 0.018$,若模型沙糙率偏小,则在动床床面上加糙,使其满足水流阻力相似条件。

(3)工况 M3:弗劳德数偏离 40%。

由 $\Delta Fr_3 = \left(1 - \dfrac{\lambda_{V_3}}{\sqrt{\lambda_H}}\right) \times 100\% = 40\%$ 得到

$$\lambda_{V_3} = 0.6\lambda_H^{1/2} = 6$$

再由 $\lambda_{V_3} = \dfrac{1}{\lambda_{n_3}} \lambda_H^{1/6} \left(\dfrac{\lambda_H \lambda_H}{\lambda_L} \right) = 6$ 得到

$$\lambda_{n_3} = 2.07$$

为满足泥沙起动相似条件,有 $\lambda_{V_3} = \lambda_{V_{03}} = 6$,由 $V_{0p} = 71\text{cm/s}$,则要求模型沙起动流速为 $V_{m03} = 11.8\text{cm/s}$,根据此模型沙起动流速值选择相应粒径的模型沙。同时,要求模型糙率为 $n_{m_3} = 0.014$,若模型沙糙率偏小,则在动床床面上加糙,使其满足水流阻力相似条件。

2. 模型沙选择

为避免不同材质颗粒形状差异给试验带来的误差,采用同一材质、不同粒径的模型沙进行试验。模型沙采用煤屑,其容重为 1.35t/m^3,粒径根据不同的重力相似偏离程度和起动流速比尺进行选择,粒径范围为 $0.10 \sim 1.0\text{mm}$。

根据窦国仁起动流速公式和唐存本起动流速公式,以及结合很多学者的水槽试验资料,对应于模型水深 12cm,煤屑模型沙起动流速为 7.1cm/s、8.8cm/s 及 11.8cm/s,此时模型沙大致粒径范围为 $0.08 \sim 0.15\text{mm}$、$0.15 \sim 0.3\text{mm}$ 及 $0.3 \sim 0.6\text{mm}$。为取得相对较均匀的模型沙,在模型沙加工时基本按此粒径范围筛选,三种沙中值粒径分别为 0.14mm、0.27mm 及 0.50mm。

模型沙起动流速试验在长 22m、宽 0.5m、底坡为 0.7‰ 的玻璃水槽中进行,铺沙段长 10m,水深 12cm。从试验结果看,模型沙粒径为 0.14mm、0.27mm 及 0.50mm 时,少量起动流速分别为 7.2cm/s、9.4cm/s 及 12.1cm/s,扬动流速分别为 13.1cm/s、15.6cm/s 及 20.6cm/s,床面糙率分别为 $0.012 \sim 0.013$、$0.012 \sim 0.014$ 及 $0.013 \sim 0.016$,随着流速的增大,模型沙糙率略有减小。

3. 重力相似条件偏离对河床变形影响试验

1)模拟工况及试验条件

工况 M1:弗劳德数不偏离,要求起动流速比尺为 10,模型糙率为 0.023。根据煤屑水槽试验结果,模型沙粒径为 0.14mm 时,少量起动流速为 7.2cm/s,糙率为 0.013,相应的起动流速比尺为 9.9,满足起动流速相似要求,而模型沙糙率偏小,因此,动床床面上采用塑料花加糙,使水流阻力相似条件得到满足。

工况 M2:弗劳德数偏离 20%,要求起动流速比尺为 8,模型糙率为 0.018。根据煤屑水槽试验结果,模型沙粒径为 0.27mm 时,少量起动流速为 9.4cm/s,糙率为 0.014,相应的起动流速比尺为 7.6,满足起动流速相似要求,而模型沙糙率偏小,因此,动床床面上采用塑料花加糙,使水流阻力相似条件得到满足。

工况 M3:弗劳德数偏离 40%,要求起动流速比尺为 6,模型糙率为 0.014。根据煤屑水槽试验结果,模型沙粒径为 0.50mm 时,少量起动流速为 12.1cm/s,糙率为 0.015,相应的起动流速比尺为 5.9,满足起动流速相似要求,模型沙糙率与要求糙率值基本一致,因此动床床面上不需要加糙,可满足水流阻力相似条件。

为缩短模型冲淤试验时间,尽快达到冲淤平衡,施放模型流量采用接近扬动流速时的流量,天然沙扬动流速按 $V_{P扬}=13\text{cm/s}$,弗劳德数不偏离、偏离 20% 及偏离 40% 时模型沙扬动流速分别为 13.1cm/s、15.6cm/s 及 20.6cm/s,则扬动流速比尺分别为 10、8.4 及 6.4,与流速比尺基本一致。动床模型不同工况各水沙要素见表 6.4.6。

表 6.4.6 动床模型不同工况各水沙要素表

河道	工况	粒径/mm	平均流速/(cm/s)	糙率	流量/(m³/s)	出口水位/m	重力相似条件偏离程度
弯道 1（中心角 30°）	M1	0.14	12.0	0.023	0.036	0.12	不偏离
	M2	0.27	15.0	0.018	0.045	0.12	偏离 20%
	M3	0.50	20.0	0.014	0.060	0.12	偏离 40%
弯道 1（中心角 60°）	M1	0.14	12.0	0.023	0.036	0.12	不偏离
	M2	0.27	15.0	0.018	0.045	0.12	偏离 20%
	M3	0.50	20.0	0.014	0.060	0.12	偏离 40%
弯道 1（中心角 120°）	M1	0.14	12.0	0.023	0.036	0.12	不偏离
	M2	0.27	15.0	0.018	0.045	0.12	偏离 20%
	M3	0.50	20.0	0.014	0.060	0.12	偏离 40%

模型上游进口流量和出口水位按表 6.4.6 数值控制,施放进口流量直至河床达到冲淤平衡,然后测量河床地形。

2)冲淤量变化

试验结果表明,模型上游直段处于微冲状态,弯道段以冲刷为主,下游直段以淤积为主。表 6.4.7 为不同重力相似条件偏离程度下各模型冲刷量变化情况,从表中可见,不同重力相似条件偏离程度下冲淤分布一致,主要差别在冲淤量上。重力相似条件偏离程度越大,河床冲淤量偏差越大,说明其对河床变形的影响越大,且弯道段的偏差程度大于直道段。

表 6.4.7 不同重力相似条件偏离程度下各模型冲刷量变化 （单位:%）

模型	河段	偏离 20%	偏离 40%
30°弯道	弯道	19	60
	全河段	21	55
60°弯道	弯道	24	71
	全河段	27	114

续表

模型	河段	偏离20%	偏离40%
120°弯道	弯道	34	81
	全河段	55	112

3) 断面冲淤分布变化

由不同重力相似条件偏离程度下断面冲淤分布试验结果可见,重力相似条件偏离对上游直段(5#、8#断面)河床影响较小;随着重力相似条件偏离程度增大,弯道段进口(10#、11#断面)边滩冲刷强度增大,弯道段出口(16#断面)凸岸边滩淤积强度增大,下游直段(18#、21#断面)左岸(凹岸侧)冲刷深度增大,延伸范围扩大。综上,弯道中心角越大,环流作用越大,冲淤强度越大,河床断面形态变化越大。

4) 河床冲淤分布变化

由不同重力相似条件偏离程度下河床冲淤分布(图6.4.2～图6.4.4)可见,随着重力相似条件偏离程度的增大,弯道段和下游直段冲刷范围及冲刷深度都有不同程度的增大,淤积范围变化不明显,但淤积厚度明显增大。

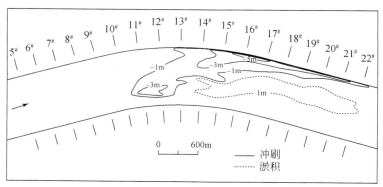

(a)不偏离

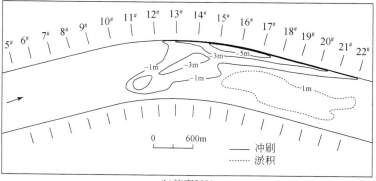

(b)偏离20%

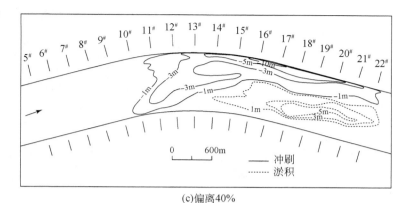

(c)偏离40%

图 6.4.2　冲淤等值线(30°弯道)

5)深泓线变化

由不同重力相似条件偏离程度下深泓高程变化可见,随着重力相似条件偏离程度的增大,深泓高程降低,与不偏离相比,偏离 20%时深泓高程偏差较小,偏离

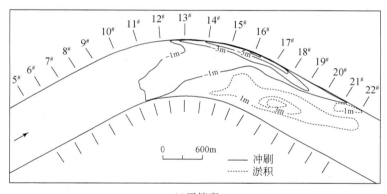

(a)不偏离

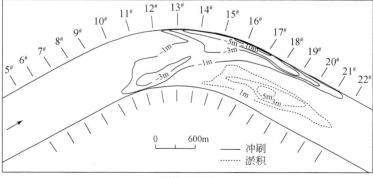

(b)偏离20%

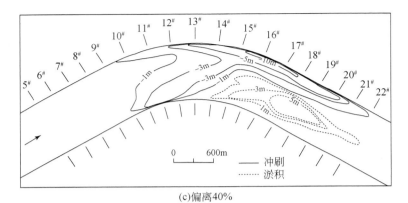

(c)偏离40%

图 6.4.3　冲淤等值线(60°弯道)

40%时深泓高程偏差较大。从深泓平面变化来看,随着重力相似条件偏离程度的增大,上游直段和下游直段深泓线变化不大,弯道段深泓线逐渐向凸岸偏移。30°弯道和60°弯道模型总体上深泓线偏移较小,120°模型深泓线偏移较大。

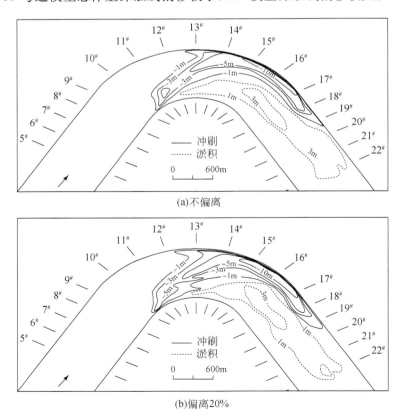

(a)不偏离

(b)偏离20%

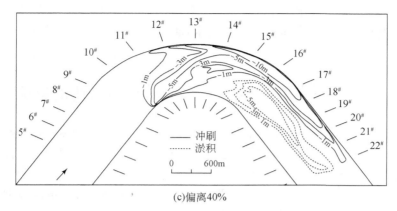

(c)偏离40%

图 6.4.4　冲淤等值线(120°弯道)

6)最大冲刷深度变化

由不同重力相似条件偏离程度下最大冲刷深度(表 6.4.8)可见,随着重力相似条件偏离程度增大,最大冲深增大;弯道中心角越大,最大冲深越大。

表 6.4.8　不同重力相似条件偏离程度下各模型最大冲刷深度变化

模型	最大冲深/m			相对不偏离偏差/%	
	不偏离	偏离 20%	偏离 40%	偏离 20%	偏离 40%
30°弯道	−8.3	−9.1	−11.4	11	38
60°弯道	−10.5	−11.9	−12.8	13	21
120°弯道	−12.0	−13.9	−15.2	16	27

7)河床变形重力相似条件偏离允许程度

从冲淤量看,对于 30°弯道模型,重力相似条件偏离 20%时,冲刷量增大在 20%以内,满足规范的要求;重力相似条件偏离 40%时,冲刷量增大超过 20%,不满足规范的要求;对于 60°和 120°弯道模型,重力相似条件偏离 20%和 40%时,冲刷量增大均超过 20%,不满足规范的要求。

从冲淤部位看,30°、60°、120°弯道模型在重力相似条件不偏离、偏离 20%及偏离 40%情况下冲淤部位基本一致,主要偏差在河床变形程度上,重力相似条件偏离程度越大,河床变形程度越大。

从深泓线看,对于 30°和 60°弯道模型,重力相似条件偏离 20%、偏离 40%时,深泓线偏差不大;对于 120°弯道模型,重力相似条件偏离 20%时,深泓线偏差不大,重力相似条件偏离 40%时,深泓线偏差较大。

从冲刷深度看,对于 30°、60°及 120°弯道模型,重力相似条件偏离 20%时,冲深增加较小,重力相似条件偏离 40%时,冲深增加较大。

综上,从泥沙运动相似而言,30°和 60°弯道模型,重力相似条件偏离在 20% 以内,河床冲淤变形基本能够满足规范的要求,而 120°弯道模型不宜采取重力相似条件偏离。

6.5　常用模型沙密实过程及对起动流速的影响

泥沙起动时的垂线平均流速称为泥沙的起动流速。在动床模型试验中,要使模型的冲淤过程与原型相似,必须满足模型沙的起动相似准则,因此起动流速是动床模型设计的重要参数。

细颗粒泥沙在含沙水体浑液中的沉降受含沙浓度的影响,与单颗粒泥沙沉降过程不同(黄建维,1981;乐培九,2005)。根据以往的研究,在含有一定钙、镁离子的天然沙、煤粉的浑液中其沉降过程为波峰型。当含沙浓度小时,细颗粒泥沙的絮凝作用促使一部分泥沙聚集成较大的絮团,导致泥沙沉降速度加大,沉降速度随浓度的增大而增大。随着含沙浓度的进一步增大,絮凝现象进一步发展,形成一个连续的空间网架结构,沉降速度降低,沉降速度随含沙浓度的增大而减小。根据张威等(1981)的研究,煤粉的临界絮凝粒径为 0.025mm,电木粉的临界絮凝粒径为0.005mm。因此,细颗粒模型沙在高含沙浓度下表现为群体沉降,形成一种空间网架结构,即搅拌均匀后不久形成一个清浑水的分界面,沉降过程中分界面下降,实质上也就是整个空间网架结构的脱水。细颗粒泥沙的群体沉降速度,随历时的增长,逐渐减小。群体沉降停止后,沉降进入群体沉降制约状态。此后,开始另一种沉降过程,即密实过程。随着历时的增长,淤积体内进一步脱水,泥沙逐渐密实,密实时间有长有短,有的几天达到完全密实,泥沙颗粒结构进入密实稳定状态;有的需长达几个月的时间,才趋于密实稳定。对于不同的模型沙,其沉降密实程度各不相同,导致再次起动的条件有所变化。电木粉和煤粉沉积密实程度对其起动流速的影响如下所述。

6.5.1　电木粉

电木粉又名酚醛树脂沙,是由电气工厂的电木废料粉碎加工得到的。其物理化学性质相当稳定,可长期重复使用。经测定,电木粉粒径级配广泛,颗粒形状与原型沙接近,密度适中,为 $1.48t/m^3$,能够满足水库全沙模型的要求。

1. 沉降特性及密实过程

黄建维(1981)对天然泥沙的研究发现,细颗粒泥沙的性质与粒径大小等因素有关。淤积体处于密实过程中其表层干容重随历时的关系如图 6.5.1 所示。由图可见,同一粒径下,历时干容重随历时的增长而增大,直至密实稳定;相同历时下,历时干容重随粒径的增大而增大。

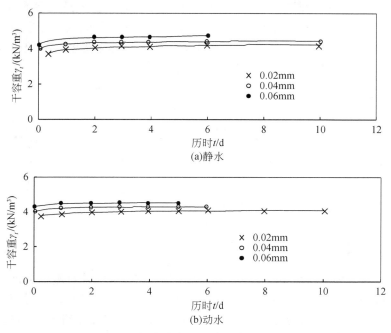

图 6.5.1　电木粉在密实过程中干容重随历时的变化

　　泥沙密实过程是一个很复杂的问题,涉及许多因素,其外部因素有外力的作用、水质、水温的变化等;其内部因素有淤积体的矿物质组成、粒径级配以及淤积体的性质等,淤积体成分和粒径不同,其表现的密实过程是不相同的。当泥沙进入群体沉降制约状态后,淤积体处于密实过程,水流紊动对泥沙的絮凝作用已不存在,水流通过压力传递影响整个淤积体,从而影响淤积体的密实程度。电木粉模型沙的静水和动水干容重大小及变化基本一致,达到稳定的历时也基本相同,说明静水和动水的沉积密实过程基本一致,不同粒径电木粉的干容重变化范围见表 6.5.1。

表 6.5.1　不同粒径电木粉的干容重变化范围

粒径/mm	$d_{50}=0.02$	$d_{50}=0.04$	$d_{50}=0.06$
干容重变化范围/(kN/m³)	3.7~3.97	3.95~4.17	4.21~4.41

　　泥沙的密实过程实质上是淤积体的脱水过程,前面已从电木粉的脱水过程这一方面分析了电木粉模型沙干容重变化的特性。干容重的变化影响淤积体黏结力的变化,从而影响淤积体的起动流速,然而淤积体干容重的变化与表层的粒径有很大的关系,同时表层粒径的变化对起动流速的影响也较大,为此试验中经常监测表

层粒径,监测表明,从试验起至结束,表层模型沙中值粒径保持不变,表 6.5.2 为密实过程结束测得的中值粒径。上、中、下层出现明显的颗粒分选沉降现象,模型沙在群体下沉过程中,清浑水分界面同时下降,粗颗粒首先下沉。但分选粒径相差不大,基本上接近中值粒径。因此,模型沙相对较均匀且容重受密实过程影响不大。

表 6.5.2　电木粉淤积体中值粒径

位置	粒径/mm		
	0.02	0.04	0.06
表层	0.022	0.037	0.056
上层	0.022	0.04	0.057
中层	0.025	0.042	0.06
下层	0.028	0.048	0.065

2. 起动流速

起动流速是模型设计的重要判数。南京水利科学研究院对电木粉起动进行了试验,并测得起动流速见表 6.5.3(高亚军,1998;高亚军等,1999)。对于细颗粒泥沙,粒径的变化对起动流速的影响较大,必须对表层的粒径进行监测,在沉降过程中表层往往会出现细化。

表 6.5.3　电木粉模型沙密实过程中的起动流速实测值

时间 t/d	表面干容重/(kN/m³)			水深 /cm	起动流速/(cm/s)								
	$d_{50}=$ 0.02mm	$d_{50}=$ 0.04mm	$d_{50}=$ 0.06mm		$d_{50}=0.02$mm			$d_{50}=0.04$mm			$d_{50}=0.06$mm		
					个别动	少量动	普遍动	个别动	少量动	普遍动	个别动	少量动	普遍动
0	3.704	3.949	4.214	3.5	7.36	10.27	12.19	5.50	7.45	9.22	5.50	7.46	9.00
				5.0	8.57	11.74	13.75	6.04	8.40	10.74	5.97	7.93	9.77
				7.0	9.18	12.38	15.15	6.61	9.50	11.70	6.74	8.37	10.83
1	3.812	4.076	4.400	3.5	8.32	10.65	13.47	6.12	8.23	10.81	5.89	7.53	10.01
				5.0	9.47	12.29	14.85	6.80	9.04	11.75	6.32	8.42	10.77
				7.0	10.72	13.15	16.41	6.89	10.59	13.10	6.86	9.01	11.54
2	3.871	4.126	4.420	3.5	10.06	11.54	13.63	6.25	8.88	11.13	5.72	7.60	9.74
				5.0	10.53	12.47	14.75	7.42	9.63	11.64	6.15	8.31	10.58
				7.0	11.49	13.26	16.56	7.93	10.96	13.59	6.87	9.10	11.33

续表

时间 t/d	表面干容重/(kN/m³)			水深 /cm	起动流速/(cm/s)								
	$d_{50}=$ 0.02mm	$d_{50}=$ 0.04mm	$d_{50}=$ 0.06mm		$d_{50}=0.02$mm			$d_{50}=0.04$mm			$d_{50}=0.06$mm		
					个别 动	少量 动	普遍 动	个别 动	少量 动	普遍 动	个别 动	少量 动	普遍 动
3	3.910	4.165	4.459	3.5	10.25	11.67	14.27	7.72	9.20	11.85	6.00	7.62	10.05
				5.0	11.18	13.08	15.82	8.80	10.15	12.09	6.41	8.56	10.94
				7.0	12.00	13.89	17.21	9.13	11.24	13.70	7.00	9.00	11.67
4	3.949	4.165	4.410	3.5	10.38	11.88	15.05	7.78	8.79	11.43	6.00	7.45	9.87
				5.0	11.52	13.28	16.10	8.84	9.75	12.12	6.37	8.39	10.79
				7.0	12.66	14.25	17.82	9.25	11.08	13.50	6.90	8.96	11.60
5	3.969	4.145	4.410	3.5	10.93	12.54	15.44	7.51	8.96	11.09	—	—	—
				5.0	12.01	13.52	16.43	8.60	9.87	12.00	—	—	—
				7.0	12.98	14.74	18.17	8.92	11.00	13.44	—	—	—
6	3.969	4.194		3.5	10.57	12.70	14.95	7.80	9.14	11.77	—	—	—
				5.0	11.71	13.45	16.17	8.85	10.15	12.10	—	—	—
				7.0	13.00	14.82	17.90	9.07	11.41	13.68	—	—	—
8	3.940	—	—	3.5	10.61	12.50	14.87	—	—	—	—	—	—
				5.0	11.86	13.49	16.00	—	—	—	—	—	—
				7.0	12.88	14.65	17.79	—	—	—	—	—	—

　　模型沙及天然沙在长时间的沉积过程中,淤积体逐渐密实,干容重逐渐增大,势必导致起动流速的增大。不同模型沙由于其密实过程不同,其对起动流速的影响也不同。电木粉达到密实稳定的历时较短,干容重的变化较小,因此干容重的变化对起动流速的影响也较小。从水槽试验资料可知,起动流速随相对历时的增长而线性增大(图 6.5.2),随着历时增长,干容重相应增大,起动流速也线性增大(图 6.5.4)。尽管细颗粒电木粉模型沙的起动流速随淤积相对历时及相对干容重的增大而增大,但增大幅度不大,一般仅为 20%。

　　引用窦国仁提出的起动流速公式:

$$V_k = m\ln\left(\frac{11H}{\Delta}\right)\sqrt{\frac{\gamma_s-\gamma}{\gamma}gD + 0.19\left(\frac{\gamma}{\gamma_稳}\right)^{2.5}\frac{\varepsilon_k + gH\delta}{D}} \qquad (6.5.1)$$

式中,γ 为历时干容重;$\gamma_稳$ 为密实稳定干容重;ε_k 为电木粉的黏结力参数,取 $0.02\text{cm}^3/\text{s}^2$;$\delta$ 为水分子厚度。

　　根据式(6.5.1)计算电木粉起动流速并与本章实测资料进行对比,其结果如图 6.5.3 所示,由图可见,计算值和实测值基本一致。式(6.5.1)能较好地反映电木粉模型沙的起动流速。

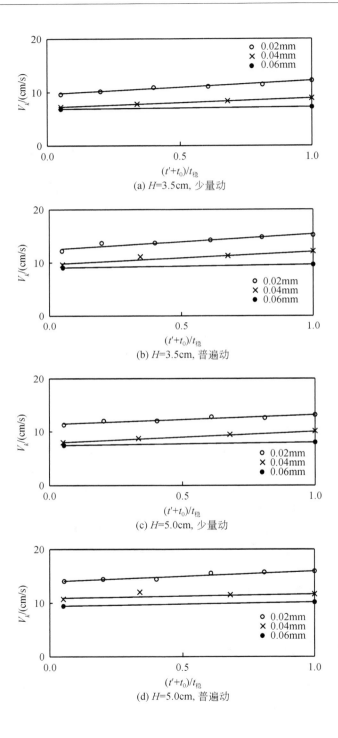

(a) H=3.5cm, 少量动

(b) H=3.5cm, 普遍动

(c) H=5.0cm, 少量动

(d) H=5.0cm, 普遍动

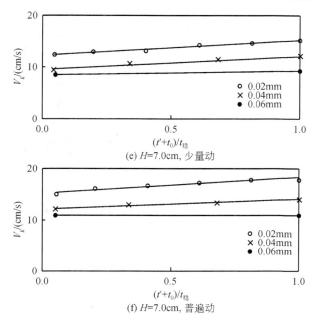

(e) H=7.0cm, 少量动

(f) H=7.0cm, 普遍动

图 6.5.2　电木粉起动流速随相对历时的变化

电木粉模型沙在水槽试验过程中基本上没有表层黏结性的变化,黏结力参数是一定的,因而其起动流速主要受密实过程中干容重变化的影响。但无论在静水中还是在动水中,电木粉模型沙在沉降密实过程中,其干容重变化都不大,所以可以认为密实过程对其起动流速影响不大。

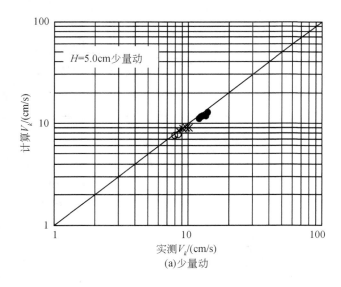

(a)少量动

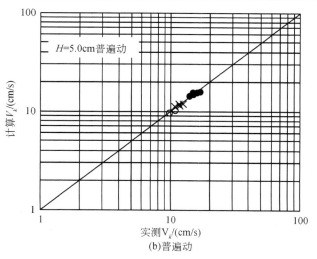

(b)普遍动

图 6.5.3　电木粉起动流速计算值与实测值对比

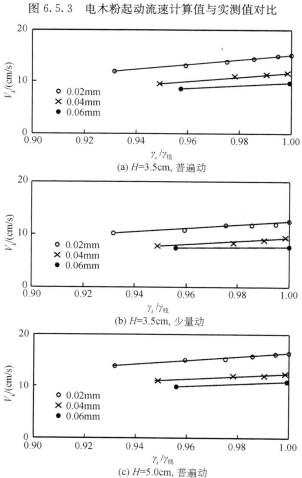

(a) H=3.5cm, 普遍动

(b) H=3.5cm, 少量动

(c) H=5.0cm, 普遍动

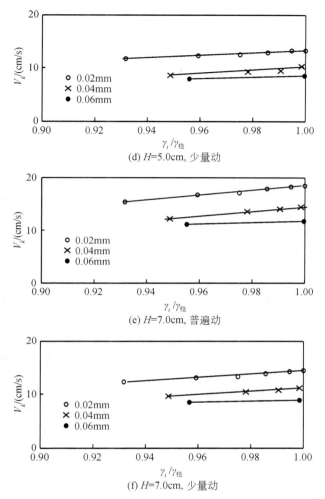

(d) H=5.0cm, 少量动

(e) H=7.0cm, 普遍动

(f) H=7.0cm, 少量动

图 6.5.4　电木粉起动流速随相对干容重的变化

6.5.2　煤粉

1. 煤粉模型沙的沉降密实过程

煤粉一般来自工业用煤和民用煤的煤屑,其密度为 1.33t/m³。煤粉颗粒较粗,表面有棱角,用来做模型底沙比较合适。煤粉作为模型沙,其容重小,性能稳定;起动流速小,落淤后的糙率小,易满足水流阻力、河型、悬移等相似条件;造价低;水下休止角适中。由图 6.5.5 可知,模型沙的级配比较均匀,试验中可作为均匀沙看待,从而有利于起动标准的控制及提高试验准确性。

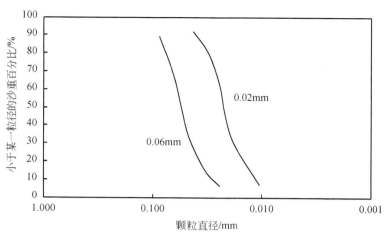

图 6.5.5　模型沙级配曲线

　　由于模型沙起动流速与淤积体表层干容重有关,因此采用环刀取样法测量表层干容重,煤粉表层干容重随历时的变化如图 6.5.6 所示。由图可见,同一粒径下,干容重随历时的增长而增大直至密实稳定;相同历时下,干容重随粒径的增大而增大。由图 6.5.6 和图 6.5.7 可见,煤粉与电木粉一样,无论在动水中还是静水中,干容重随历时的变化规律均相同。相同粒径下,干容重随历时的增长而增大;

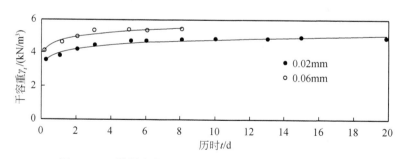

图 6.5.6　煤粉在静水密实过程中干容重随历时的变化

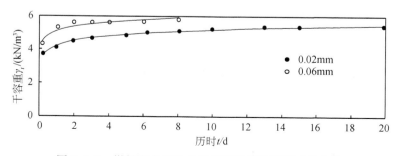

图 6.5.7　煤粉在水槽动水作用下干容重随历时的变化

相同历时下,干容重随粒径的增大而增大。煤粉模型沙的静水和动水干容重大小及变化基本一致,达到稳定的历时也基本相同,说明静水和动水的沉积密实过程基本一致。不同粒径煤粉的干容重变化范围见表 6.5.4,相较于电木粉而言,煤粉干容重随着沉降密实过程变化明显,且粒径越小,干容重增长越大。

表 6.5.4　不同粒径煤粉的干容重变化范围

粒径/mm	$d_{50}=0.02$	$d_{50}=0.06$
干容重变化范围/(kN/m³)	3.63～5.20	4.17～5.54

　　上述分析表明,煤粉模型沙表层干容重与沙样的粒径和沉积历时有关。粒径越粗,历时越长,干容重越大;当淤积体沉积一定时间后,干容重达到密实稳定。因此,干容重可表示成如下形式:

$$\gamma_t = \gamma_稳 - k\log\left(\frac{t_稳}{t+t_0}\right) \tag{6.5.2}$$

式中,t_0 为模型沙沉降进入沉降制约状态的时间,对粒径为 0.02mm 的煤粉,取 $t_0=0.3\mathrm{d}$;对粒径为 0.06mm 的煤粉,取 $t_0=0.0833\mathrm{d}$。不同模型沙的沉积密实过程不同,因此,当煤粉粒径为 0.02～0.06mm 时,受动水作用,其干容重变化可用经验公式表示为

$$\gamma_t = (5.03 + 85.75d_{50}) - 1.03\log\frac{18.8 - 2750d_{50}}{t+t_0} \tag{6.5.3}$$

　　煤粉模型沙干容重计算值与实测值对比如图 6.5.8 所示,从图可见,两者基本吻合。

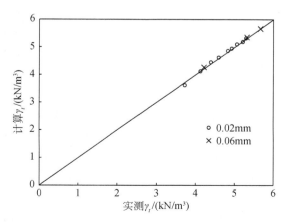

图 6.5.8　煤粉模型沙干容重计算值与实测值对比

2. 煤粉模型沙密实对起动流速的影响

为探求煤粉的起动特性,南京水利科学研究院在一个矩形断面的变坡水槽中

对煤粉进行了多组起动流速的试验(高亚军等,1999),该水槽长 11m、宽 0.4m、高 0.2m。试验前水槽经过率定,宽深比 B/H 大于 5,可确保中间部位的水流不受边壁影响。

对于细颗粒泥沙,人为铺在水槽中很难平整、均匀,特别是干容重随历时增长的关系很难测定,这与模型试验不相符,因此采用自然沉降法在水槽中间用木板隔离出一段 4m 左右长度,木板外两头充满清水,中间段放入沙样,沙样厚度为 5cm;然后中间也放水至与板外水面相平,接着把中间沙样充分搅拌均匀,把中间沙样配制成高含沙浓度下做群体沉降运动;最后去掉木板,稳定一段时间以后开始试验。试验水深分别取 3.5cm、5.0cm、7.0cm,以流速仪测定的垂线平均流速作为起动流速,并用断面平均流速校核,每组试验重复 2 次,干容重共测定 300 多个沙样,试验结果见表 6.5.5。

表 6.5.5　煤粉模型沙密实过程中的起动流速实测值

时间 t/d	表面干容重/(kN/m³)		水深 /cm	起动流速/(cm/s)					
	$d_{50}=$ 0.02mm	$d_{50}=$ 0.06mm		$d_{50}=0.02$mm			$d_{50}=0.06$mm		
				个别动	少量动	普遍动	个别动	少量动	普遍动
$t=0$	3.626	4.165	3.5	4.25	7.39	8.91	4.54	5.45	6.17
			5.0	4.85	7.54	9.70	4.75	5.95	6.91
			7.0	5.13	8.01	10.24	5.40	6.35	7.55
$t=1$	4.067	5.174	3.5	5.45	8.64	10.28	4.68	6.26	7.86
			5.0	6.00	8.80	11.32	5.03	6.78	8.25
			7.0	6.48	9.08	12.28	5.68	7.53	8.58
$t=2$	4.312	5.537	3.5	5.77	9.02	10.88	5.50	6.89	8.36
			5.0	6.05	9.71	11.60	5.79	7.20	8.98
			7.0	6.89	10.07	12.17	6.15	8.18	9.49
$t=3$	4.528	5.468	3.5	6.21	9.77	11.61	5.65	6.95	8.64
			5.0	6.46	10.23	11.79	5.62	7.14	9.00
			7.0	7.34	10.95	12.41	6.31	8.22	9.38
$t=5$	4.684	5.439	3.5	6.70	8.93	11.71	5.41	6.82	8.41
			5.0	7.16	10.15	11.95	5.78	7.13	8.83
			7.0	7.86	10.66	12.28	6.10	8.11	9.35
$t=6$	4.802	5.498	3.5	6.53	9.78	12.44	5.66	6.94	8.57
			5.0	7.03	11.05	12.89	5.82	7.32	9.05
			7.0	8.08	11.66	13.45	6.24	8.35	9.37

时间 t/d	表面干容重/$(\mathrm{kN/m^3})$		水深 /cm	起动流速/$(\mathrm{cm/s})$					
	$d_{50}=$ 0.02mm	$d_{50}=$ 0.06mm		$d_{50}=0.02\mathrm{mm}$			$d_{50}=0.06\mathrm{mm}$		
				个别动	少量动	普遍动	个别动	少量动	普遍动
$t=8$	4.959	5.557	3.5	6.87	10.16	13.07	5.87	7.01	8.78
			5.0	7.66	11.22	13.74	5.92	7.26	9.08
			7.0	8.44	12.05	14.02	6.35	8.18	9.50
$t=10$	5.076	—	3.5	6.79	10.20	13.00	—	—	—
			5.0	7.70	11.50	13.79	—	—	—
			7.0	8.61	12.03	14.12	—	—	—
$t=13$	5.174	—	3.5	6.93	10.98	13.26			
			5.0	7.97	11.70	14.39			
			7.0	8.82	12.30	14.86			
$t=15$	5.194	—	3.5	6.80	11.05	13.20			
			5.0	8.00	11.78	14.50			
			7.0	8.90	12.30	14.68			
$t=20$	5.155	—	3.5	6.85	10.69	13.15			
			5.0	7.84	11.61	14.28			
			7.0	8.77	12.37	14.90			

　　细颗粒模型沙的起动与天然沙的起动相似,同时受到重力作用和黏结力作用的影响,随着粒径的减小,重力作用减小,黏结力作用增大,起动流速也增大。模型沙及天然沙在长时间的沉积过程中,淤积体逐渐密实,干容重逐渐增大势必导致起动流速的增大。不同模型沙由于其密实过程不同,其对起动流速的影响也不同。细颗粒煤粉达到密实稳定的历时较长,干容重的变化较大,因此干容重的变化对起动流速的影响也较大。中值粒径为 0.02mm 的淤积体从 3.63kN/m³ 增大到 5.20kN/m³,相对干容重 $\gamma_t/\gamma_{稳}$ 达 0.70,细颗粒模型沙煤粉的起动流速平均增幅为 35%,因此煤粉淤积体在密实过程中干容重的变化对起动流速的影响是不容忽视的。随着历时增长,干容重相应增大,起动流速也线性增大(图 6.5.9),因此起动流速随相对历时的增长而线性增大(图 6.5.10)。

　　起动流速公式采用窦国仁提出的式(6.5.1)。由图 6.5.11 可见,煤粉的黏结力参数随相对历时是不变的。由此说明了每一种沙样具有其自身的固有黏结性,而不同的沙样固有的黏结性有所不同,煤粉的黏结力参数 $\varepsilon_k=0.165\mathrm{cm^3/s^2}$。

　　式(6.5.1)的计算值与试验实测资料如图 6.5.12 所示,由图可见计算和实测起动流速基本一致。式(6.5.1)能较好地反映煤粉模型沙的起动流速在沉积密实过程中随干容重的变化关系。

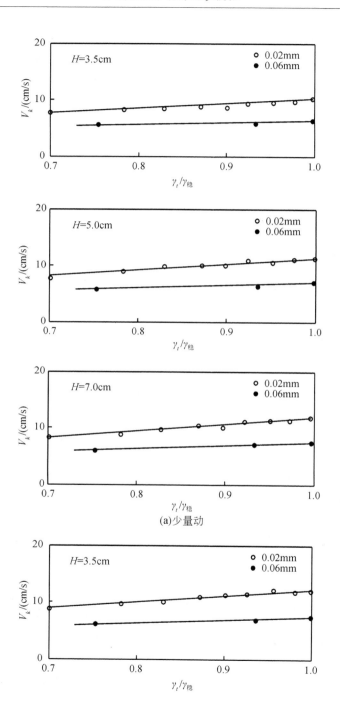

(a)少量动

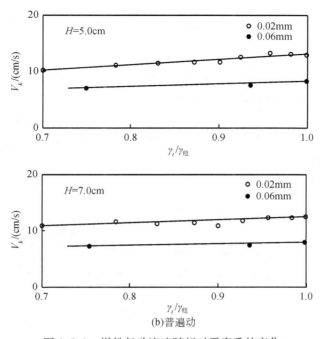

(b)普遍动

图 6.5.9　煤粉起动流速随相对干容重的变化

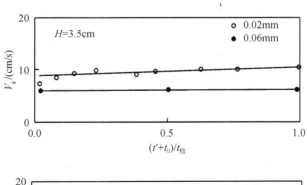

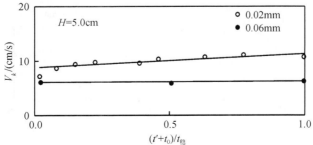

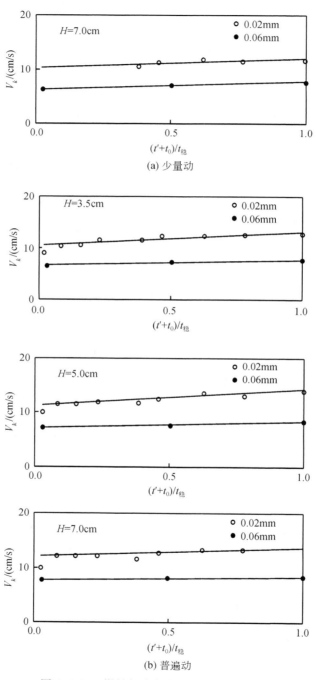

(a) 少量动

(b) 普遍动

图 6.5.10 煤粉起动流速随相对历时的变化

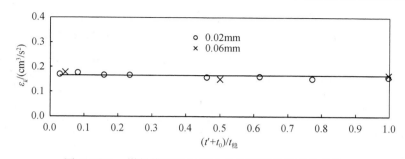

图 6.5.11　煤粉模型沙黏结力参数随相对历时的变化

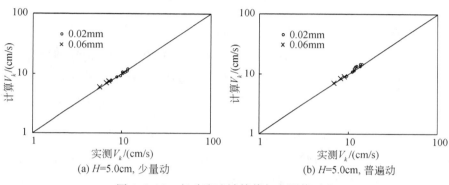

(a) H=5.0cm, 少量动　　　　　(b) H=5.0cm, 普遍动

图 6.5.12　起动流速计算值与实测值对比

6.6　竹粉模型沙的研制

　　模型沙的选择及其物理运动特性的研究是泥沙模型试验的技术关键,当前经常使用的各种模型沙虽有许多成功应用的经验,但都存在某些不足。例如,天然沙不易按粒径比尺配制,达不到相似性的要求;塑料沙易滑动,水下休止角小,亲水性差,成型困难,价格昂贵;精煤物化性质不稳定,往往出现细化和絮凝现象,使试验成果失真(陈俊杰等,2009)。因此,加强模型沙的研制,找到某些化学性质稳定、不含黏性、容重及粒径能够人为调整且价格低廉的轻质沙,一直以来都是国内外学者探索的方向。

　　毛竹生长快、产量高、材质好、用途广,是我国经济价值最大的竹种,其边角料可加工成竹粉,故竹粉来源广、可以大量生产且价格低廉,目前竹粉价格只有木粉的 1/4～1/3。竹粉经过碳化处理后(即将竹粉置于 200～300℃的高压碳化炉中),还可以起到抗菌、防蛀及一定的防霉效果。

6.6.1　物理特性

1. 容重

　　竹粉的容重采用量筒法测定,由于竹粉颗粒存在孔隙,孔隙中含水情况不同将影响其容重,因此颗粒容重是指颗粒孔隙含水饱和而颗粒表面不含水时单位体积的重量。测量结果见表 6.6.1。由表可见,不同粒径的竹粉容重差别很小,平均容重 $1.09t/m^3$。不同粒径竹粉组成成分相同,其容重应当相同,造成细小差别可能是竹粉加工过程中有微量杂质掺入所致。

表 6.6.1　竹粉容重

中值粒径 d_{50}/mm	0.201	0.184	0.118	0.082	0.065
容重/(t/m³)	1.10	1.08	1.09	1.08	1.08

2. 干容重

干容重是单位体积竹粉烘干后的重量,即 $\gamma_0 = W_s/V$。这是泥沙颗粒群体的一种性质。在分析计算河床的冲淤变化时,泥沙冲淤的重量必须通过泥沙的干容重来换算为泥沙冲淤体积,再得到河床变形的量值。因此,干容重在水库泥沙模型中是十分重要的物理量。

竹粉与前面介绍的电木粉和煤粉一样,其干容重小于容重。由表 6.6.2 可见,相同粒径的竹粉,干容重随淤积历时增加而增大,最终趋近于一个稳定值;而在相同淤积历时下,干容重随粒径的增大而增大。

表 6.6.2　竹粉干容重随时间变化情况　　　　　　（单位:t/m³）

| 沉降时间/h | 中值粒径 d_{50}/mm | | | | |
	0.201	0.184	0.118	0.082	0.065
1	0.215	0.213	0.195	0.191	0.183
2	0.215	0.213	0.195	0.191	0.183
3	0.216	0.214	0.197	0.191	0.184
4	0.218	0.216	0.199	0.192	0.184
5	0.221	0.218	0.202	0.193	0.185
6	0.226	0.219	0.205	0.194	0.185
12	0.232	0.223	0.206	0.201	0.189
24	0.238	0.227	0.211	0.203	0.194
120	0.251	0.240	0.219	0.212	0.205
192	0.258	0.246	0.225	0.218	0.210
240	0.262	0.250	0.230	0.221	0.213
384	0.267	0.257	0.236	0.228	0.220
456	0.271	0.261	0.240	0.231	0.222
504	0.274	0.265	0.243	0.233	0.225

沉降时间/h	中值粒径 d_{50}/mm				
	0.201	0.184	0.118	0.082	0.065
552	0.274	0.267	0.243	0.233	0.225
624	0.274	0.267	0.243	0.233	0.225

3. 水下休止角

竹粉在静水中自然堆积成丘时，由于摩擦力的作用，可以形成一定的倾斜面而不致塌落，此倾斜面与水平面的夹角 φ 称为竹粉的水下休止角（张红武等，1989）。南京水利科学研究院在一个内径 40cm 的有机玻璃筒内进行试验（宋东升等，2014），筒身设有紫铜管可将筒内水放出，同时配有注水用的橡胶管。使用小勺将沙样倾倒在直径 20cm 的金属圆盘上，直至竹粉完全覆盖圆盘且竹粉锥体顶端不再增高。沿筒壁缓慢注水直至将试样全部淹没，待试样充分浸水饱和后平稳升起圆盘直至竹粉锥体顶端露出水面约 1cm，记录读数。如图 6.6.1 所示，竹粉水下休止角为 31.25°～39.81°，水下休止角随粒径增大而减小。经拟合得到竹粉水下休止角经验公式为

$$\varphi = 18.64 - 7.86\ln d \tag{6.6.1}$$

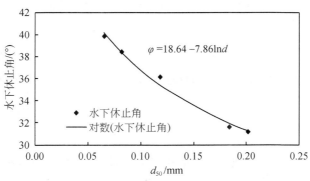

图 6.6.1　竹粉水下休止角与粒径关系

6.6.2　运动特性

1. 沉降特性

竹粉具有和天然沙相同的沉降规律，其沉速随粒径的增大而增大。对于单颗粒竹粉，由表 6.6.3 可见，当沙粒雷诺数 $Re>0.1$ 时（$Re=\omega d/v$），实测值与张瑞瑾公式（6.6.2）（1998）计算值较为接近，而斯托克斯公式（6.6.3）计算值相对偏大；当

沙粒雷诺数 $Re<0.1$ 时,实测值与斯托克斯公式计算值较为接近,而张瑞瑾公式计算值相对偏小。

$$\omega=\sqrt{\left(13.95\frac{\nu}{d}\right)^2+1.09\frac{\gamma_s-\gamma}{\gamma}gd}-13.95\frac{\nu}{d} \tag{6.6.2}$$

$$\omega=\frac{1}{18}\frac{\gamma_s-\gamma}{\gamma}\frac{gd^2}{\nu} \tag{6.6.3}$$

式中,ω 为竹粉沉速(m/s);ν 为水的运动黏滞系数(m^2/s);d 为竹粉粒径(m);γ_s 为密实干容重(t/m^3);γ 为水的容重(t/m^3)。

表 6.6.3　竹粉单颗粒沉速

d_{50}/mm	沙粒雷诺数 Re	沉速试验值 /(cm/s)	沉速计算值/(cm/s)		水温/℃
			张瑞瑾公式	斯托克斯公式	
0.201	0.62	0.308	0.303	0.440	20.1
0.184	0.49	0.267	0.255	0.369	19.7
0.118	0.18	0.168	0.111	0.159	20.3
0.082	0.09	0.108	0.067	0.096	20.2
0.065	0.07	0.095	0.059	0.085	21.0

与单颗粒沉降相比,模型沙群体沉降要相对复杂,除模型沙颗粒粒径外,含沙浓度、水质等因素的影响也不容忽视。均匀模型沙群体沉速 ω' 与体积含沙浓度的关系一般表达(钱宁等,1986)为

$$\frac{\omega'}{\omega}=(1-S_V)^m \tag{6.6.4}$$

式中,ω' 为模型沙群体沉速;ω 为模型沙单颗粒沉速;S_V 为体积比含沙浓度;m 为沙粒 Re 的函数。

2. 起动流速

在长 22m、宽 0.5m、底坡 0.7‰ 的矩形断面玻璃水槽中,以水槽中间 12m 长度为铺沙段,在铺沙段内均匀地平铺 5cm 厚度的竹粉沙样,观察段设置在铺沙段中间 2m 区间,试验水深范围为 5~20cm。试验结果见表 6.6.4。

表 6.6.4　竹粉起动流速试验结果

中值粒径 d_{50}/mm	水深/cm	水温/℃	起动流速/(cm/s)			
			个别动	少量动	大量动	扬动
	5.1	9.1	6.79	8.30	10.00	11.41
0.203	9.9	9.2	7.93	9.24	11.49	13.75
	15.1	8.9	8.76	9.84	12.83	15.57

续表

中值粒径 d_{50}/mm	水深/cm	水温/℃	起动流速/(cm/s)			
			个别动	少量动	大量动	扬动
0.184	4.5	6.3	6.23	7.22	9.44	10.37
	10.2	6.3	7.08	8.51	10.83	12.96
	15.8	7.3	7.80	9.44	12.38	14.61
0.118	4.8	10.1	7.56	9.12	11.07	13.05
	10.5	10.1	8.68	10.27	11.74	13.79
	14.6	10.3	8.94	10.79	12.14	14.35
0.082	5.7	10.1	8.11	9.88	11.59	13.76
	11.3	11.6	8.98	10.76	12.13	14.42
	16.0	11.6	9.34	11.28	12.77	15.30
0.065	5.3	9.4	8.46	10.34	11.85	13.94
	10.8	9.8	9.16	11.02	12.67	14.65
	14.8	9.9	9.95	11.86	13.38	15.68

表 6.6.4 以个别动、少量动、大量动和扬动四种判别标准来区分,判别标准如下。

个别动:床面上只有个别沙粒做间歇式移动;

少量动:床面上少量沙粒(约 20%)做间歇式移动,其中一部分开始做连续运动;

大量动:床面上大量沙粒(约 80%)开始做连续滚动,连续性比少量动增强;

扬动:床面上沙粒呈带状运动,沙粒带不停地向左右两边摆动,部分沙粒在床面翻滚一段距离后扬起,水体呈混浊状。

因此,可以看出,当水深为 5~17cm 时,竹粉模型沙在各种起动标准下的起动流速为:6.23~9.95cm/s(个别动),7.22~11.86cm/s(少量动),9.44~13.38cm/s(大量动),10.37~15.68cm/s(扬动),且起动流速随水深增大而增大、随粒径增大先减小后增大。

参考王延贵等(2007)提出的细颗粒模型沙计算公式,并将之提取为一般性起动流速公式:

$$V_0 = \left(\frac{h}{d}\right)^{a_1}\left(a_2\frac{\gamma_s - \gamma}{\gamma}d + a_3\frac{10 + h}{d^{a_4}}\right)^{\frac{1}{2}} \tag{6.6.5}$$

式中,a_1、a_2、a_3、a_4 为待定系数,根据天然沙、模型沙的起动试验资料可知,起动流速与 h/d 呈指数关系,指数 a_1 的变化范围为 1/7~1/5,取 0.14;对于以重力作用为主的粗颗粒模型沙,试验值与计算值吻合,因此 $a_2=17.6$。而 a_3 和 a_4 两个系数要根据现有资料进行拟合求得。在拟合了大量模型沙起动流速后发现，a_3、a_4 与模型沙容重的 0.8 次方成正比。对竹粉起动流速进行回归分析，得到 $a_3 = 0.000000275\gamma_s^{0.8}$，$a_4 = 0.554\gamma_s^{0.8}$，将 a_1、a_2、a_3、a_4 代入式(6.6.5)可得竹粉起动流速公式为

$$V_0 = k\left(\frac{h}{d}\right)^{0.14}\left(17.6\frac{\gamma_s - \gamma}{\gamma}d + 0.000000275\gamma_s^{0.8}\frac{10+h}{d^{0.554\gamma_s^{0.8}}}\right)^{\frac{1}{2}} \quad (6.6.6)$$

式中，k 为对应不同起动状态的比例系数，通过分析可得，在个别动、少量动、大量动、扬动时，k 取值分别为 0.80、1.00、1.15、1.20。

3. 阻力特性

竹粉阻力特性同样采用水槽试验法测定。水槽中综合糙率包含边壁糙率和床面糙率两部分，为得到床面糙率，需消除水槽的玻璃带来的边壁糙率影响。本次试验分别采用爱因斯坦法和姜国干法计算床面糙率。

通过水槽试验测定竹粉模型沙的糙率，得到在试验选取的粒径范围内，当水深变化为 5～20cm，断面平均流速变化为 2.60～19.53cm/s 时，竹粉糙率为 0.009～0.021。分析表明，竹粉模型沙的糙率随水深增大而减小，随流速增大而增大，当竹粉颗粒运动强度较大时，床面逐渐出现沙纹、沙垄，阻力大，糙率也随之增大。表 6.6.5 为 $d_{50} = 0.201$mm 竹粉糙率试验结果。

表 6.6.5　竹粉糙率试验结果

水温 /℃	水深 h/cm	断面平均流速 V/(cm/s)	沙粒状态	床面形态	爱因斯坦法 n_b	姜国干法 n_b
9.1	4.72	7.61	无	无沙纹	0.011	0.010
9.1	4.72	8.22	个别动	无沙纹	0.012	0.011
9.1	4.62	10.60	少量动	无沙纹	0.014	0.013
9.1	4.92	11.57	大量动	初见沙纹	0.016	0.015
9.1	4.57	14.21	扬动	沙纹有悬沙	0.017	0.016
9.1	5.37	18.73	扬动	沙纹有悬沙	0.018	0.017
9.2	9.97	6.40	无	无沙纹	0.010	0.008
9.2	8.97	8.85	个别动	无沙纹	0.011	0.010
9.2	9.27	10.29	少量动	无沙纹	0.013	0.014
9.2	9.97	13.02	大量动	初见沙纹	0.015	0.015
9.2	10.37	15.07	扬动	沙纹有悬沙	0.016	0.016
9.2	10.37	14.77	扬动	沙纹有悬沙	0.010	0.017
8.9	14.14	7.02	无	无沙纹	0.010	0.009

续表

水温 /℃	水深 h/cm	断面平均流速 V/(cm/s)	沙粒状态	床面形态	爱因斯坦法 n_b	姜国干法 n_b
8.9	14.94	10.05	个别动	无沙纹	0.011	0.009
9.0	15.12	11.73	少量动	无沙纹	0.012	0.012
9.0	15.13	13.67	大量动	无沙纹	0.013	0.013
9.0	15.43	14.78	扬动	沙纹有悬沙	0.015	0.015
9.0	15.63	15.62	扬动	沙纹有悬沙	0.016	0.018

参 考 文 献

长江科学院,1986. 三峡水利枢纽150米蓄水位方案丝瓜碛河段泥沙模型试验终结报告[R]. 武汉:长江科学院.

陈德明,郭炜,魏国远,1998. 河工模型变率问题研究综述[J]. 长江科学院院报,15(3):20-23.

陈俊杰,任艳粉,郭慧敏,等,2009. 常用模型沙基本特性研究[M]. 郑州:黄河水利出版社.

窦国仁,1977. 全沙模型相似律及设计实例[J]. 水利水运科技情报,(3):1-20.

窦国仁,1979. 全沙河工模型试验的研究[J]. 科学通报,24(14):659-663.

窦国仁,王国兵,王向明,等,1995. 黄河小浪底工程泥沙问题的研究[J]. 水利水运科学研究,(3):197-209.

段文忠,詹义正,张政权,1998. 河工模型变态问题//李义天. 河流模拟理论与实践[M]. 武汉:武汉水利电力大学出版社.

高亚军,1998. 细颗粒电木粉的密实过程及其对起动流速的影响[J]. 水利水运科学研究,(1):53-63.

高亚军,刘长辉,郑巧红,1999. 细颗粒煤粉的密实过程及其对起动流速的影响[J]. 河海大学学报(自然科学版),27(4):54-59.

胡春宏,陈建国,戴清,等,2001. 泾河东庄水利枢纽工程下游河道动床物理模型试验研究[R]. 北京:中国水利水电科学研究院.

胡春宏,王延贵,张世奇,等,2003. 官厅水库泥沙淤积与水沙调控[M]. 北京:中国水利水电出版社.

胡春宏,陈建国,戴清,等,2005. 潼关高程变化及渭河下游河道影响的动床实体模型试验研究[R]. 北京:中国水利水电科学研究院.

胡春宏,曹文洪,郭庆超,等,2008. 河流泥沙工程学科发展//水利学科发展报告:2007—2008[R].

黄建维,1981. 粘性泥沙在静水中沉降特性的试验研究[J]. 泥沙研究,(2):30-41.

惠遇甲,王桂仙,1999. 河工模型试验[M]. 北京:中国水利水电出版社.

孔祥柏,应强,2006. 整治建筑物壅水及重力相似条件偏离影响的初步研究[J]. 水运工程,(12):15,18.

乐培九,2005. 动床模型泥沙运动相似问题[J]. 水道港口,(1):1-5,16.

李保如,1991. 我国河流泥沙物理模型的设计方法[J]. 水动力学研究与进展(A辑),(增刊):
　　113-122.

李保如,屈孟浩,1985. 黄河动床模型试验[J]. 人民黄河,(6):26-31.

李昌华,1966. 论动床河工模型的相似律[J]. 水利学报,(2):3-11.

李昌华,1977. 论悬沙水流模型试验的相似律[J]. 水利水运工程学报,(4):3-10.

李昌华,金德春,1981. 河工模型试验[M]. 北京:人民交通出版社.

李昌华,吴道文,夏云峰,2003. 平原细沙河流动床泥沙模型试验的模型相似律及设计方法[J].
　　水利水运工程学报,(1):1-8.

李发政,孙贵洲,渠庚,2011. 长河段河工模型时间变态影响及水沙过程控制方式研究[J]. 长江
　　科学院院报,28(3):75-80.

李国英,2002. 黄河的重大问题及其对策[J]. 水利水电技术,33(1):12-14.

李旺生,2001. 变态河工模型垂线流速分布不相似问题的初步研究[J]. 水道港口,22(3):
　　113-117.

李文全,2012. 微型河工模型试验技术与理论基础初探[J]. 水运工程,(10):69-73.

李远发,陈俊杰,朱超,等,2005. 河工模型试验模拟技术探讨[J]. 人民黄河,27(12):18-19.

廖小勇,卢金友,2010. 悬移质泥沙运动相似条件探讨[J]. 长江科学院院报,27(6):1-3.

林秉南,1994. 对悬移质变态动床模型试验中掺混相似条件的剖析[J]. 人民长江,25(3):1-6.

刘怀汉,李文全,2007. 推移质动床模型变率的选择与比降变态的研究[J]. 泥沙研究,(2):
　　59-63.

卢金友,廖小永,王家生,2008. 模型几何变态对弯道悬移质泥沙冲淤变形影响试验研究[J]. 长
　　江科学院院报,25(6):14-18.

南京水利科学研究院,1990. 三峡变动回水区泥沙问题的试验研究[R]. 南京:南京水利科学研
　　究院.

彭瑞善,1988. 关于动床变态河工模型的几个问题[J]. 泥沙研究,(3):86-94.

钱宁,1957. 动床变态河工模型律[M]. 北京:科学出版社.

钱宁,万兆惠,1986. 泥沙运动力学[M]. 北京:科学出版社.

清华大学,1984. 长江三峡水利枢纽回水变动区兰竹坝—塘土坝河段泥沙模型的模型设计[R].
　　北京:清华大学.

屈孟浩,1981. 黄河动床河道模型的相似原理及设计方法[J]. 泥沙研究,(3):29-42.

渠庚,郭熙灵,龙超平,等,2007. 泥沙实体模型时间变态问题的研究[J]. 水利学报,38(11):
　　1318-1323.

渠庚,唐峰,孙贵洲,等,2009. 时间变态对模型水流运动相似影响试验研究[J]. 西安理工大学
　　学报,25(4):487-492.

宋东升,李国斌,许慧,等,2014. 竹粉模型沙特性试验研究[J]. 泥沙研究,(1):27-32.

王世夏,1978. 水利枢纽附近动床模型相似律和模拟技术[J]. 河海大学学报(自然科学版),
　　(2):98-112.

王延贵,胡春宏,朱毕生,2007. 模型沙起动流速公式的研究[J]. 水利学报,38(5):518-523.

武汉水利电力学院,1985. 长江三峡工程变动回水区青岩子河段泥沙模型设计报告[R]. 武汉:
　　武汉水利电力学院.

谢鉴衡,1990. 河流模拟[M]. 北京:中国水利水电出版社.

颜国红,1996. 模型变率对弯道动力轴线影响的试验研究[D]. 武汉:武汉水利电力大学.

姚仕明,张玉琴,李会仁,1999. 实体模型变率研究[J]. 长江科学院院报,16(5):1-4.

虞邦义,2003. 河工模型相似理论和自动测控技术的研究及其应用[D]. 南京:河海大学.

虞邦义,俞国青,2000. 河工模型变态问题研究进展[J]. 水利水电科技进展,20(5):23-26.

虞邦义,吕列民,俞国青,2006. 河工模型时间变态问题试验研究[J]. 泥沙研究,(2):22-28.

曾庆华,周文浩,陈建国,等,1996. 黄渭洛河汇流区淤积及河势整治动床模型试验[R]. 北京:中国水利水电科学研究院.

张红武,1986. 河工模型变率及弯道环流的研究[D]. 武汉:武汉水利电力学院.

张红武,1992. 复杂河型河流物理模型的相似律[J]. 泥沙研究,(4):1-13.

张红武,1995. 黄河下游洪水模型相似律的研究[D]. 北京:清华大学.

张红武,2001. 河工动床模型相似律研究进展[J]. 水科学进展,12(2):256-263.

张红武,汪家寅,1989. 沙石及模型沙水下休止角试验研究[J]. 泥沙研究,(3):90-96.

张红武,冯顺新,2001. 河工动床模型存在问题及其解决途径[J]. 水科学进展,12(3):418-423.

张俊华,张红武,江春波,等,2001. 黄河水库泥沙模型相似律的初步研究[J]. 水力发电学报,(3):52-58.

张瑞瑾,1979. 关于河道挟沙水流比尺模型相似率问题[J]. 水利水电技术,(8):37-43,66.

张瑞瑾,1998. 河流泥沙动力学[M]. 北京:中国水利水电出版社.

张胜利,王喜英,张炳录,等,1995. 黎河整治动床物理模型试验研究[J]. 泥沙研究,(3):93-100.

张威,胡冰,吕汉荣,等,1981. 精煤模型沙特性试验研究[J]. 泥沙研究,(1):65-74.

郑兆珍,1953. 挟沙河流模型试验定律之研究[R]. 天津:天津大学.

中华人民共和国交通运输部,1998. JTJ/ T232—1998 内河航道与港口水流泥沙模拟技术规程[S]. 北京:人民交通出版社.

周冠伦,荣天富,2004. 航道工程手册[M]. 北京:人民交通出版社.

DE VRIES M,1973. Application of physical and mathematical models for river problems[R]. Delft:Delft Hydraulics Laboratory.

EINSTEIN H A,CHIEN N,1954. Similarity of distorted river models with movable beds[C]. Proceedings of the Conference,Sponsored by the Hydraulics Division of the American Society of Civil Engineers.

LIANG B,1992. Experimental study of the effect of model distortion on compound river flow simulation[C]. Proceedings of International Symposium on Hydraulic Research in Nature and Laboratory,Wuhan.

VOGEL H D,1935. Practical river,laboratory hydraulics[J]. Transactions of the American society of civil engineers,100(1):118-144.

Розовский ИЛ,1958. Русловые Процессы[M]. АНСССР.

第7章　水利枢纽变动回水区和坝区泥沙淤积及影响

7.1　长江三峡水库坝区泥沙淤积及对航道影响

7.1.1　三峡工程概况

长江三峡水利枢纽工程由大坝、水电站厂房和通航建筑物三大部分组成。通航建筑物位于左岸,永久通航建筑物为双线五级船闸及垂直升船机。三峡大坝坝顶高程185m,水库正常蓄水位175m,初期蓄水位135m,总库容393亿 m³,年平均发电量为847亿 kW·h,是目前世界上最大的水电站。

三峡工程于2003年6月开始蓄水发电,汛期按135m运行,枯季按139m水位运行,工程进入围堰发电期。2006年9月实施二期蓄水,汛后坝前水位抬升至156m运行,汛期坝前水位则按144～145m运行,三峡工程进入初期运行期。三峡水库坝前水位变化过程见图7.1.1(陈松生等,2011)。

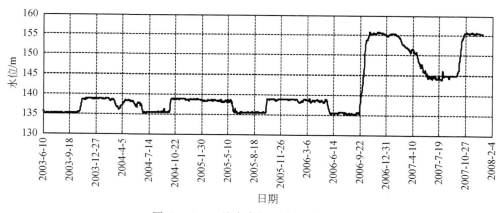

图 7.1.1　三峡水库坝前水位变化过程

三峡工程坝区河段上起庙河下至莲沱,全长约32km,河段弯曲且河向多变,宽窄相间,见图7.1.2。

7.1.2　模型设计

在三峡工程论证和初步设计阶段,坝区河段的悬沙级配分布较广,多年平均中

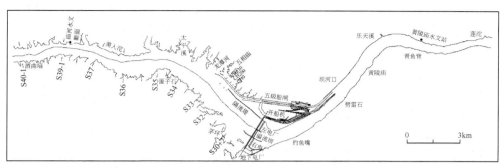

图 7.1.2 三峡工程坝区及引航道河势图

值粒径为 0.034mm,其中大于 0.1mm 的床沙质部分占 10％以上,这部分泥沙处于临底悬浮状态。此外,有沙质推移质和卵石推移质沿床面运动。临底悬浮和滚动的粗沙以及卵石均可以看作底沙输移。沙质推移质的多年平均中值粒径约为 0.22mm,而卵石的多年平均中值粒径约为 24.5mm,见表 7.1.1～表 7.1.3。本河段的河床糙率沿程逐渐减小,其汛期曼宁糙率系数 $n \approx 0.025$。

为正确论证工程方案的可行性并为初步设计提供技术支撑,物理模型需模拟包括悬沙、底沙及卵石在内的全部泥沙,鉴于此,本模型采用窦国仁全沙模型相似律设计(窦国仁,1977,1979)。首先对模型沙进行了选择,其中特别注意其粒径级配要广泛,起动流速要小。经过对数种模型沙进行试验后,认为电木粉能够基本满足要求,其容重为 1.46t/m³;中值粒径约为 0.14mm 的电木粉,起动流速为 6～7cm/s,糙率系数约为 0.016。电木粉的级配分布较广,粗的可达 10mm 以上,细的可以达到 0.01mm 以下,这种起动流速小、级配广的模型沙有可能模拟包括悬沙、底沙及卵石在内的全部泥沙。

在确定模型平面比尺时,既要考虑场地条件,也要考虑到模型不宜过大,否则操作将十分困难,因此模型平面比尺确定为 $\lambda_l = 200$。

本河段在 14300m³/s 流量时(相当于多年平均流量),河段的原体情况是: $V_p = 2.15$m/s,$H_p = 26.5$m,$n_p = 0.025$,得到阻力系数为

$$\lambda_p = \frac{2gn^2}{H^{1/3}} = 0.0041$$

将这些数值代入确定最小水深比尺公式:

$$\lambda_H \leqslant 4.22 \left(\frac{V_P H_P}{\upsilon}\right)^{2/11} \lambda_p^{8/11} \lambda_L^{8/11} = 94.2 \tag{7.1.1}$$

故垂直比尺采用 $\lambda_H = 100$。

按此比尺校核模型沙的糙率能否符合要求,其标准是模型沙的糙率要小于或等于模型床面要求的最小糙率,否则将无法保证阻力相似。因为当模型沙糙率小于要求糙率时,模型中可以加糙,而大于要求糙率时,减糙是难以做到的。根据相

似比尺条件,得到糙率比尺 $\lambda_n = 1.52$,即要求模型最小糙率为 $n_m = 0.0164$,与电木粉糙率较接近,因而这种模型比尺可以满足水流运动相似的要求。

其次校核起动相似条件,根据实测推移质输沙量和流速关系可知,当 $V_p \approx 0.6\text{m/s}$ 时,输沙量已经很小,只有 $8 \times 10^{-4}\text{g/(s \cdot m)}$,接近于零,因此可以认为原型中的临界起动流速约为 60cm/s,即比电木粉起动流速约大 10 倍,电木粉模型沙的起动流速基本符合 $\lambda_v = \lambda_H^{1/2} = 10$ 的要求。

根据上述计算分析,采用电木粉作为模型沙,模型平面比尺为 200,垂直比尺为 100,变率为 2 的模型研究三峡坝区泥沙问题是合适的。

1. 水流要素比尺

根据模型平面比尺和垂直比尺,按照水流运动相似条件,求得水力要素比尺如下。

流速比尺:

$$\lambda_V = \lambda_H^{1/2} = 10 \tag{7.1.2}$$

糙率比尺:

$$\lambda_n = \lambda_H^{1/6} \left(\frac{\lambda_H}{\lambda_L}\right)^{1/2} = 1.52 \tag{7.1.3}$$

$$\lambda_{c_0} = \left(\frac{\lambda_L}{\lambda_H}\right)^{1/2} = 1.414 \tag{7.1.4}$$

流量比尺:

$$\lambda_Q = \lambda_H \lambda_L \lambda_V = 200000 \tag{7.1.5}$$

水流时间比尺:

$$\lambda_t = \frac{\lambda_L}{\lambda_V} = 20 \tag{7.1.6}$$

2. 泥沙运动比尺

选用粗细不同的电木粉作为悬沙、底沙和卵石运动的模型沙。本次采用的电木粉,平均密度为 1.46t/m^3,可得沙粒容重比尺为

$$\lambda_{\gamma_s} = \frac{\gamma_{sp}}{\gamma_{sm}} = 1.815 \tag{7.1.7}$$

$$\lambda_{\gamma_s - \gamma} = \frac{\gamma_{sp} - \gamma}{\gamma_{sm} - \gamma} = 3.587 \tag{7.1.8}$$

1)悬沙比尺

对于悬沙,沉降相似是首要条件。因此,在选择悬沙粒径比尺时,以满足沉降相似为主,并考虑扬动相似。

(1)沉降相似。

模型悬沙应满足沉降相似条件:

$$\lambda_\omega = \lambda_V \frac{\lambda_H}{\lambda_L} = 5.0 \tag{7.1.9}$$

无论悬沙处于层流沉降区还是过渡沉降区或紊流沉降区,其沉降都可采用窦国仁统一沉速公式:

$$\omega = \sqrt{\frac{4}{3} \frac{1}{C_d} \frac{\gamma_s - \gamma}{\gamma} gd} \tag{7.1.10}$$

其中

$$C_d = \frac{32}{Re} \left(1 + \frac{3}{16} Re \right) \cos^3 \vartheta_* + 1.20 \sin^2 \vartheta_* \tag{7.1.11}$$

$$\vartheta_* = \frac{\ln 2Re}{\ln 5000} \frac{\pi}{2} \tag{7.1.12}$$

$$Re = \frac{\omega d}{\nu} \tag{7.1.13}$$

对于悬沙级配中每一粒径组 $d_{i,p}$ 都可运用式(7.1.10)求出对应的 $\omega_{i,p}$,按沉降相似要求即可求出 $\omega_{i,m} = \omega_{i,p}/5.0$,再运用式(7.1.10)即可求出 $d_{i,m}$,得相应粒径比尺 $\lambda_{d_i} = d_{i,p}/d_{i,m}$,逐一计算 $d_{i,m}$ 可得满足沉降相似的模型沙级配,见表 7.1.1。由表可得到模型悬沙 $d_{50} = 0.029$mm,沉速约 0.016cm/s。

表 7.1.1　悬沙原型级配和模型沙级配表

d_p/mm	0.007	0.01	0.025	0.05	0.10	0.25	0.50	$d_{50p} = 0.034$
d_m/mm	0.006	0.085	0.021	0.042	0.082	0.179	0.285	$d_{50m} = 0.029$
λ_d	1.18	1.18	1.18	1.18	1.21	1.4	1.76	1.18

(2)扬动相似。

悬沙扬动流速按窦国仁公式有

$$V_f = 1.50 \ln \left(\frac{11H}{\Delta} \right) \sqrt{\frac{\gamma_s - \gamma}{\gamma} gd} \tag{7.1.14}$$

按式(7.1.14)求得扬动流速,在不同水深时扬动流速相似比尺列于表 7.1.2 中。由表可知,扬动流速比尺为 $10 \sim 15$,各水深原型悬沙和模型悬沙扬动相似程度有差异,但比尺仍接近要求值。水深为 5m 时模型与原型扬动相似,水深大于 10m 时模型比原型易悬浮。航道冲沙时,其水深一般在 10m 以下,模型与原型的扬动基本上是相似的,因而可以满足悬浮冲刷相似的要求。

表 7.1.2　悬沙扬动流速及其比尺

原型		模型		比尺 λ_{V_f}
$\gamma_s = 2.65$t/m³；$d_{50} = 0.034$mm		$\gamma_s = 1.46$t/m³；$d_{50} = 0.028$mm		
H/m	V_f/(cm/s)	H/cm	V_f/(cm/s)	
5	127.4	5	11.97	10.7
10	180.8	10	13.15	13.7

原型		模型		比尺
$\gamma_s = 2.65\text{t/m}^3$; $d_{50} = 0.034\text{mm}$		$\gamma_s = 1.46\text{t/m}^3$; $d_{50} = 0.028\text{mm}$		λ_{V_f}
H/m	$V_f/(\text{cm/s})$	H/cm	$V_f/(\text{cm/s})$	
15	224.5	15	15.38	14.6
20	262.2	20	18.26	14.4
40	384.8	40	27.63	13.9
50	435.9	50	31.58	13.8
60	482.8	60	35.22	13.7

（3）挟沙能力相似。

从悬沙挟沙能力公式可得到含沙量比尺为

$$\lambda_s = \frac{\lambda_{\gamma_s}}{\lambda_{\gamma_s - \gamma}} = 0.506 \tag{7.1.15}$$

（4）河床冲淤变形相似。

原型悬沙淤积物干容重为 $1.03 \sim 1.10\text{t/m}^3$，相应模型沙淤积物干容重为 $0.45 \sim 0.50\text{t/m}^3$，因此有 $\lambda_{\gamma_0} = 2.25$。由此可以得到冲淤时间比尺为

$$\lambda_{t_1} = \frac{\lambda_{\gamma_0} \lambda_L}{\lambda_{\gamma_s/(\gamma_s - \gamma)} \lambda_V} = 88.9 \tag{7.1.16}$$

当考虑异重流运动相似时，上述悬沙运动冲淤时间比尺满足了异重流的淤积时间比尺。

2）沙质推移质比尺

（1）沉降相似。

根据实测资料，坝区河段的沙质推移质多年平均中值粒径 $d_{50p} = 0.22\text{mm}$，为了保证这种泥沙的运动及冲淤部位相似，需要同时满足起动相似和沉降相似。由沉降相似要求 $\lambda_\omega = 5$，可得到满足沉降相似的沙质推移质各粒径比尺 $\lambda_d = 1.21 \sim 4.28$（表 7.1.3），相应模型沙的中值粒径 $d_{50m} = 0.163\text{mm}$。

表 7.1.3　沙质推移质粒径及其比尺

原型沙粒径/mm	0.05	0.10	0.25	0.50	1.00	2.0	5.0	$d_{50p} = 0.22$
模型沙粒径/mm	0.042	0.085	0.018	0.285	0.417	0.747	1.169	$d_{50m} = 0.163$
λ_d	1.18	1.18	1.40	1.76	2.40	2.68	4.28	1.35

（2）起动相似。

表 7.1.4 列出了按窦国仁起动流速公式计算的原型沙和模型沙起动流速，计算值与水槽试验比较相近。可见，除在水深较浅时模型底沙比天然难以起动外，一般都接近要求值。因此，模型底沙满足了沉降相似，也基本上满足了起动相似。

表 7.1.4　底沙起动流速及比尺

原型		模型		比尺 λ_{V_K}
$\gamma_s=2.65\text{t/m}^3$；$d_{50}=0.22\text{mm}$		$\gamma_s=1.46\text{t/m}^3$；$d_{50}=0.163\text{mm}$		
H/m	$V_{k1}/(\text{cm/s})$	H/cm	$V_{k1}/(\text{cm/s})$	
5	45.0	5	6.55	6.9
10	60.4	10	7.69	7.9
20	84.5	20	9.36	9.0
40	121.4	40	11.96	10.2
50	136.9	50	13.10	10.3
60	151.2	60	14.16	10.7

（3）输沙率相似。

底沙单宽输沙率比尺：

$$\lambda_{qsb}=\frac{\lambda_{\gamma_s}}{\lambda_{\gamma_s-\gamma}}\frac{\lambda_V^4}{\lambda_{c_0}^2\lambda_\omega}=\frac{1.815}{3.587}\times\frac{10^4}{1.414^2\times5.0}=506 \tag{7.1.17}$$

（4）河床冲淤变形相似。

对于中值粒径 $d_{50}=0.22\text{mm}$ 的天然沙淤积物干容重为 $1.3\sim1.4\text{t/m}^3$，中值粒径为 $d_{50}=0.163\text{mm}$ 的电木粉淤积物干容重为 0.6t/m^3，因而底沙淤积物干容重比尺 $\lambda_{\gamma_0}\approx2.25$，即底沙冲淤时间比尺为

$$\lambda_{t_2}=\frac{\lambda_{\gamma_0}\lambda_H\lambda_L}{\lambda_{qsb}}=\frac{2.25\times100\times200}{506}=88.9 \tag{7.1.18}$$

3）卵石运动相似

卵石推移质以满足起动相似为主，多年实测卵石推移质平均中值粒径 $d_{50}=24.5\text{mm}$。对于卵石，由于其粒径较大，黏结力和薄膜水的影响均可忽略不计。经过窦国仁泥沙起动公式试算得模型卵石中值粒径 $d_{50}=1.3\text{mm}$，其粒径比尺 λ_d 为 18.8。表 7.1.5 列出了不同水深时卵石的起动流速比尺，起动流速比尺接近于 10，基本上满足卵石推移质起动相似条件。由此可得，沉速比尺 $\lambda_\omega=\lambda_{\gamma_s-\gamma}^{1/2}\lambda_d^{1/2}=8.8$，即卵石沉速比尺比悬沙和底沙的沉速比尺偏大，模型卵石的沉速偏小。

表 7.1.5　卵石的起动流速比尺

原型		模型		比尺 λ_{V_K}
$\gamma_s=2.65\text{t/m}^3$；$d_{50}=24.5\text{mm}$		$\gamma_s=1.46\text{t/m}^3$；$d_{50}=1.3\text{mm}$		
H/m	$V_{k1}/(\text{cm/s})$	H/cm	$V_{k1}/(\text{cm/s})$	
5	155.4	5	14.8	10.5
10	169.4	10	16.5	10.3
20	183.3	20	18.2	10.1
40	197.3	40	19.9	9.9
50	201.8	50	20.4	9.9
60	205.5	60	20.9	9.8

由于河道中的卵石数量与细沙相比是极其微小的,基本上成单独颗粒状态出现于河床上,因此,卵石淤积物的干容重比尺可以按照卵石和电木粉模型沙的淤积物干容重来确定,即 $\lambda_{\gamma_0} = \gamma_{sp}/\gamma_{sm} = 1.815$。

卵石单宽输沙率比尺:

$$\lambda_{qsb} = \frac{\lambda_{\gamma_s}}{\lambda_{\gamma_s - \gamma}} \frac{\lambda_V^4}{\lambda_{c_0}^2 \lambda_\omega} = \frac{1.815}{3.587} \times \frac{10^4}{1.414^2 \times 8.8} = 287.6 \qquad (7.1.19)$$

卵石的冲淤时间比尺:

$$\lambda_{t_3} = \frac{\lambda_{\gamma_0} \lambda_H \lambda_L}{\lambda_{qsb}} = \frac{1.815 \times 100 \times 200}{287.6} = 126.2 \qquad (7.1.20)$$

由上述计算可知,悬沙、底沙和卵石的冲淤时间比尺比较接近,达到了用同一种模型沙模拟悬沙、底沙和卵石综合运动的目的,时间比尺比较接近,故冲淤时间比尺统一采用90,各项比尺汇总见表7.1.6。

表 7.1.6 三峡坝区模型比尺汇总表

项目	名称	符号	比尺值	项目	名称	符号	比尺值
几何	平面比尺	λ_L	200	底沙	沉速比尺	λ_ω	5
	垂直比尺	λ_H	100		粒径比尺	λ_d	1.21~1.48
水流	流速比尺	λ_V	10		起动流速比尺	λ_{V_K}	≈10
	流量比尺	λ_Q	200000		单宽输沙率比尺	λ_{qsb}	506
	糙率比尺	λ_n	1.52		断面输沙率比尺	λ_{Gs}	101200
	时间比尺	λ_t	20		干容重比尺	λ_{γ_0}	≈2.25
悬沙	沉速比尺	λ_ω	5		冲淤时间比尺	λ_{t_2}	88.9
	粒径比尺	λ_d	1.18~2.40	卵石	粒径比尺	λ_d	18.8
	含沙量比尺	λ_s	0.506		起动流速比尺	λ_{V_K}	10
	扬动流速比尺	λ_{V_f}	≈10		沉速比尺	λ_ω	8.8
	干容重比尺	λ_{γ_0}	≈2.25		单宽输沙率比尺	λ_{qsb}	287.6
	冲淤时间比尺	λ_{t_1}	88.9		断面输沙率比尺	λ_{Gsb}	57600
异重流	含沙量比尺	λ_s	0.506		干容重比尺	λ_{γ_0}	1.815
	速度比尺	λ_{V_e}	10		冲淤时间比尺	λ_{t_3}	126.2
	淤积时间比尺	λ_{t_2}	88.9				

注:①模型冲淤时间比尺采用 $\lambda_t = 90$;②模型沙容重 $\gamma_s = 1.46\text{t/m}^3$。

7.1.3 模型验证

1. 三峡坝区模型已经进行过的验证

鉴于三峡水库具有防洪、发电和航运的巨大效益,在三峡工程论证和初步设计阶段,考虑到长江宜昌水文站悬移质多年平均输沙量达到 5 亿 t,所以对坝区泥沙问题的研究极为重视,要求坝区泥沙模型的范围有足够的长度,经比较,确定了坝区模型上起腊肉洞,下至莲沱,共 31.5km。根据 1981~1983 年三峡河段的水文泥沙和河段冲淤地形的实测资料对模型设计选定的比尺和模型沙进行了清、浑水的验证,验证的条件包括清水时流量为 8440~53600m³/s,洪、中、枯水共 4 级流量的水面线及流速分布,浑水时流量为 23100~42700m³/s,洪、中、枯水共 5 级流量的水面线及流速分布,1981~1983 年河床冲淤部位和冲淤量及河床质粒径(杨德昌等,1997)。

经过严格的验证试验,证明模型的比尺是合适的,模型沙性能是适用的,模型中的水流和泥沙运动与天然情况是相似的,模型可以用来研究三峡工程的各种泥沙问题。

2. 基于三峡建库后 2003~2006 年实测资料的验证

采用 2003 年 3 月实测地形塑造验证河段的起始地形,模型进口的来水来沙量采用庙河水文站 2003 年 6 月~2006 年 10 月实测流量、含沙量及悬移质级配资料控制,坝前水位按坝前实测水位控制,尾门水位按黄陵庙实测水位控制,枢纽运行按实际调度情况运行,2003 年汛期左电厂运行 5 台机组,2004 年汛期左电厂运行 10 台机组,2005 年汛期左电厂运行 14 台机组,多余流量由深孔下泄,对三峡工程坝区水流和泥沙进行了验证(李国斌等,2011)。

1)坝区水流和河势的验证

对 2003 年三峡水库蓄水后的坝区河段的断面流速分布进行验证,由于蓄水后坝区水位升高 70 余米,水库水深很大,坝区河段流速相对较小,庙河水文断面流量 44000m³/s 的主流流速也仅为 1.1m/s 左右。从验证结果看,各断面垂线平均流速偏差一般在 10% 以内,模型与原型流速分布基本一致(图 7.1.3)。

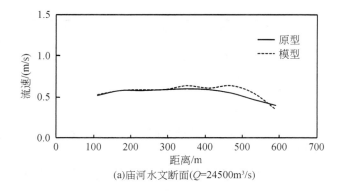

(a)庙河水文断面($Q=24500\text{m}^3/\text{s}$)

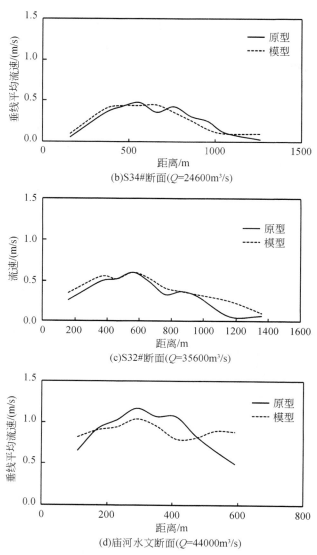

(b)S34#断面(Q=24600m³/s)

(c)S32#断面(Q=35600m³/s)

(d)庙河水文断面(Q=44000m³/s)

图 7.1.3　断面垂线平均流速分布验证图

2)坝区泥沙冲淤特性的验证

泥沙淤积验证主要检验模型设计的时间比尺和含沙量比尺是否正确,以取得合适的模型时间比尺和含沙量比尺。

2003～2008 年坝上庙河站多年平均径流量和输沙量分别为 4250 亿 m³ 和 0.632 亿 t,相对宜昌站,比 1961～1970 年输沙量减少 88%,径流量减少 6%,比 1991～2000 年输沙量减少 85%,径流量减少 2%,见表 7.1.7。由此可见,三峡工程蓄水后,进入坝区河段的径流量变化不大,而输沙量减少较多,坝区的泥沙淤积程度将大为减少。

表 7.1.7　坝上庙河水文站水沙资料统计

年份	平均流量 /(m³/s)	最大流量 /(m³/s)	平均含沙量 /(kg/m³)	最大含沙量 /(kg/m³)	悬沙中值 粒径/mm	输沙量 /亿 t	坝前水位 /m
2003	18800	46900	0.154	1.08	0.005	0.82	135～139
2004	13100	59800	0.153	1.36	0.005	0.64	135～139
2005	14500	47600	0.268	1.51	0.005	1.23	135～139
2006	9020	29000	0.041	0.27	0.003	0.12	139～135～156
2007	12600	49500	0.148	1.54	0.005	0.59	145～156
2008	12900	37100	0.095	0.66	0.005	0.39	145～175

注:2003 年为 6～12 月统计。

由于上游来沙量减少,悬沙粒径变细,泥沙中值粒径仅为 0.003～0.006mm。对模型试验而言,一方面粒径如此小的模型沙较难取得,另一方面泥沙沉降极为困难,对于一定数量的泥沙淤积,所需的模型试验时间将较长,相应的验证工作量也较大。为此,模型泥沙淤积验证首先按模型设计比尺进行验证,然后调整含沙量比尺,直至模型淤积形态和淤积量与原型基本一致。验证试验表明,为达到泥沙淤积相似,需将原含沙量比尺 0.506 调整为 0.253。

3)坝区河道泥沙淤积验证

2003～2006 年原型淤积量为 6510 万 m³,年均淤积为 1628 万 m³,模型淤积量为 6764 万 m³,年均淤积为 1691 万 m³,模型与原型泥沙淤积量一致。但就淤积量的纵向分布而言,模型进口段泥沙淤积偏多,坝前段泥沙淤积偏少,模型与原型的主要偏差在坝前段的深槽淤积高程,边滩淤积基本一致,其中 S33 断面深槽实测高程相对较高,泥沙淤积较少,而其下游 S30+2～S32+1 深槽淤积较多,其原因是否与施工有关,尚待分析,其中与模型粒径比天然偏粗及时间变态有一定关系,见图 7.1.4。

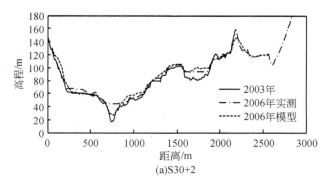

(a)S30+2

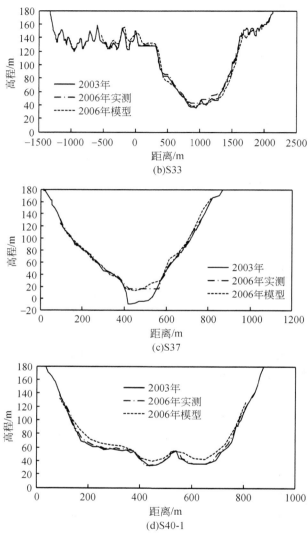

图 7.1.4　断面地形验证

4）坝上左电厂前泥沙淤积验证

坝上左电厂前边坡地形相对较平顺，无深槽，泥沙淤积基本上是平均淤积。淤积量见表 7.1.8，由表可见，2003 年 7 月～2005 年 11 月左电厂前长 790m、宽 800m 范围内，原型淤积量为 193.2 万 m³，平均淤厚为 3.1m；模型淤积量为 169.2 万 m³，平均淤厚为 2.7m，模型淤积量偏少 12.4%。模型与原型淤积量和淤积形态基本一致。

表 7.1.8　2003 年 7 月～2005 年 11 月左电厂前泥沙淤积量验证

河段	距坝里程/m	淤积量/万 m³	
		原型	模型
大坝～CD1	0～100	20.5	16.0
CD1～CD2	100～200	19.7	12.2
CD2～CD3	200～300	18.3	10.1
CD3～CD4	300～400	22.0	13.5
CD4～CD5	400～500	26.7	19.5
CD5～S30+1	500～790	86.0	97.9
合计		193.2	169.2

注：淤积量计算范围，左电厂前长 790m，宽 800m。

5）上游引航道泥沙淤积验证

上游引航道内航道底板较为平坦，没有明显的泥沙淤积。上游引航道口门外由于回流、缓流的存在，在隔流堤头以上靠近左岸的原来地势较低的小区域出现淤积现象。2003 年 7 月～2006 年 10 月引航道口门区原型淤积量为 44.1 万 m³，模型淤积量为 35.1 万 m³，见表 7.1.9 和图 7.1.5。

表 7.1.9　上游引航道口门区泥沙淤积量验证

河段	口门外/m	淤积量/万 m³	
		原型	模型
CH0～CH100	0～100	4.1	2.3
CH100～CH200	100～200	5.2	2.4
CH200～CH300	200～300	4.7	4.3
CH300～CH400	300～400	11.4	9.2
CH400～CH530	400～530	18.7	16.9
合计		44.1	35.1

注：淤积量计算范围，口门区长 530m，宽 220m。

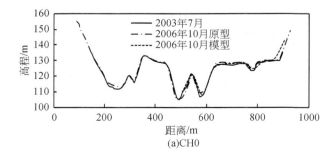

(a)CH0

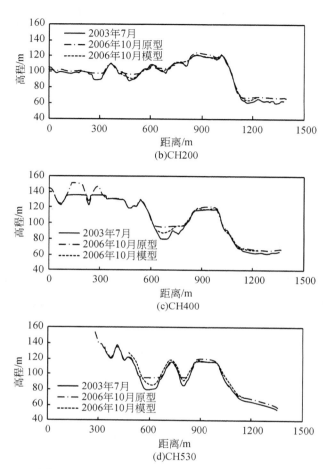

图 7.1.5　上游引航道口门区断面淤积地形验证

6)下游引航道泥沙淤积验证

表 7.1.10 为下游引航道 2003～2006 年模型与原型每年汛后泥沙淤积量比较,由表可见,下游引航道泥沙淤积量总体不大,但模型与原型口门内、外淤积量相差较大。从淤积形态看,口门外,原型 2003～2005 年每年出现拦门沙坎,2006 年未出现拦门沙坎;模型则未出现拦门沙坎,基本上是均衡淤积,淤积厚度较为均匀。

表 7.1.10　下游引航道淤积量验证

年份	口门内(口门～六闸首)		口门外(口门～750m)	
	原型/万 m³	模型/万 m³	原型/万 m³	模型/万 m³
2003	22.5	7.5	27.5	5.5
2004	10.5	5.8	8.4	3.6

续表

年份	口门内（口门～六闸首）		口门外（口门～750m）	
	原型/万 m³	模型/万 m³	原型/万 m³	模型/万 m³
2005	36.8	8.2	11.7	5.7
2006	6.6	3.9	5.2	2.9

造成模型与原型下游引航道口门内、外淤积量差别较大的原因在于原型受坝下冲刷及施工影响，而模型完全受上游来沙量控制。

实测资料表明，2003 年 2 月～2006 年 3 月大坝下游从大坝至鹰子嘴河段（长6.3km）处于持续性的累积冲刷状态中，共计冲刷 630.4 万 m³。其中 2003 年 2 月～11 月，河段总的冲刷量为 373.5 万 m³；2003 年 11 月～2004 年 12 月，河段总的冲刷量为 120.0 万 m³；2004 年 12 月～2006 年 3 月，河段总的冲刷量为 136.9 万 m³。2003 年三峡水库蓄水初期河段冲刷非常明显，随后几年冲刷幅度则明显减小，坝下游河床变化渐渐趋于稳定。下游河道的冲刷一定程度上增加了下游引航道的泥沙回淤量。

以上验证结果表明，应用调整后的含沙量比尺并保持其他水沙比尺不变，坝上河道、左电厂前、上游引航道口门区模型与原型在淤积总量和断面淤积形态方面基本一致，河床地形以淤积深槽为主。模型河床冲淤与原型河床冲淤是相似的。

7.2　黄河刘家峡水库库区末端泥沙淤积及对航道影响

7.2.1　刘家峡水库概况

刘家峡水库地处黄河上游，位于甘肃省临夏回族自治州永靖县境内。水库为年调节的大型水利枢纽工程，以发电为主，兼有防洪、灌溉、防凌、养殖、旅游等多方面功能，正常蓄水位 1735m（大沽高程，下同），水库死水位 1694m，总库容 57 亿m³，其中有效库容 41.5 亿 m³，水位变幅 41m。刘家峡水库库区平面位置如图7.2.1 所示。

刘家峡水库建成蓄水后，形成了库区航道。在正常运用水位条件下，回水长度为坝上 60km，即在距大坝 41km 的炳灵寺以上 19km，大坝至炳灵寺之间航道按其通航条件可划分为常年回水区航道 24km 及回水变动区航道 17km。回水变动区航道在 5～7 月库水位消落期航深不足，不能满足 V（3）级航道所要求的通航水深1.3m 的标准，严重制约了刘家峡库区水上旅游业及工农业生产的发展。为解决回水变动区碍航问题，南京水利科学研究院运用物理模型研究了黄河刘家峡水库末端泥沙淤积对航道影响（陆永军等，2004）。

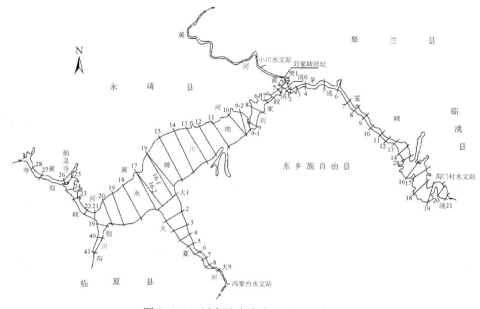

图 7.2.1　刘家峡水库库区平面示意图

7.2.2　模型设计

1. 水流运动相似比尺

为达到模型与原型的水流运动相似,应满足几何相似、重力相似和阻力相似,同时还应满足水流雷诺数、阻力平方区、表面张力等方面的限制条件。

经多方考虑,本模型与水流运动相似有关的比尺选取如下:平面比尺 λ_L 为 300,垂直比尺 λ_H 为 50,流速比尺 $\lambda_v = \lambda_H^{1/2} = 7.07$,糙率比尺 $\lambda_n = \lambda_H^{1/3}/\lambda_L^{1/2} = 0.78$,水流流量比尺 $\lambda_Q = \lambda_L \times \lambda_H \times \lambda_v = 106066$。

2. 悬移质泥沙运动相似比尺

根据《内河航道与港口水流泥沙模拟技术规程》(JTJ/T 232—1998),悬移质泥沙运动相似除应满足水流运动相似外,还应满足泥沙沉降相似、泥沙悬浮相似、泥沙起动相似、挟沙能力相似和河床冲淤变形时间相似,同时对模型沙选择提出了相应的要求。

1)泥沙沉速比尺

对于回水变动区河段,刘家峡库区水位变幅较大,年内变幅达 23m。水库水位抬高时,河道成为水库状态,紊动扩散作用较弱,进入三角洲段的泥沙粒径较细,相似条件应以沉降相似为主,$\lambda_\omega = \lambda_V \frac{\lambda_H}{\lambda_L}$。消落期水库水位较低,河道成为单一河道,流速较大,紊动扩散作用相对较强,冲刷河槽,进入三角洲河槽内悬沙变粗,相似条件应以悬浮相似为主,$\lambda_\omega = \lambda_V \left(\frac{\lambda_H}{\lambda_L}\right)^{1/2}$。在变态模型中模型沙不可能同时满足这两个相似条件,只能根据时均流速与紊动扩散作用的相对强弱进行选取(李昌华等,1981)。

刘家峡水库回水变动区受坝前水位调度影响,水库状态和天然河道状态交替出现,模型设计中应兼顾两种状态,综合考虑沉降相似和悬浮相似。为此,本模型悬沙相似条件采用如下:

$$\lambda_\omega = \lambda_V \left(\frac{\lambda_H}{\lambda_L}\right)^{0.75} = 1.844 \qquad (7.2.1)$$

2)泥沙粒径比尺

根据沉速比尺,应用窦国仁推导的粗细颗粒各沉降区统一沉速公式,可计算得到悬移质粒径比尺,如表 7.2.1 所示。

表 7.2.1　悬沙粒径及其比尺

原型粒径/mm	0.005	0.010	0.025	0.05	0.10	0.25	0.5	1.0	2.0	5.0
模型粒径/mm	0.007	0.014	0.034	0.069	0.135	0.327	0.626	1.199	2.192	5.033
粒径比尺 λ_d	0.725	0.731	0.731	0.728	0.739	0.765	0.799	0.834	0.912	0.993

因黄河循化站无逐日悬沙粒径级配资料,故模型进口悬沙粒径级配采用循化站1988~1989 年两年汛期月平均中值粒径和级配控制,此段时期循化站悬沙中值粒径为 0.012mm,经比尺换算后,相应的模型沙中值粒径为 0.016mm(图 7.2.2)。

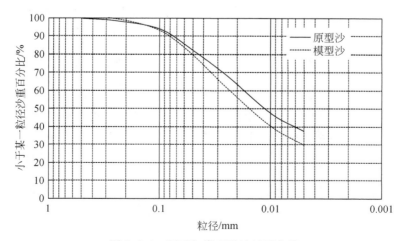

图 7.2.2　原型与模型悬沙级配曲线

3）泥沙起动相似比尺

应用窦国仁泥沙起动流速公式，可计算得到原型沙、模型沙的起动流速及相应的起动流速比尺，如表 7.2.2 所示。由表可知，起动流速比尺与流速比尺比较接近，由此表明，模型与原型基本满足起动相似。

表 7.2.2　原型与模型泥沙起动流速

原型		模型		
H_0/cm	$U_C/(cm/s)$	H_0/cm	$U_C/(cm/s)$	λ_{V_K}
100	57.40	2	8.23	6.98
200	65.29	4	9.40	6.94
400	76.97	8	10.73	7.18
600	86.69	12	11.63	7.45
800	95.40	16	12.36	7.72
1000	103.43	20	13.00	7.95
1500	121.55	30	14.37	8.46

4）挟沙能力相似比尺

从悬沙挟沙能力公式可得到含沙量比尺为

$$\lambda_s = \lambda_{s*} = \frac{\lambda_{\gamma_s} \lambda_V \lambda_H}{\lambda_{\gamma_s - \gamma} \lambda_\omega \lambda_L} = 0.333 \qquad (7.2.2)$$

5）冲淤时间比尺

原型沙中值粒径为 0.015～0.02mm，实测淤积物干容重约为 0.91t/m³，模型沙电木粉中值粒径为 0.021～0.027mm，淤积物干容重约为 0.46t/m³，由此可以得到冲淤时间比尺为

$$\lambda_{t_s} = \frac{\lambda_{\gamma_0} \lambda_L}{\lambda_V \lambda_s} = 300 \qquad (7.2.3)$$

上述计算中的 λ_s 值和 λ_{t_s} 值，根据原体实测河床冲淤变化资料在冲淤验证试验中进行修正。模型试验各项比尺汇总见表 7.2.3。

表 7.2.3　模型比尺汇总

名称	符号	数值	备注
水平比尺	λ_L	300	
垂直比尺	λ_H	50	
流速比尺	λ_V	7.07	

续表

名称	符号	数值	备注
流量比尺	λ_Q	106066	
糙率比尺	λ_n	0.78	
沉速比尺	λ_ω	1.844	
粒径比尺	λ_d	0.731	
含沙量比尺	λ_s	0.333	验证试验确定为 0.278
冲淤时间比尺	λ_{t_s}	300	
起动流速比尺	λ_{V_K}	6.98~8.48	

7.2.3　模型验证

因水位、流速及流态的验证已在清水定床模型上进行,同时考虑到水库水位消落冲刷时期地形变化幅度较大,水体中含沙量较高,动床模型上测量流速极为不易等因素,本动床模型着重对河床冲淤地形的相似性进行验证,模型选用 1993 年汛后地形作为验证试验起始地形,对 1993～2001 年共 8 年的冲淤变化进行验证。

1. 控制条件

试验时,将循化站 1994～2001 年实测长系列水文年水沙资料概化成梯级流量、含沙量过程,按模型比尺计算编制汛期放水要素表,试验即按表逐年逐级流量施放(图 7.2.3)。为了便于操作,对该水沙过程进行了一些概化,概化时,着重考虑含沙量过程,同时兼顾流量变化过程,概化后验证放水要素见表 7.2.4(限于篇幅仅列出 1 年)。

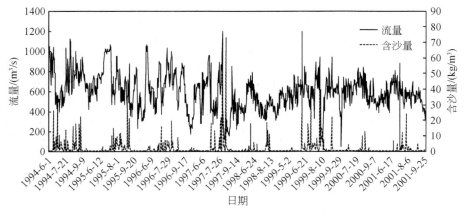

图 7.2.3　循化站 1994～2001 年汛期水沙变化过程

表 7.2.4　刘家峡库区末端泥沙淤积验证试验放水要素表

年序(年份)	流量级编号	日期(月.日)	原型			模型	
			历时/d	流量/(m³/s)	含沙量/(kg/m³)	历时(时:分)	含沙量/(kg/m³)
第1年(1994年)	1-1	6.1～6.14	14	923	0.21	1:07	0.76
	1-2	6.15～6.21	7	862	7.73	0:33	27.81
	1-3	6.22～6.28	7	505	7.83	0:33	28.17
	1-4	6.29～7.16	18	540	3.19	1:26	11.47
	1-5	7.17～7.29	13	718	4.11	1:02	14.78
	1-6	7.30～8.10	12	788	0.48	0:57	1.73
	1-7	8.11～9.5	26	779	6.07	2:04	21.83
	1-8	9.6～9.16	11	801	0.53	0:52	1.91
	1-9	9.17～9.30	14	598	0.53	1:07	1.91

　　模型出口水位采用刘家峡水库坝前水位控制,1994～2001年刘家峡水库坝前水位运行过程如图7.2.4所示。因每年5月为水库水位消落期,此时段河床冲淤变化幅度较大,故在模型验证放水过程中加入了此段时期,以便更好地反映水沙运动。

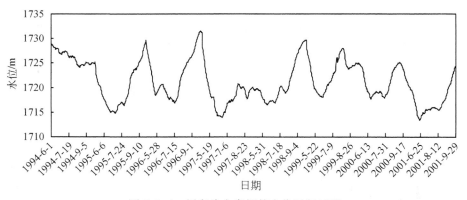

图 7.2.4　刘家峡水库坝前水位运行过程

　　库区回水变动区河段,水位对沿程泥沙淤积分布影响较大。水位较高且遭遇高含沙水流时,回水尾端往往泥沙淤积严重,而在消落期和涨水期,因水位迅速降低和升高,容易造成主流位置在短时间内发生较大变动,因此水位概化时段不宜过长,这一点与一般的天然河流物理模型有明显差异。

2. 典型断面验证

图 7.2.5 为 1993~1997 年模型与原型典型断面冲淤变化比较,由图可见,黄 17 断面原型与模型淤积都较少,大部分泥沙淤积在黄 18~黄 20 河段,黄 20 断面河槽宽度达 2km,淤积厚度较大,达 8m 左右,这主要是 1994~1996 年间出现高含沙水流时水位较高所致,尤其是 1994 年汛期来沙量达 2500 万 t,且高水位持续时间长,导致大部分泥沙淤积在黄 18~黄 20 河段,泥沙未能输送到三角洲头部。断面淤积形态模型与原型基本一致。

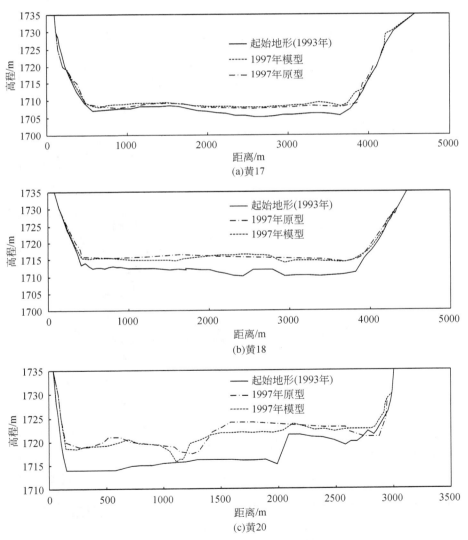

图 7.2.5　1993~1997 年模型与原型断面冲淤验证

图 7.2.6 为 1993～2001 年模型与原型典型断面冲淤变化比较,由图可见,断面淤积形态模型与原型也基本一致。由于 2001 年原型地形测于汛期,且相邻几年中该年库水位消落最低,最低水位仅为 1713.44m,测量期间河道地形变化较大,故 2001 年原型河道地形只能代表其瞬时情况,模型测于 2001 年汛末。由图可见,黄 17 断面因 2001 年坝前运行水位较低,回水末端以上断面河槽冲刷剧烈,大量泥沙输向回水末端并大量淤积,深泓位置有所偏差,河道淤积形态模型和原型基本一致;寺沟峡出口黄 18 和黄 20 断面,滩地淤积高程模型和原型基本一致,深泓位置偏差不大;寺沟峡黄 23 断面河道较窄,左岸发生冲深,模型与原型断面冲刷形态相似性较好。

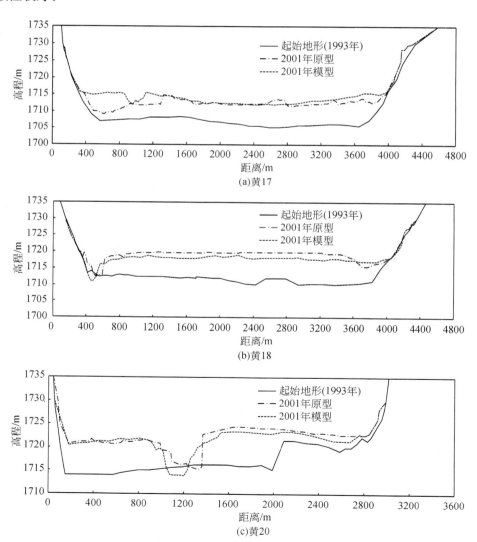

(a)黄17

(b)黄18

(c)黄20

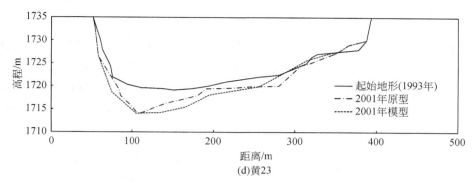

图 7.2.6　1993～2001 年模型与原型断面冲淤验证

3. 回水变动区深泓线变化验证

图 7.2.7 为 1997 年、2001 年模型与原型深泓线位置比较,由图可见,模型与原型深泓线位置基本一致。1997 年和 2001 年深泓线摆动幅度较大,1993 年黄 20 断面处深泓线距左岸约 2km,1997 年原型深泓线向左摆动了近 800m,而模型向左摆动了近 900m,模型和原型摆动方向和距离基本一致;黄 19 断面以下,1993 年深泓线靠近左岸,1997 年向右摆动了 2300～2500m,深泓线靠近右岸,模型与原型摆幅基本一致,2001 年深泓线又摆至左岸,紧靠左岸运行,模型与原型摆动方向一致,摆幅基本接近。

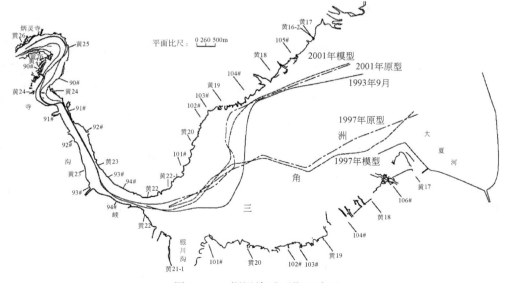

图 7.2.7　深泓线平面位置验证

4. 河段冲淤量及冲淤变化验证

表 7.2.5 为 1993～1997 年模型与原型冲淤量比较,图 7.2.8 和图 7.2.9 分别为 1997 年原型与模型冲淤地形比较。由图表可见,永靖川地黄 16～黄 21 河段,模型与原型冲淤状态相同,各河段泥沙冲淤量偏差基本在 20% 内,永靖川地河段模型淤积量为 6794.6 万 m^3,原型淤积量为 7644.6 万 m^3,模型少淤了 850 万 m^3,偏差为 11.1%。

表 7.2.5　1993～1997 年模型与原型冲淤量比较

	原型	模型	
断面号	冲淤量/万 m^3	冲淤量/万 m^3	偏差/%
16～17	346.7	437.6	26.2
17～18	1545.6	1480.6	−4.2
18～19	2491.1	2068.3	−17
19～20	2192.1	1840.8	−16
20～21	1069.1	967.2	−9.5
总量	7644.6	6794.5	−11.1

注:淤积为正值,冲刷为负值,下同。

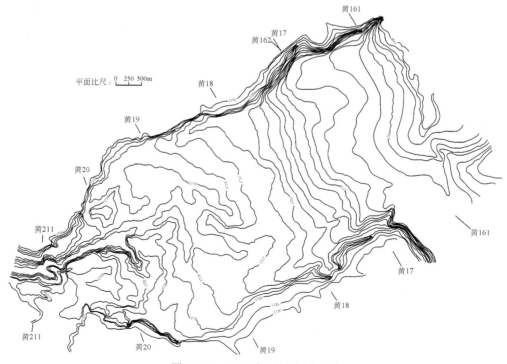

图 7.2.8　1997 年天然实测地形

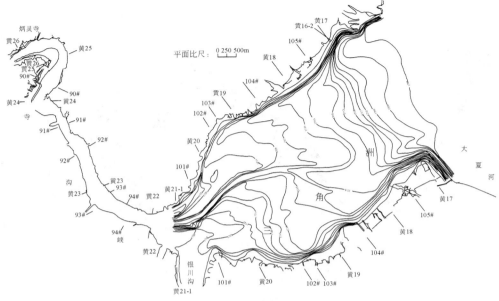

图 7.2.9　1997 年模型验证地形

表 7.2.6 为 1993～2001 年模型与原型冲淤量比较。图 7.2.10 和图 7.2.11 分别为 2001 年原型与模型冲淤地形比较。因 2001 年原型地形测于 6～9 月汛期,此段时期深槽冲淤变化较大,而模型地形测于 2001 年 9 月,两者存在一定的时间差,给冲淤量的可比性带来一定困难。由表可见,寺沟峡段黄 22～黄 26 断面模型与原型均发生冲刷,1993～2001 年模型及原型的冲刷量分别为 874.5 万 m³ 及 720 万 m³;永

表 7.2.6　1993～2001 年模型与原型冲淤量比较

	原型	模型	
断面号	冲淤量/万 m³	冲淤量/万 m³	偏差/%
16～17	1162.9	1665.6	43.2
17～18	3406.4	3406.9	0.0
18～19	3674.4	3214.3	−12.5
19～20	2603.4	2387.6	−8.3
20～21	1125.0	1011.6	−10.1
21～22	45.1	42.9	−4.9
22～23	−90.6	−112.5	−24.2
23～24	−323.1	−343.1	6.2
24～25	−184.1	−225.1	22.3
25～26	−122.2	−193.8	58.7
总量	11297.2	10854.4	−3.9

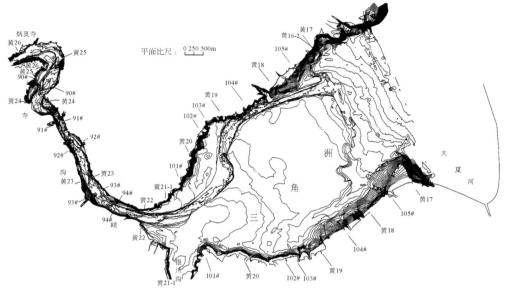

图 7.2.10　2001 年天然实测地形

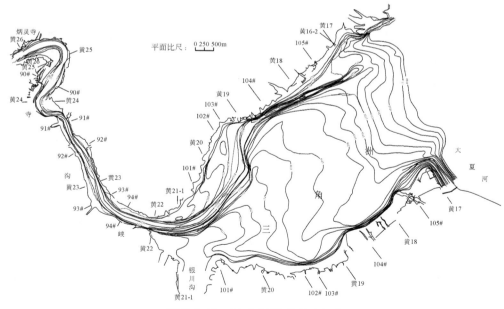

图 7.2.11　2001 年模型验证地形

靖川地段黄 16～黄 22 断面原型与模型均发生淤积,1993 年和 2001 年模型及原型的淤积量分别为 11728.9 万 m³ 及 12017.2 万 m³。沿程各河段模型与原型的偏差一般都在 20% 以内,局部河段偏差略大。全河段 1993～2001 年模型冲淤量为 10854.4 万 m³,原型冲淤量为 11297.2 万 m³,偏差 3.9%。

两个时段的模型验证结果表明,模型与原型冲淤量及冲淤分布均较接近。

5. 模型验证试验重复程度检验

验证过程中不断调整试验参数和提高调试技术,经多次验证,精度有了明显提高,泥沙淤积量及分布、永靖川地上深槽的大幅度摆动均达到了与原体基本相似。考虑到回水变动区永靖川地河段的游荡性及泥沙模型的复杂性和偶然性,在同等条件下进行重复性试验,以检验试验成果的可靠性。

图 7.2.12 和图 7.2.13 分别为 1997 年及 2001 年模型典型断面验证重复性比较。由图可见,1997 年永靖川地段黄 16～黄 21 断面和 2001 年全河段黄 16～黄 26 断面,深泓位置、冲淤深度及滩地淤积高程两次验证基本一致。

图 7.2.14 为 1997 年、2001 年两次验证深泓线位置比较,由图可见,两次验证的河势变化较为一致,重复性较好。

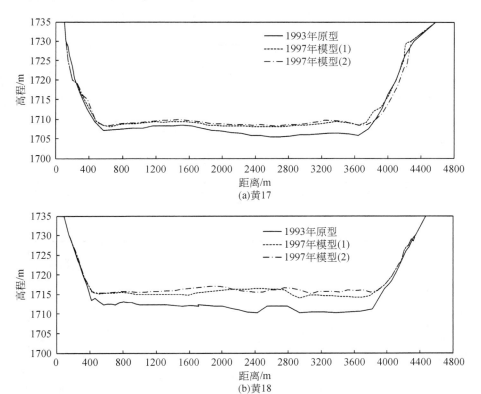

(a)黄17

(b)黄18

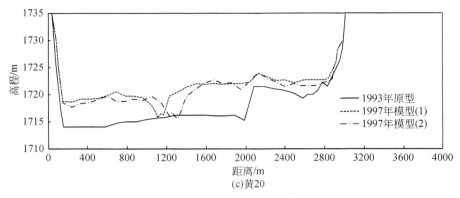

(c)黄20

图 7.2.12　1993 年及 1997 年典型断面验证重复性比较

　　表 7.2.7 和表 7.2.8 分别为模型 1997 年及 2001 年两次验证冲淤量重复性比较。由表可见,1997 年两次验证的淤积分布较为一致,两次淤积量分别为 6794.5 万 m³ 和 6923.4 万 m³,与原型 1997 年淤积量相比,偏差分别为 11.1% 和 9.4%,两次相差 1.7%。2001 年两次验证的淤积分布也是一致的,两次淤积量分别为 10854.4 万 m³

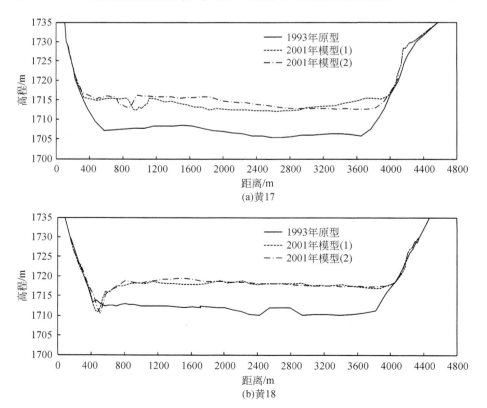

(a)黄17

(b)黄18

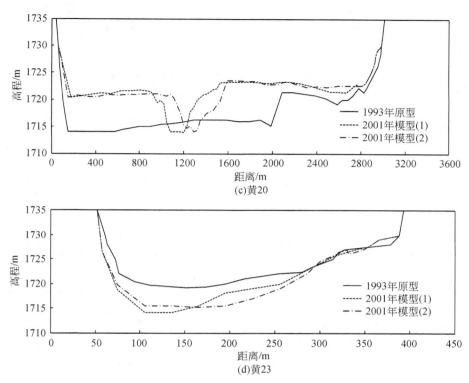

(c)黄20

(d)黄23

图 7.2.13　1993 年及 2001 年典型断面验证重复性比较

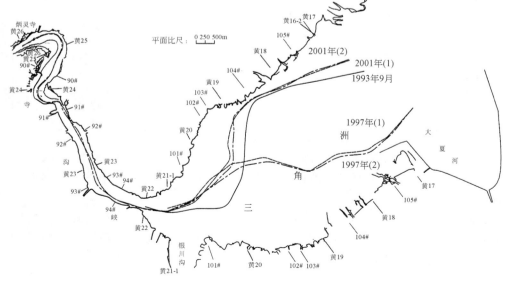

图 7.2.14　两次深泓线验证重复性比较

和 11158.9 万 m³,与原型 2001 年淤积量相比,偏差分别为 -3.9% 和 -1.2%,两次相差 2.7%。从模型 1997 年和 2001 年冲淤量及冲淤分布来看,两次验证是一致的,并且与原型比较接近。

表 7.2.7　模型 1997 年两次验证冲淤量重复性比较

原型		模型(1)		模型(2)	
断面号	冲淤量/万 m³	冲淤量/万 m³	偏差/%	冲淤量/万 m³	偏差/%
16~17	346.7	437.6	26.2	457.1	31.9
17~18	1545.6	1480.6	-4.2	1665.2	7.7
18~19	2491.1	2068.3	-17	2260.1	-9.3
19~20	2192.1	1840.8	-16	1699.4	-22.5
20~21	1069.1	967.2	-9.5	841.6	-21.3
总量	7644.6	6794.5	-11.1	6923.4	-9.4

表 7.2.8　模型 2001 年两次验证冲淤量重复性比较

原型		模型(1)		模型(2)	
断面号	冲淤量/万 m³	冲淤量/万 m³	偏差/%	冲淤量/万 m³	偏差/%
16~17	1162.9	1665.6	43.2	1796.2	54.5
17~18	3406.4	3406.9	0.0	3644.2	7.0
18~19	3674.4	3214.3	-12.5	3258.0	-11.3
19~20	2603.4	2387.6	-8.3	2309.2	-11.3
20~21	1125.0	1011.6	-10.1	986.4	-12.3
21~22	45.1	42.9	-4.9	46.0	1.8
22~23	-90.6	-112.5	24.2	-120.6	33.2
23~24	-323.1	-343.1	6.2	-335.7	3.9
24~25	-184.1	-225.1	22.3	-220.9	20.0
25~26	-122.2	-193.8	58.7	-203.9	66.9
总量	11297.2	10854.4	-3.9	11158.9	-1.2

　　泥沙验证试验结果表明,通过 1993~2001 年共 8 年的长系列水文年的验证,河床断面形态、深泓摆动位置、沿程冲淤分布和冲淤数量等方面模型与原型基本一致,并且试验的重复性较好。

　　刘家峡库区回水变动区为游荡性河段,其冲淤演变不仅与上游来水来沙条件有关,还与坝前水位调度密切相关。验证表明,采用坝前日平均水位作为模型出口调节水位是比较合适的。

参 考 文 献

陈松生,李云中,樊云,等,2011. 2003～2009 年三峡工程坝区河段及引航道泥沙淤积原型观测资
　　料分析研究[M]. 北京:中国科学技术出版社.

窦国仁,1977. 全沙模型相似律及设计实例[J]. 水利水运科技情报,(3):1-21.

窦国仁,1979. 全沙河工模型试验的研究[J]. 科学通报,24(14):659-663.

李昌华,金德春,1981. 河工模型试验[M]. 北京:人民交通出版社.

李国斌,高亚军,许慧,等,2011. 三峡工程坝区河段泥沙淤积试验研究[M]. 北京:中国科学技术
　　出版社.

陆永军,李国斌,高亚军,等,2004. 刘家峡库区末端航道整治技术研究[R]. 南京:南京水利科学
　　研究院.

杨德昌,于为信,苏宝林,等,1997. 三峡工程坝区泥沙模型验证试验报告[M]. 北京:专利文献出
　　版社.

第 8 章　水利枢纽下游河床冲淤与航道治理

　　水利枢纽下游河床的重塑一般以展宽、下切、床沙粗化甚至河型转化来反映，它依赖于现状河型条件、岸滩的物质组成、地形及地质条件，是一个复杂的响应过程。枢纽运用后，下游河道随着来水来沙条件的变化，原有的相对冲淤平衡状态被改变，产生新的冲刷和淤积，其中大部分河道将以冲刷为主；但同时枯水位也会相应降低，冲淤的不均匀可能引起河势变化甚至滩槽易位，冲淤严重的河段将会影响通航，引起河道通航条件变化。

　　河流自山区进入丘陵或平原后，横向的约束明显减弱，水流容易向两侧扩展，加之坡降迅速展平，导致水流的速度减小，泥沙大量淤积，因此平原河流河床一般都处于堆积抬高状态。从防止洪水泛滥危害的角度出发以及行洪的需要，很多平原河流的两岸都建有堤防，通常也保留有广阔的河漫滩。可见，与山区河流相比，由于平原河流主要流经地势平坦、土质疏松的平原地区，河流的冲积层一般比较深厚，而且河槽两侧一般具有广阔的河漫滩，横向的约束功能较弱，坡降较缓，流量和水位的起涨和回落都比较平缓，持续时间较长，因此两者具有不同的河床演变特性。

　　一般而言，水利枢纽最直接的影响是拦蓄上游来沙，使清水或造床泥沙极少的水流下泄，因此对于河床冲积层较厚且抗蚀性较差的丘陵及平原河流，坝下游河床将自上而下发生普遍冲刷。河床组成的不均匀性及河床抗冲强度的差异等原因，或是下游河道冲刷过程在不同空间位置的发展不均衡，使河床冲刷强度沿程、沿横向存在很大的不均匀性，如部分河段下切较大而其他河段变化较小甚至出现淤积。与此同时，水位的下降范围却是相对更大，如全河段、全断面的，从而使部分河段的航深减小，出现碍航。

　　本章以金沙江梯级水库下游、长江葛洲坝枢纽下游、西江中游长洲枢纽—肇庆河段、松花江大顶子山枢纽下游河段为例，研究山区、丘陵及平原河流枢纽下游河床冲刷、水位降落及航道治理问题。长江金沙江梯级水库运行后，计算分析下游河道冲刷过程、典型滩段河势及航道条件变化。通过研究长江葛洲坝下游近坝段水位变化及对通航的影响，提出控制宜昌枯水位下降的治理措施。胭脂坝河段护底工程实施后，宜昌枯水位趋于稳定，没有发生下降，说明胭脂坝护底工程具有抑制宜昌枯水位下降的作用，护底工程效果已初步显现。西江中游长洲枢纽—肇庆河段的主要碍航浅滩在界首滩及三滩（习称"四滩"）。针对浅滩成因，确定以中水期主流线为主，设计整治线，使中、枯季水流动力轴线尽可能趋于一致的枯水整治原则。在分析该河段水沙运动特征的基础上，应用所建水沙数学模型，在多方案比选的基础上,给出了可供初步设计采用的推荐方案。松花江大顶子山航电枢纽建成后,其下游河床下切,由于下游依兰枢纽的回水不衔接,两梯级间的不衔接浅滩段航道条件将进一步恶化,形成航运的瓶颈段。基于河床演变分析,并通过物理模型试验研究,提出航道治理措施。

8.1　金沙江梯级水库下游重点滩段河势及航道条件变化

8.1.1　河道概况及泥沙特性

金沙江梯级水库开发建设已进入实施阶段,向家坝和溪洛渡电站已分别于2012 年 10 月和 2013 年 5 月开始蓄水。如果规划水库全部实施,仅金沙江干流水库总库容就可达到 800 亿 m³,将大大减少金沙江的输沙量,显著改变长江上游的水沙特性。向家坝下游水富至泸州是长江重要的航运通道,其河势和航道条件不可避免地受到梯级水库群的影响,尤其是向家坝和溪洛渡水库。

向家坝下游水富至泸州河段(简称水泸段,图 8.1.1),全长约 130km,为典型的山区河流。沿程有横江、岷江、长宁河、沱江等支流汇入,自古就是连接四川、云南、重庆等地区的水上运输大动脉。该段河道狭窄弯曲,两岸山势较平缓,多为低山丘陵,河岸稳定,江心洲、边滩发育,平面上主要以宽谷河段为主,间或有少量窄深河段。水泸段河床由基岩、卵石或卵石挟沙组成。根据 2005 年和 2008 年水富至宜宾河段河床质钻孔取样资料,边滩泥沙分布范围宽广(1~500mm),一般为 10~110mm 的卵石,中值粒径 26~105mm。

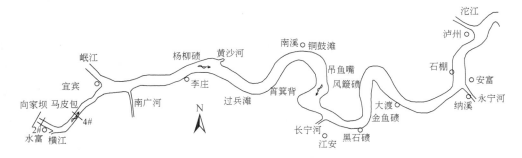

图 8.1.1　金沙江向家坝电站大坝至泸州河段示意图

在天然条件下,该河段表现为山区河流的一般演变特性,河床演变呈现出年内冲淤变化、年际相对平衡的特征。在宽谷河段,江心洲及边滩较发育,汛期泥沙大量淤积,在河床形成较厚的沙卵石覆盖层,但退水冲刷期基本能将汛期淤积泥沙全部冲走,呈“洪淤枯冲”的演变特征。对于窄深河段,两岸及河床一般为基岩形态,由于枯水期流速较小,宽谷河段冲刷的泥沙一般淤积在该类河段,但由于该类河段洪水期流速很大,将把枯水期淤积的泥沙冲走,呈"洪冲枯淤"的演变特征。

8.1.2　向家坝下游二维水沙数学模型的建立与验证

长江向家坝(水富)至泸州二维水沙数学模型计算域网格进口位于水富,考虑了横江、岷江入汇的影响,下游出口位于泸州。计算域内共布置 880×31 个网格点,经正交曲线计算得到贴体正交曲线网格,其中沿河长方向布置 880 个断面,网格间距大部分在 120~250m,沿河宽方向布置 31 个断面,网格间距 20~30m。

1. 水流验证

图 8.1.2 给出了水富至泸州枯、中、洪三级流量水面线验证,计算水位和实测水位接近,除局部时刻外,偏差小于 0.10m。图 8.1.3 给出了中洪水流量时水富至宜宾河段 2♯、4♯ 断面流速分布计算值与实测值的比较,计算的流速大小及分布与测量值总体上吻合较好。

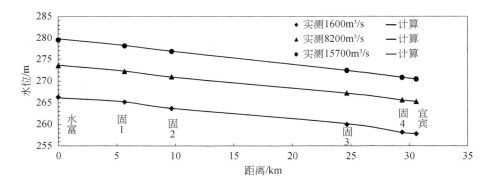

图 8.1.2　水面线验证图

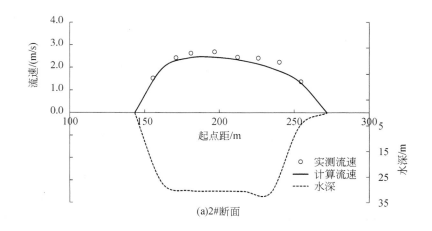

(a)2#断面

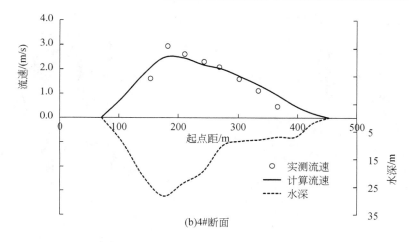

图 8.1.3　流速分布验证图（$Q_{水富}$＝7200～10600m³/s）

2. 河床变形验证

以笆箕背滩和关刀碛滩为例进行河床变形验证。笆箕背滩位于向家坝下游 69～71km，宜宾至泸州之间，是长江上游著名的具有枯水浅、急、险特征的复杂滩险，其上段右岸为高大的甑柄碛卵石碛坝，下段左岸是宽坦的鹭鸶碛江心洲。甑柄碛与鹭鸶碛之间的过渡段有一连串乱石堆，形如一个个笆箕扣伏江中，故称笆箕背。采用 2005 年 2 月～2007 年 3 月河床冲淤变形资料进行模型验证。图 8.1.4 给出了笆箕背河段 2005 年 2 月～2007 年 3 月冲淤分布计算与实测的比较，图中 D_z 表示冲淤厚度。该河段总体微冲微淤，两年时间内冲淤幅度大部分小于 0.5m，计算的冲淤分布与实测较为接近。该滩段于 2005 年 2 月～2007 年 3 月累计冲刷 24.8 万 m³，计算值为 31.0 万 m³，平均冲深 0.3m 左右。

限于资料，补充了泸州下游水沙条件、河床组成类似的关刀碛河段进行河床变形验证。关刀碛位于向家坝下游 301.5～305km，为枯水浅险滩，该滩段为较大的弯曲河段。2005 年在关刀碛实施了航道整治工程，为分析工程效果，于 2007 年 12 月进行了地形测量，本节采用该资料进行了河床冲淤变形验证。关刀碛碛翅淤积发展，束窄航槽，同时枯水期主流受碛翅壅水的影响，在关刀碛脑部产生冲向右岸的横流，不利于船舶航行。为此，该滩的整治措施包括丁坝与疏浚两部分：一是在滩上段左岸修建丁坝和丁顺坝，将主流挑向江心，加强对关刀碛碛翅的冲刷，同时减弱冲向右岸的横流，维持疏浚区枯水期流速；二是疏浚关刀碛碛翅。对比工程前后测图可知（图 8.1.5），丁坝坝头前沿主槽河床冲刷，坝田主要为淤积态势，在汛后落水期水流对航槽的冲刷作用较明显，关刀碛碛头不再淤积发展，整治工程发挥了良好的作用。2005 年 9 月～2007 年 12 月，该滩段累计冲刷 9.6 万 m³，计算值为 12.0 万 m³,计算的冲淤分布与实测也较为接近(图 8.1.5)。

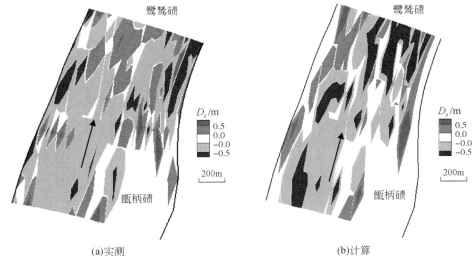

图 8.1.4 筲箕背河段 2005 年 2 月~2007 年 3 月冲淤分布计算与实测的比较

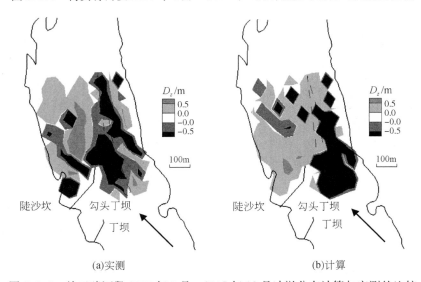

图 8.1.5 关刀碛河段 2005 年 9 月~2007 年 12 月冲淤分布计算与实测的比较

8.1.3 金沙江梯级水库下游河道冲淤

1. 金沙江梯级水库运行后向家坝下游水沙特征

梯级水库运行后将改变水泸段水沙特征,这里以 90 水沙系列为例进行说明,水

沙边界条件由前面的梯级水库一维水沙数学模型提供。90 水沙系列表示 1991～
2000 年 10 个水文年来水来沙系列,是目前长江水沙研究中的代表系列。表 8.1.1 给
出了 90 水沙系列建库前后长江上游水富站、宜宾站、泸州站的流量、含沙量及其中值
粒径变化。由表可见,①向家坝、溪洛渡水库运行后水富站、宜宾站、泸州站年均来流
量不变,平均流量分别为 $4697m^3/s$、$4943m^3/s$、$7553m^3/s$;②梯级枢纽拦沙后,下游含
沙量大幅度减小,建库前水富站至泸州站十年平均含沙量为 $1.10～0.74kg/m^3$,建库
后 1～10 年平均含沙量大幅度减小至 $0.19～0.23kg/m^3$,仅占建库前的 17%～27%,
水富站减幅大于宜宾站、泸州站减幅,之后含沙量逐渐恢复,至 80～100 年后,水富站
至泸州站平均含沙量为 $0.60～0.83kg/m^3$,占建库前的 75%～82%;③建库前水富站
至泸州站悬沙中值粒径为 0.009mm,建库后泥沙被滞留在库区,1～10 年平均悬沙中
值粒径为 0.0063mm,之后含沙量逐渐恢复,粒径变粗,31～40 年中值粒径恢复至
建库前的水平,91～100 平均中值粒径约 0.037mm(图 8.1.6)。建库后水富站
至泸州站 1～100 年平均悬沙中值粒径为 0.020～0.023mm。图 8.1.7 给出了
建库前后长江水富站、宜宾站、泸州站悬沙百年平均级配。

表 8.1.1　建库前后 90 水沙系列流量与含沙量十年平均值

90 水沙系列	$Q/(m^3/s)$			$S/(kg/m^3)$			d_{50}/mm		
	水富站	宜宾站	泸州站	水富站	宜宾站	泸州站	水富站	宜宾站	泸州站
建库前	4697	4943	7553	1.08	1.10	0.74	0.009	0.009	0.009
建库后	4697	4943	7553	0.44	0.47	0.36	0.023	0.021	0.020

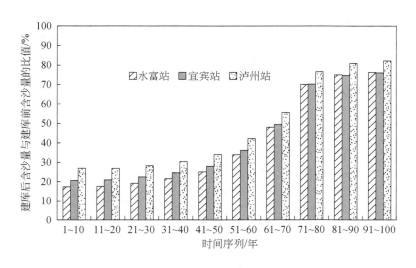

图 8.1.6　水富站、宜宾站、泸州站十年平均含沙量建库前后百分比

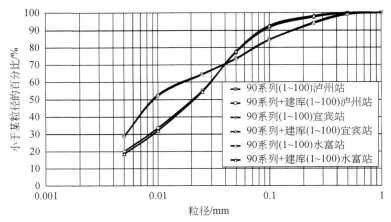

图 8.1.7　建库前后长江水富站、宜宾站、泸州站悬沙百年平均级配

2. 向家坝下游河道冲刷、水位降落

上游梯级枢纽运行后,清水下泄,河床普通发生冲刷下切,初始阶段冲刷速率相对较大,然后逐渐趋于平衡。计算表明(图 8.1.8),水富—宜宾河段 20 年左右趋于冲刷平衡,冲刷量约为 21930 万 m³,平均冲刷深度为 1.4m;宜宾—李庄河段 35～45 年趋于冲刷平衡,冲刷量约为 2020 万 m³,平均冲刷深度为 1.9m;李庄—牛皮滩河段 50 年左右趋于冲刷平衡,冲刷量约为 1300 万 m³,平均冲刷深度为 0.8m;牛皮滩—金鱼碛河段 60 年左右趋于冲刷平衡,冲刷量为 3050 万 m³,平均冲刷深度为 1.2m;金鱼碛—纳溪河段 60～70 年趋于冲刷平衡,冲刷量为 2950 万 m³,平均冲刷深度为 1.3m;纳溪—泸州河段 60～70 年趋于冲刷平衡,冲刷量为 2090 万 m³,平均冲刷深度为 1.3m。

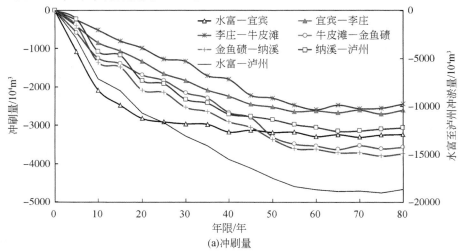

(a)冲刷量

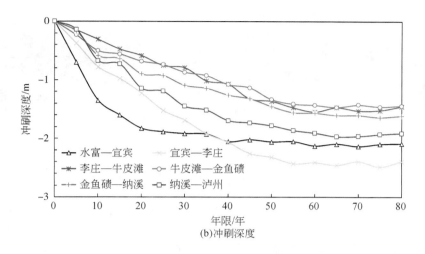

图 8.1.8　水富至泸州分河段冲刷量及冲刷深度

随着坝下河床冲刷发展,同流量下枯水位也会随着降落。枢纽运行前 10～20 年宜宾水位降落较快,之后水位降落速率变缓,1400m³/s 流量时 10 年末降落了 0.28m,20 年末降落了 0.43m,30 年末降落了 0.46m,之后基本不再降落;流量越大,水位降落幅度越小,中洪水流量时降落幅度很小。往上游接近枢纽坝轴线,枯水位降落幅度大于宜宾,水富 10～20 年后降落幅度达到极限,为 0.59～0.77m;越往下游枯水位降落幅度越小,李庄站 10 年后约降低 0.13m,30 年后降低 0.30m;至泸州枯水位基本没有降落。

8.1.4　重点浅滩河势变化及对航道条件的影响

水富—泸州河段总体上顺直优良河段较多,但有的河段迂回曲折,礁石密布,宽窄相间,构成各类不同滩险而有碍航行。水富—泸州碍航滩段以浅、险、急滩为主,以下以马皮包—和尚岩和铜鼓滩为例说明上游梯级枢纽运行后弯曲河段浅险滩演变特征;以杨柳碛为例说明顺直河段过渡段浅滩演变特征;以筲箕背为例说明复杂浅急险滩演变特征。

1. 弯曲河段浅险滩

1)马皮包—和尚岩滩

马皮包—和尚岩河段长约 2km,位于向家坝下游 7～9km,为"S"形反向弯曲河段(图 8.1.9)。该河段存在急、浅、弯、险四种碍航特征,属于复杂碍航滩险。

图 8.1.9 和图 8.1.10 分别给出了马皮包—和尚岩河段现状水深、梯级枢纽运行 20 年后水深以及冲淤分布(水深图已考虑了枯水位降落),图中 D_p 表示航深。

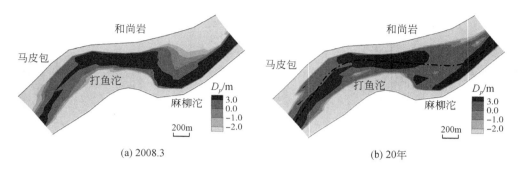

图 8.1.9　马皮包—和尚岩河段现状及 20 年后水深图

可见,马皮包河段上段主槽呈冲刷态势,对该段航槽保持有利;而下游冲刷部位主要位于麻柳沱上侧浅滩,弯道深槽处落淤,水流趋直,河势发生了一定变化,沙湾沱浅区得以冲刷。目前,拟考虑对该河段进行航道整治工程,清除马皮包礁区,在麻柳沱左侧进行疏浚开槽,设计航线(虚线)示于图 8.1.9(b)中。该河段的演变趋势与目前设计的航槽走向总体上比较一致,对设计航槽维持有利。图 8.1.11 为马皮包—和尚岩河段现状及 20 年后枯水、中洪水流量时流场图。由流场图可见,枯水期主流沿弯道上游顺直微弯河段右岸深槽下泄,受打鱼沱约束逐渐偏向左岸烧瓦沱深槽,在打鱼沱处 90°右转下行,在麻柳沱处又 90°左转后沿右岸深槽进入下游顺直河段,两处急转弯河段弯曲半径均不足 250m。中洪水流量时,水流趋直,弯道段进口段主流微向右弯后从陡坎子碛坝中部顺势直泄而下。随着梯级枢纽运行麻柳沱深槽北侧浅滩的冲刷,过水断面增加,枯水流量时,主流偏向左侧浅区,麻柳沱弯道右岸水流顶冲减少,弯道进口段即马皮包暗礁区的流速会加大,加剧不良流态,而弯道出口段河势和流态变化不大,仍较稳定。

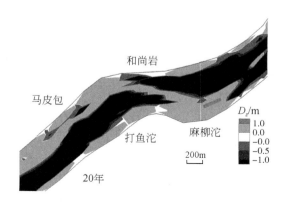

图 8.1.10　马皮包—和尚岩河床冲淤变化

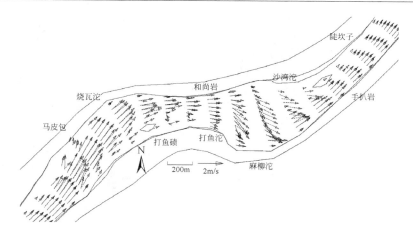

图 8.1.11　马皮包—和尚岩河段枯水流场图($Q=1430\mathrm{m}^3/\mathrm{s}$,直线为现状虚线为 20 年后)

2)铜鼓滩

铜鼓滩位于向家坝下游 75~81km,处于两反向河弯的过渡段,为浅、险滩,"弯、浅、险"是本滩的主要碍航特征。在天然条件下,铜鼓滩的主要演变特点为,洪水期水流从九龙滩过玉带浩后水面放宽,水流分散,流速减缓,泥沙落淤;目前,枯水期水流过九龙滩后右摆,迎宾阁浅碛冲刷明显,到达鹞子岩后左弯,流速增大;年内冲淤明显,年际间相对稳定。

图 8.1.12 和图 8.1.13 分别给出了铜鼓滩河段现状水深、梯级枢纽运行 30 年后水深和冲淤分布。由图可见,铜鼓滩河段呈冲刷态势,冲刷区域位于深槽,滩面淤积,支汊水浩淤积萎缩,滩槽高差加大,对稳定河势和航槽有利。过渡浅段水深有所增加,主流贴向迎宾阁右缘,但仍达不到 3m 水深。上游梯级枢纽运行后,流场基本没有大的格局变化,但滩槽高差加大,流速为增加趋势,下段不利流态会呈恶化趋势(图 8.1.14)。

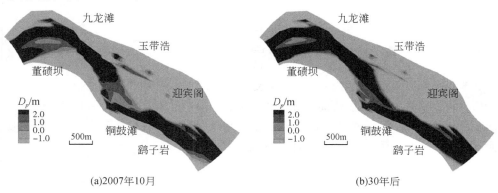

(a)2007年10月　　　　　　　　　　　　　　(b)30年后

图 8.1.12　铜鼓滩河段水深变化

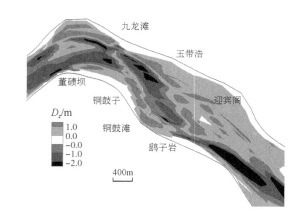

图 8.1.13　铜鼓滩 30 年后河床冲淤变化

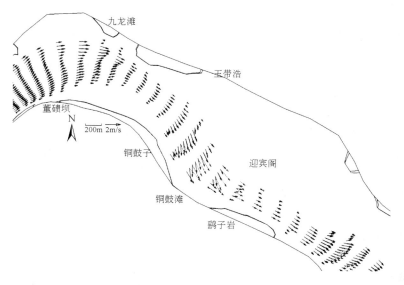

图 8.1.14　铜鼓滩河段枯水流场图($Q=2394\text{m}^3/\text{s}$,直线为现状,虚线为 20 年后)

　　概括分析马皮包—和尚岩河段、铜鼓滩河段的演变趋势可知,上游梯级水库运行后,弯曲河段主流趋直,弯曲程度呈现一定的减小态势,但仍保持弯曲河型,主流向左侧江心摆动,必要时需调整航线;过渡段浅滩水深冲刷,对航深有利;但同时滩槽高差加大,加剧不良流态;铜鼓滩的支汊水浩淤积萎缩。

2. 顺直过渡段浅滩(杨柳碛滩)

　　杨柳碛滩位于向家坝下游 $55\sim57\text{km}$,为顺直河段过渡段浅滩,碍航特征表现为航道尺度不足。在天然条件下,在杨柳碛下游放宽段,洪水期水流流速减缓,泥沙落淤,形成过渡段浅区;枯水期水流集中,河道冲刷,淤积物下移,年际间总体稳定。

图 8.1.15 和图 8.1.16 分别给出了杨柳碛河段现状水深、梯级枢纽运行 30 年后水深以及冲淤分布。由图可见,杨柳碛河段主槽呈冲刷态势,顺直河型保持不变。过渡浅段最小水深 10 年后可达到 3m 以上,30 年后可达到 4m 以上,有利于增加航深。该河段流态较平顺,上游梯级枢纽运行后,滩槽高差加大,流速有增加的趋势;因过水面积增加,枯水时九梭子石梁段局部流速有略减的趋势,流速横向分布趋于均匀化(图 8.1.17)。

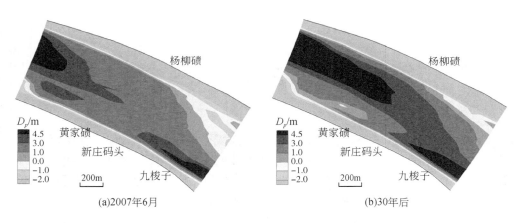

(a)2007年6月　　　　　　　　　　　　(b)30年后

图 8.1.15　杨柳碛河段水深变化

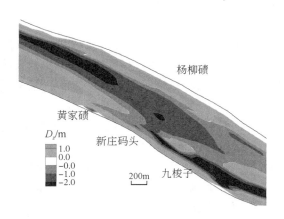

图 8.1.16　杨柳碛 30 年后河床冲淤变化

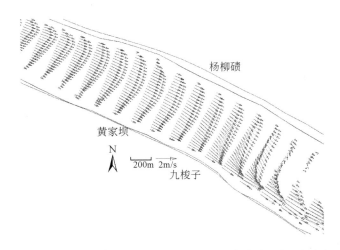

图 8.1.17 杨柳碛河段枯水流场图（$Q=2394\text{m}^3/\text{s}$，直线为现状，虚线为 20 年后）

3. 复杂浅急险滩（筲箕背滩）

筲箕背滩是长江上游著名的枯水浅、急、险复合的复杂滩险，位于向家坝下游 69～71km。本滩上段较浅，在买米石和槐子滩两丁坝之间的主航槽，最浅水深约 3.2m。下段碍航问题主要是水流条件不好，受左侧鹭鸶碛碛翅和右侧卵石包束窄 的影响，加之右下侧深槽的吸流作用，此处流速达 3.75m/s，比降也较大，并伴有冲 向右深槽的横流。目前，通过丁坝等治理措施，该滩水深不足的问题已经得到了解 决，中段水流流急的问题得到一定程度的缓解，但下段航道弯险的碍航特征还比较 突出。在自然条件下，筲箕背滩目前整体河势基本稳定，年际没有明显趋势性冲淤 变化。

图 8.1.18 和图 8.1.19 分别给出了筲箕背河段现状水深、梯级水库运行 30 年 后水深和冲淤分布。由图可见，筲箕背河段呈冲刷态势，冲刷区域位于筲箕背上游 和牛皮滩深槽，上段浅段水深增加，对该段航槽保持有利。但全河段并不是均匀冲 刷，存在局部冲淤，筲箕背洲尾淤积下延，挤压航槽，阻止上下深槽贯通，在筲箕背 尾部产生新的过渡段浅滩，河势趋于复杂。鹭鸶碛头部及右缘有所冲刷，主流部分 被引向鹭鸶碛右缘，不利于筲箕背出流与牛皮滩深槽的连通，在某种程度上也加剧 了过渡段浅滩的形成。图 8.1.20 给出了筲箕背河段现状及梯级枢纽运行 30 年后 流场。由图可见，主流从上游下泄，到筲箕背后，抱筲箕背卵石包右转，然后冲向正 对的右岸牛皮滩，再左转流向下游。上游梯级枢纽运行后，筲箕背附近流速增加， 中段水流流急的问题有所加剧；鹭鸶碛右缘冲刷，导向右侧深槽的横向流速减小， 对改善下段流态有利，但同时筲箕背及其下游流速有增加的趋势，该段弯险的碍航 特征仍比较突出。

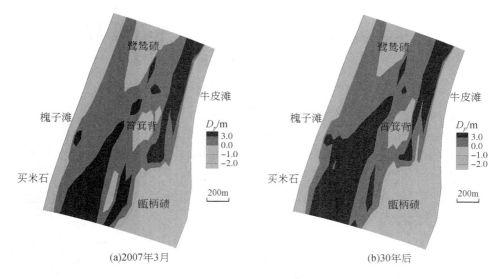

(a)2007年3月　　　　　　　　　　　　　(b)30年后

图 8.1.18　筲箕背河段水深变化

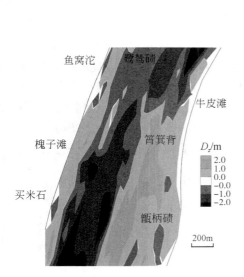

图 8.1.19　筲箕背 30 年后河床冲淤变化

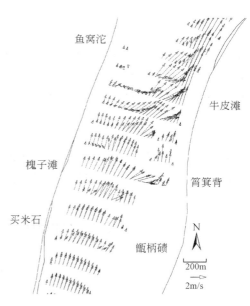

图 8.1.20　筲箕背河段枯水流场图
（$Q=2394\text{m}^3/\text{s}$，直线为现状，
虚线为 30 年后）

8.2　长江葛洲坝枢纽下游水位变化对船闸与航道影响及治理措施

葛洲坝水利枢纽自 1973 年动工兴建以来,坝下游河床冲刷下切、近坝段砂石骨料开采、荆江裁弯以及近年来沿江人为采砂等因素,引起河段沿程中、枯水位下降。1973~2003 年 30 年间,宜昌枯水位比葛洲坝枢纽设计水位累计下降了 1.24m(相应流量 4000m³/s),同时船闸运用过程中,在引航道内引起的往复波流的波高达 0.5~0.7m,使设计最低通航流量 3200m³/s 时三江下游引航道水深不足 3.0m,三江二号船闸下闸槛槛上水深不足 4.0m,不能满足现状通航要求,更达不到 5.0m 的设计航深要求。

三峡工程于 1997 年 11 月 8 日大江截流,2003 年水库蓄水后,出库排沙比仅为 30%~40%,悬移质粒径为建库前的 30%~40%(陆永军等,2000)。这就破坏了葛洲坝枢纽下游河道的河床冲淤平衡条件,坝下游河道的水流挟沙能力远大于实际含沙量,水流就要从河床中补充泥沙,从而冲刷河床,并使床沙粗化。在重建平衡的过程中和新的平衡条件下,葛洲坝枢纽下游的枯水位及航道条件将发生新的变化。

为论证三峡工程施工期及初步运用阶段在葛洲坝枢纽下游的水位变化及对船闸与航道影响,有关单位曾进行了许多研究工作(陆永军等,2000;李云中,2000;杨美卿,2000;陆永军,2000;陈稚聪等,2000;赵连白等,2000)。本节通过河床演变分析、数学模型计算、物理模型试验结合船模航行试验等多途径、多种技术手段,对葛洲坝枢纽下游近坝段水位变化对船闸与航道影响及治理措施进行了全面研究,揭示了水位下降对通航的影响问题,对护底加糙及潜坝群壅高枯水位的作用有了明确的认识,即在胭脂坝枯水深槽段护底加糙及筑潜坝工程能起到抑制工程区以上河段的冲刷下切作用。

8.2.1　近坝段水位变化对通航影响分析

1. 葛洲坝枢纽下游河段河床组成及冲淤变化分析

1)宜昌河段概况

长江出南津关至虎牙滩河道平面形态呈反"S"形,宜昌河段在其尾部,为微弯分汊河道,河面沿程增宽,其中胭脂坝以上为 650~900m,以下为 900~1500m。胭脂坝全长约 4500m,最大宽度约 800m,滩面最高高程约 49.2m,等高线 40m 以上面积约 1.5km²,如图 8.2.1 所示。

河床形态宜昌河段河床纵剖面起伏 4~5m,比峡谷河流小,但比平原河流大。

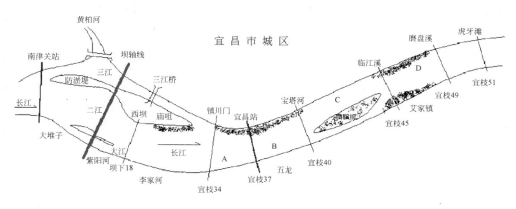

图 8.2.1　葛洲坝下游宜昌河段形势图

受镇川门弯道和胭脂坝江心洲控制,主槽在弯道段偏右岸。河床起伏很大,沿程抬升约呈千分之一的倒坡降;在胭脂坝段主槽靠左岸,河床起伏不大,呈马鞍形;胭脂坝以下主槽又折向右岸,河床起伏很小,坡降约万分之二。

(1)河床组成。宜昌河段的河床组成,以枯水位为界可分为河岸和河槽两部分。

(2)河岸组成。左岸除虎牙滩外均为一级阶地边坡,组成物为土质,胶结砾石层,其中宜昌城区在 1983 年建成混凝土块砌护坡(边坡系数为 3.0);右岸靠山,大部分由基岩或乱石和砾石层组成。

(3)河槽组成:地质结构多为砂-砾-岩三层结构,少数为砾-岩两层结构,局部为基岩结构。

基岩和砾石的顶板高程有如下特征:①胭脂坝段(宜枝 40~43)枯水位以上岸坡,基岩顶板高程为 37~42m,砾石层顶板高程为 38~45m,远高于枯水位以下河床,属侵蚀的嵌入河床。②胭脂坝头(宜枝 40~41)和虎牙滩(宜枝 49~51)两段,基岩顶板高程的下限分别为 25m 和 24m,砾石层顶板的下限分别为 33m 和 28m,均高出相邻上下游河段,可以起到侵蚀基准作用。③虎牙滩以上河段,沿程略呈降低趋势。据钻孔分析,胭脂坝上段全为砾卵石混合结构,中段为砂、砾石混合结构,下段为在砂、砾石层上有较深厚的砂与土的混合覆盖层。

2)河床组成分析

该河段的中值粒径在垂向上的变化具有一定的规律性。表 8.2.1 中所列是宜昌—江口河段的胭脂坝和董市洲两处坑探的卵、砾、砂组成的洲滩层中值粒径 d_{50} 沿深度的分布(1995 年资料)。表中所列的表层为粗化层,其下是粗化层保护下的沙、砾、卵混合层,即次表层(0.2m 深),再次为深层(0.4m 以下)。粗化层的卵砾石中值粒径明显地大于次表层和深层,据分析其原因有两个方面,一是每年汛后到次年汛前的人工挖沙,将滩面上小于 50mm 的卵砾,特别是小于 16mm 的砾石、粗沙大量取走;二是 1981 年起葛洲坝运行引起的坝下冲刷、河床粗化。

表 8.2.1　卵砾洲滩活动层 d_{50} 沿垂向的分布

d_{50}/mm	深度/m								
	表层	次表层	深层						
测点	0	0.2	0.4	0.6	0.8	1.0	1.2	1.4	1.6
胭脂坝	103	47.0	63.0		61.0			71.5	
董市洲	83.0	20.0	29.0		21.8			16.0	

对宜昌至松滋口河段进行的勘测表明,沙土质床沙的中值粒径也有随深度而变化的特征,粒径多为 0.14~0.29mm,一般为 0.22mm,组成不甚均匀,分选系数 d_{75}/d_{25} 较大,有随深度而增粗的趋势。整个河段中小于 0.1mm 的细颗粒含量占比为 4%~30%,一般为 10% 左右,其含量垂向分布不均匀,上中部较高,下部较低。

根据 1980~1995 年多次勘测成果,宜昌至江口段卵砾夹沙河床的整体床沙组成的平均值为:细沙 45%,中沙 24.4%,粉沙壤土 1.34%,卵砾石 27.3%,基岩 1.06%。

3)葛洲坝枢纽运用后河段的冲淤变化

(1)枢纽运用后的河段演变。

建坝前,大江为主河道,汛期流量占 80% 以上,中小水水流全走大江。葛洲坝工程于 1971 年开工兴建,1981 年一期工程完成投入运用,1988 年二期工程完成进入正常运行期。由于枢纽采取一体两翼的布置方案,主流移至二江泄水闸下泄,水流曲率半径比蓄水前减小。坝下河段的左岸是宜昌港区,由浆砌砼块护坡,右岸为岩石基脚,水库蓄水运用后的河床变形只能表现在漫滩河槽的下切与扩宽上。不同的河段不同的河床组成及其变化程度是不一样的。

近坝段:(坝下至镇川门)主流线的摆动直接受工程运用的影响。例如,坝下 18♯断面,蓄水前左河槽最深点为黄海高程 29m,1987 年冲深至 21m。二期工程时,大江过流,右河床受枢纽运用的影响较大,冲淤变幅达 5m 以上。

微弯段:如宜昌站附近宜枝 37♯断面,凸岸的冲淤大于凹岸的冲淤量。一期时,以凸岸边滩横向扩宽为主。二期时,凸岸边滩河床变化为冲淤交替,如图 8.2.2 所示。

胭脂坝段:冲刷时,以冲主河槽为主,既下切又扩宽,胭脂坝段左岸为胶结砾石层,抗冲能力极强。主槽右侧靠胭脂坝体,为均匀松散卵石,受到强烈冲刷。例如,宜枝 41♯断面,最大冲深达 8m,刷宽 80m 左右。淤积时为淤槽冲滩,如图 8.2.3 所示。

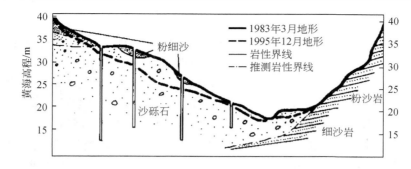

图 8.2.2　宜枝 37♯ 断面 1983 年 3 月～1995 年 12 月地形变化

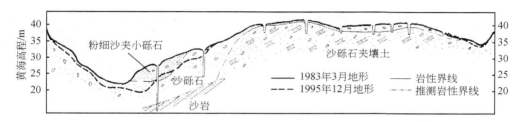

图 8.2.3　宜枝 41♯ 断面 1983 年 3 月～1995 年 12 月地形变化

胭脂坝尾部段:为宽阔断面,整个河床的冲淤随上游来水来沙的变化而变化。

(2)河道的冲淤变化。

坝下河段中、高水位河岸稳定,河床变化主要表现在低水位 39m 以下河床的冲淤变化。

①冲淤量的变化。天然时期(1957～1972 年),坝下河床冲淤变化甚微,十五年淤积量 50.0 万 m^3,河槽平均淤厚 0.04m,说明在天然时期,多年是冲淤平衡的。施工期(1972～1980 年),该河段普遍发生冲刷,八年冲刷量达 846.7 万 m^3,河槽平均冲深 0.58m。水库蓄水运行后(1981～1993 年),该河段十三年总的冲刷量为800.5 万 m^3;其中一期运行七年中,河段冲刷量明显比施工期增大,累计冲刷为1418.2 万 m^3,河槽平均冲深达 1.27m。同时也可以看出,1981 年 7 月特大洪水,该年的冲刷量比六年总和还多,大水年后的第二年(1982 年)河床自行调整,河段表现为淤积,尔后几年又恢复冲刷,冲刷量是逐年增大趋势。二期工程投入运行后(1987～1993 年),六年时间内,坝下河段年际变化出现有冲有淤,冲淤交替,其累计淤积量为 617.1 万 m^3,其中 1993 年淤积量达 1573.0 m^3。

②冲淤量沿程分布。水库蓄水运用后,运用第一期,坝下河段呈累积性冲刷,近坝段冲刷率最大为 86.9 万 m^3/km,距坝越远,冲刷率越小。胭脂坝尾部以下河段冲刷率为 59.3 万 m^3/km。运用第二期,河床有冲有淤,但总体趋势是淤积。近坝段淤积率最大为 87.1 万 m^3/km,胭脂坝段最小,为 33.0 万 m^3/km,下段淤积率

为 38.1 万 m³/km。

③滩槽冲淤量分布。天然时期,上段与下段深槽部分(32m 以下)有微淤,边滩部分(32～39m)有微冲。中段则深槽微冲,边滩微淤。可见,在河底较低的河段是淤槽冲滩,河底高程较高河段是冲槽淤滩。施工期,上段与下段深槽和边滩均发生较明显冲刷,而中段则出现淤槽冲滩现象。蓄水期一期时,坝下河床可冲部分均发生了较强烈冲刷,且深槽冲刷量为 1133.1 万 m³,大于边滩冲刷量(317.6 万 m³)。而中段则出现冲槽淤滩现象。蓄水期二期时,坝下河床出现淤槽冲滩的趋势,其中中段淤槽 706.6 万 m³,冲边滩 499.0 万 m³。据长江水利委员会水文局统计该河段在 1972～1993 年期间平均冲淤厚度为 1.09m,各阶段冲淤厚度如表 8.2.2 所示。

表 8.2.2　葛洲坝坝下至虎牙滩(坝下 18～宜枝 49♯)河段冲淤厚度

运行时期	天然期	施工期	一期运行期	二期运行期
年份	1957～1972	1972～1980	1980～1987	1987～1993
冲淤厚度/万 m³	+0.04	−0.58	−1.27	+0.38

4)河段冲淤对枯水位影响

葛洲坝工程动工以后,同流量下水位下降。1976 年前,河道长期在天然来水来沙条件下塑成,河床与来水来沙条件相适应,在此期间虽在河床上开挖建筑骨料95.5 万 m³(已换成密实方量,以下同),但数量不大,影响甚微,水位与流量关系相对稳定。1976～1981 年,该河段受葛洲坝工程建设的影响较大,河段冲刷 640.0万 m³,又在河床上开挖建筑骨料 953.6 万 m³,流量为 4000m³/s 时的相应水位下降 0.43m。1981～1987 年,一期工程投入运行,出库推移质大量减少,河床骨料开挖 1426.1 万 m³,河床冲刷 1418.2 万 m³,水位下降 0.49m。1987～1993 年,二期工程投入运行,1987 年后骨料开挖停止,河床年际为有冲有淤,冲淤交替,略有回淤(617.1 万 m³),水位下降仅 0.14m(表 8.2.3)。

表 8.2.3　宜昌站枯水位变化

年份	1972～1976	1976～1981	1981～1987	1987～1993
坝下至虎牙滩开挖量/万 m³	95.5	953.6	1426.1	0
冲淤量(坝下 18 至宜枝 49♯)/万 m³	−88.8	−640.0	−1418.2	617.1
Q=4000m³/s 时枯水位变化值/m		−0.43	−0.49	−0.14

2. 葛洲坝枢纽下游推移质与床沙粗化及枯水位变化分析

1)推移质粗化

推移质泥沙分为沙质和卵石两种推移质,葛洲坝蓄水后,出库的推移质大量减少(以坝前的南津关断面为代表),而宜昌站(距坝址下 6.4km)卵石推移质主要靠坝下游河床补给,随时间推移补给量减少,其输移量递减,坝下河床冲刷,卵石推移质补给减少,卵石推移质粗化是必然的,蓄水前多年平均中值粒径(d_{50})为23.9mm,蓄水后多年平均中值粒径为 47.2mm(表 8.2.4)。坝下沙质推移质输移量在水库淤积平衡后呈递增形势,宜昌站 1998 年蓄水后最大沙质推移量达 315 万 t。沙质推移质基本未粗化,蓄水前后多年平均中值粒径(d_{50})均为 0.216mm。

表 8.2.4　宜昌站、南津关站推移质多年平均特征表

年份 \ 项目	南津关站断面			宜昌站断面				
	卵石			卵石			沙	
	输移量/万 t	d_{50}/mm	d_{max}/mm	输移量/万 t	d_{50}/mm	d_{max}/mm	输移量/万 t	d_{50}/mm
蓄水前	75.8	29.3	237	75.8	23.9	137.7	878	0.216
1982～1985	7.45	23.0	332	91.4	29.5	350	131	0.225
1986～1991	0.239	23.2	230	9.09	46.9	329	149	0.201
1992～1996	0.008	16.6	48.0	1.78	69.0	240	150	0.224
1982～1996	2.08	21.7	332	32.5	47.2	350	144	0.216

2)床沙粗化

葛洲坝建成蓄水初期,推移质过坝量减少,下游河床冲刷引起床沙粗化。随水库运用持续,库区淤积平衡以及三峡工程的施工影响,下游床沙又开始细化。

(1)床沙 d_{50} 的年内与年际变化特征。

限于资料,仅用宜昌断面成果说明,蓄水前,d_{50} 的年内变化规律为:汛期细化、枯季粗化,年内变幅不大,例如,1980 年年内变幅为 0.14～3.4mm,为蓄水前最大变化范围。蓄水后,d_{50} 的年内变化与蓄水前相反,即为汛期粗、枯季细,且年内变幅很大,例如,1984 年年内变幅为 0.210～26.5mm,为蓄水后最大变化范围。

d_{50} 的年际变化:蓄水前变化很小,多年平均(1975～1980 年)0.215mm。蓄水后迅速粗化,最大达 0.310mm,1981～1987 年平均为 0.255mm,1986 年后已基本恢复到蓄水前水平。

(2)床沙粗化的沿程变化。

根据葛洲坝下游床沙粗化分析,将宜昌河段分四个小段,即 A 段(宜枝 34～37)、B 段(宜枝 37～40)、C 段(宜枝 40～45)、D 段(宜枝 45～51),如图 8.2.1 所示。0.1mm 为本河段床沙质与冲泻质泥沙的分界粒径,2.0mm 为沙质与砾石的分界粒径,16.0mm 为砾石与卵石的分界粒径。河床类型判别系根据床沙组成所占比例确定,即床沙中任一种(沙质、砾石、卵石)含量大于 80%,则河床就属于该种类型;若均不超过 80%,则属于混合河床,按含量多的两种命名。葛洲坝工程兴建和蓄水以来,床沙组成具有如下特征。

床沙组成的各种类型:细颗粒泥沙(小于2.0mm)含量减少和粗颗粒泥沙(大于16.0mm)含量增加,河床明显粗化,由原沙质河床变为沙夹卵石或卵石夹沙河床。随水库淤积平衡(约1984年),坝下游沙质含量趋于稳定后并有所增加,到20世经90年代中期坝下游河床已逐步恢复到蓄水前的沙质河床,但粒径级配组成发生了变化。

d_{50}变化:d_{50}有沿程递减趋势,从d_{50}的变化特征可分为两段,即以胭脂坝尾(宜枝45)为界,上段(A、B、C段)d_{50}很粗,下段(D段)较细。从时间上看,上段河床在施工期即开始粗化;下段沙质区d_{50}从1975年的0.026mm增大到1993年的0.298mm,在蓄水前基本没有砾卵区,蓄水后砾卵区增大,粗化很明显。

床沙粗化的几种情况:引进河流泥沙组成的非均匀系数(也称拣选系数)$\psi=(d_{75}/d_{25})^{1/2}$,$\psi$值越大于1,说明泥沙组成越不均匀,即河床粗化程度越强。通过分析ψ值和d_{50}值的变化特征,可归纳为三种情况来反映宜昌河段的床沙粗化情况。①d_{50}值变化不大,ψ值变化大,如1981年曲线;②d_{50}值变化大,ψ值变化不大,如1993年曲线;③d_{50}值和ψ值都增大,如1983年、1986年等。

(3)床沙粗化的发展趋势。

床沙粗化的过程反映了河床的冲淤变化过程(同时也反映了骨料开挖的影响情况)。分析表明,宜昌河段河床粗化是自上而下逐步发展的,各河段形成最大粗化层的时间不一致。例如,A、B、C段在葛洲坝施工期即开始粗化(主要与骨料开采有关),运行初期河床粗化程度达到最大;而D段在运行初期开始粗化,且发展较缓慢,床沙到1995年才达到最粗。达到最大粗化后,河床组成因淤积而转为细化。三峡工程开工以来(尤其1998年洪水),宜昌河段一直处于淤积状态,河床组成细化。

目前,宜昌河段的骨料开采已基本得到控制,今后宜昌河段的冲淤形势仍将随水库的冲淤和上游来水来沙的变化而变化,床沙组成及其粗细化则与冲淤过程相应发展。

3)枯水位变化

(1)枯水位下降。

选取该河段李家河、宜昌、宝塔河、艾家镇和磨盘溪等五站水文资料分析,各年最低水位一般出现在1~3月,全河段枯水位下降(流量4000m³/s)。以宜昌站1973年为设计值,水位下降大体可分为以下阶段:①1976年前宜昌河段枯水位主要受来水来沙及断面冲淤过程的影响,无明显下降趋势,1976~1980年(即葛洲坝大江截流前)坝下枯水位已呈下降趋势,1973年11月~1980年4月宜昌站枯水位下降0.25m;②水库蓄水运用后,从1980年4月到1990年4月止,坝下枯水位持续下降,尤其坝址至胭脂坝头(宜枝40)河段下降速率较快;③1990年4月~1995年4月,枯水位趋于稳定,且略有回升;④1995年4月~1997年4月,坝下枯水位又呈下降趋势,且以胭脂坝以下河段下降速率为大;⑤到 1998 年 4 月止,宜昌站枯水位与 1973 年设计值比较累计下降了 1.11m。

(2)1998 年长江洪水对坝下游枯水位变化的影响。

1998 年洪水对葛洲坝枢纽库区、坝区及坝下游的河床冲淤产生了一定的影响,相应对坝下游枯水位也有所影响。

葛洲坝水库于 1981 年蓄水运用,1984 年常年回水区即基本淤积平衡,到 1992年末总淤积量为 $1.39×10^8 m^3$,其中常年回水区淤积了 $1.13×10^8 m^3$,变动回水区淤积了 $0.26×10^8 m^3$。1993 年三峡工程开工至 1997 年底,葛洲坝水库共计淤积了 $0.15×10^8 m^3$,其中有部分为三峡施工弃沙。1998 年长江上游形成了 8 次流量超过 $50000m^3/s$ 的大洪峰,水库出现大量冲刷,1997 年 11 月~1998 年 11 月共计冲刷了 $0.53×10^8 m^3$,其中常年回水区冲刷了 $0.46×10^8 m^3$。可见,1998 年洪水冲走了葛洲坝水库 1980~1997 年总淤积量的 1/3。冲刷主要发生在葛洲坝至三峡河段(简称两坝间),年内最大冲深约 40m。

坝下宜昌河段因葛洲坝水库大量淤沙出库,产生了大量泥沙淤积,1997 年 8月~1998 年 9 月共计淤积了 $0.32×10^8 m^3$,39m 以下河床平均淤厚达 1.85m,淤积主要在胭脂坝头至虎牙滩河段。由于宜昌站水位流量关系的控制河段大量淤积,1999 年初同流量下枯水位有大幅度抬升,如 $4000m^3/s$ 水位比 1998 年初上升了0.54m,而磨盘溪水位回升了仅 0.08m。

3. 三峡工程施工期及初期运用阶段葛洲坝下游近坝段水位下降预测及对通航的影响分析

1)近坝段冲刷及水位下降预测

根据设计部门提供的三峡水库出库流量、含沙量、含沙量级配及沙市水文站水位过程,清华大学、交通运输部天津水运工程科学研究院(简称天科院)采用一维泥沙数学模型分别进行了宜昌至沙市河段 2003~2022 年河床冲淤计算,并同时进行了宜昌至磨盘溪河段 2003~2012 年动床物模试验。需要说明的是,各家采用的起始地形有所不同,其中清华数模以 1980 年地形为起始地形,其余均以 1995 年底地形为起始地形。

表 8.2.5 给出了数模与物模在预估三峡工程施工期及初期运用阶段宜昌站至磨盘溪河段冲淤量方面的成果(陆永军等,2008a)。由表可见,①水库运用十年,即至2012 年,宜昌站至磨盘溪河段共冲刷了约 1200 万 m^3,其中宜昌站至宝塔河冲刷了92 万~360 万 m^3,宝塔河至艾家镇冲刷了 270 万~416 万 m^3,艾家镇至磨盘溪冲刷了 575.6 万~723.4 万 m^3;②就冲刷过程而言,天科院的数模和物模试验结果表明,在水库运用至 2007 年底,近坝段冲刷已趋平衡,冲刷量为 1240 万 m^3;清华物模结果则体现出一个逐渐的演变过程,至 2007 年冲刷了 572.0 万 m^3,至 2009 年冲刷了 1003.7 万 m^3,至 2012 年冲刷了 1206.4 万 m^3。

表 8.2.5　三峡工程施工期及初期运用阶段宜昌站至磨盘溪河段各家模型冲淤量成果表

（单位：$10^4 \mathrm{m}^3$）

水库运用时间	模型	宜昌站—宝塔河 (4.01km)	宝塔河—艾家镇 (6.11km)	艾家镇—磨盘溪 (6.11km)	宜昌站—磨盘溪 (16.23km)
2007 年 12 月	清华数模				−446.2
	天科院数模	−96.2	−426.4	−719.7	−1242.3
	清华物模	−297.5	−104.3	−170.3	−572.11
	天科院物模	−163.8	−354.3	−92.3	−610.4
2009 年 12 月	清华数模				−553.8
	天科院数模	−94.1	−420.5	−720.5	−1235.1
	清华物模	−407.1	−244.6	−351.9	−1003.7
	天科院物模	−219.9	−300.5	−93.9	−614.3
2012 年 12 月	清华数模				−618.2
	天科院数模	−92.1	−415.8	−723.4	−1231.3
	清华物模	−360.4	−270.4	−575.6	−1206.4
	天科院物模	−142.9	−334.7	−137.3	−614.9

注：①表中清华数模是以 1980 年地形为起始条件，连续计算至 2022 年时各阶段的水位值。其余均为以 1995 年地形为起始条件，从 2003 年水沙条件开始计算或试验的各阶段水位；②天科院动床物模有效段为宜昌至艾家镇河段，艾家镇距磨盘溪还有 2.6km。

表 8.2.6 和图 8.2.4 给出了数模与物模在预估三峡工程施工期及初期运用阶段宜昌站水位方面的成果，由此可见，①三峡 135m 蓄水运用期，水库运用第 3 年，即至 2005 年，最低通航流量为 3200m³/s 时，宜昌水位为 37.3～37.8m，比葛洲坝枢纽设计值下降了 1.2～1.7m；水库运用第 5 年，即至 2007 年，相应该流量宜昌水位为 37.2～37.6m，比葛洲坝枢纽设计值下降了 1.4～1.8m。此时，三江二号船闸槛上水深仅为 3.2～3.6m，三号船闸槛上水深为 2.2～2.6m，三江下引航道水深为 2.7～3.1m。②三峡工程 156m 蓄水运用期，水库运用第 7 年，即至 2009 年，最低通航流量 3200m³/s 时，宜昌水位为 37.1～37.4m。比葛洲坝枢纽设计下降了 1.6～1.9m，相应三江二号船闸槛上水深仅为 3.1～3.4m，三江下引航道水深为 2.6～2.9m。最低通航流量 4000m³/s 时，宜昌水位为 37.76～37.94m，相应该流量三江二号船闸槛上水深为 3.76～3.94m，三江下引航道水深为 3.26～3.44m。要确保 156m 蓄水期宜昌水位为 38.5m，宜昌流量应超过 5000m³/s。③三峡工程 175m 蓄水运用期，水库运用第 10 年，即至 2012 年，最低通航流量 4000m³/s 时，宜昌水位为 37.64～37.83m；最低通航流量 5000m³/s 时，宜昌水位为 38.3～38.56m；最低通航流量 6000m³/s 时，宜昌水位为 38.9～39.26m。因此，要确保宜昌水位不低于 39.0m，宜昌流量应不低于 6000m³/s。④三峡水库运用第 15 年，即至 2017 年，最低通航流量 4000m³/s 时，宜昌水位为 37.3～37.7m；最低通航流量 5000m³/s 时，宜昌水位为 38.1～38.3m；最低通航流量 6000m³/s 时，宜昌水位为

38.81～38.96m。要确保宜昌水位不低于 39.0m,宜昌流量应不低于 6200 m³/s。
⑤三峡水库运用第 20 年,即至 2022 年,4000m³/s 时,宜昌水位为 37.3～37.7m;
5000m³/s 时,宜昌水位为 38.0～38.35m;6000m³/s 时,宜昌水位为 38.73～
38.96m,要确保宜昌水位不低于 39.0m,宜昌流量应不低于 6350m³/s。

表 8.2.6　三峡工程施工期及初期运用阶段宜昌站水位(吴淞基面)　　(单位:m)

模型	流量/(m³/s)	3000	3200	3500	4000	4500	5000	5500	6000
2005	清华数模	37.06	37.31	37.48	37.91	38.31	38.70	39.08	39.42
	天科院数模	37.70	37.76	37.92	38.30	38.60	38.88	39.15	39.45
	清华物模								
	天科院物模	37.69	37.81	37.97	38.24	38.51	38.77	39.03	39.29
2007	清华数模	36.95	37.21	37.38	37.81	38.21	38.59	38.97	39.31
	天科院数模	37.40	37.56	37.72	38.01	38.33	38.65	38.92	39.22
	清华物模	37.48	37.61	37.81	38.14	38.46	38.78	39.08	39.37
	天科院物模	37.54	37.65	37.82	38.10	38.37	38.65	38.90	39.18
2009	清华数模	36.87	37.15	37.33	37.76	38.16	38.55	38.92	39.26
	天科院数模	37.21	37.32	37.48	37.82	38.12	38.44	38.72	39.00
	清华物模	37.34	37.46	37.64	37.95	38.26	38.56	38.87	39.17
	天科院物模	37.38	37.50	37.66	37.94	38.21	38.47	38.73	39.00
2012	清华数模	36.77	37.04	37.22	37.64	38.04	38.43	38.79	39.13
	天科院数模	37.10	37.22	37.41	37.72	38.00	38.30	38.61	38.91
	清华物模	37.23	37.35	37.53	37.83	38.13	38.43	38.73	39.04
	天科院物模	37.24	37.40	37.52	37.79	38.05	38.32	38.56	38.83
2017	清华数模	36.47	36.73	36.91	37.33	37.72	38.10	38.45	38.81
	天科院数模	37.00	37.18	37.41	37.72	38.00	38.33	38.72	38.96
2022	清华数模	36.39	36.65	36.83	37.26	37.64	38.02	38.37	38.73
	天科院数模	37.00	37.15	37.38	37.74	38.05	38.35	38.69	38.96

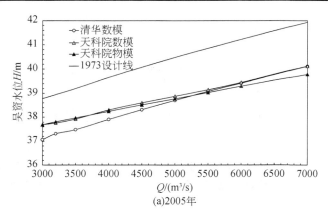

(a)2005年

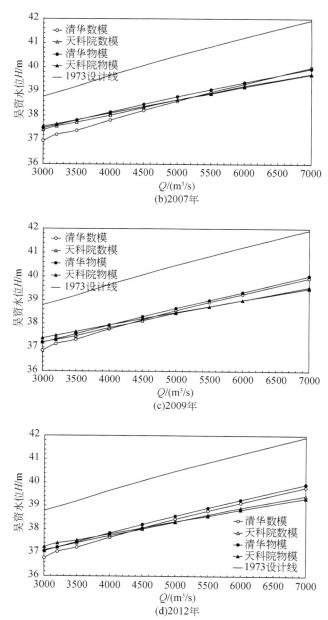

图 8.2.4　三峡工程施工期及初期运用阶段宜昌水位-流量关系图

2)坝下冲刷引起的水位降落对三江通航的影响

为了保证三江船闸及其引航道的通航,三峡水库蓄水运用各时段宜昌最低通航水位为:135m 蓄水运用期不低于 38.0m,156m 蓄水运用期不低于 38.5m,175m

蓄水运用期逐步恢复到 39.0m。135m 蓄水运用期 38.0m 的宜昌水位是现状最低通航水位,156m 蓄水运用期的 38.5m 是船队载量增大所需,175m 蓄水运用期的 39.0m 是葛洲坝工程下游设计的最低通航水位。

根据设计部门提供的三峡水库运用二十年的流量过程线和数模计算的宜昌站水位过程,表 8.2.7 给出了三峡水库蓄水运用各时段宜昌水位小于上述标准的天数。由表可见,135m 运行期,有 59 天宜昌水位小于 38.0m;156m 运行期,有 80 天宜昌水位小于 38.5m;175m 运行期,每年有 2～4 个月宜昌水位低于 39.0m。后两者都未考虑三峡水库日调节的影响。因此,三峡水库蓄水运用因坝下冲刷、水位降落引起的碍航问题不仅 135m 运行期严重,156m、175m 运行期也很突出。

表 8.2.7　三峡水库蓄水运用各时段宜昌水位低于航运标准的天数

水库运行水位/m	水库运用年	低于 38.0m 天数/d	低于 38.5m 天数/d	低于 39.0m 天数/d
135	2003	0		
135	2004	0		
135	2005	59		
135	2006	0		
135、156	2007	0		
156	2008		49	
156、175	2009		31	
175	2010			91
175	2011			152
175	2012			81
175	2013			99
175	2014			121
175	2015			79
175	2016			91
175	2017			120
175	2018			121
175	2019			131
175	2020			91
175	2021			121
175	2022			70

8.2.2　宜昌枯水位下降及治理措施

1. 一维泥沙数学模型研究

清华大学采用一维泥沙数学模型,计算了三峡水库施工期和运用初期葛洲坝近坝河段的河床冲淤与宜昌水位降落的情况。模型从宜昌镇川门到沙市二郎矶，全长146km。计算时段从1980年到2022年，共计43年。自2003年6月16日三峡水库拦洪以后的水沙资料由长江水利委员会规划处计算提供。

模型计算了各时段的沿程冲淤量。其中，镇川门—磨盘溪河段，在2003年以前的23年中，平均每年大约冲刷200万t，总冲刷量达到4790万t。从2003年开始，到2007年河段冲刷量为580万t，到2009年累计达720万t，到2012年累计达886万t。

模型计算了沿程水位情况，得到宜昌水文站断面各年的水位-流量关系，如表8.2.8所示。以流量$Q=4000\text{m}^3/\text{s}$为代表，在表8.2.9中列出了各年的宜昌水位和相应的水位下降值。从表中可见，到1997年，宜昌流量$Q=4000\text{m}^3/\text{s}$的水位已经比1973年下降了1.28m，比葛洲坝枢纽投入运用时的1981年也下降了1.00m；到三峡水库拦洪前夕的2002年，宜昌水位可能会比现在(1997年)下降0.31m；到2007年，三峡水库初具调节能力时，将可能会比1997年下降0.57m。

表8.2.8　宜昌断面水位-流量关系(黄海高程)

$Q/(\text{m}^3/\text{s})$	Z/m									
	1973年	1981年	1987年	1991年	1997年	2002年	2007年	2009年	2015年	2022年
3000	37.00	36.75	36.10	35.96	35.72	35.44	35.17	35.09	34.88	34.61
3500	37.42	37.20	36.52	36.39	36.17	35.86	35.60	35.55	35.33	35.05
4000	37.88	37.60	36.92	36.82	36.60	36.29	36.03	35.98	35.73	35.48
4500	38.29	37.95	37.36	37.20	36.97	36.68	36.43	36.38	36.13	35.86
5000	38.70	38.30	37.71	37.55	37.35	37.08	36.81	36.77	36.52	36.24
5500	39.07	38.60	38.07	37.92	37.72	37.46	37.19	37.14	36.87	36.59
6000	39.44	38.93	38.38	38.28	38.08	37.80	37.53	37.48	37.22	36.95
7000	40.15	39.52	39.00	38.90	38.72	38.51	38.21	38.15	37.89	37.67
8000	40.82	40.10	39.58	39.51	39.32	39.15	38.83	38.77	38.52	38.27
9000	41.42	40.57	40.11	40.03	39.92	39.72	39.40	39.34	39.07	38.81
10000	41.97	41.02	40.69	40.63	40.46	40.26	39.88	39.83	39.53	39.28

表8.2.9　4000m³/s流量的宜昌水位及其下降值　　　　　　(单位：m)

年份	1973	1981	1987	1991	1997	2002	2007	2009	2015	2022
水位(黄海高程)	37.88	37.60	36.92	36.82	36.60	36.29	36.03	35.98	35.73	35.48
与1973年相比	0.00	−0.28	−0.96	−1.06	−1.28	−1.59	−1.85	−1.90	−2.15	−2.40
与1981年相比		0.00	−0.68	−0.78	−1.00	−1.31	−1.57	−1.62	−1.87	−2.12
与1997年相比					0.00	−0.31	−0.57	−0.62	−0.87	−1.12

表 8.2.10 列出了到 2007 年时枯水流量下的宜昌水位。大江二号船闸控制在下闸坎高程,为 33.5m(吴淞)。三江航道存在两个控制高程,即船闸闸槛高程和下引航道底板高程。前者以二号船闸为代表,高程为 34.0m,后者为 34.5m。表 8.2.10 中同时也列出了相应于上述控制高程以上的通航水深。

葛洲坝枢纽设计时曾考虑可能遇到 3200m³/s 的枯水流量。这时,大江船闸闸槛上的水深约为 3.62m,三江二号船闸闸槛水深约为 3.12m,三江下引航道水深仅为 2.62m。而流量 3200m³/s 时,据对 1981~1991 年共计 11 年的日平均流量资料统计,总计出现 17 天,平均每年可能出现 1.55 天,但其中 1987 年一年就有 15 天。比较起来,三江航道的通航条件会更加困难一些。从表 8.2.10 还可以看到,如果流量为 3500m³/s,三江下引航道的水深可达到 2.88m,流量为 3800m³/s 时则可达到 3.14m。当流量达到 4650m³/s 时,三江下引航道水深方可达到 3.82m;当流量为 5510m³/s 时,将可能接近 4.5m。

表 8.2.10　2007 年的宜昌水位和水深情况

| 流量/ | 宜昌水位/m | | 大江水深/m | 三江水深/m | |
(m³/s)	(黄海)	(吴淞)	(闸槛)	(闸槛)	(引航道)
3000	35.17	36.95	3.45	2.95	2.45
3200	35.34	37.12	3.62	3.12	2.62
3500	35.60	37.38	3.88	3.38	2.88
3800	35.86	37.64	4.14	3.64	3.14
4000	36.03	37.81	4.31	3.81	3.31
4500	36.43	38.21	4.71	4.21	3.71
4650	36.54	38.32	4.82	4.32	3.82
5000	36.81	38.59	5.09	4.59	4.09
5500	37.19	38.97	5.47	4.97	4.47
5510	37.20	38.98	5.48	4.98	4.48

从另一方面来看,到 2007 年前后的一段时期里,若船队最小吃水限于 2.6m,考虑安全余量,要求通航水深应不小于 3.9m。如果三江二号船闸过闸水深为 4.0m,即水位达到 38m(吴淞),大约需要下泄 4240m³/s 的流量。若要求三江过闸水深达到 4.5m,即水位达到 38.5m(吴淞),大约需要有 4880m³/s 的流量。若要求三江过闸水深达到 5.0m,即水位达到 39.0m(吴淞),大约需要有 5550m³/s 的流量。当然,这时还必须要求三江下引航道底板高程降低。如果不在葛洲坝及其下游河道采取适当的工程措施,仅用三峡水库的已有库容进行调节补水,按平均情况估计,相应上述 3 个水位下需要补水的天数大约将分别为 54 天、90 天和 115 天。

根据以上情况,可以认为,要度过 2007 年前后的难关,实现葛洲坝上下游安全通航,抬高坝下游水位、降低三江下引航道控制高程等工程措施是十分必要的。这些措施实现得越早,效益将越大。

为研究各种工程措施的作用,清华大学利用定床一维数学模型,计算了沿程的水位、水面比降及流速、水深的分布情况,它们能够抬高宜昌水位的数值及其随流量的变化。方案包括在宜昌宝塔河附近修建不同坝顶高程潜坝的 6 个方案,沿程 5 处修建潜坝的 10 个方案,5 处人工加糙的 10 个方案,以及修建丁坝或顺坝的 4 个方案。

各个计算方案的计算结果及其主要情况可以简要归纳如下。

(1)在宝塔河修建潜坝方案,分析表明,坝顶高程使河段枯水水位以下的水深等于或超过 5m 者,在枯水流量为 3500m³/s 时,宜昌(镇川门)水位的抬高值为 0.01～0.06m。从潜坝位置来看,在坝顶水深接近时,宝塔河与红花套修建潜坝,其抬高宜昌水位的作用接近,为 0.06～0.07m;在周家河与梅子溪修建潜坝的作用较为显著,抬高宜昌水位分别可达 0.17m 和 0.12m。抬高水位的数值与潜坝缩小过水断面面积密切相关。大洪水时潜坝方案可能抬高水位数十厘米,但对防洪与航运尚不起控制作用。

(2)人工加糙抬高宜昌枯水水位的作用比较明显,一般可以达到 0.10m 以上。加糙河段的枯水水面比降都可能增大,同时水深增加得比较有限,水流流速也变化不多,其航道条件较为有利。但在大洪水时,人工加糙使水位抬高较多。经试算和分析表明,也存在多种进一步改进加糙工程的设计和提高其效果的可能性。

(3)用丁坝或顺坝整治河道,宜设置在水位控制性河段的上首处。对胭脂坝上游河段修建丁坝或顺坝的计算表明,河道的余留宽度不超过 410m 时,可以抬高宜昌水位 0.07～0.09m。此种方案需采用动床模型进一步计算束窄后沿程的河床冲淤及水流的调整情况。

宜昌水位的抬高应当在较长的河段内根据河道情况采用修建潜坝、人工加糙、修建丁坝或顺坝,以及配合某些部位的航道疏浚和开挖等不同的工程措施,以全面调整河段比降、水深和流速,用较小的工程量达到抬高宜昌水位、维护航道水深的目的。

2. 二维泥沙数学模型研究

1)建模及验证简述

为了解决葛洲坝枢纽船闸航道通航水深问题,陆永军等建立了葛洲坝枢纽至云池河段二维泥沙数学模型,通过数值模拟试验,为物理模型筛选方案。

(1)计算域网格生成。

计算域进口位于葛洲坝枢纽坝轴线、出口为云池深槽段。在域内共布置 258×41 个网格,经正交计算,形成正交曲线网格。网格沿河长方向间距为 90～200m,平均为 138m,沿河宽方向间距为 16~37m,其中坝轴线至虎牙滩河段网格相对较密。

（2）水流验证。

计算的紫阳河至李家河、李家河至宜昌站、宜昌站至宝塔河、宝塔河至艾家镇、艾家镇至磨盘溪各河段糙率 n 随流量的变化规律及各水尺计算水位与实测的比较表明,糙率随流量的变化规律总体趋势是枯水糙率大、洪水糙率小,其中,紫阳河至李家河、宜昌站至宝塔河、宝塔河至艾家镇河段糙率为 0.02~0.035,枯水流量时（$Q<8000\text{m}^3/\text{s}$）,$n=0.025~0.035$,年平均流量时（$Q=14300\text{m}^3/\text{s}$）,$n=0.025~0.028$,洪水流量时（$Q>25000\text{m}^3/\text{s}$）,$n=0.020~0.025$;李家河至宜昌站河段受特殊地形构造的影响,该河段位于弯道的顶点,水位落差大,表现为该河段糙率相对较大,$n=0.028~0.038$,枯水、洪水时糙率达 0.035,仅在中枯水流量 $Q=8000~14500\text{m}^3/\text{s}$ 时糙率相对较小,$n=0.027~0.028$;艾家镇至磨盘溪河段糙率为 0.015~0.038,枯水时糙率相对较大,$n=0.038~0.023$,中水流量时（$Q=10000~20000\text{m}^3/\text{s}$）,$n=0.026~0.028$,流量超过 20000$\text{m}^3/\text{s}$ 时,该河段受虎牙峡峡口壅水影响,水面落差小,流量越大,影响越大,流量超过 30000m^3/s 时,该河段糙率仅为 0.015~0.018。计算各水尺水位与实测值相差一般小于 0.04m,仅个别河段偏差为 0.07m。

当流量分别为 3870m^3/s、5660m^3/s、17900m^3/s、33900m^3/s 时计算的宜昌水文断面流速沿河宽分布与实测值很接近,偏差小于 10%。计算较好地反映了随流量的增大,水流逐步淹没胭脂坝、临江溪边滩及大江冲沙闸、三江口门处回流现象。

（3）河床变形验证。

动床验证计算时段从 1980 年 6 月到 1986 年 6 月,再从 1986 年 6 月至 1995 年12 月。平均 3 天划分一个流量级,枯水期平均 5~10 天划分一个流量级,洪水期平均 1~3 天划分一个流量级,每年划分 80~100 个时段。出口水位过程由宜昌至武汉河段一维全沙模型算得。悬移质计算包括 6 个粒径组的分组含沙量计算,推移质计算包括 8 个粒径组的分组输沙率计算。

以 1980 年 6 月长江水利委员会荆江水文水资源勘测局实测宜昌至云池河段地形作为起始地形,计算至 1986 年 6 月。与 1986 年 6 月实测地形相比较,据统计,这时期,宜昌至虎牙滩河段建筑用骨料开挖量达 1426.1 万 m^3,相应该河段河床冲刷量为 1418.2 万 m^3。骨料开挖带有一定的随机性,因此本次验证河床冲淤仅仅是看总体趋势,重点在 1986 年 6 月至 1995 年 12 月宜昌至虎牙滩河段河床地形的冲淤验证。

计算的 1980 年 6 月至 1986 年 6 月宜昌至云池河段冲刷 1m 等值线图与实测值的比较表明,计算的冲刷部位与实测值接近。宜昌至云池河段冲刷区域位于宜昌站至万寿桥的右半部、胭脂坝左汊主槽、胭脂坝尾至艾家河、虎牙滩右岸至白鹤滩及古老背至城闭溪主槽。以 1986 年 6 月长江水利委员会荆江水文水资源勘测局实测宜昌至虎牙滩河段地形作为起始地形计算至 1993 年 11 月,得到该河段微淤了 556 万 m³,1993 年 11 月恰逢落水冲刷,这 556 万 m³ 淤积量大部分是洪水期淤积的泥沙,再计算至 1995 年 12 月并与同时期实测地形相比较。计算的冲淤部位与实测值接近,冲刷区域位于万寿桥至胭脂坝的枯水深槽、胭脂坝尾至虎牙滩间的主槽。计算的 1986 年 6 月至 1995 年沿程各河段冲淤量计算值与实测值吻合较好,偏差小于 10%。

2)三峡建库后宜昌至虎牙滩河段冲淤的二维计算

根据设计部门提供的进口流量、含沙量、含沙量级配过程及长河段一维数模提供的出口水位过程,以 1995 年 12 月实测地形作为起始地形,并参照长江航道局规划研究院最新钻孔资料,进行了宜昌至虎牙滩河段冲淤的二维计算。

(1)冲刷量。

表 8.2.11 给出了三峡建库后宜昌至虎牙滩河段冲淤量、冲淤面积随时间的变化过程,由此可以看出,①宜昌至宝塔河约 3.9km 河段,水库运用约半年,即至 2003 年底冲刷已趋平衡,平均冲刷面积为 342.9m²,平均冲深 0.4～0.5m;②水库运用一年半,即至 2004 年底,宝塔河至艾家镇河段冲刷已达极限,平均冲刷面积为 767.5m²,平均冲深 0.6～0.8m;③水库运用两年半,即至 2005 年底,艾家镇至虎牙滩河段冲刷已趋平衡,平均冲刷面积为 1182.8m²,平均冲深 1.2～1.5m;④就宜昌至虎牙滩 16.2km 河段而言,至 2005 年底,冲刷接近平衡,也就是说,该河段仅需 3 年左右的时间冲刷趋于平衡,床面形成卵石夹沙的粗化层。

表 8.2.11 三峡工程施工期宜昌至虎牙滩河段冲淤体积(V)及冲淤面积(A)

水库运用年、月		宜昌站—宝塔河	宝塔河—艾家镇	艾家镇—虎牙滩	宜昌站—虎牙滩
2003 年	$V/$万 m³	−137.6	−440.4	−411.8	−989.7
12 月	$A/$万 m²	−342.9	−721.0	−509.9	−544.0
2004 年	$V/$万 m³	−119.5	−468.8	−938.1	−1526.4
12 月	$A/$万 m²	−297.9	−767.5	−1161.8	−838.9
2005 年	$V/$万 m³	−110.5	−450.6	−955.1	−1516.1
12 月	$A/$万 m²	−275.4	−737.6	−1182.8	−833.3
2006 年	$V/$万 m³	−97.6	−436.4	−950.6	−1484.6
12 月	$A/$万 m²	−243.3	−714.4	−1177.3	−815.9

(2)冲刷部位。

冲刷主要集中在胭脂坝枯水深槽中段至虎牙滩河段,该河段除临江溪附近左边滩局部难以冲刷的胶巴岩组成外,其余地段均冲深 1.0～1.5m;宜昌站右侧磨基山一带几乎不可冲,左侧冲深 0.5～0.7m;大公桥至胭脂坝枯水深槽中段冲深 0.7～1.0m;胭脂坝头部及中部仅将 0.3m 的沙层冲走,下部沙层相对厚些,冲深

0.8m 左右；胭脂坝右汊上部几乎不冲，中下部冲深 0.8～1.0m。

(3)水位-流量关系。

三峡建库后宜昌站水位-流量关系表明，水库运用 135m 期末，即至 2007 年，宜昌站同流量水位比 1994～1995 年下降 0.5～0.8m，流量为 3000～5000m³/s 时，水位降落 0.7m，流量为 15000m³/s 时，水位降落 0.64m，流量为 35000m³/s 时，水位降落 0.5m。2008 年后，宜昌至清江口河段冲刷已趋平衡，2008 年后宜昌水位的降落主要是由于清江口以下河段冲刷引起的，至 2022 年，即水库运用 20 年，宜昌站同流量水位比 1994～1995 年下降 0.85～1.51m，且呈两头下降少、中间下降大的趋势，即枯水流量及洪水流量时水位降落 0.8～1.0m，中水流量时水位降落 1.25～1.51m。水库运用至 2005 年、2007 年、2009 年相应于航运设计流量 3200m³/s 时的宜昌水位分别为 37.56m、37.32m 及 37.20m(表 8.2.12)。

表 8.2.12 三峡建库后宜昌站水位-流量关系表(吴淞基面) (单位：m)

流量/(m³/s) 年份	3000	3200	3500	4000	4500	5000	5500	6000	7000	8000	9000	10000
2005	37.70	37.76	37.92	38.30	38.60	38.88	39.25	39.45	40.12	40.72	41.18	41.62
2007	37.40	37.56	37.72	38.01	38.37	38.75	38.82	39.22	39.72	40.28	40.72	41.24
2009	37.21	37.32	37.48	37.82	38.12	38.44	38.72	39.00	39.56	40.11	40.66	41.14
2012	37.10	37.22	37.41	37.72	38.00	38.30	38.61	38.91	39.44	39.96	40.47	40.95
2017	37.03	37.18	37.41	37.72	38.00	38.30	38.61	38.96	39.49	39.96	40.42	40.83
2022	37.00	37.15	37.38	37.74	38.03	38.30	38.69	38.96	39.49	39.96	40.41	40.88

(4)坝下冲刷引起的水位降落对三江通航的影响。

为了保证三江船闸及其引航道的通航，三峡水库蓄水运用各时段宜昌最低通航水位为：135m 蓄水运用期不低于 38.0m，156m 蓄水运用期不低于 38.5m，175m 蓄水运用期逐步恢复到 39.0m。根据设计部门提供的三峡工程施工期流量过程线，统计三峡水库蓄水运用各时段宜昌水位小于上述标准的天数。135m 运行期，有 59 天宜昌水位小于 38.0m，也就是说，每年约有 15 天三江船闸下闸槛及下引航道因水深不足而碍航；156m 运行期，有 80 天宜昌水位小于 38.5m，也就是说，每年约有 40 天碍航；175m 运行期，每年有 70～150 天宜昌水位小于 39.0m，这还未考虑三峡水库日调节的影响。因此，三峡水库蓄水运用各时段坝下冲刷引起的水位降落使三江船闸下闸槛及下引航道碍航问题十分突出。

3)局部整治工程解决三江通航水深问题的定床数值试验

为解决宜昌枯水位下降而引起三江通航水深问题的措施大体上有以下三种：一是采用潜坝方案；二是采用丁坝与潜坝相结合的复式潜坝方案；三是在下游河床加糙，阻止河床的冲刷下切，壅高枯水位。无论采用何种方案，壅水效果是一项重要指标,还应兼顾工程修建后坝上下游局部流态对通航的影响,是否对宜昌港港区前沿船舶作业产生影响,以及局部整治工程是否影响葛洲坝电厂的尾水位,洪水位是否超过葛洲坝枢纽设计标准。二维数学模型采用1995年12月地形进行了不同的坝间距、坝顶高程、复式潜坝不同形式的三十多组定床数值试验。潜坝坝顶宽为4.0m,为了体现其对水流结构的影响,在整治工程区的网格间距沿河长方向加密约为1m。

初选方案2的工程布置是在庙嘴至宜昌站之间修建7道丁潜坝,在宜昌港对岸右岸修建3道丁潜坝,丁坝部分坝顶高程为设计水位上0.5m,潜坝部分为设计水位下5m,同时在胭脂坝枯水深槽段修建5道潜坝,坝顶高程为设计水位下5.0m。工程修建后,庙嘴至宜昌站右岸的丁坝把主流挑向左岸的宜昌港区,同时宜昌港对岸的3道丁坝正位于宜昌港的锚泊区,该初选方案虽在3230m³/s时庙嘴水位壅高0.32m,但增加了宜昌港码头前沿流速,影响了港区船舶作业。

初选方案4～方案8为潜坝方案,仅在胭脂坝左汊深槽筑10道潜坝的初选方案5,3230m³/s时宜昌站水位壅高0.28m,庙嘴水位壅高0.26m;在胭脂坝左汊深槽筑6道潜坝并在庙嘴至宜昌站之间筑3道潜坝的初选方案7与方案8(图8.2.5),3230m³/s时宜昌站水位壅高0.25～0.28m;在胭脂坝枯水深槽筑10道潜坝并在庙嘴至宜昌站之间筑3道潜坝的初选方案6,3230m³/s时宜昌站水位抬高0.36m;洪水流量40200m³/s时,初选方案4～方案8水位壅高0.17～0.44m,葛洲坝枢纽蓄水后,该流量水位比1973年设计线降低约0.5m。因此,洪水流量时,潜坝工程虽使洪水位有所壅高,但仍低于葛洲坝枢纽设计值。

正态模型试验中发现,潜坝坝顶高程为设计水位下5.0m的方案4～方案8,坝下产生较弱泡水,流态相对较差。为此,将断面形式改为复式断面,断面底高程为设计水位下6m和8m,航道底宽为350m,即方案9与方案10(图8.2.5)。工程修建后,3230m³/s时庙嘴水位壅高0.2～0.22m,洪水流量40200m³/s时,庙嘴水位壅高0.14m。

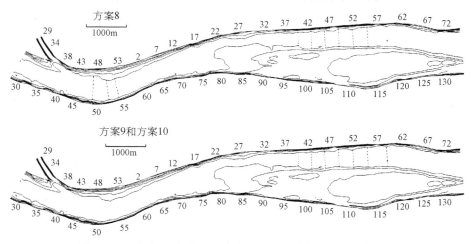

图8.2.5　方案8、方案9及方案10局部整治工程平面布置图

4）局部整治工程解决三江通航水深问题的动床数值试验

为了改善潜坝工程区域河段流态，断面形式宜布置成复式断面，且靠左岸宜昌港区一带不宜筑成丁坝形态，丁坝部分应布置在靠胭脂坝一侧。潜坝底高程为设计水位下 6.0m，底宽为 350m，丁坝底高程为设计水位下 1.0m。本节进行了两组方案的计算，分别称为方案 11 与方案 12，方案 11 共布置 4 道复式潜坝，分别位于 CS33、CS37、CS41 及 CS44；方案 12 共布置 7 道复式潜坝，分别位于 CS33、CS37、CS41、CS44、CS47、CS50 及 CS54，也就是在方案 11 基础上再加上 3 道潜坝。

若实施 4 道复式潜坝的方案 11，宜昌至虎牙滩河段冲刷量仅工程区河段比无工程时减小 32 万 m³，其余河段与无工程时相差很小。无工程时 2005 年 1 月 21 日至 3 月 20 日宜昌水位低于 38.0m，工程实施后，若保证葛洲坝枢纽下泄流量为 3200m³/s，相应宜昌水位达到 38.0m，就能基本保证最低通航水位。

若实施 7 道复式潜坝的方案 12，宜昌至虎牙滩河段冲刷量仅工程区河段比无工程时减小约 90 万 m³，其余河段与无工程时相差很小。该方案比 4 道复式潜坝的方案 11，流量为 3200m³/s 时宜昌枯水位壅高 0.16m，工程实施后，若保证葛洲坝枢纽下泄流量为 3200m³/s，相应宜昌水位达到 38.2m，这就能满足 135m 蓄水期三江的最低通航要求。

此外，进行了水库运用至 2007 年、2009 年方案 11 和方案 12 壅水效果计算，相对于冲刷后而言，此时壅水效果明显高于现状的 0.1～0.2m。4 道复式潜坝的方案 11 在 2005 年时整治后的水位比整治前壅高 0.24m；至 2009 年，水位壅高值达到 0.32m；7 道复式潜坝的方案 12 在 2005 年时整治后的水位比整治前壅高 0.40m；至 2007 年，水位壅高值达到 0.43m（表 8.2.13）。

表 8.2.13　水库运用不同年枯水流量(3200m³/s)时整治前后宜昌水位的比较（吴淞基面）

（单位：m）

水库运用年	整治前水位	方案 11 水位	方案 11-整治前	方案 12 水位	方案 12-整治前
2005 年	37.80	38.04	0.24	38.20	0.40
2007 年	37.56	37.84	0.28	37.99	0.43

3. 葛洲坝枢纽至虎牙滩河段正态模型（天科院）试验研究

1）1/150 正态定床整治工程方案的试验

（1）试验概况。

1/150 正态定床模型以 1995 年 11 月地形制模，定床试验在进行清水水面线验证、流速分布验证的基础上进行。模型验证试验完成后，对整治工程方案的试验进行了预备试验、整治工程的平面位置选择（分上段、中段或两地段相结合的方式）、坝型的选择(潜坝、丁潜坝、复式坝及坝上水深有 5m、6m、8m 和 6m 组合的情况)以及潜坝水力学特性的水槽试验等方面的工作。在试验手段上,采取了以现状的水位-流量关系控制尾门和将尾门在现状情况下再降低 1.0m(洪水期降 0.5m)的试验方法,在以枯水设计流量为主、兼顾中洪水的情况下,共进行了十多组方案几十个组次的试验研究。在此基础上,通过对水位、工程区流速、流态以及是否对宜昌港和电厂尾水位造成影响等各种因素的综合比较,并考虑三峡工程不同蓄水阶段水位降落幅度情况,初选出整治工程位于胭脂坝左深槽的方案 11～方案 13。图 8.2.6 为方案 12 示意图,方案 11 比该方案少三条坝,方岸 13 在方案 12 的基础上,在宜昌—庙嘴之间再增加三条坝,坝上水深为设计流量对应水位下 6.0m,坝型为潜丁坝与潜坝的组合形式。

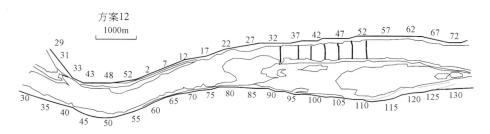

图 8.2.6　方案 12 布置示意图

(2)试验的主要成果。

①从平面位置来考虑,当整治工程布置在宜昌—庙嘴之间时,壅水效果佳,且该处河段基本处于基岩裸露处,地质条件好;但因本段属窄深河段,洪水河宽比枯水增宽率小,故造成洪水水位抬高较多,工程区的比降与流速加大;并且洪水期加大了宜昌港码头前沿的流速,由原来的 2.0～2.5m/s 增大到 3.0～3.8m/s;整治工程布置在胭脂坝段时,胭脂坝段洪水河宽远大于枯水的河宽,故工程对洪水流速影响不大,因此洪水水位抬高较小,对防洪和发电也影响不大;但该处河段尚有一定的沙质覆盖层,相对而言,地质条件略差。

②由表 8.2.14 和表 8.2.15 可知,采取工程措施后,不同方案壅水幅度为 0.1～0.5m,其中方案 11～方案 13 水位壅高为 0.2～0.4m,洪水期水位壅高幅度约 0.3m,而尾门水位下降后,洪水位和 1995 年同流量水位基本持平,因此,对防洪和电厂的尾水位不会造成影响。

③推荐的工程方案,当尾门(磨盘溪)水位降 0.8m 时,庙嘴水位为 37.85～38.10m(表 8.2.16),比 1995 年低 0.15～0.4m;当尾门水位降 1.0m 时,庙嘴水位为 37.76～37.94m,比 1995 年低 0.31～0.49m。由此可知,三峡施工期,135m 蓄水期水位基本能保证 38.0m。

表 8.2.14　现状情况时各方案水位壅高值　　　　　　（单位：m）

流量 方案	3230m³/s		5660m³/s		17900m³/s		40200m³/s		56700m³/s	
	庙嘴	宜昌	庙嘴	宜昌	庙嘴	宜昌	庙嘴	宜昌	庙嘴	宜昌
方案 1	0.36	0.06	0.54	0.20	0.45	0.03	0.84	0.08		
方案 2	0.35	0.17					0.74	0.20		
方案 3	0.39	0.06					0.84	0.04		
方案 4	0.45	0.36	0.59	0.45	0.49	0.29	0.69	0.36		
方案 5	0.23	0.25	0.40	0.40	0.21	0.23	0.28	0.27	0.24	0.28
方案 6	0.35	0.27	0.46	0.40	0.34	0.23	0.34	0.26		
方案 7	0.18	0.13								
方案 8	0.22	0.15	0.35	0.24	0.25	0.20	0.27	0.25		
方案 9	0.18	0.16			0.15		0.19	0.19	0.10	0.12
方案 10	0.11	0.10	0.30	0.24	0.20	0.15	0.23	0.20	0.12	0.15
方案 11	0.1	0.1								
方案 12	0.25	0.25	0.38	0.39			0.28	0.28		
方案 13	0.36	0.25	0.47	0.38			0.37	0.29		

表 8.2.15　磨盘溪(尾门)水位下降后水位比较　　　　　　（单位：m）

流量 方案	3230m³/s		5660m³/s		17900m³/s		40200m³/s		备注
	庙嘴	宜昌	庙嘴	宜昌	庙嘴	宜昌	庙嘴	宜昌	
方案 1	38.03	37.60							
方案 4	38.03	37.75	39.58	39.37			50.24	49.80	
方案 5	37.79	37.71	39.46	39.34	44.09	44.92	49.81	49.66	
方案 6	37.89	37.71	39.49	39.44			49.94	49.68	
方案 8	37.73	37.55	39.44	39.25	45.05	44.83	49.83	49.55	尾门磨盘溪除
方案 9	37.72	37.63	39.41	39.31	45.00	44.80	49.76	49.62	40200m³/s 时
方案 10	37.61	37.51	39.41	39.28	45.03	44.80			下降 0.5m 外，
方案 11	37.76	37.67							其余流量级均
方案 12	37.87	37.78	39.56	39.38			49.88	49.58	下降 1m
方案 13	37.94	37.81							
工程前 1995 年	38.25	38.17	39.78	39.70	45.53	45.46	49.9	49.73	
工程前 下降后	37.32	37.28	38.98	38.92	44.82	44.58	49.48	49.31	

④当无工程时，磨盘溪（尾门）水位下降 1m 后，在 $Q=3230\text{m}^3/\text{s}$ 时，庙嘴水位降幅约为磨盘溪降幅的 90%，而在洪水期 $Q=40200\text{m}^3/\text{s}$ 时降幅约为磨盘溪降幅的 85%。与现状无方案水位下降后（1995 年的基础上下降 1.0m）相比，工程建成

后,在水位下降 0.8～1.0m 的情况下,在设计流量时,工程建成后的水位比无工程水位高 0.3～0.7m(表 8.2.16),这表明整治工程实际上起到了阻止 0.3～0.7m 的水位下降幅度的作用。

表 8.2.16　工程前后尾门水位下降后的水位比较表

流量/(m³/s)		无方案				方案 11	方案 12	方案 13
		3230	3870	5660	7970	3230	3230	3230
磨盘溪降	庙嘴	37.62	37.94	39.18	40.54	37.85	38.02	38.10
0.8m	宜昌	37.50	37.80	39.07	40.45	37.75	37.94	37.94
磨盘溪降	庙嘴	37.32		39.01		37.76	37.87	37.94
1.0m	宜昌	37.28		38.88		37.67	37.78	37.81

⑤设计流量时,原胭脂坝河段流速为 0.6～1.0m/s,工程建成后,潜坝断面流速增大到 1.4～1.7m/s,当磨盘溪水位下降 1.0m 后,流速可达到 1.7～2.2m/s,比不下降时增加 20%左右,与原型(1995 年)相比,大致是原型流速的 2.5 倍;中水流量($Q=14500m^3/s$)时,原河段流速为 1.8～2.0m/s,工程后,潜坝断面流速增大到 2.0～2.5m/s,当磨盘溪水位下降后,还在此基础上增加约 15%,可达 2.3～2.9m/s;洪水时,原河段流速大致为 2.7～3.0m/s,工程后,流速为 2.8～3.2m/s;方案 13 时,宜昌—庙嘴潜坝断面流速增大到 3～3.5m/s,若尾门水位下降 0.5m,流速再增加 5%左右。

⑥工程区坝上下游落差:枯水期,坝上下游落差为 0.03～0.10m,洪水期落差一般为 0.06～0.10m,最大值则可达 0.20～0.40m。局部落差范围远小于一个船队的长度,故对船队航行影响不大。

⑦考虑到各方案工程量的差异、工程效益以及三峡施工期内可能的水位降落情况,认为可考虑分期施工的方法,即先按方案 12 施工,此后可根据三峡施工期内的水位降落情况以及可能增加的下泄流量的大小,再考虑是否按照方案 13 来施工。

(3)不整治情况下三峡工程施工期保证宜昌站最低通航水位所需补水流量的试验。

根据长江科学院数模计算成果,三峡水库运用初期,近坝段下游河床冲刷已达平衡,宜昌流量为 $Q=5000m^3/s$ 的水位比 1993 年实测水位下降 0.8～0.9m;在 156m 运用期末比 1993 年实测水位下降 0.8～1.0m,水库运用 20 年末比 1993 年实测水位减低 0.9～1.1m。由此可知,大约 2007 年开始,水位下降幅度明显变小,故模型尾门水位控制以下降 0.8m 和 1.0 为准。根据表 8.2.16 可得到尾门水位下降 0.8m 和 1.0m 的水位-流量关系,据此可求得三峡水库蓄水位为 135m、156m 乃至 175m 期间,庙嘴水位分别要恢复到 38.0m、38.5m、39.0m 时相应的流量,见表 8.2.17。从表中可知,庙嘴水位要恢复到 38.0m、38.5m 时相应的流量分别约为 4200m³/s 和 4900m³/s,即需要补偿流量约 1000m³/s 和 1700m³/s,平均每天补水量分别为

0.86 亿 m³和 1.47 亿 m³,据宜昌站 1982～1995 年粗略统计,小于 4200m³/s 的流量每年平均 41 天,要单靠加大下泄流量看来困难不小,是否可行,尚需专门研究。

表 8.2.17　水位要恢复不同目标时相应的流量(吴淞基面)　　　(单位:m³/s)

水位/m	无方案			方案后		
	38.0	38.5	39.0	38.0	38.5	39.0
降 0.8m	4000	4800	5620	3200	3820	4700
降 1.0m	4200	4900	5700	3500	3900	5000

(4)整治工程区船模航行试验比较。

①无方案时的船模航行试验。在现状水位情况下,当流量为 17900m³/s 时,三、六驳船队均可顺利上驶;如果磨盘溪水位下降 1.0m,六驳船队上驶就略显困难。当流量为 40200m³/s、水位保持现状时,宜昌站以下河段,三驳船队可自航上行,六驳船队需要加大到十挡,才能勉强上行;在宜昌与庙嘴之间,三驳船队上行困难,六驳船队已不能自航。当流量为 56700m³/s 时,三驳船队上行需加速到十档才可勉强通过胭脂坝河段;而在宜昌站至庙嘴段,则无法自航上驶。

②工程方案的船模航行试验。在胭脂坝河段,潜坝坝顶高程采用设计流量相应水位下 6m 时,坝下产生泡水,但不影响船队上驶航行。三驳船队在流量为 56700m³/s 以下时均可顺利自航上驶。六驳船队在流量为 17900m³/s 和 35000m³/s 时,即使磨盘溪水位下降 1.0m,也可顺利自航上驶;当流量为 40200m³/s 时,自航上驶已略显困难;当流量为 56700m³/s 时已不能自航上驶。

方案 13 在宜昌与庙嘴之间布置了三道潜坝。当流量为 35000m³/s、尾门下降 1.0m 时,三驳船队可自航上驶,但航速减慢,六驳船队无法自航上行;当流量为 40200m³/s 时,三驳船队还可勉强自航上行,但当尾门水位下降 0.5m 时则难以自航上行。

(5)工程效益对比分析。

由表 8.2.17 可见,三峡施工蓄水位 135m 期内,要保证水位达到 38.0m,不整治时,需下泄的流量为 4000～4200m³/s(据 1981～1995 年统计,小于此流量级平均每年约 41 天),而工程后需下泄的流量为 3200～3500m³/s,即不需加大流量便可以基本满足这一目标的要求。而要保证水位达到 38.5m,不整治时,需下泄的流量为 4800～4900m³/s(小于此流量级平均每年约 70 天),而工程后需下泄的流量仅为 3800～3900m³/s(小于此流量级平均每年约 30 天),这就表明,工程的效益相当于增加了 800～1000m³/s 的流量,通航期延长了 30～40 天,工程效益较为明显。同时,工程效益还体现在 156m 和 175m 运用期,此阶段,电站可进行日调节,平均每天约有 7h 下泄基荷流量为 1050m³/s,经葛洲坝反调节后下泄的最大流量为 4300m³/s(葛洲坝的库容按 0.8 亿 m³ 计算),此时水位恢复到 38.5m 和 39.0m 的流量分别为 4900m³/s 和 5700m³/s,很显然,难以达到要求;而工程后,则仅需要下泄的流量分别为 3800~3900m³/s 和 4700~5000m³/s,这与葛洲坝的库容基本接近,庙嘴水位可达到 38.5m 和基本达到 39.0m 的要求。由此可见,工程的远期效益也是显著的。

　　2)动床模型试验

　　(1)动床模型设计。

　　模型设计的有关比尺见表 8.2.18。

表 8.2.18　比尺汇总表

比尺	水平	垂直	流速	流量	糙率	粒径	沉速	起动流速	输沙率	干容重	冲淤时间
沙质推移质	200	80	8.94	143108	1.31	1.0~2.4	4.5	7.3~11.5	83	2.25	433
卵石推移质						3.33~9.55			114	2.25	310

注:$\gamma_s = 1.40\text{t/m}^3$,$\gamma' = 0.8\text{t/m}^3$。

　　(2)动床模型验证试验。

　　①水面线验证与流速分布验证。模型水面线与流速分布的验证结果表明,水位偏差小于 0.1m,流速偏差小于 10%,模型所测水位、流速与原型吻合较好。

　　②河床地形冲淤部位及冲淤量验证。在模型中施放 1981 年 3 月至 1982 年 11 月水沙过程,图 8.2.7 显示了天然与模型沿程冲淤量分布及沿程累计冲淤量相比较的情况。由图可知,在距宜昌水文断面大约 11.6km 处,河床累积性冲刷达到了最大值,其上游表现为冲刷,模型冲刷量为 891 万 m³,与原型比较仅偏差 2.5%,见表 8.2.19,而其下游开始出现淤积,模型淤积量为 86 万 m³,与原型 57 万 m³ 相比,均为同一数量级,也比较接近。全河道冲淤总量偏差为 6.2%。从冲淤平面部位、沿程分布、断面分布和冲淤总量等多方面验证比较结果来看,模型均较好地复演了原型的实际过程。

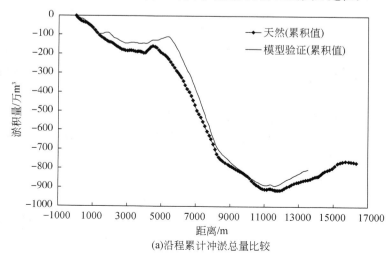

(a)沿程累计冲淤总量比较

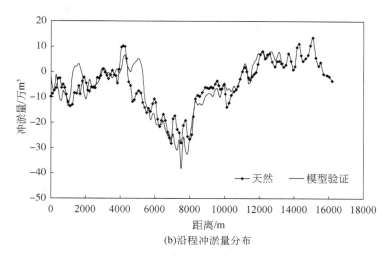

(b)沿程冲淤量分布

图 8.2.7　天然与模型冲淤量比较

表 8.2.19　试验验证冲淤总量比较　　　　　　（单位：万 m³）

距宜昌断面距离	CS1～CS103(0～11.6km)	CS103～CS120(11.6～14.2km)	CS1～CS120(0～14.2km)
原型	−914	+57	−857
模型	−891	+86	−805

（3）三峡工程施工期自然情况系列冲刷试验。

试验的进口流量和尾门水位等放水条件按长江委规划局提供的 2003～2012 年系列资料,经概化后进行试验。试验过程中对水位和模型断面的地形变化情况进行了跟踪测量。

①三峡工程施工期的水位变化。分三个时段进行连续放水,河床冲刷下切后,各时段宜昌站的水位见表 8.2.20。

表 8.2.20　三峡工程施工期及初期应用阶段宜昌站水位变化过程　　（单位：m）

年份	1995	2003	2004	2005	2006	2007	2009	2012
$Q=3200\text{m}^3/\text{s}$	38.22	38.05	37.90	37.81	37.78	37.65	37.50	37.40
$Q=4000\text{m}^3/\text{s}$	38.78	38.43	38.28	38.24	38.23	38.10	37.94	37.79

②河床冲淤量及分布。由图 8.2.8 中模型上放水系列至 2007 年时的地形冲淤变化平面图可知,与起始地形相比,至 2007 年时,胭脂坝以上河段（CS30 以前）主要为冲刷,仅局部地段有零星的淤积出现,冲刷深度约 1.0m;而胭脂坝河段,左边主槽则出现全断面的冲刷,幅度为 1～3.0m,特别是尾部段（CS70 下游附近）的主槽冲刷更为强烈,最大冲刷深度也可达 5.0m 左右;同时,右汊中下段也出现冲刷;

而胭脂坝尾部以下至临江溪,则有冲有淤。全河段仅有胭脂坝滩边(约 40m 高程),艾家河一带左岸边滩和主槽处有明显的淤积体出现,CS110 以后,又是全断面的普通冲刷。各区间段的冲淤量见表 8.2.21。由表可知,至 2007 年,全河段发生了普遍冲刷,累积冲刷量为 610 万 m³,以平均河宽 600~800m 计算,全河段平均冲深 0.55~0.8m。其中,冲刷量最大的胭脂坝河段的冲刷量为 350 万 m³,以平均河宽 600m 计,平均冲刷幅度达 2.0m 左右。

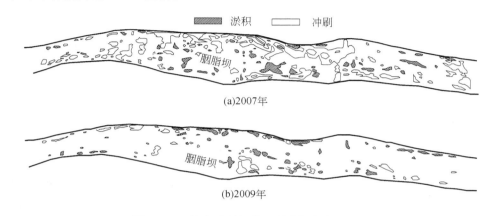

(a)2007年

(b)2009年

图 8.2.8　放水系列年的地形冲淤变化平面图

表 8.2.21　三峡工程不同运用期河段冲淤量表　（单位:万 m³)

河段区间	2003~2007 年	2007~2009 年	2009~2012 年	2003~2012 年
宜昌—宝塔河(0~4.1km)	−163.8	−56.1	77.0	−142.9
宝塔河—艾家镇(4.1~10.1km)	−354.3	53.84	−34.2	−334.66
艾家镇—艾家河(10.1~13.56km)	−92.3	−0.6	−43.4	−136.0
宜昌—艾家河(0~13.56km)	−610.4	−2.86	−0.6	−613.86

由图 8.2.8 中模型上放水系列至 2009 年时的地形冲淤变化平面图可知,2007 年以后,全河段冲刷量很小,见表 8.2.21。河段内表现为冲淤交替的变化规律,总冲量分别为 3.0 万 m³ 和 0.6 万 m³,河床冲淤规律和冲淤量充分表明了全河段于 2007 年已达到冲淤平衡状态。

4. 葛洲坝枢纽至磨盘溪河段变态模型(清华大学)试验研究

以 1995 年 11 月地形制模,分别进行定床模型和动床模型的试验研究,模型的主要比尺见表 8.2.22。

表 8.2.22　模型比尺汇总表

项目	悬移质	沙质推移质	卵石推移质
水平比尺 λ_L		300	
垂直比尺 λ_H		150	
流速比尺 λ_V		12.25	
流量比尺 λ_Q		551135	
糙率比尺 λ_n		1.63	
含沙量比尺 λ_s	0.0852		
粒径比尺 λ_s	0.46~0.60	1.2	19
单宽输沙率比尺 λ_{qs}		156	247
时间比尺 λ_t	320(574)	320(602)	320

　　定床模型主要研究工程措施的布置、形式及相应的壅水效果和通航条件。动床模型主要研究三峡工程施工期及运行初期葛洲坝近坝河段河床冲刷下切及宜昌水位下降对船闸及引航道通航条件的影响。

　　1)定床试验主要成果

　　定床试验在进行清水水面线验证、流速分布验证的基础上进行。试验选取流量为 3200~40200m³/s 共十组,对在河道中加设不同的坝型及坝的不同位置、数量和坝顶高程进行了 12 种组合的试验,试验中施放恒定流量,量测了沿程水位、整治工程建筑物附近的局部水面比降及流速等。

　　为了更科学快捷地选出在哪一河段加设工程对抬高庙嘴断面水位有较明显的影响,利用一维数学模型对庙嘴至磨盘溪河段进行了水面线计算,得到了分别在沿程每一个断面加设一道复式潜坝后对抬高庙嘴水位的作用,同时在定床模型上不同位置加设潜坝进行对比试验,最后选定在胭脂坝左汊主槽加设四道潜坝,坝顶高程分别为 34.3m、32.8m、31.8m、30.8m,相当于枯水流量 $Q=3200\text{m}^3/\text{s}$ 坝顶水深分别为 3.5m、5m、6m、7m,加潜坝后的宜昌水位抬高见表 8.2.23,可以看出,加潜坝后水面线明显抬高,当潜坝坝顶高程在枯水位以下 5m、$Q=3200\text{m}^3/\text{s}$ 时宜昌水位抬高 0.30m,对通航明显有利,但大流量时水位也有抬高,特别是当 $Q=40100\text{m}^3/\text{s}$ 时,宜昌水位抬高 0.40m。考虑到葛洲坝建坝以后,由于河床冲深,洪水位已比建坝前降低了 0.5m 左右,修筑潜坝后洪水水位不会超过葛洲坝建坝前的水位,故还不至于对防洪造成威胁。

表 8.2.23　加潜坝后的水位抬高

坝顶高程/m	潜坝深/m	流量/(m³/s)					
		3200	5660	10100	20100	30300	40200
30.8	7	0.08	—	0.03	—	0.12	0.16
31.8	6	0.12	0.04	0.06	—	0.21	0.22

续表

坝顶高程/m	潜坝深/m	流量/(m³/s)					
		3200	5660	10100	20100	30300	40200
32.8	5	0.30	0.18	0.24	0.21	0.24	0.33
34.3	3.5	0.32	0.35	0.34	0.28	0.32	0.42

　　潜坝虽有利于上游水位的抬高,但还应研究潜坝的修建造成局部流速及比降增加对通航产生的影响。为此,对枯水位以下 5m 水深的潜坝方案的流态进行了深入试验,对每一条坝轴线上游 250m、下游 200m 范围内均详细进行了水流流速及局部比降测验。

　　根据《长江三峡水利枢纽初步设计报告》中给出的万吨船队通航标准和交通部门提出的川江部分现行船队允许最大流速、比降,对潜坝附近一个船队长度范围内的表面流速及比降进行了测量,并选其平均最大值与通航条件进行比较。可以看出,加潜坝后 2000t 及 3000t 船队通航不受影响,但万吨船队在 $Q=10100\text{m}^3/\text{s}$ 以上已不能满足通航要求。

　　将四道潜坝改变为复式潜坝,其底宽为 180m,高程在最低水位以下 10m(27.8m),两侧高程为最低水位以下 1m(36.8m)。试验结果表明,在抬高宜昌和庙嘴的水位方面,复式潜坝达到的效果与水下 5m 的潜坝基本一样。

　　对复式潜坝也进行了优化,一是改变了坝高为最低水位以下 9m,两侧为水下 2m;二是去掉一道复式坝改为三道坝;三是将复式坝底宽自 180m 加大到 240m。对这三种情况均进行了系统试验,试验结果如表 8.2.24 所示。总体来说,加潜坝后,由于枯水水位有所抬高,在三峡工程施工期能够保证两千吨船队和三千吨船队的通航,按目前提出的万吨船队的通航标准,中小流量时也能满足要求($Q\leqslant10000\text{m}^3/\text{s}$),如能进一步优化潜坝坝型并加大船队的推力,改造船型,可望进一步提高通航能力。

表 8.2.24　不同坝型对宜昌水位抬高的比较　　　　　　　　(单位:m)

流量/(m³/s)	潜坝	复式潜坝			
		水下 1m/10m	去掉 3 号坝	水下 2m/9m	底宽 240m
3200	0.30	0.29	0.21	0.21	0.20
5000	018	0.23	0.13	0.21	0.06
10100	0.24	0.38	0.24	0.27	—
40200	0.41	0.38	0.29	0.38	0.17

　　2)动床试验主要成果

　　在进行水面线、流速分布验证的基础上,又选择 1981 年 3 月～1982 年 11 月进行了河床冲淤验证,证明动床模型设计和选沙均是正确的,模型重复性良好。

动床系列试验模拟了三峡工程施工期(2003～2009 年)及正常运行初期(2010～2012 年)共十年的水沙过程,十年的水文系列资料系由长江科学院提供的数学模型计算得到。

(1)河道冲淤量。

三峡水库蓄水运行后,宜昌下游河段河床将发生冲刷,该河段在水库运行五年(2007 年)、七年(2009 年)和十年(2012 年)时的冲淤量见表 8.2.25。

表 8.2.25　宜昌—磨盘溪河段冲淤量统计 　　　　(单位:万 m³)

河段	距宜昌里程/km	2007 年	2009 年	2012 年
宜昌—宝塔河	0～4.01	−297.54	−407.14	−360.45
宝塔河—艾家镇	4.01～10.12	−104.26	−244.62	−270.43
艾家镇—磨盘溪	10.12～16.23	−170.31	−351.92	−575.56
宜昌—磨盘溪	0～16.23	−572.10	−1003.68	−1206.48

其中自宜昌至胭脂坝尾的 10.1km 河段在水库运行前七年内冲刷发展很快,至七年后冲淤基本平衡,河床不再冲刷下切,而胭脂坝尾至磨盘溪河段冲刷在运行十年内并未停止,河床组成仍较细,从冲刷曲线和河床质级配分析,冲刷均会进一步发展,如图 8.2.9 所示。

(2)水位下降。

随着宜昌—磨盘溪河段以及其下游河段河床的冲刷下切,宜昌水文站的水位也将逐年下降,分析其下降的趋势及变化规律,显然对分析葛洲坝下游的通航条件及研究改进措施有重要的意义。

模型试验观测了 2003 年、2007 年、2009 年和 2012 年等几个代表年各级流量时的沿程水面线以及相应的宜昌水位变化情况。表 8.2.26 给出了试验实测的运行不同年份宜昌水位值。图 8.2.10 为宜昌站几个代表年的水位-流量关系曲线。

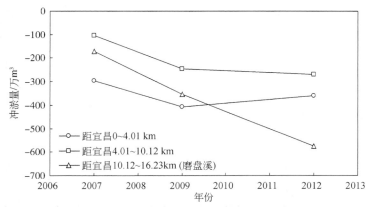

图 8.2.9　宜昌—磨盘溪河段分段冲淤量统计

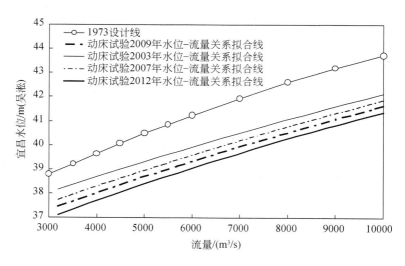

图 8.2.10 不同运行年的水位-流量关系

由表 8.2.26 可以看出,在三峡水库运用初期,随着河床的长距离冲刷,宜昌水位在逐年下降,十年内枯水流量下降的幅度为 0.4～0.85m,以 $Q=3200\text{m}^3/\text{s}$ 和 $Q=4000\text{m}^3/\text{s}$ 为例,各年下降值如表 8.2.27 所示。

表 8.2.26 宜昌站不同年份的水位变化(吴淞高程)   (单位:m)

流量/(m³/s)	2003 年	2007 年	2009 年	2012 年
3000	37.92	37.48	37.34	37.23
3200	38.05	37.61	37.46	37.35
3500	38.24	37.81	37.64	37.53
3800	38.43	38.01	37.83	37.71
4000	38.55	38.14	37.95	37.83
4500	38.86	38.46	38.26	38.13
4650	38.96	38.56	38.35	38.22
5000	39.17	38.78	38.56	38.43
5330	39.37	38.98	38.76	38.63
5500	39.48	39.08	38.87	38.73
5953	39.74	39.35	39.14	39.01

表 8.2.27　不加任何工程措施 2003～2012 年宜昌水位下降值　（单位：m）

条件＼年份		1973	2003	2007	2009	2012
$Q=3200\mathrm{m^3/s}$	水位（吴淞）	38.95	38.05	37.61	37.46	37.35
	比 1973 年下降		0.90	1.34	1.49	1.60
	比 2003 年下降			0.44	0.59	0.70
$Q=4000\mathrm{m^3/s}$	水位（吴淞）	39.66	38.55	38.14	37.95	37.83
	比 1973 年下降		1.11	1.516	1.71	1.82
	比 2003 年下降			0.41	0.60	0.72

（3）通航条件。

为了分析宜昌水位下降对葛洲坝下游航道、船闸通航条件的影响，下面具体针对三峡工程施工期及正常运行期的航道条件进行分析。

清华大学通过物理模型试验，得出以下结论。

三峡水库施工期及正式运行初期，葛洲坝下游河床将发生冲刷下切，据动床系列试验实测，至 2007 年，宜昌至磨盘溪 16km 河段冲刷 572 万 $\mathrm{m^3}$，至 2009 年冲刷 1003 万 $\mathrm{m^3}$，至 2012 年冲刷 1206 万 $\mathrm{m^3}$。

冲刷是自近坝段逐渐向下游发展的，到 2009 年自宜昌至胭脂坝坝尾的 8.4km 河道共冲刷 537 万 $\mathrm{m^3}$，冲刷已基本稳定，河床质粒径也粗化至 $d_{50}=6\sim8\mathrm{mm}$；而其下游的 7.6km 河段至 2012 年虽已冲刷了 710 万 $\mathrm{m^3}$，但河床质还相当细，冲刷还将继续发展。

河床下切及尾门磨盘溪水位的下降使宜昌水位持续下降，以 $Q=3200\mathrm{m^3/s}$ 为例，至 2007 年，宜昌水位下降 0.44m，即自 2003 年的 38.05m 下降至 37.61m；至 2009 年下降 0.59m；至 2012 年下降 0.70m，而且下降的趋势仍在发展之中。

以 2003～2007 年通航水位保证 38m（吴淞高程），2008～2009 年通航水位保证 38.5m，2010 年以后通航水位保证 39.0m 计，由于宜昌水位持续下降，各阶段实测宜昌水位均不能达到上述通航水位要求。若不施加任何工程措施而仅以增大调节流量来抬高水位，则各阶段需分别加大流量 150～600$\mathrm{m^3/s}$。至 2012 年冲刷还在进行，宜昌水位还将进一步下降，故补水流量还会进一步增加。

对于葛洲坝枢纽船闸闸槛水深及下游引航道枯水航深不足的问题，可用在窄深河槽中修筑潜坝以抬高上游水位的措施来解决。经比较，潜坝位置以修筑在胭脂坝左汊深槽为宜。

潜坝坝顶高程以在枯水水位（$Q=3200\mathrm{m^3/s}$、水位 37.8m）以下 5m 为宜，潜坝为四道，每道坝间距约 350m，修筑潜坝后宜昌和庙咀的枯水水位可抬高 0.30m 左右。

潜坝及上下游水流平均流速(一个船队长度范围内)与无坝时相比没有明显变化,但局部比降明显增加,尚可以满足目前两千吨船队和三千吨船队的通航要求,但已不满足万吨船队的通航要求。

受拖轮推力小的限制,目前提出的万吨船队通航标准偏高,即使在天然无坝条件下,大流量时水流条件亦不能满足万吨船队的通航要求,故建议交通部门加紧研究改造船型,加大推力,以提高万吨船队的通航能力。

5. 护底加糙工程减缓坝下游枯水位降落的机理

护底加糙是一种坝宽更宽、坝高更低的类似潜坝的建筑物型式,通过在河段中回填卵石、碎石或其他加糙材料等方式来达到壅高水位的目的。其主要作用,一是通过护底限制河床冲刷,进而达到限制水位下降的目的;二是由于护底材料一般粒径较大,可以同时达到加糙的目的,增加对水流的阻力,达到抬高水位的目的(黄颖等,2005)。其壅水过程属于分散壅水的情况,这样的建筑物对河床影响不大,而且水流流态较为平顺不易形成新的坡陡流急。

护底工程长年潜没在水中,受水流的冲击和侵蚀作用。常用的护底护脚工程主要有块石散抛和软体排护底。这两种护底的表面均由块石或压载物组成,都有抗冲及加糙的作用,其糙率的变化与块石或压载物的粒径大小有关。长江中下游河段属于平原河流性质,河道糙率主要反映在床面糙率变化上。护底加糙前后的糙率值可由床沙粒径的变化程度估算:

$$n = n_0 \frac{k_0}{k} \left(\frac{D}{D_0} \right)^{\frac{1}{6}} \tag{8.2.1}$$

式中,n 为护底加糙后的糙率系数;n_0 为护底加糙前的糙率系数;D_0 为护底加糙前的床沙中值粒径(m);D 为护底加糙后河床发生冲刷的床沙中值粒径;k 为护底加糙后的系数;k_0 为护底加糙前的系数。

由此可知,护底加糙前后的糙率主要取决于床沙粒径及 k 值的变化。

图 8.2.11 为不同抛石粒径与糙率的变化关系。从图中可以看出,无论是冲刷初期,还是冲刷平衡后进行护底加糙,随着抛石粒径的增加,均能起到增大糙率的作用;对于相同的抛石材料,在冲刷初期进行护底加糙工程,无疑加糙的效果比冲刷平衡后更为明显。

三峡建库后,在冲刷初期进行护底加糙,原有河床的糙率得到增加,使河床强制形成卵石层面,遏制了河床的冲刷下切,从而起到了遏制水位下降的作用;到冲刷平衡阶段,则护底抛石只能单纯起到加糙的作用,即对限制水位下降的作用明显减弱。在三峡水库运行多年后,必然又会出现天然河道的特征,在护底加糙的位置出现淤积或沙波运动而使此处的加糙效果降低,但此时冲刷导致河床下切而带来同流量下水位下降的碍航问题也不存在了。因此,通过这种护底加糙的方式来达到壅高上游水位的目的是可行的。

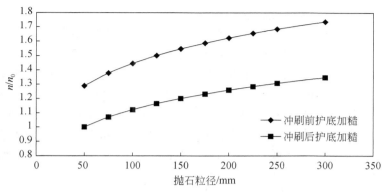

图 8.2.11　抛石粒径的大小与 n/n_0 的关系图

在护底加糙的部位,相应的两断面的上下游水头差分别为 Δh_0、Δh,则

$$\Delta h = \frac{n^2}{n_0^2} \Delta h_0 \qquad (8.2.2)$$

如果在式(8.2.2)两边同时除以护底加糙的长度 L,则可以知道此河段护底加糙前后的水面比降变化情况:

$$\frac{J}{J_0} = \frac{n^2}{n_0^2} \qquad (8.2.3)$$

由式(8.2.1)分析可知,加糙效果取决于抛石粒径;从式(8.2.2)、式(8.2.3)可知,相同的糙率能够带来的壅水高度以及比降也是相同的。这说明要达到一定的壅水效果单纯从糙率增加的角度来说,无论冲刷初期还是冲刷平衡后进行护底加糙其效果是一样的。

综上所述,初步得出护底加糙是有效可行的方案,但是不能片面地只考虑水位壅高效果,而一味地加糙,应同时考虑其带来的比降增加情况,避免造成新的坡陡流急现象。

6. 非工程措施研究

三峡水库 135m 蓄水运用期间,由于水库没有调蓄能力,受宜昌水位下降影响,葛洲坝三江下引航道将因枯水期通航水深不足而碍航。针对这一问题,多家单位进行了大量的研究工作,其中长江水利委员会提出了水库优化调度和船舶过闸优化调度的非工程措施,但不能彻底解决问题。156m 蓄水期间,因水库调节能力有限,难免出现碍航问题。175m 蓄水运用后,现有的日调节方式也不能满足通航要求。

1)三峡建库后 135m 蓄水期超蓄库容补水量分析

水库优化调度的基本思路是,三峡水库 135m 蓄水期,在最小流量引起三江下引航道水深不足碍航之前,适当抬高水库水位(以下简称"超蓄"),以获得增加枯水调节流量的库容,补充枯水期通航所需下泄流量。

首先利用已建的数学模型,对三峡建库后135m蓄水期宜昌水位的下降进行初步计算分析。计算中选取四种水文年组合(1961～1965年、1965～1970年、1976～1980年、1983～1987年),得到各组合的宜昌水位-流量关系,得知各组合维持宜昌水位在38.0m所需的流量分别为4500m³/s、4100m³/s、4400m³/s、4300m³/s,又由宜昌站历年实测流量资料,查得计算各组合中每年小于基本流量的天数,最后计算运用超蓄库容补至基本流量所需的水量(表8.2.28),而根据三峡水库库容曲线可知,坝前水位超蓄到138m或139m时,增加的水量为15～20亿m³。因此,超蓄补水尚不能满足要求。

2)船舶过闸优化调度分析及限制因素

船舶过闸优化调度就是在枯水期三江下引航道水深不足时,将平面尺度较大、吃水较深的船舶(队)安排从大江一号船闸通过,平面尺度较小、吃水较浅的船舶(队)走三江二号、三号船闸,以解决三江下引航道水深不足的问题。

葛洲坝枢纽通航以来,船闸管理部门一直致力于优化调度工作,经过多年的运行实践,形成了一套适应现状的规范性做法:实行船舶过闸昼夜作业计划申报制度,调度计划编制的依据是船舶过闸申请时间、船闸设备技术状况、航道通航条件、气象水情报告及船舶技术资料等,编制的总原则是"先到先过,重点优先,兼顾客轮优先",采取的编制方式是"大小组合,综合平衡"。对特殊船舶,如运输危险品的船舶,实行单船专闸通过。具体执行过程中,根据现场情况,在总原则的基础上,适当增补调整,避免或减少倒空闸,努力提高闸室利用率,缩短船舶的待闸时间。在目前通航条件下,葛洲坝三座船闸的利用率已接近设计目标值。

表 8.2.28　不同水文年组合出现小于基本流量的天数及需补水量

	年份	小于基本流量天数/d	需补水量/亿 m³		年份	小于基本流量天数/d	需补水量/亿 m³
组合 I	1962	70	33.63	组合 III	1977	73	23.98
	1963	99	88.28		1978	108	78.64
	1964	39	7.99		1979	112	107.47
	1965	57	21.35		1980	79	35.68
	平均	66	37.81		平均	93	61.44
组合 II	1967	25	8.10	组合 IV	1984	65	30.35
	1968	47	11.51		1985	68	28.10
	1969	71	30.54		1986	79	28.75
	1970	85	36.62		1987	96	59.64
	平均	57	21.69		平均	77	36.71

　　三峡工程 135m 蓄水运用时,枯水期三江下引航道水深受宜昌水位下降影响,将限制通过二号、三号船闸的船舶,两闸的通过能力都会降低;如果大江下游航道通航条件得不到改善,则一号船闸通过能力也极其有限。根据预测,过坝船舶以中小型居多的格局改变不大,闸室利用率不可能有很大的提高,加上船闸大修六年一次都必须安排在枯水期进行,一号船闸大修时,所有船舶必须走三江,受水深限制只有吃水浅的船舶能够通过,势必造成船舶积压。二号船闸大修时,大吃水船舶可走大江,但三号船闸分流能力有限,也不可避免出现大量船舶待闸的局面。

　　由于通过葛洲坝船闸的船型复杂,尺度大小相差悬殊,若船舶实行随到随过,同一时间抵闸的船舶在组合上不一定合理,会降低闸室利用率,势必增加闸次,导致船闸设备操作运行频度和磨损增加,影响船闸设备寿命。现行船舶以中小型居多,这些船舶的主机功率、吨位、船型大小不一,设备陈旧,通信手段落后,编制船舶过闸作业计划极为困难,并且船员素质较差,经常为先过闸而抢行,造成现场秩序混乱,使调度难度加大。

　　另外,船舶过闸时间也是影响船闸效益的重要因素之一。按设计,船闸每闸次运行时间也是参考标准化船舶(队)确定的,一号、二号船闸每闸次 40~50min,三号船闸 20~30min。三号船闸由于受闸室几何尺度限制,调度计划安排上较为容易,且每闸次船舶数量不多,运行时间上与设计较为吻合。一号、二号船闸每闸次运行时间受复杂的船型、船舶尺度、船舶进闸速度和航行秩序影响较大,调度计划控制目前是 60~70min,实际运行有时更长。采用能通过船闸的最大船队一次过闸,通过最大的运量当然经济、合理、快捷,但近期很难实现。片面强调大型船队进闸的操作速度,又容易发生碰撞通航设施的事故。在葛洲坝船闸现行调度中,每闸次船舶(队)数量多、类型多,地方小中型船舶(队)很多无通信设备,进闸秩序混乱经常给现场调度和排档带来很大困难,从而延误闸次作业时间,这不是短期能改变的现实。

　　统计 1997 年 1~4 月葛洲坝船闸实际过船数,复演三峡工程 135m 蓄水运用时的船舶过闸情况,计算了合理分流后不同年型可能出现的船舶滞留现象累计天数和待闸高峰时滞留船舶单元数(表 8.2.29 和表 8.2.30),有关参数的选取为:宜昌枯季水位在 2005 年和 2007 年的下降值分别定为 0.47m 和 0.64m,水文年选取1971 年、1962 年、1963 年和 1979 年为典型年分别代表枯季水量特丰、较丰、较少和特少的年份,三江下引航道富裕水深定为 0.9m,底高程分别取 35.0m 和34.5m,一号船闸日均上下行各 7 个闸次。

　　从表 8.2.29 和表 8.2.30 可以看出,除枯水水量特别丰沛的年份外,其余各种年型均有船舶滞留现象。如果考虑运量和船舶数量的增长,特别是吃水较大船舶

表 8.2.29   135m 期间不同年型船舶滞留状况预测（三江下引航道底高程 35.0m）

典型年	2005 年		2007 年	
	滞留累计天数	最大滞留船舶单元数	滞留累计天数	最大滞留船舶单元数
1971	35	26	92	87
1962	92	754	92	813
1963	113	5139	113	5402
1979	119	6900	119	7259

表 8.2.30   135m 期间不同年型船舶滞留状况预测（三江下引航道底高程 34.5m）

典型年	2005 年		2007 年	
	滞留累计天数	最大滞留船舶单元数	滞留累计天数	最大滞留船舶单元数
1971	0	0	0	0
1962	62	5	62	5
1963	97	126	99	572
1979	101	918	113	1774

的增量,船舶滞留现象还会更加严重。由此可见,优化船闸运行调度既是必要的,又是有局限的,且优化调度的前提条件是改善大、三江下游航道的通航条件,提高船闸通过能力,发挥枢纽工程的综合效益。尤其是为使大江航道成为一条有重要价值的航运通道,改善大江下游航道目前存在的缺陷,提高一号闸的通过能力,对枯水期船舶分流具有十分重要的意义。

3)水库调度方式对通航的影响

根据三峡水利枢纽总体规划,为充分发挥三峡电站巨大容量的作用,要求在汛期尽量多发电,而枯水季节则根据电力系统日负荷变化要求进行调峰。因此,不同季度和月份的负荷调节调度方式变化较大,一般来水年份,10 月水库蓄水至正常蓄水位175m,枯水期11月至次年4月底,为保证库尾有较大的航深,在电站保证出力的前提下,水位尽可能维持高水位。上游来水流量小于保证出力所需的流量时,动用水库存蓄的水量即调节库容,库水位逐步消落直至155m(汛前消落低水位)。

表 8.2.31 为现有的三峡水库175m 正常蓄水位方案下,葛洲坝水库按 63～66m 水位运行时,三峡电站与葛洲坝电站联合调度的日调节方式。

结合上述不同年份不同流量下的宜昌水位,按三家平均值点绘其水位-流量关系可知,三峡水库按 156m 蓄水运用时,要使枯水期宜昌水位恢复到 38.5m,相应宜昌流量应大于5000m³/s;按 175m 蓄水运用时,要使枯水期宜昌水位恢复到葛洲坝枢纽的设计通航水位 39.0m,宜昌流量必须在 6000m³/s 以上。

表 8.2.31　电站负荷日调节流量表

时段	三峡电站下泄流量/(m³/s)		葛洲坝电站下泄流量/(m³/s)		时段	三峡电站下泄流量/(m³/s)		葛洲坝电站下泄流量/(m³/s)	
	12 月	3 月	12 月	3 月		12 月	3 月	12 月	3 月
11:00	7573	9240	7189	7260	23:00	4662	1590	5663	4280
12:00	1903	6060	7189	7260	24:00	1076	1570	4393	4280
13:00	5855	8370	7189	7260	1:00	1076	1450	4393	4280
14:00	8645	9530	7189	7260	2:00	1069	1360	4393	4280
15:00	9260	9580	7189	7260	3:00	1065	1370	4393	4280
16:00	8182	9470	7189	7260	4:00	1061	1370	4393	4280
17:00	5917	6080	7189	7260	5:00	1057	1340	4393	4280
18:00	8374	7630	7189	7260	6:00	1053	1350	4393	4280
19:00	13982	11730	7189	7260	7:00	4486	3390	4393	4280
20:00	14603	11260	7189	7260	8:00	9083	7450	6394	7260
21:00	11778	9650	7189	7260	9:00	9933	9850	7189	7260
22:00	6850	4110	7189	4280	10:00	10071	9630	7189	7260

　　按三峡电站与葛洲坝电站 12 月典型调度方式,在三峡电站日调节的出力低谷期,宜昌站最小流量为 4461m³/s(陆永军等,2000),此时宜昌水位不足 38.0m。如果将葛洲坝上游设计低水位降低或抬高 0.5m 运用,则宜昌站最小流量为 4952m³/s 和 4984m³/s,宜昌水位仍不足 38.5m,不仅不能满足航深要求,还使葛洲坝水库水位日变幅增加了 0.5m。即使上游建库后,三峡枢纽的航运基荷达到 130 万 kW,葛洲坝坝前水位按上述三种方式调节,宜昌站最小流量分别增加到 4783m³/s、5264m³/s 和 5304m³/s,宜昌水位仍达不到葛洲坝枢纽的设计通航水位 39.0m。

　　已知三峡水库的调节库容为 165 亿 m³,统计 1961～1993 年各届枯水期(12 月至次年 4 月)来流小于 5860m³/s 的天数,计算得到三峡建库后不同枯水期库水位消落到 155m 的天数可知,计算年份中约有一半的枯水期调节库容不能满足需求,出力低谷期更多船舶必须走大江,势必加重一号船闸的压力。而船闸运行实行的是 24h 连续作业,若某一时段出现压船,就会引起滚动积压,其社会影响重大,对航运业的隐性损失更是不可估量。

　　因此,如果对葛洲坝下游不采取必要的措施,三峡枢纽 135m、156m 和 175m 水位运行期间,三江船闸和下引航道通航条件将得不到满足,大江下游引航道航行条件将进一步恶化,航运安全和通过能力都将得不到保证。

8.2.3　胭脂坝护底及坝头保护工程对抑制宜昌枯水位下降的效应

　　三峡水库蓄水前,葛洲坝枢纽设计最小通航流量 3200m³/s 时,宜昌站水位已不足 38.0m,因此对葛洲坝下游河段治理、遏制河床继续下切和枯水位下降变得非常必要而且紧迫。为此,三峡工程开发总公司在已有研究成果的基础上,选择葛洲坝下游 10~15km 处的关键性控制节点胭脂坝河段实施了护底加糙工程(图 8.2.12),开展护底材料结构的稳定性及保护河床的效果试验研究,并探讨护底工程对枯水位的壅阻作用。工程实施主要分两个大的阶段:第一阶段为护底加糙工程,即于 2004 年汛前实施 0 区(胭脂坝深槽尾部)试验工程;第二阶段为扩大护底生产性试验,又分为两个试验阶段,一是 2005 年汛前实施的 2 区(胭脂坝深槽下部)和 4 区(胭脂坝深槽上部)工程;二是 2008 年汛前实施的 1 区(紧邻 2 区下游)、3 区(胭脂坝深槽中部)工程,其护底材料结构形式均为混凝土系结块软体排。另外,根据采砂调查,为保护好胭脂坝坝头,2008 年汛前还增加了坝头保护工程。在各试验阶段,三峡水文水资源局根据原型观测资料,研究了护底材料结构形式的稳定性、保护河床的效果,以及护底工程对宜昌枯水位的壅阻作用(李云中等,2009)。结果表明,胭脂坝护底试验工程(0 区、1~4 区和坝头工程)实施后,尤其是 2006 年以来,宜昌枯水位基本保持稳定不下降,说明护底工程有较好的壅阻效果(陆永军等,2008a,2008b)。

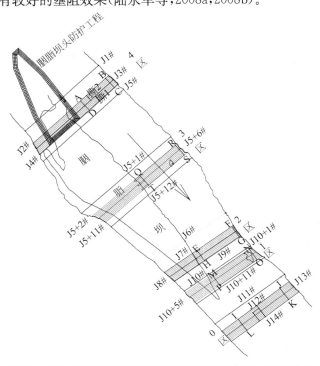

图 8.2.12　长江葛洲坝下游胭脂坝河段河床护底工程位置

1)护底工程对宜昌河段冲淤影响

自坝下游胭脂坝河段护底工程陆续实施后,通过连续的监测与分析研究可知,护底工程对河床的保护作用较为明显。

护底工程实施以后,至 2009 年 4 月,护底工程全河段总体上表现为轻微的泥沙淤积,护底工程区域在基本保持稳定中也有少量的泥沙淤积(淤积泥沙主要来自于三峡至葛洲坝间河道的冲刷,经观测表明,三峡蓄水后 2003～2008 年总计冲刷了 3439 万 m³,平均每年 688 万 m³),河床的形态变化表现在护底工程基础以上的河床冲淤变化,护底工程本身没有遭到破坏,工程对河床的保护作用已经达到,使河床的基本稳定得到保持。

比较护底工程实施前、后宜昌河段泥沙冲淤分布情况(表 8.2.32):2003 年为三峡水库 135～139m 运行第一年,宜昌河段冲刷幅度较大,枯水河槽冲刷量达 1044 万 m³,主要冲刷段位于胭脂坝以上河段,占宜昌河段总冲刷量的 88.7%;2004 年宜昌河段枯水河槽冲刷量较小,为 91 万 m³,胭脂坝以上河段的冲刷量为 31.6 万 m³,占宜昌河段总冲刷量的 34.7%,宜昌河段主要的冲刷段下移至胭脂坝以下;2005 年宜昌河段枯水河槽有少量泥沙淤积,淤积量为 88 万 m³,但胭脂坝以上河段有轻微的冲刷。2006 年宜昌河段枯水河槽有少量泥沙淤积,淤积量为 222 万 m³,胭脂坝以上河段淤积 135 万 m³,占总淤积量的 61%;2007 年为 156m 蓄水运行第一年,宜昌河段枯水河槽发生冲刷,冲刷量为 311 万 m³,胭脂坝以上河段冲刷 105 万 m³,占总淤积量的 33.7%。2008 年河段经历水库再次抬升水位的蓄水过程,但宜昌河段枯水河槽有少量的泥沙淤积,淤积量为 146 万 m³,胭脂坝以上河段冲刷 77 万 m³,占总淤积量的 52.7%,其中胭脂坝段淤积幅度明显大于其他段。由以上各年宜昌河段与胭脂坝以上河段冲淤量分布可看出,自 2004 年汛前胭脂坝河段护底后,除 2005 年由于汛期大洪水时间过长,胭脂坝以上河段有少许的冲刷外,其他年份当宜昌河段冲刷时,胭脂坝河段所占冲刷比例明显低于 2003 年,而当宜昌河段有泥沙淤积时,淤积的主要河段在胭脂坝以上段,由此说明护底工程不仅能保护工程河段河床免受水流的冲刷,还对工程以上河段的冲刷有一定的抑制作用。

表 8.2.32　护底工程前后宜昌河段冲淤分布变化统计

状态	年份	宜昌河段总冲淤量 /万 m³	胭脂坝以上河段冲淤量 /万 m³	胭脂坝以上河段冲淤量 占比例/%
护底工程前	2003	−1044	−926	88.7
	2004	−91	−31.6	34.7
	2005	88	−8.7	—
护底工程后	2006	222	135	61
	2007	−311	−105	33.7
	2008	146	77	52.7

注:"—"表示冲刷。

2)护底工程对河段糙率的影响

2004年和2005年护底工程实际监测资料显示,护底河段在工程实施前后,河段的5000m³/s枯水河槽糙率明显增大,河槽对水流的阻力加大,从而引起水位的壅阻。

根据历年以来宜昌—宝塔河、宝塔河—艾家镇段5000m³/s枯水河槽下河床的综合糙率变化可知(表8.2.33),在葛洲坝独立运行期宜昌—宝塔河、宝塔河—磨盘溪两个河段的综合糙率变化不大,而在2003年后,两个河段的糙率则均有增加。

表8.2.33　宜昌至艾家镇河段枯水河床历年曼宁糙率变化统计表($Q=5000$m³/s)

年份	宜昌—宝塔河	宝塔河—艾家镇
1980	0.0258	0.0261
1987	0.0212	0.0268
1991	0.0334	0.0301
1993	0.0306	0.0207
1996	0.0313	0.0268
1998	0.0269	0.0250
2002	0.0273	0.0247
2003	0.0359	0.0293
2006	0.0353	0.0325
2008	0.0400	0.0336
1980~2002(均值)	0.0281	0.0257
2003~2008(均值)	0.0371	0.0318

宜昌—宝塔河:2003~2006年宜昌河段总计冲刷825万m³,但宜昌—宝塔河的糙率从0.0359反而减小至0.0353;2006~2008年宜昌河段同样发生冲刷,但冲刷量仅为165万m³,而河段的糙率却从0.0353增加至0.0400,可见胭脂坝头的护底工程对河床的综合糙率的增加产生了一定的作用。

宝塔河—艾家镇:2003~2008年,该河段的糙率一直在持续增加,一方面受河床冲刷的影响,另一方面受2004年、2005年及2008年相继实施的护底工程的影响。

3)护底工程对减缓宜昌枯水位下降的效应

在三峡水库135~139m运行期,坝下游河床受水流冲刷明显,2002年9月~2006年10月,宜昌—杨家脑河段枯水河槽共计冲刷9184万m³,每年平均冲刷约2296万m³,受坝下游河段冲刷的影响,2006年汛后与2002年汛后比较,流量为4000m³/s时,宜昌站的相应水位累积下降了0.08m,平均每年下降约0.02m,即坝下游河段每冲刷1000万m³时,宜昌枯水位即会下降0.87cm。

在三峡水库156~145m运行期,坝下游河床仍表现为明显冲刷,2006年10月~2008年10月,宜昌—杨家脑河段枯水河槽共计冲刷3532万m³,每年平均冲刷约

1766 万 m³,若按三峡水库 135～139m 运行期坝下游冲刷方量与宜昌站枯水位对应关系进行推算,则宜昌站流量 4000m³/s 对应水位则会下降 3cm,但宜昌站 2006～2008 年实际观测枯水位流量成果显示:宜昌站流量为 4000m³/s、5000m³/s 其相应的枯水位均已基本趋于稳定,三年来流量 4000m³/s、5000m³/s 对应的水位值分别保持为 38.37m、38.95m,没有出现下降的情况。虽然在此运行期间宜昌—杨家脑河段表现为明显冲刷,但宜昌河段的冲刷程度明显得到了缓解,并出现一定程度的泥沙淤积,胭脂坝河段河床的下切已经基本得到遏制。

此外,2004 年以来分别在胭脂坝头、中、尾、下游及胭脂坝头相继实施了护底试验工程及防护工程,近三年来的实际成果表明,宜昌枯水位趋于稳定,没有发生下降,说明胭脂坝护底工程不仅具有抑制宜昌枯水位下降的作用,还可使宜昌枯水位获得一定程度的抬升,护底工程的效果已经初步显现。

4)宜昌枯水位的现状分析

2003 年三峡水库蓄水运行以来,宜昌枯水位有小幅的下降,但其下降的速度与幅度均远小于葛洲坝独立运行期(表 8.2.34)。1973～2002 年 30 年间,宜昌 4000m³/s 水位总计下降 1.24m,年均下降 4.13cm;而 2003～2008 年 6 年间,宜昌 4000m³/s 水位总计下降 0.08m,年均下降 1.33cm。从年际间水位下降的分布看,自 2004 年、2005 年胭脂坝护底工程相继实施后,宜昌枯水位变幅减小,尤其是 2006～2008 年水位基本保持不变,处于稳定的状态。由此说明护底工程是维持宜昌枯水位不下降的因素之一。

表 8.2.34 宜昌站不同时期汛后枯水水位流量关系表(吴淞基面,m)

年份	流量 3200m³/s		流量 4000m³/s		流量 5000m³/s		流量 10000m³/s	
	水位	累积下降值	水位	累积下降值	水位	累积下降值	水位	累积下降值
1973	39.00	0.00	39.69	0	40.31	0	43.34	0
1987	38.18	−0.82	38.74	−0.95	39.14	−1.17	42.25	−1.09
1993	38.07	−0.93	38.62	−1.07	39.24	−1.07	41.85	−1.49
1998	38.55	−0.45	39.12	−0.57	39.76	−0.55	42.62	−0.72
2002	37.90	−1.10	38.45	−1.24	39.05	−1.26	41.96	−1.38
2003	37.89	−1.11	38.45	−1.24	39.10	−1.21	41.97	−1.37
2004	37.89	−1.11	38.43	−1.26	39.05	−1.26	41.97	−1.37
2005	37.88	−1.12	38.42	−1.27	38.99	−1.32	41.74	−1.60
2006	37.85	−1.15	38.37	−1.32	38.95	−1.36	41.47	−1.87
2007	37.81	−1.19	38.37	−1.32	38.95	−1.36	41.44	−1.90
2008	—	—	38.37	−1.32	38.95	−1.36	41.40	−1.94

8.3　西江中游长洲枢纽下游航道治理措施

8.3.1　河道概况及水文泥沙特性

西江是我国南方最大的河流,为珠江水系的主流,发源于云南曲靖市的马雄山,流经云南、贵州、广西和广东四省,在珠海市磨刀门入海,全长2216km,流域面积35.31万km²,占珠江流域总面积的77.83%。

西江水量充沛,含沙量小,河道相对稳定,具有良好的航运条件,目前运量仅次于长江、大运河,居全国第三位。西江中游界首至肇庆河段是连接东、西部地区的"黄金水道",是我国水运建设重点"两横一纵两网"主通道中的"一横"。其中都城至肇庆长约134km河段航道自然条件优良,水深充裕,宽度富足,天然河道弯曲半径大;界首至都城约37km的河段上游来水来沙较复杂,河面宽阔,河床宽浅,自上而下依次有界首滩、"三滩"(蟠龙、新滩、都乐浅滩)碍航浅滩。长洲水利枢纽位于浔江下游(梧州以上称浔江,以下称西江)龙圩水道河段,下游距梧州市约12km,是以发电为主,兼有航运、灌溉和养殖一体的低水头径流式水利工程。由于上游长洲水利枢纽的建设,加之下游地区的大规模人工采砂活动,西江中游的来水来沙条件发生了较大的变化,"四滩"河段近年又重新成为西江中游主要的碍航河段。

西江中游长洲枢纽至肇庆河段内目前设有梧州、德庆和高要水文(位)站,该河段的来水来沙状况主要受梧州水文站控制,区间虽有贺江、罗定江、新兴江的汇入,但因其年径流量、年输沙量少,对该河段河床演变的影响较小。

1. 径流特征

本节河段的径流特征主要表现在两个方面:径流年内分配不均,季节差异较大;径流年际变化较小,年极值变化较大。据梧州站和高要站1979~2005年统计结果,两站汛期水量占年总量的78.0%,其中6~8月最大,占51.0%,枯水期11月~次年4月仅占年总水量的22%,其中1~3月为最枯,只占9.0%。梧州站1981~2005年间多年平均流量为6411m³/s,最大年平均流量为9386m³/s(1994年),最小年平均流量为3878m³/s(1989年),最大年平均流量为最小年平均流量的2.48倍。

20世纪90年代以来,受西江中游大量无序挖沙的影响,河床下切,同级水位下高要过水断面面积明显增大。高要站中洪水时同一流量下相应的水位有逐年下降趋势,而枯季同一流量下相应的水位变化由于受潮汐影响变化较小,水位流量不是单一的对应关系。梧州站及德庆站水位-流量关系稳定,同一流量级下水位无明显下降趋势。

2. 潮汐特征

西江干流研究河段主要以径流动力为主,但枯水期全河段基本属于潮区界的范围。高要站常年有 3～6 个月(10 月至次年 3 月)受潮汐影响,多年最低潮位为0.18m(2004 年),最大潮差 1.23m(2005 年 3 月),潮差沿程自上游至下游逐渐递增。近年受河床采砂等人类活动影响,纳潮量有增大趋势。

3. 泥沙特征

西江为一少沙河流,以悬移质输沙为主。根据梧州站 1968～2000 年实测资料统计(表 8.3.1),可知梧州站多年平均含沙量为 0.375kg/m³,多年平均悬移质输沙量为 7850 万 t;最大年输沙量为 14000 万 t,最大年平均含沙量为 0.57kg/m³(1983 年);最小年输沙量为 1978 万 t,最小年平均含沙量为 0.16kg/m³(1989 年)。悬移质输沙量多少与年径流量变化基本一致,年输沙量一般随年径流量增大而增大。由于西江流域水量充沛,西江中游具有含沙量小、输沙量大、输沙量年际变化较大的特征。

表 8.3.1　梧州站 1968～2000 年悬移质泥沙输沙量及含沙量特征值表

项目	1 月	2 月	3 月	4 月	5 月	6 月	7 月	8 月	9 月	10 月	11 月	12 月	年均
输沙量/万 t	13.6	20.0	43.9	166	717	1950	2320	1400	893	253	61.1	15.5	7850
含沙量/(kg/m³)	0.027	0.042	0.067	0.141	0.312	0.560	0.573	0.431	0.394	0.189	0.070	0.027	0.375

西江中游长洲枢纽至肇庆河段河床质泥沙具有以下特点:①河床质泥沙颗粒组成较粗,以中粗沙组成为主。河床质泥沙平均粒径为 1.06mm,中值粒径为0.58mm,沙样最大平均粒径为 4.02mm,最大中值粒径为 1.50mm。②泥沙颗粒中值粒径 d_{50} 与水流挟沙能力相适应。中值粒径 d_{50} 与泥沙沉降粒径值比较接近,若床沙中值粒径越粗,则表明水流挟沙能力强,反之则说明水流挟沙能力较弱。

图 8.3.1 给出了 2004 年 9 月测验期间四滩河段平均床沙质颗粒级配曲线,该河段床沙粒径分布比较均匀,集中在 0.5～1.0mm,仅界首附近的 Q2S3 水尺和都乐滩附近的 Q9S10 水尺粒径较细(水尺位置见图 8.3.2)。

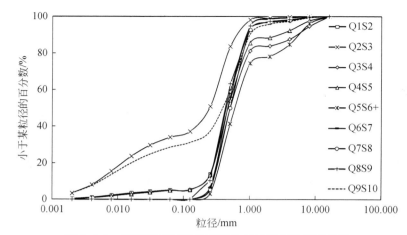

图 8.3.1　西江四滩河段沿程平均河床质颗粒级配曲线

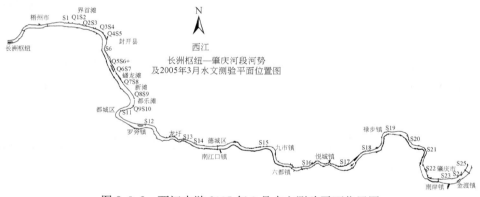

图 8.3.2　西江中游 2005 年 3 月水文测验平面位置图

8.3.2　长洲枢纽下游水流及河床变形验证

　　西江中游长洲枢纽至肇庆河段二维水沙数学模型的进口位于长洲枢纽,出口位于高要水文站,全长约 194km。计算域内共布置 792×61 个网格,经正交曲线计算得到贴体正交曲线网格,网格间距沿河长方向为 90～300m,沿河宽方向 15～20m。

　　长洲枢纽下游水面线及流速分布验证采用广东省航道勘测设计院 2004 年 6 月、2005 年 3 月、2005 年 7 月和 2006 年 10 月实测的 1/5000 地形图,分别以 2004 年 9 月、2005 年 3 月、2005 年 6 月、2006 年 9 月四次水文测验资料进行了水面线及流速分布的验证,相应梧州站流量为 4740m³/s、1450m³/s、22400m³/s、2630m³/s。图 8.3.2 给出了 2005 年 3 月水文测验平面布置图。计算中考虑了贺江入汇的影响,贺江在封开江口镇汇入西江,多年平均流量为 355m³/s,年径流量为 112 亿 m³,占梧州站年径流量的 5.4%。

图 8.3.3 和图 8.3.4 分别给出了部分水面线及流速分布验证结果,可见计算与实测在相位及数值上吻合较好。图 8.3.5 给出了梧州站流量为 2600m³/s 时长洲枢纽下游"四滩"段流场图。可知,模型对流场的模拟具有较高的精度,能够反映丁坝、不规则岸边等引起的局部流态的变化特征。

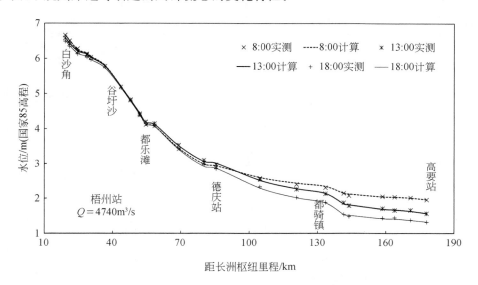

图 8.3.3　西江中游(梧州—肇庆)水面线验证图(2004 年 9 月 20 日)

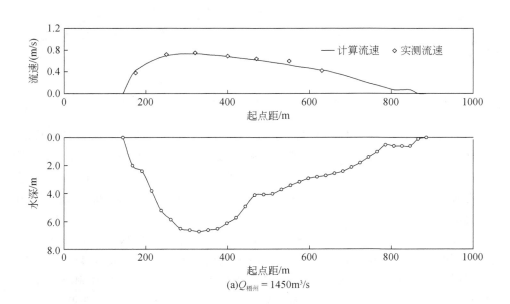

(a)$Q_{梧州}=1450\text{m}^3/\text{s}$

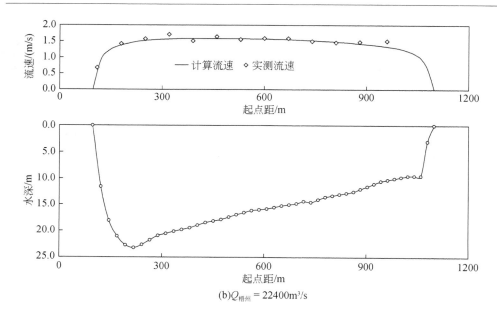

(b)$Q_{梧州} = 22400\text{m}^3/\text{s}$

图 8.3.4 西江中游河段江口镇附近断面流速分布验证图

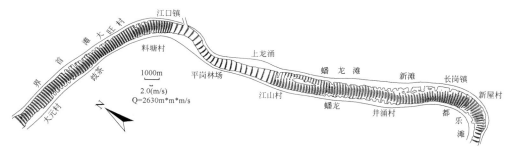

图 8.3.5 长洲枢纽下游"四滩"河段流场图($Q = 2630\text{m}^3/\text{s}$,2006 年 9 月 24 日)

长洲枢纽下游河床变形验证动床验证计算时段从 2004 年 6 月～2005 年 7 月,每天划分一个流量级,以 2004 年 6 月地形为起始地形对"四滩"河段进行验证。该时段内西江包含了枯水、中水、洪水,最小流量为 1200m³/s,平均流量为 7166m³/s,接近多年平均流量(梧州站 1980～2005 年多年平均流量为 6410m³/s)。计算时考虑了贺江入汇流量。

表 8.3.2 给出了 2004 年 6 月～2005 年 7 月界首浅滩、过渡段、三滩河段河床冲淤量计算值与实测值的比较,图 8.3.6 给出了该河段计算冲淤分布与实测的比较。可见,界首滩中源至思扶河段有冲有淤,总体微冲,歧茶至大旺村河段冲刷,料塘河段有冲有淤,实测界首滩整治线内总体冲刷了 332.3 万 m³,计算值为 298.9 万 m³;过渡段基本冲淤平衡;三滩河段总体处于微冲状态,实测冲刷 330.9 万 m³,计算值为

323.7 万 m³,其中谷圩沙下游(右塘口—旺村)河段有冲有淤,都乐滩凹槽处有一淤积带,淤厚约 1m。由图表可知,计算与实测结果比较接近,冲淤部位也吻合较好。

表 8.3.2　2004 年 6 月～2005 年 7 月西江四滩河段冲淤体积计算与实测的比较

(单位:万 m³)

河段		断面编号	间距/km	平均宽度/m	计算值	实测值	偏差
界首滩	中源—周家村	61~91	2.99	587	−47.4	−73.0	25.6
	周家村—思扶	91~119	2.75	560	−28.9	−33.6	4.7
	思扶—歧茶	119~129	0.98	528	−28.2	−33.7	5.5
	歧茶—大旺村	129~160	2.78	563	−124.9	−106.4	−18.5
	大旺村—江口镇	160~200	3.53	578	−69.5	−85.5	16.0
	合计	61~200	13.03	585	−298.9	−332.2	33.4
过渡段	江口镇—右塘口	200~275	11.10	1356	9.7	6.0	3.7
三滩	右塘口—旺村	275~315	3.88	625	−47.6	−48.5	0.9
	旺村—扶赖	315~345	3.04	604	−83.6	−72.0	−11.6
	扶赖—大桥地	345~370	2.25	589	−69.7	−88.8	19.1
	大桥地—龙湾	370~421	4.65	660	−122.8	−121.6	−1.2
	合计	275~421	13.82	640	−323.7	−330.9	7.2

注:冲淤体积为整治线内的数值(过渡段为设计水位以上 0m),正数表示淤积,负数表示冲刷。

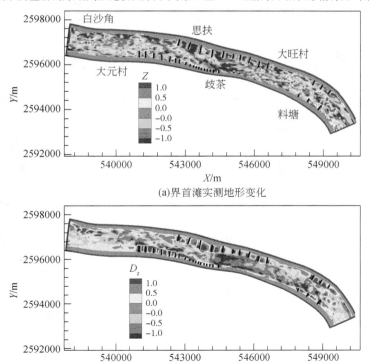

(a)界首滩实测地形变化

(b)界首滩计算地形变化

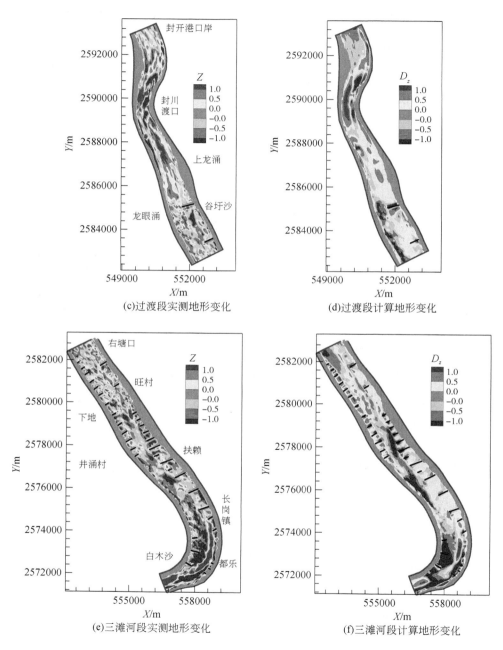

(c)过渡段实测地形变化　　　　　　(d)过渡段计算地形变化

(e)三滩河段实测地形变化　　　　　　(f)三滩河段计算地形变化

图 8.3.6　2004 年 6 月～2005 年 7 月长洲枢纽下游四滩
河段冲淤变化计算与实测的比较图

8.3.3　长洲枢纽下游界首滩河段整治措施

界首浅滩位于梧州以下 13km,浅滩段长约 11.6km,航道礁石密布,两岸无明显的边滩发育。界首滩从 1986 年开始经历两次整治,通航条件总体上改善明显,深槽延长拓宽,浅段变短,但大元村段改善不明显。2001 年以来,界首河段的主要碍航段位置基本固定,主要集中在三个区域。图 8.3.7 给出了界首浅滩 2006 年航深图。可见,上游碍航河段位于大元村附近,航槽水深约 3m,长度约 0.7km;中部碍航河段位于界首村和歧茶之间,长约 1.8km,江心部分浅滩水域水深仅约 2.0m;下游碍航河段位于料塘与江口镇之间,长约 2.3km,该河段等深线散乱,平均水深不足 3m。

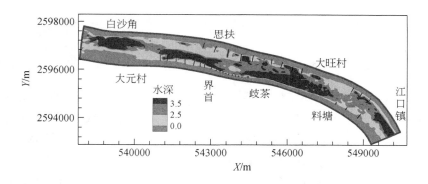

图 8.3.7　界首浅滩河段(白沙角—江口镇)航深图(2006 年 11 月)

界首滩河道顺直放宽,中、枯季水动力轴线不一致是形成碍航浅滩的主要原因。此外,礁石群壅阻水流、航道整治的再造床作用及贺江水流的顶托也对该河段泥沙落淤成滩有一定影响。针对该浅滩成因,整治原则为:充分利用主导河岸,因势利导,按照河势发展的有利趋势,以中水期主流流路为主,适当照顾低水流向,规划整治线型;采用整治与疏浚相结合的原则;同时考虑行洪、工程量及工程效果等因素;并与上游长洲枢纽建设相协调。

经多组方案的比较(陆永军等,2007),形成界首滩整治方案,如图 8.3.8 所示。界首至歧茶河段航道出浅主要因为该河段中枯水、洪水水流动力轴线不一致,有左右两个深槽。针对该原因,扩展右岸的丁坝整治范围,封住右侧深槽,使航槽轴线适当左移,同时在"刀廉沙"、"横带沙"及右岸"企人沙"及料塘出浅河段新筑及加高、加长丁坝布置,塑造顺直微弯的航槽。根据该河段历次整治经验,设计流量 1100m³/s,整治高度为 2.5m,整治线宽度 500~600m,不足 3.5m 航深的河段进行开挖,并考虑 0.5m 的超挖。

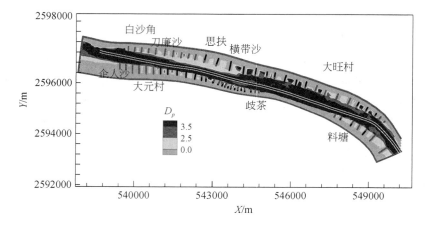

图 8.3.8　整治方案实施 1 年后界首滩航深(灰色表示新丁坝,黑色表示现有丁坝)

1. 整治前后水动力条件的变化

图 8.3.9 给出了界首滩工程前后接近于整治流量时(4740m³/s)沿航线的水位变化;图 8.3.10 给出了整治前后该流量时沿航线的流速变化。可见,界首滩整治方案实施后,大旺村以上河段航槽内水位有所壅高 0.00～0.09m,大旺村以下水位有所降低 0.01～0.05m。界首滩河段流速有所增加 0.00～0.53m/s,最大增加在大元村附近及大旺村至料塘村河段,其中下典至歧茶河段增加 0.24～0.28m/s。与工程前相比,大旺村以上河段中、枯水流动力轴线更为接近,竹洲塘至贺江口弯道河段中枯水动力轴线的位置偏离幅度明显减小,有利于航槽内泥沙输移及航深维持(陆永军等,2007)。

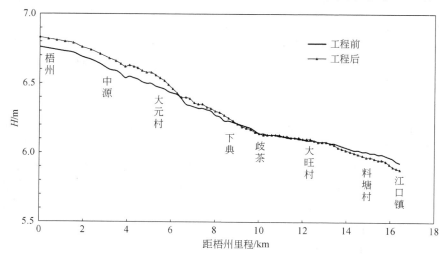

图 8.3.9　界首滩整治前后沿航线水位变化($Q_{梧州}$＝4740m³/s)

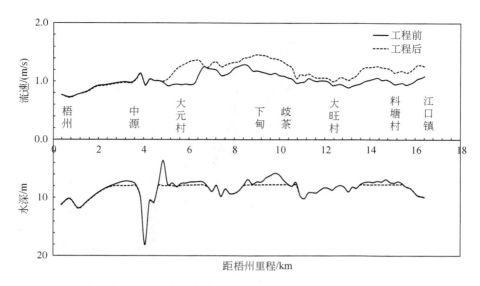

图 8.3.10　界首滩整治前后沿航线流速变化（$Q_{梧州}$ ＝4740m³/s）

2. 整治后航深

在河床变形验证的基础上，采用 2004 水文年、2005 水文年计算了整治方案实施后的整治效果。由图 8.3.8 可知，方案实施 1 年后，界首滩河段可满足 3.5m 航深要求，且满足 80m 航宽要求。

3. 整治后的洪水位壅高

计算表明（陆永军等，2007），中洪水流量时（22400m³/s）界首滩歧茶以上河段水位壅高 0.00～0.04m，五年一遇洪水流量时（37800m³/s）壅高 0.00～0.03m，百年一遇洪水流量（52700m³/s）时壅高 0.01～0.02m。可见，界首滩整治工程对西江防洪影响很小。

8.3.4　长洲枢纽下游三滩河段整治措施

"三滩"浅滩长约 15.6km，航道礁石较多，碍航浅滩主要有蟠龙滩、新滩和都乐滩 3 处浅滩（习称"三滩"）。三滩河段从 20 世纪 50 年代开始历经五次整治，新滩河段通航条件显著改善，都乐滩河段改善不明显，蟠龙滩河段未见改善。主要碍航段多年以来位置基本固定，主要集中在两个局部滩段（图 8.3.11）。上游碍航河段属于蟠龙滩浅段，其自谷圩沙洲尾至井涌村，长约 6.0km，航槽水深为 2.5～3.0m；下游碍航河段属于都乐滩浅段，位于长岗镇附近，长为 0.6～1.0km，航槽水深约 3m。

"三滩"河段河道顺直放宽，洪、枯季水动力轴线不一致，洪水期在航槽中落淤

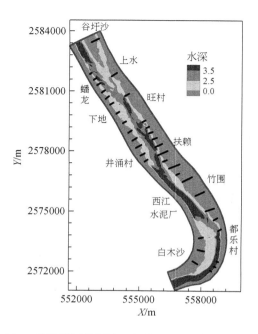

图 8.3.11　三滩河段(谷圩沙—都城)2006 年航深图(单位:m)

的泥沙枯水期冲刷不及时是该碍航浅滩的主要成因。此外,潮汐的顶托影响及航道整治引起河道的再造床作用也是浅滩形成的重要原因。针对该浅滩成因,整治原则为:充分利用主导河岸,因势利导,按照河势发展的有利趋势,以中水期流路为主,适当照顾低水流向,设计整治线,并采取一定工程措施适当缩窄整治线宽度,使中、枯季水流动力轴线尽可能趋于一致,有利于泥沙向下游输移,同时考虑行洪、工程量及工程效果等因素。

经多组方案的比较,形成三滩整治方案(陆永军等,2007),如图 8.3.12 所示。拟充分利用蟠龙滩右岸丁坝,适当拆除部分丁坝头,最大拆除缩进 10～20m。在蟠龙左岸抛筑新坝,以束窄河床,集中水流,整治线宽度为 550m 左右。在新滩至都乐滩过渡段,在右侧凸岸新筑、加高加长丁坝,巩固右岸边滩。设计流量 1150m³/s,设计航槽宽度 80m,设计水深 3.5m,超挖 0.5m,整治水位为设计水位以上 3.0m。

1. 整治前后水动力条件的变化

图 8.3.13 给出了三滩工程前后整治流量时(4740m³/s)沿航线的水位变化;图 8.3.14 给出了整治前后该流量时沿航线的流速变化。可见,三滩整治方案实施后,受丁坝壅水影响,蟠龙及其以上河段水位壅高 0.00～0.05m;长岗镇至龙湾河段水位降低 0.01～0.06m。沿程航槽流速增加,其中蟠龙滩以及新滩与都乐滩的过渡段流速增幅较大,青皮塘—井涌村航槽流速增加 0.11～0.39m/s,大桥地—都

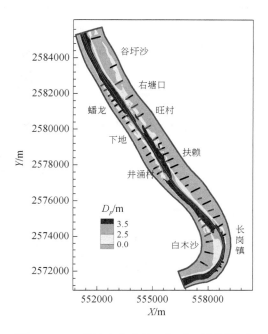

图 8.3.12　整治方案实施 1 年后三滩航深图

庙航槽流速增加 0.21～0.42m/s。与整治前相比,蟠龙滩、扶赖河段及长岗镇河段(新滩至都乐滩过渡段)枯水与中洪水水流动力轴线有所调顺,都乐滩弯道差别仍较大,枯水与洪水的动力轴线最大相距 650～700m,比工程前有所减小。

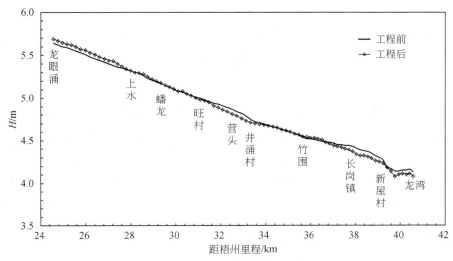

图 8.3.13　三滩整治前后沿航线水位变化($Q_{梧州}$＝4740m³/s)

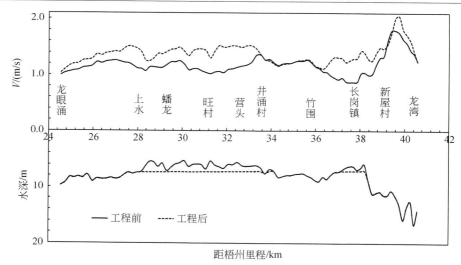

图 8.3.14　三滩整治前后沿航线流速变化（$Q_{梧州} = 4740\text{m}^3/\text{s}$）

2. 整治后航深

在河床变形验证的基础上，采用 2004 水文年、2005 水文年计算了整治方案实施后的整治效果。由图 8.3.12 可知，方案实施 1 年后，三滩河段 3.5m 等深线贯通，满足航深及航宽要求。航线走向较为平顺，中、枯水航槽主流线相对接近，与航线夹角较小。应当说，整治工程的效果比较理想。

3. 整治后的洪水位壅高

计算表明（陆永军等，2007），三滩各方案实施后，三滩及上下游河段洪水位壅高很小，仅壅高 0.01～0.02m，且流量越大壅高值越小。三滩整治工程对西江防洪影响甚小。

8.3.5　长洲枢纽下泄非恒定流对界首滩及三滩河段航深的影响

根据长洲枢纽初步设计，参考其他水电站的日调节过程，拟定了长洲枢纽的日调节下泄过程工况（陆永军等，2007），下游边界采用 1979～2006 年统计的高要站水位-流量关系，计算了长洲枢纽下泄非恒定流对界首滩及三滩河段航深的影响。枢纽下泄非恒定流计算结果表明，长洲枢纽下泄基荷流量为 1090m³/s，与界首滩及三滩设计流量接近，因而对航道水深没有影响。界首滩段基本不受潮位影响，三滩河段的下半段略受潮位影响，非恒定流传播至界首水位日变幅在 1.5m 左右（图 8.3.15），三滩日变幅在 0.5～1.3m（图 8.3.15），日调节引起的流速变化在 0.5～1.5m/s（陆永军等，2007）。水位及流速的日变化将对船舶航行产生一定程度的影响。

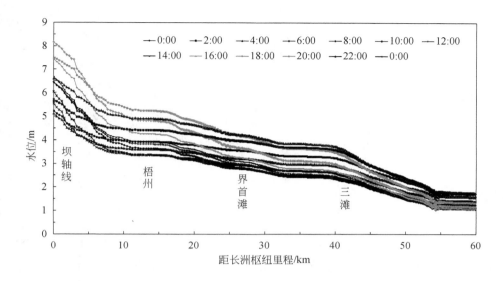

图 8.3.15　不同时刻沿程水面线变化

8.4　松花江大顶子山枢纽下游非衔接段浅滩治理措施

8.4.1　河道概况及水文泥沙特性

1. 大顶子山枢纽概况

大顶子山航电枢纽位于松花江干流哈尔滨下游 70km 处,地理位置为东经 127°06′至127°15′,北纬 45°58′至45°03′,北岸属于呼兰区,南岸属于宾县,是松花江干流局部渠化方案中确定的哈尔滨—依兰航道三个航运梯级中的上游梯级,是尼尔基水库及北水南调工程的配套工程,如图 8.4.1 所示。大顶子山航电枢纽是一座以航运、发电和改善哈尔滨水环境为主,同时具有交通、水产养殖和旅游等综合利用功能的低水头航电枢纽工程。大顶子山枢纽属径流式电站,装机容量 66MW,正常蓄水位 116.00m(黄海高程,以下同),相应库容 10.59 亿 m³,汛期限制水位 115m,死水位 115.00m,死库容 7.16 亿 m³,兴利库容 3.43 亿 m³。上游设计最高通航水位为 116.08m,设计最低通航水位为 113.00m;下游设计最高通航水位为 115.90m,设计最低通航水位为 108.00m(中水东北勘测设计研究有限责任公司等,2004)。

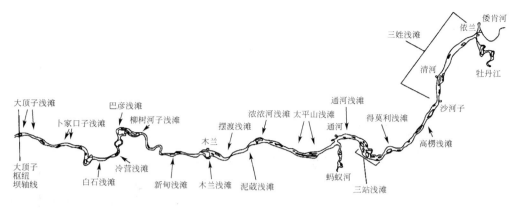

图 8.4.1　大顶子山至依兰河段平面示意图

　　大顶子山航电枢纽的修建可以渠化上游 128km 航道,彻底改善哈尔滨区段的通航条件,并可通过补水调节下游航道流量,保证坝下 550m³/s 的通航流量(保证率 95%),确保哈尔滨至依兰河段航道整治所需最小流量,实现哈尔滨—同江全线达到Ⅲ级航道标准(航道尺度为 1.7m×70m×500m),其航运效益是非常显著的。

　　2. 非衔接浅滩段——白石浅滩概况

　　白石浅滩位于大顶子山枢纽下游约 21km,属枢纽下游非衔接浅滩段。白石浅滩河道形态及边界条件极其复杂,其间存在分汊、急弯、宽浅河段及顺直河段,宽浅河段有众多高低不等的洲滩。河谷横断面形态呈宽阔不对称的“U”形和“W”形,如图 8.4.2 所示。

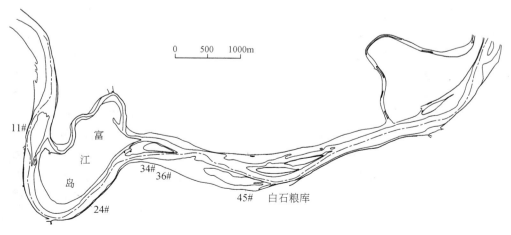

图 8.4.2　白石浅滩河段河势图

3. 水文泥沙特征

河道来水量及过程,来沙量及过程,以及两者在数量上和时间上的相对关系,都直接影响河床演变。松花江属少沙河流,悬移质含量很小,处于次饱和状态,参与造床作用主要以推移质为主。

松干哈尔滨站多年平均径流量为 434 亿 m^3,输沙量为 652 万 t,多年平均流量为 1377m^3/s,哈尔滨站多年平均含沙量为 0.190kg/m^3。年际间洪峰流量相差较大,年内水量分配也不均匀,12 月至次年 3 月为封冻枯水期,径流量仅占全年的10.5%,畅流期占全年的 89.5%,对河床演变作用较大的时间是畅流期,每年 4 月中旬开始流冰、下旬畅流,11 月中旬开始封冻,因此每年的畅流期从 4 月下旬至 11 月上旬。

白石浅滩河段河床以沙砾石为主并伴有少量卵石,主槽粒径相对较粗,中值粒径为 0.2～0.5mm,河床组成中小于 1mm 的沙质占 80%～90%,1～15mm 的砾石占 10%～20%,边滩中值粒径约为 0.15mm。河段糙率为 0.022～0.031。

从畅流期水位-流量关系来看,如图 8.4.3 所示,哈尔滨站水位-流量关系线逐年下移,同流量下水位逐年下降,流量在 1300～1800m^3/s,1953～2000年,水位下降了约 1.3m,1990～2000 年,水位下降了约 0.85m,1998～2000年,水位下降了约 0.5m,1990 年后,尤其是 1998 年后,哈尔滨站中枯水流量时,同流量水位下降了 0.50～0.85m,这可能与 1998 年特大洪水的冲刷作用及当地人工采砂有关。而下游通河站水位-流量多年关系稳定且年内变化不大。总体来说,松干河道河床变化幅度较小,属冲淤基本平衡河流,未出现累积性堆积或冲蚀。

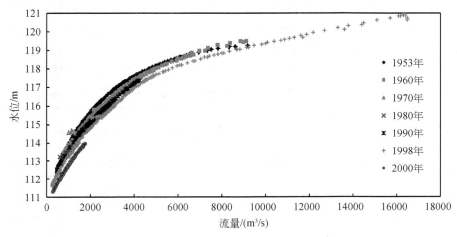

图 8.4.3　哈尔滨站水位(冻结基面)与流量的关系图

8.4.2　非衔接段浅滩整治中需要考虑的问题

上下游枢纽回水不衔接河段,位于下一枢纽常年回水区以上至上一枢纽坝下,此河段不仅受上游电站日调节影响,同时受下游枢纽调度的影响,具有坝下和变动回水区河道的双重属性。在不稳定流的作用下,变动回水区末端的位置时刻变化,泥沙在河床上时动时停,加剧了不衔接河段河床的不稳定性。在自然河流航道整治工程中,航道设计参数一般均基于日平均水位(流量)统计取样,确定设计参数的方法有综合历时曲线法、保证率频率法、多年最低水位平均法等,而在上下游枢纽不衔接河段航道治理中,航道设计参数则无常规方法可寻,故本节着重对变动回水区航道整治措施进行研究。

变动回水区航道整治时,合理选取设计最低通航水位十分关键,但变动回水区内,水位、流量关系呈多值性,水位受坝前调度影响较大,与天然河流有一定差异,现有的适用于天然河流的方法在变动回水区不一定适用,尽管相关标准或规范提出了一些方法,但因变动回水区的复杂性,只能根据各枢纽的具体情况,将各种方法综合比较后加以取舍。以下针对各枢纽实际情况进行分析。

《内河通航标准》(GB 50139—2014)认为通航的水利枢纽的上游设计最低通航水位应采用水库死水位或水库运行最低水位。相对于黄河刘家峡水库而言,水库死水位为 1694m,1990~1999 年多年最低水位为 1709.84m,多年平均最低水位为1717.44m。显然,采用水库死水位则偏低,多年最低水位则有一定的偶然性,采用多年平均最低水位则相对合理些。

《航道整治工程技术规范》认为变动回水区上段的设计最低水位或流量可采用综合历时曲线法或保证率频率法计算,变动回水区中、下段的浅滩宜采用水位消落期本浅滩出现碍航的最低水位作为设计水位,选取其相应的最小流量作为设计流量。据此,采用上游龙羊峡蓄水后刘家峡水库 1990~2002 年的坝前水位进行统计分析,得到逐年不同保证率下的最低通航水位,其成果见表 8.4.1。由表 8.4.1 可见,在相同保证率下的最低通航水位相差较大,说明年际间坝前水位运行方式有较大的不同。图 8.4.4 为 1990~2002 年坝前水位综合历时曲线。由图 8.4.4 可见,保证率 90% 以上历时曲线较陡,保证率略有提高,水位就会有较大的差别,综合保证率为 95%,最低通航水位为 1716.63m,综合保证率 90%,最低通航水位为 1718.55m。

表 8.4.1　1990~2002 年逐年不同保证率下的最低通航水位　　(单位:m)

年份	95%	90%	85%	80%	75%	70%
1990	1724.62	1724.97	1725.16	1725.37	1725.64	1726.04
1991	1720.03	1720.51	1721.04	1721.74	1722.01	1722.38
1992	1711.14	1712.08	1712.8	1714.38	1718.86	1720.39
1993	1720.99	1722.18	1723.42	1726.13	1727.11	1727.44

续表

年份	95%	90%	85%	80%	75%	70%
1994	1722.31	1722.98	1723.47	1723.87	1724.43	1724.61
1995	1715.24	1716.5	1717.2	1719.15	1721.86	1723.79
1996	1717.78	1718.8	1719.86	1720.98	1723.84	1725.16
1997	1714.67	1716.77	1717.66	1718.13	1719.00	1719.53
1998	1717.09	1717.59	1719.09	1719.69	1721.14	1723.54
1999	1718.43	1719.04	1719.71	1720.08	1720.91	1721.54
2000	1718.41	1718.92	1719.15	1719.47	1719.81	1720.15
2001	1714.76	1715.52	1715.8	1716.58	1718.48	1720.23
2002	1719.01	1721.41	1721.84	1722.12	1722.76	1723.27
1990~2002	1716.63	1718.55	1719.70	1720.69	1721.80	1722.67

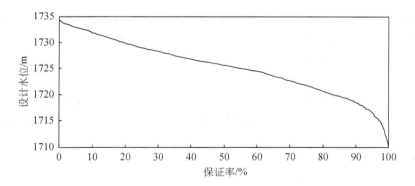

图 8.4.4　坝前水位 1990~2002 年综合历时曲线

交通运输部天津水运工程科学研究院采用刘家峡电厂水位观测队 1989~1999 年水库坝前逐日平均水位资料统计分析后认为,若用综合历时曲线法,保证率 95% 下设计最低通航水位为 1716.00m,若用低于刘家峡水库多年平均水位 1725.51m 的日平均水位分析,保证率 95% 下设计最低通航水位为 1714.25m,若用刘家峡水库消落期日平均水位分析,保证率 95% 下设计最低通航水位为 1713.84m,最终认为最低通航设计水位应取值 1713.84m;对于设计最低通航流量,根据循化站 1989~1999 年逐日平均流量资料,采用综合历时曲线法,保证率 95% 下设计最低通航流量为 277m³/s,若采用低于刘家峡水库多年平均水位 1725.51m 的日平均流量分析,保证率 95% 下设计最低通航流量为 296m³/s,若采用刘家峡水库消落期日平均流量分析,保证率 95% 下设计最低通航流量为 249m³/s,综合考虑后设计流量取为 249m³/s。根据造床流量法及多年平均流量法分析,参照类似工程经验,变动回水区段整治水位为设计最低通航水位上 0.8~1.0m,相应整治流量为 569~700m³/s,整治线宽度为 200m。

综上所述,采用各种方法计算得到的设计最低通航水位差别较大,采用消落期的 95%保证率来设计最低通航水位,对Ⅴ(Ⅲ)级航道标准偏高,水位偏低,因水库回水变动区水位、流量关系呈多值性,水位高低主要与刘家峡水库调度方式有关,与上游来流量关系不大,龙羊峡水库蓄水后,循化站来流量趋于均匀,故航道的整治效果应以实际发生的典型年份来衡量。

大顶子山航电枢纽建成后,其下游河床下切,由于下游依兰枢纽的回水不衔接,两梯级间的不衔接浅滩段航道尺度将进一步恶化,形成航运的瓶颈段,必须采用局部整治工程措施予以解决。因河道水沙条件和河床出现重大变化,浅滩河段(特别是重点浅滩段)的航道整治工程措施及方案是急需研究解决的重大技术问题。

8.4.3　大顶子山枢纽下游非衔接浅滩段航道条件分析及整治措施

1. 白石浅滩河段航道条件分析

为使松花江中游达到三级航道贯通,哈尔滨至沙河子段浅滩需进行整治以增加航深。通过整治以维持现有尺度为 1.5m×50m×500m(航深×航宽×弯曲半径,下同)的航道并提高至内河Ⅲ级通航标准,航道尺度为 1.7m×70m×500m,通航保证率为 95%。

白石浅滩是该河段浅滩之一,该浅滩 1994 年 1.5m 航深线基本贯通,但航行条件较差,1.7m 航深线有四处出现碍航,即碍航段 1、碍航段 2、碍航段 3 和碍航段4,如图 8.4.5 所示。

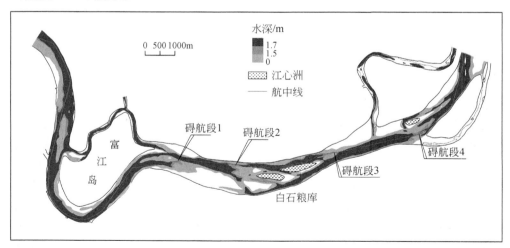

图 8.4.5　1994 年 1.7m 航深图

富江岛附近河道分成左右两汉,右汊为主槽,河宽 400~550m,略有弯曲,航道条件相对较好;左汊为副槽,河宽 120~200m。出富江岛后左右两汊水流汇合,河道突然放宽至约 900m,富江岛汇合口水流分散,右汊出流又被河中心滩分割成左右两槽,左槽水流与左汊水流汇合成一股水流,在心滩尾部左汊水流动力得到加强,河道被冲深拓宽,由于汇合口水流存在泡漩和横流等,水流条件比较复杂,所以航线从主槽的心滩右汊通过。主槽被分流,导致心滩右边水流动力减弱,泥沙淤积,心滩尾部水深不足 1.5m,出现碍航段 1。

碍航段 1 下游右侧有一个 0m 以上的边滩,分散水流流经此处,相对较高的边滩将水流挤向左侧,此段航道条件较好。

水流进入白石粮库河段后,由于该河段展宽,存在高低不等的心滩和江心洲,出现众多的支汊,水流分散,右侧下深槽与左侧上深槽 1.5m 线未能贯通,航线靠左侧航槽通过,在碍航段 2 处 1.5m 航深宽约 65m,基本能满足现有航道尺度条件,但 1.7m 航深线中断长度约有 350m。

在碍航段 3 处航槽中出现一条航深在 0~1.5m 的沙埂,使 1.5m 航深最窄处航宽只有 35m,航宽不能满足现有航道尺度条件,而 1.7m 航深线长度约有 550m 不能满足。碍航段 4 约有 250m 不达标。因此,1994 年的航道仅能维持现有航道尺度 1.5m×50m×500m,并有部分河段出现碍航。

1998 年洪水后,2002 年航道条件明显改善,1.7m 航深线全线贯通,如图 8.4.6 所示。富江岛汇合口心滩发生泥沙淤积,心滩增高为江心洲,淤积向左侧扩展,主槽江心洲左侧分流比减少,右侧分流比增大,洲尾冲深拓宽,江心洲右侧航槽 1.7m 线贯通,航宽为 160~230m,航行条件明显改善;同时紧接着下游右侧的边滩也淤积增高,对改善航道条件是有利的。对于白石粮库河段,航道条件改变较大,1994 年原航槽左侧边滩发生泥沙淤积,而上段右边滩与江心洲之间的汊道被冲深拓宽,1.7m 线航宽约 180m,航线随主流右移,航槽由左汊改到右汊。因此,2002 年白石浅滩河段航道基本能达到内河Ⅲ级通航标准,航道尺度为 1.7m×70m×500m。

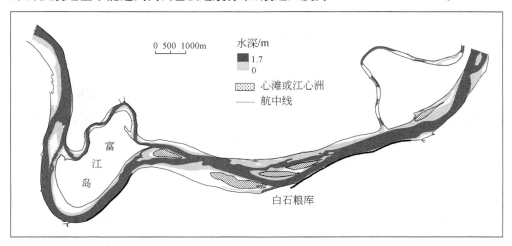

图 8.4.6　2002 年 1.7m 航深图

2006 年与 2002 年航道条件基本一致,变化不大,如图 8.4.7 所示。主要变化发生在富江岛右汊急弯至富江岛汇合口间的过渡段,该河段泥沙有所淤积,1.7m线航宽由 2002 年的约 300m 缩窄至 2006 年的约 150m。

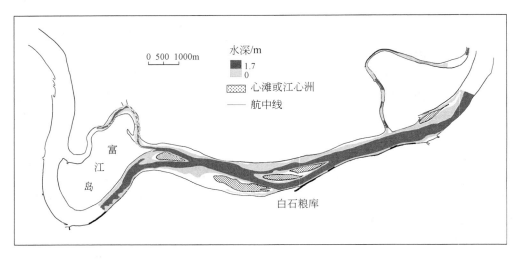

图 8.4.7　2006 年 1.7m 航深图

综上所述,大顶子山航电枢纽下游白石浅滩河段 1994 年航道较差,有部分河段出现碍航,1998 年大洪水后,至 2002 年航道条件大有改善,2006 年与 2002 年航道条件基本一致,但富江岛右汊急弯至富江岛汇合口间的过渡段,泥沙有所淤积,航道条件变差。考虑到哈尔滨站同流量下水位逐年下降及建库后坝下河床下切和水位下降,在距坝里程为 16.6km 附近以及距坝里程为 11.8km 和 21.1km 附近可能出现航深不足而碍航的情况,因此抓住有利时机,通过整治,固滩保槽,形成一个相对稳定的低水河势,对达到三级航道标准是完全有必要的。

2. 航道整治原则

针对弯曲分汊河段白石浅滩的河段特点和河床演变规律,结合多年来对松花江干流的整治经验,该浅滩的整治原则为:①控制中、低水河势,稳定航槽;②低水治理,整治、疏浚工程相结合;③利用水工建筑物塞支强干,但不妨碍泄洪,固滩保槽,便于河槽的稳定和发展;④充分利用弃土加高扩大边滩,以稳定航槽。

3. 航道整治参数的确定

根据松花江河流已有整治工程的经验,整治水位一般在设计水位上超高 0.5～1.0m。本河段多年平均流量下的水位在设计水位上 1.1～1.3m。目前,该河段水深基本满足 1.7m 的航深条件,主要控制中低水河势为主。因此,整治水位采用设计水位上超高 1.0m，与此整治水位相应的整治流量约为 1200m³/s。

　　整治线宽度根据该河段历年河床横断面图，求得历年该河段各个断面在整治水位下的河宽与规划航槽内水深，绘制河宽与航槽水深关系，如图 8.4.8 所示。由整治水位时规划航槽内最小水深 t 与平均水深 H 关系，根据要求水深 t 为 2.7m，可查得 H，计算得到整治线宽度 B。同样由内侧线为整治水位下的最小河宽，即整治线宽度，由资料分析得到深槽顺直河段河宽系数为 0.75，富江岛右汊道河段河宽系数为 0.88，计算得到深槽顺直河段整治线宽度为 395m，富江岛右汊道河段整治线宽度为 327m，根据分流比校核计算富江岛右汊道河段整治线宽度为 312m。

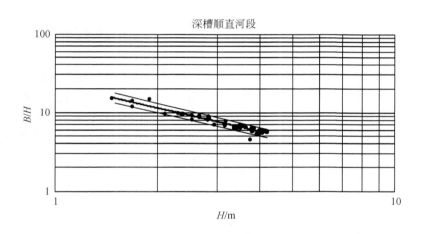

图 8.4.8　河宽与规划航槽内水深关系

4. 整治工程方案布置

　　根据浅滩河段河床演变特点和发展趋势，整治措施以调整水流流向为目的，使水流平顺过渡，以维持 2006 年的航道条件（航道尺度为 1.7m×70m×500m）。

　　方案一整治工程布置如图 8.4.9 所示。整治工程方案布置为修建丁坝 8 座（丁$_1$～丁$_8$），使整治线平顺衔接，其中在富江岛分流口上 7♯～8♯ 断面处设下挑丁坝 1 座（丁$_1$），目的是减少非通航汊道的分流，中水期调整主流流向，防止非通航汊道的冲刷。在富江岛水流汇合口处江心洲头部 30♯ 断面处设勾头丁坝 1 座（丁$_2$），目的是上下深槽平顺衔接，减少江心洲头部左汊分流，同时将水流挑向下深槽。在富江岛水流汇合口处江心洲尾部 39♯～43♯ 断面处设丁坝 6 座（丁$_3$～丁$_8$），目的是调整主流流向，防止水流对左岸岸堤的冲刷，使水流从上深槽平顺过渡到下深槽，同时可减少白石粮库河段左槽的分流量，增加右槽通航汊道的流量。修建潜锁坝 1 座（锁$_1$）以堵塞倒套。

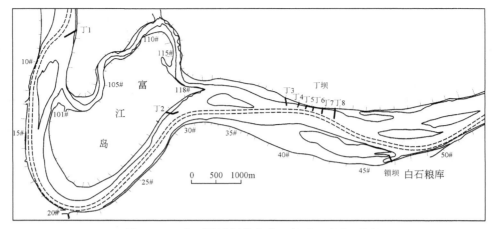

图 8.4.9　白石浅滩河段方案一整治工程布置图

　　方案二整治工程布置如图 8.4.10 所示。整治工程方案布置为将方案一中的丁坝 1 改为潜锁坝,即在富江岛左汊道中上段设置潜锁坝 1 座,长度为 160m,高程为设计水位上 0.5m。将方案一中的勾头丁坝 2 改为锁坝,即在富江岛尾部设置锁坝 1 座,与岛尾江心洲相连,长度为 435m,高程为设计水位上 1.0m。目的是堵塞支汊,增大航槽流量。丁坝 3～丁坝 8 位置不变。

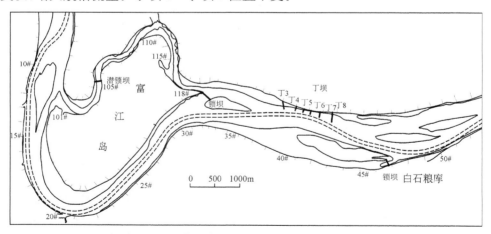

图 8.4.10　白石浅滩河段方案二整治工程布置图

8.4.4　大顶子山枢纽下游非衔接浅滩段整治工程试验成果分析

1. 富江岛河段

富江岛河段设计流量 550m³/s 时,方案一右汊道航槽分流比由工程前的

86.2％增至 88.5％,增加了 2.3％,水位增加了 0.01～0.04m(1♯～4♯水位站),丁坝 1 处 8♯断面航槽流速比工程前增加 0.18m/s;丁坝 2 处 30♯断面航槽流速比工程前增加 0.13m/s,富江岛右汊(除丁坝头前外)航槽流速比工程前增加 0～0.06m/s。方案二在富江岛左汊潜锁坝阻断了左汊的分流,上游来水全部从富江岛右汊通过,右汊道航槽分流比由工程前的 86.2％增至 100％,增加了 13.8％,水位增加了 0.22～0.26m,富江岛汇合口上游水位抬高,流速略有减小,8♯断面航槽流速比工程前减小 0.05m/s;富江岛右汊道流量增加,水位抬高,流速增大,右汊道航槽沿程流速比工程前增加 0.10～0.31m/s,流速增加最大的是在 24♯断面,比工程前增加 0.31m/s;富江岛分流口下江心洲河段同样设置了一条锁坝,切断了右汊水流向左汊分流,航槽流速增加相对较大,该河段 32♯～38♯断面流速比工程前增加 0.31～0.39m/s,流速增加最大的是在 34♯断面,比工程前增加 0.39m/s。24♯断面附近河段水位壅高,水深增大,可满足航深要求,流速增大,减少泥沙淤积,对维护航深有利,如表 8.4.2 和图 8.4.11 所示。

表 8.4.2　工程前与方案一和方案二工程后各汊道分流比

流量 /(m³/s)	分流比/％					
	富江岛河段 主河道(右汊道)			白石粮库河段 主河道(右槽)		
	工程前	方案一	方案二	工程前	方案一	方案二
550	86.2	88.5	100	73.4	75.2	74.5
690	83.5	86.0	100	71.9	73.9	72.9
1200	79.0	82.2	92.8	68.0	71.1	68.3
1550	78.6	81.6	87.8	60.1	61.8	61.5
3210	76.6	76.8	77.6	51.3	51.5	52.0

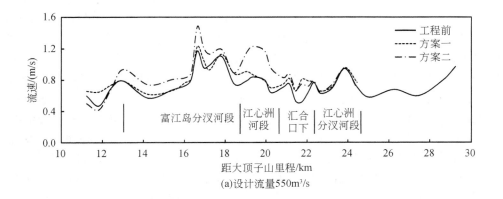

(a)设计流量550m³/s

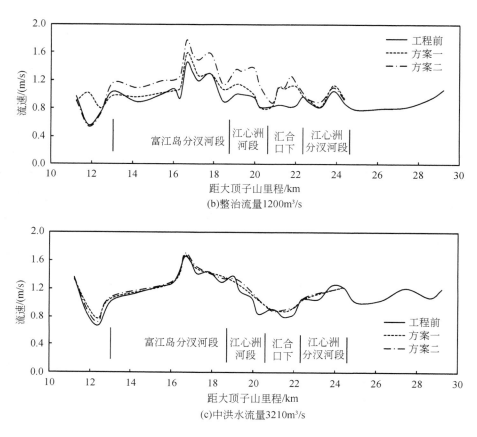

图 8.4.11　整治工程实施前后不同流量级下航槽流速变化

　　整治流量 1200m³/s 时,方案一右汊道航槽分流比由工程前的 79.0% 增至 82.2%,增加了 3.2%,水位增加了 0.02～0.08m(1♯～4♯水位站),丁坝 1 处 8♯ 断面航槽流速比工程前增加 0.46m/s;丁坝 2 处 30♯ 断面航槽流速比工程前增加 0.17m/s,富江岛右汊(除丁坝头前外)航槽流速比工程前增加 0～0.17m/s。方案二流量为 1200m³/s 时富江岛左汊潜锁坝出现部分过流,但潜锁坝仍然使富江岛汇合口上游水位有所抬高,右汊道流量比工程前有所增大,分流比由 79.0% 增至 92.8%,比方案一增大了 10.6%,增加幅度比设计流量时有所减小。8♯ 断面处水位抬高,流速略有减小,航槽流速比工程前减小 0.02m/s;富江岛右汊道航槽沿程流速比工程前增加 0.12～0.32m/s,流速增加最大的是在 24♯ 断面,由工程前的 1.45m/s 增至 1.77m/s,比工程前增加 0.32m/s;富江岛尾汇流口江心洲河段设置的锁坝,仍然切断了右汊水流向左汊分流,使江心洲右侧航槽流速增加相对较大,该河段 32♯～38♯ 断面比工程前增加 0.30～0.42m/s,流速增加最大的是在 36♯ 断面,比工程前增加 0.42m/s。24♯ 断面附近河段流速增大,有利于冲刷航槽,对维护航槽有利。

随着来流量增大,左汊道分流增大,右汊道分流比增幅逐步减小,水位壅高减小,航槽流速变化减小,至中洪水流量 3210m³/s 时,右汊道分流比方案一和方案二与工程前基本一致,水位壅高较小,对行洪影响不大。

工程前,在富江岛分流口河段中枯水动力轴线不一致,枯水流量动力轴线靠右岸,中水流量后,动力轴线靠左岸,即低水坐弯,高水取直。方案一设置挑流丁坝后,中水流量动力轴线撇向右岸,基本与枯水流量一致。方案二中水流量动力轴线略有向右岸移动。富江岛分流口以下河段中枯水水流动力轴线基本一致。

从设计流量至整治流量富江岛河段右汊道分流比方案二明显大于方案一,方案二右汊道流量增加较多,水位抬高较大,航深增加,流速增加较多,对改善富江岛右汊道的航槽有利。至中洪水流量时,方案一和方案二与工程前基本一致,对行洪影响不大。

2. 白石粮库河段

白石粮库河段右汊道分流比在流量为 550m³/s 时,方案一增加了 1.8%,方案二增加了 1.1%;流量为 1200m³/s 的整治流量时,方案一增加了 3.1%,方案二增加了 0.3%;中洪水流量 3210m³/s 时,方案一仅增加 0.2%,方案二增加了 0.7%。白石粮库河段右汊道航槽分流比工程前略有增大,最大增加在 3.0% 以内。方案一与方案二左右汊道分流比基本一致,变化不大。

白石粮库河段流量为 550m³/s 时,左汊道水位方案一和方案二比工程前降低 0.01m,右汊道水位与工程前相同;流量为 1200m³/s 时,左汊道水位方案一和方案二比工程前降低 0.02m,右汊道水位比工程前增加 0.01m;流量为 3210m³/s 时,左汊道水位方案一比工程前壅高 0.03m,方案二比工程前壅高 0.02m,右汊道水位方案一比工程前壅高 0.02m,方案二比工程前壅高 0.01m;方案一与方案二工程对白石粮库河段左右汊水位变化影响较小,基本与工程前一致。水位壅高较小,对行洪影响不大。

航槽流速方案一与方案二基本一致,变化不大,比工程前增加 0.00~0.09m/s。白石粮库河段中枯水水流动力轴线基本一致。

综上所述,方案一和方案二比工程前航槽分流比有所增加,水位有所抬高,航深增加,流速增大,中枯水动力轴线基本一致,水流平顺过渡,有利于航槽的稳定。中洪水流量时,方案一和方案二与工程前基本一致,水位壅高较小,对行洪影响不大。在富江岛右汊道河段,方案二流量增加较多,水位抬高较大,航深增加,流速增加较多,对改善富江岛右汊道的航槽有利。综合考虑后,推荐方案二作为大顶子山航电枢纽下游白石浅滩河段的整治方案。

参 考 文 献

陈稚聪,邵学军,2000. 葛洲坝枢纽至虎牙滩河段模型试验研究报告[R]. 北京:清华大学水电工程系.

河海大学,重庆交通学院,1980. 航道整治[M]. 北京:人民交通出版社.

黄颖,李义天,2005. 维持通航建筑物口门水深的护底加糙措施研究[J]. 水利学报,36(2): 141-146.

李云中,2000. 葛洲坝枢纽下游水位及推移质变化分析[R]. 宜昌:三峡水文水资源勘测局.

李云中,牛兰花,闫金波,2009. 长江宜昌河段胭脂坝护底及坝头保护工程对宜昌枯水位的影响分析[R]. 宜昌:三峡水文水资源勘测局.

陆永军,2000. 葛洲坝枢纽船闸航道通航水深问题解决措施的二维泥沙数学模型研究[R]. 天津:交通运输部天津水运工程科学研究所.

陆永军,陈稚聪,赵连白,等,2000. 葛洲坝枢纽下游水位变化对船闸与航道影响及对策研究[R]. 天津:交通运输部天津水运工程科学研究所.

陆永军,左利钦,王志力,等,2007. 西江中游(界首~肇庆)航道整治工程水沙数学模型研究[R]. 南京:南京水利科学研究院.

陆永军,高亚军,左利钦,等,2008a. 葛洲坝枢纽下游近坝段河道冲刷及对策研究[M]. 北京:知识产权出版社.

陆永军,徐成伟,左利钦,2008b. 宜昌至枝城河段局部护底工程二维泥沙数学模型初步研究[M]. 北京:知识产权出版社.

杨美卿,2000. 葛洲坝枢纽下游河段一维泥沙数学模型研究[R]. 北京:清华大学水电工程系.

赵连白,陆永军,2000. 葛洲坝枢纽至虎牙滩河段(1/200,1/80)模型试验研究报告[R]. 天津:交通运输部天津水运工程科学研究所.

中华人民共和国住房和城乡建设部,2015. GB 50139—2014 内河通航标准[S]. 北京:中国计划出版社.

中华人民共和国交通部,1999. JT J/T 312—1998 航道整治工程技术规范[S]. 北京:人民交通出版社.

中水东北勘测设计研究有限责任公司,黑龙江省水利水电勘测设计研究院,黑龙江省航务勘察设计院,2004. 松花江干流大顶子山航电枢纽工程初步设计报告[R].